中牧弘允 編

世界の暦
文化事典

丸善出版

○ 今昔のしるし ○

▲旧暦を基調とし「自然暦」を名のる南
　太平洋協会のカレンダー

▲カトリックの聖人暦を兼ねるフランス
　のアールヌーボー・カレンダー

▼マヤ文化の固有性と人権の普遍性を訴えるグアテマラのカレンダー

◯ 民族性 ◯

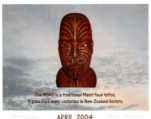 

▲ニュージーランド・マオリの文化を表象するカレンダー
（左は入れ墨のモコ，右はペンダントのピコルア）

▼アイヌ文化振興・研究推進機構が発
　行するカレンダー（小笠原小夜画）

▼ボリス1世とシメオン大帝の時代を
　ブルガリアの黄金時代とみなすカレ
　ンダー（2009年9月）

○ 農民暦 ○

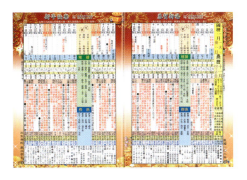

▲台湾の承徳宮発行の農民暦
（表紙）

▶台湾の承徳宮発行の農民暦
（右上：2013 年 1 月の暦．右
下：生まれの干支と 2013 年の
運気）

▼オーストリアの農民暦　（左：表紙〔☞ 本文 216 ページ参照〕。中：2013 年 2 月。
右：2013 年 12 月＝キリストの月）

○ 宗教暦 1 ○

▲グレゴリオ暦にヒジュラ暦が添えられたパキスタンのカレンダー。人物像を避け、文字や数字、あるいは文様で装飾されるイスラーム・カレンダーの一例（2013 年 7 月と 10 月）

◀グレゴリオ暦にヒジュラ暦が添えられた土曜はじまりのバーレーンのカレンダー（2003 年 5 月）

▼左：ロシア正教の教会暦を掲載したロシアのカレンダー（表紙）。中：ロシア正教のクリスマスを祝う月（2012 年 1 月）。右：セルビア正教の教会暦を掲載したボスニア・ヘルツェゴビナのカレンダー（表紙）

○ 宗教暦２ ○

◀中国の清真寺が発行した公暦・農暦・イスラム教暦が載ったカレンダー

▲中国の道教寺院が発行した公暦・農暦・道暦が載ったカレンダー

◀グレゴリオ暦とヴィクラマ暦が載ったインドのカレンダー（４月と５月）

○ 交流のあかし ○

▲グレゴリオ暦の枠内に地元以外にもインド・中国・イスラーム・日本の暦法をおさめたインドネシアのバリ・カレンダー

▲国の祝日以外にもイスラム教とヒンドゥー教の祝祭日を一覧して掲載したオランダのカレンダー

▲グレゴリオ暦の枠内に中国農暦・イスラーム暦・タミル暦をおさめたシンガポールのカレンダー

▲日本とブラジルの情報を併存させた在日ブラジル人向けのカレンダー（→本文383ページ参照）

○ アルマナック（暦の体裁をとった年鑑）○

▲キリスト生誕の場面を表紙に
描いたフランスのアルマナッ
ク（1938年）

▲中にはヒトラー総統（ドイツ）とフランコ将
軍（スペイン）の似顔絵が各国情報のなかに
掲載されている

○ 経済と政治 ○

▲たばこ会社の広告用に使用された中国
の月份牌（木蘭従軍）

▲選挙キャンペーン中の4か月分のイス
ラーム暦を掲載したフィリピンのカレン
ダー

○ 観光と暦法 ○

◀死海の写真を掲げたユダヤ暦付の
イスラエルのカレンダー

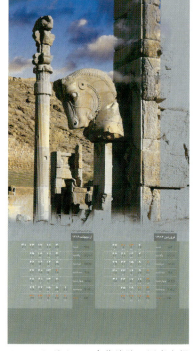

▲ペルセポリスの古代遺跡の写真を掲
げたイラン暦・グレゴリオ暦・イス
ラーム暦付のイラン・カレンダー

◀観光風景を多数取り込み、グレ
ゴリオ暦とイスラーム暦を組み
合わせた、スワヒリ語のタンザ
ニア・カレンダー

刊行にあたって

　暦はふつう年月日や週（旬）を知るためにあるが、宗教、国家、民族、文明などが異なれば、それぞれの暦システムも多様なかたちで存在する。実際、いくつかの暦法を使い分けて生活していることも多い。たしかに暦は生活にリズムを与えているが、逆に人々は暦に縛られた社会生活を余儀なくされているとも言える。

　暦に関する法則であるところの暦法は石版や木版に刻まれたり、紙製のカレンダーやアルマナック（暦書）に印刷されて使用される。そのような暦にもとづいて構築される文化が暦文化である。太古の昔から労働の日と祝祭日は区別されてきたし、吉凶の日柄もさまざまに判断されてきた。盆や正月などの年中行事、結婚や葬式などの通過儀礼もまた、暦に左右されることが少なくない。狩猟採集漁労や遊牧にはじまる人類の生活文化はたえず暦と深く結びついてきたのである。

　本書のねらいは、世界のさまざまな暦法やカレンダーをとりあげ、国家や民族の祝祭日や行事・儀礼が人々の生活文化とどう関係しているかをわかりやすく解説することにある。暦法自体の詳しい記述は他書にゆずり、ビジネス、観光、学術などでの実用目的、あるいは世界各地の季節感や生活文化への関心にこたえようとするものでもある。言いかえれば、世界の暦文化に関して興味深く、かつ実用的に引ける事典をめざしている。

　そのために項目は国別を基本とした。また、共通のテーマとして〈暦法とカレンダー〉〈祝祭日と行事・儀礼〉〈暦と生活文化〉の３つを選んだ。そうすることによって、国ごとの特徴が浮き彫りにされ、かつ国を越えた比較も可能となるはずである。さらに、各国に特有のトピックを取り上げている場合もある。加えて、アート・カレンダーの魅力やカレンダー業界の動向についてもコラムというかたちで言及している。

　今日、グレゴリオ暦（西暦）があたかもグローバル・スタンダードとなっているかにみえる。しかし、そのような時代にあっても、中国やインドの太陰太陽暦、純粋な太陰暦であるヒジュラ暦（イスラーム暦）、あるいは天地創造を紀元とするユダヤ暦などが依然として健在であり、栄枯盛衰はあるものの諸民族の暦文化も持続している。暦文化はけっして普遍的ではなく、国や地域によって多彩な様

相を呈しており、そのことを主題とする本書は、おそらく世界でも類のない事典ではないかとひそかに考えている。

　執筆陣は民族学、文化人類学を中心に、宗教学、社会学、地理学、言語学、地域研究など人文社会系の研究者によって構成されているが、歴史学の影は薄く、数学や天文学などの専門家を含まない。暦にかかわる生活文化となると、残念ながらそのような布陣をとらざるをえなかった。

　本事典が大学の図書館・研究室のみならず、公共図書館、学校（図書室）などの教育機関、マスメディアや自治体各機関、さらには会社や個人ユーザーにとっても観光やビジネスで大いに役立つ事典になることを期待している。多くの読者にとって今日的ニーズに即した事典として即戦力になることを願っている。

　最後に、本事典の編集作業を誠意と熱意をもって担当していただいた丸善出版の松平彩子さんと南葉真里さんに厚く御礼を申し上げ、結びとしたい。

2017 年 10 月

国立民族学博物館名誉教授・吹田市立博物館館長

日本カレンダー暦文化振興協会理事長

中　牧　弘　允

■編　　者

中　牧　弘　允　国立民族学博物館名誉教授/吹田市立博物館館長

■執筆者一覧 (五十音順)

赤　堀　雅　幸	上智大学
阿久津　昌　三	信州大学
荒　井　芳　廣	大妻女子大学
飯　田　　卓	国立民族学博物館
池　谷　和　信	国立民族学博物館
石　井　研　士	國學院大學
石　橋　　純	東京大学
伊　藤　敦　規	国立民族学博物館
伊　東　未　来	兵庫県立大学特任助教
伊　藤　泰　信	北陸先端科学技術大学院大学
井　上　まどか	清泉女子大学
今　枝　由　郎	京都大学
今　中　崇　文	佛教大学非常勤講師
宇田川　妙　子	国立民族学博物館
内　山　明　子	駒澤大学非常勤講師
大　越　公　平	関東学院大学
岡　　美穂子	東京大学
緒　方　しらべ	日本学術振興会特別研究員
小　川　暁　道	東京外国語大学非常勤講師
小　川　さやか	立命館大学
樫　永　真佐夫	国立民族学博物館
加　藤　隆　浩	南山大学
金　子　亜　美	東京大学大学院博士課程
亀　井　哲　也	中京大学
河　上　幸　子	京都外国語大学
川　瀬　　慈	国立民族学博物館

河　田　尚　子	片倉もとこ記念沙漠文化財団
菊　田　　悠	北海道大学
岸　上　伸　啓	国立民族学博物館
金　セッピョル	総合地球環境学研究所 特任助教
工　藤　多香子	慶應義塾大学
窪　田　　暁	奈良県立大学
クライナー.ヨーゼフ	ボン大学名誉教授
小　西　賢　吾	金沢星稜大学
小　林　　知	京都大学
小　林　繁　樹	国立民族学博物館名誉教授
小　森　宏　美	早稲田大学
齋　藤　玲　子	国立民族学博物館
佐　藤　　寛	日本貿易振興機構
塩　路　有　子	阪南大学
柴　田　佳　子	神戸大学
清　水　育　男	大阪大学名誉教授
清　水　　享	日本大学
清　水　芳　見	中央大学
新　免　光比呂	国立民族学博物館
菅　瀬　晶　子	国立民族学博物館
杉　本　良　男	国立民族学博物館名誉教授
鈴　木　　紀	国立民族学博物館
曹　　建　南	上海師範大学
鷹　木　恵　子	桜美林大学
高　畑　　幸	静岡県立大学

塚　田　誠　之　国立民族学博物館名誉教授　　松　川　　節　大谷大学

土　佐　桂　子　東京外国語大学　　　　　　　松　田　素　二　京都大学

戸　田　美佳子　国立民族学博物館機関研究員　マリア・ヨトヴァ　関西学院大学

中　西　久　枝　同志社大学　　　　　　　　　三　尾　　稔　国立民族学博物館

中　牧　弘　允　国立民族学博物館名誉教授　　三　島　禎　子　国立民族学博物館

中　村　設　子　文筆業（フリーランス）　　　南　　　真木人　国立民族学博物館

縄　田　浩　志　秋田大学　　　　　　　　　　南　出　和　余　桃山学院大学

西　本　　太　長崎大学有期助教　　　　　　宮　崎　恒　二　東京外国語大学名誉教授

丹　羽　典　生　国立民族学博物館　　　　　　宮　治　美江子　東京国際大学名誉教授

野　中　亜紀子　日本イエメン友好協会　　　　八　杉　佳　穂　国立民族学博物館名誉教授

野　林　厚　志　国立民族学博物館　　　　　　山　田　香　織　香川大学特命講師

信　田　敏　宏　国立民族学博物館　　　　　　横　山　廣　子　国立民族学博物館

端　　信　行　国立民族学博物館名誉教授　　吉　岡　　乾　国立民族学博物館

林　　靖　典　チャールズ・ダーウィン大学　吉　田　憲　司　国立民族学博物館

原　　　　聖　女子美術大学　　　　　　　　吉　田　世津子　四国学院大学

マルセーロ・ヒガ　フェリス女学院大学　　　嘉　原　優　子　中部大学

平　井　京之介　国立民族学博物館　　　　　　米　山　知　子　京都外国語大学非常勤講師

福　井　栄二郎　島根大学　　　　　　　　　　リリアナ・クラーク　ヴィクトリア大学ウェリントン

福　浦　厚　子　滋賀大学　　　　　　　　　　渡　邊　欣　雄　東京都立大学名誉教授

藤　本　透　子　国立民族学博物館

目　　次

（※国名表記は外務省による）

4：中央・北アジア

5：西アジア

6：ヨーロッパ

7：アフリカ

8：アメリカ

9：オセアニア

● コラム ●

50音順項目名索引

0. 総　　説

<h1 style="text-align:center">総　　説</h1>

●本事典の構成

　本書は九つの章と 12 のコラムからなる事典である。章立ては日本から出発し西まわりで世界を一周する。順路は東アジア、東南アジア、南アジア、中央・北アジア、西アジア、ヨーロッパ、アフリカ、アメリカ、オセアニアとなっている。この区分は国立民族学博物館（以下、民博）の常設展示に倣っている。ただし、まわり方は民博の逆である。一方、国・地域の配列は五十音順となっている。国名は外務省表記に基づいている。コラムは総説ならびに章ごとに割り振られており、総説の後に三つ、東アジアの後にも三つ、南アジア、ヨーロッパ、アフリカの後に一つずつ、アメリカの後に三つという配分である。

　各項目は「暦法とカレンダー」「祝祭日と行事・儀礼」「暦と生活文化」「トピックス」という構成を基本としている。その意図は基本情報をきちんと押さえることにあり、さらに国・地域の比較を容易にするためでもある。それぞれの項目には共通のアイコンが付いている。

●暦法とカレンダー

　暦法は大別して太陽暦、太陰暦、太陰太陽暦の 3 種である。太陽暦は古代エジプトや古代ペルシャ、そして古代マヤでも使われていたが、現代においてはグレゴリオ暦がグローバルに普及している。グレゴリオ暦の前身であるユリウス暦は正教圏で使用されているが、もっぱらクリスマスやイースターなど、儀礼の日どりを決めるために用いられている。30 日の 12 か月と残余の 5 日からなるコプト暦やエチオピア暦も太陽暦である。イランでは春分の日から 1 年が始まる太陽暦が今でも日常生活を律している。他方、太陰暦はイスラームのヒジュラ暦を典型とし、イスラームの伝播とイスラーム教徒の移動に伴ってグローバルに広がっている。太陰太陽暦は古代メソポタミア、古代中国、そして古代インドに根付いた暦法である。その影響でユダヤ教徒をはじめ日本を含む中国文明圏やインド文明圏では、19 年に 7 回の閏月を入れる太陰太陽暦が今日でも受け継がれている。

　暦法には暦元から年を数える直線的な紀年法のほか、干支のように周期的に循環する体系もある。紀年法は多種多様で、キリスト生誕紀元が最も優勢であるが、ヒジュラ（聖遷）紀元もあれば、『旧約聖書』における天地創造を紀元とするユダヤ暦もある。また、仏陀の入滅を紀元とする仏暦もあれば、孔子の生誕を紀元とする孔暦もある。国の統一や指導者の生誕を暦元とするものもあり、日本

の神武紀元や韓国の檀君紀元がそれにあたる。インドのサカ（シャカ）暦や台湾
の民国暦、あるいは近年の例では北朝鮮の主体年号もその類である。年号（元号）
もまた政治や統治と緊密にかかわっている。

　暦には吉凶の目安となる暦注がほとんど付き物となっている。いわゆる占星術
をはじめ多種多様な占いが暦法と結び付いて発達している。また暦注には栄枯盛
衰があり、時代や社会の変化を読み解く鍵としても注目に値する。

　本事典では暦法の詳しい解説は行わない。それについては他の優れた事典が多
く存在するからである。本事典はむしろ、暦法の使われ方に注目し、暦文化を理
解する有力な手立てとなることを目指している。

　暦文化とは暦法に基づいて展開する文化である。木にたとえれば、根や幹や枝
が暦法で、葉や花や実が暦文化である。カレンダーは暦法を粘土板や木、紙など
に記したものである。その他、暦書やアルマナックとよばれる冊子形式のものも
ある。それらは行事や儀礼の日どりを決めるのに役立つ一方、避けるべき日をわ
きまえることにも一役買っている。また、行政文書に日付を付し統治を円滑に進
めるうえで役立つ。他方、季節を予測し農業、漁業、商業をはじめとする諸活動
の指針ともなっている。さらに書状を送ったり、予定を書き留めたり、あるいは
日記や歴史を記録するときにも、年月日を定めた暦法は欠かせない。

　暦文化は国・地域によって独特の形態をとる。現代において単一の暦法で同一
の文化が形成されることはまれであり、複数の暦法が存在し、多様な文化が複雑
に絡み合うことが常である。つまり、二重・三重の暦文化・暦生活が常態なので
あり、互いに時に対立することはあっても、人々はおおむねそれをわきまえ、折
り合いを付けて暮らしているのである。

●祝祭日と行事・儀礼

　カレンダーは生活のあらゆる局面で使用されるが、とりわけ祝祭日や行事・儀
礼を知るうえで役に立つ。国家が制定する祝日や宗教・伝統に基づく祭日は当該
社会の特質を目に見えるかたちで表現している。独立記念日や大統領の誕生日な
どは国家の体制を具現化するものであり、メーデーや母の日は特定の階級や家族
関係と結び付いている。宗教にかかわる祭日はクリスマスからラマダーン明けの
祭り（イード・アル・フィトル）まで、あるいはインドのホーリーから中国の清
明節にいたるまで枚挙にいとまがない。しかし、その多様性は国ごとに見ること
によって、ある程度のまとまりをもつことに気が付く。例えば国家の祝日と宗教
の祭日という系譜の異なる祝祭日の重層的併存である。あるいは外来文化の受容

と変容の軌跡を祝祭日に見て取ることもできよう。身近な日本の祝祭日を分類するだけでも、中国に起源をもつ端午節が「こどもの日」として存在し続ける一方、クリスマスやバレンタインデー、イースターやハロウィンといった西洋起源の行事が正規の祝日にはなっていないことを指摘できる。他方、「海の日」や「山の日」といった世界に例を見ない国家の祝日もある。「文化の日」もその一つだが、天長節にルーツがあるので、「勤労感謝の日」（旧新嘗祭）や「昭和の日」（昭和天皇の誕生日）などの系列に属すると解することができる。

　行事や儀礼は多義的な象徴性を帯びているので、社会や文化をひもとく際には格好の分析対象となる。例えば5月1日のメーデーは労働者の日として知られ、社会主義国では軍事パレードなどが行われる。しかし、発祥は意外にも米国であり、8時間労働を要求する1886年の労働者ストライキにさかのぼる。他方、ヨーロッパではメイポールを立て、そのまわりを未婚の男女が民族衣装をまとって踊る行事の日であり、春の到来を祝すゲルマン民族の祭日に起源をもつ。また、アフリカには、労働者の日の現代的展開として、タンザニアのサバサバ・デー（7月7日）やナネナネ・デー（8月8日）と命名された、農民や小農あるいは企業労働者に感謝する日がある。ちなみに、日本における近年のメーデーはゴールデンウィークに配慮し、5月1日以前に設定されている。一方、「母の日」は5月の第二日曜日という通念が広がっている。しかし、それは米国など少数の国でしかなく、英国はイースターの2週間前、フランスは5月の最終日曜日、タイは王妃の誕生日という具合に、国による違いが顕著である。旧社会主義国は3月8日が「国際女性デー」であり、韓国では5月8日を「父母の日」としている。

　移民、少数民族や性的マイノリティが独自の祝祭日を祝うことも世界各地で頻繁にみられる。米国のヘリテージ・マンスは特に注目すべき近年の例である。

●暦と生活文化

　祝祭日や行事・儀礼以外にも暦は生活文化の隅々に深くかかわっている。まずは農業や漁業などの生業における日程の決定であり、行政文書や書状の日付の記載がそれに続く。そして無視できないのが占いの類である。

　生業は環境や気候に対応する人間の生の営みである。採集・狩猟・漁労・遊牧はもとより、農耕や交易においても気象や動植物などの変化によって季節を知る「自然暦」は機能してきた。オーストラリアのヨロンゴ人は風暦をもっているが、縄文人も旬をわきまえて山菜や木の実、あるいは貝類や海草を採集し、シカやイノシシを狩り、サケやカツオ、イルカやクジラの漁に従事した。当時からすでに

自然暦を目安に「日読み」が行われていた。日の複数形を二日、三日のように「か」というが、後にそれが転訛して「こよみ」となったのである。日を読むもう一つの方法は山の稜線における日昇・日没の観測である。いちばん南の山の端から出る冬至の日と、いちばん北の端から出る夏至の日との間隔が約182日であることを知り、それを18旬とした。それが環状列柱や環状列石のような観測装置を用いる段階へと展開した。旬は後に中国に倣った宮中の旬儀・旬政につながった。旬儀とは天皇が1日、11日、16日、21日に紫宸殿に出御し、政務をとるとともに臣下に旬の膳を供し禄を与えた儀式である。旬は奈良・平安時代に接木された縄文時代の伝統でもある。

　稲作と季節の関係を表現した文化としては、「四季耕作図」とよばれる稲作の過程と四季の移ろいを描いた作品が知られている。中国に端を発し、日本でも室町時代から江戸時代にかけて襖絵や屏風、木杯や陶磁器などに描かれた。それは平安時代の月次絵の伝統の上に中国の耕織図の影響を受けて成立した。江戸時代の月次風俗図屏風（東京国立博物館蔵）はその典型とされるが、暦文化の優れた芸術作品といっていい。

　漁労と暦については月齢と潮汐の関係が指摘できる。漁業従事者にとって今でも旧暦が意味をもっているのはこの点にある。また、海釣りを趣味とする人々も月齢と潮汐を記したカレンダーを重宝している。

　商売と暦については、「大の月」（30日）と「小の月」（29日）の区別が決定的な意味をもっていた。というのも、月末や年末に借金の取立てと返済が行われていたからである。「大晦日は一日千金」という副題をもつ井原西鶴の『世間胸算用』は文学における暦文化の傑作である。

　日本で正式に中国の暦を採用したのは690年のことであり、律令体制を志向しての措置であった。当時の朝廷は唐に倣った制度を統治のモデルとしていたため、暦が不可欠であり、元嘉暦と儀鳳暦を採用したが、前者は6世紀以来すでに使われていた。暦は行政上の通達のみならず、『日本書紀』や『続日本紀』などの史書を編む場合にも必要であった。

　その頃の暦には暦注が付されていた。具注暦といって十二直など日の吉凶にかかわる情報が盛り込まれ、役人でもある貴族階級の行動指針となっていた。藤原道長の日記である『御堂関白記』は完全な形で残っている日本最古の具注暦である。道長はその欄外にハレー彗星の出現などを含む日々の出来事を書き込んだ。

　以上、日本を例に暦と生活文化との関係を紹介したが、世界に視野を広げれば、

複雑で多様ではあるが、それぞれの地域の生活に根ざした暦文化を取り出すことができよう。それは宗教や政治、生業や経済など、生活の根幹にかかわる文化であり、世界認識の一つの有力な方法にもなり得るものである。

● トピックス

　それぞれの項目には少なからずトピックスが用意されている。それは当該の国・地域において興味深い事例であり、かつ執筆者の専門領域にかかわることが多い。そのアイコンは「金環食」であり、「キラっと光る話題」を表象している。

　例えば、暦は古くから宗教との結び付きが強いが、インドネシアのバリのカレンダーにはカレンダー・トレランシとの表示がなされている。トレランシは寛容を意味し、意外なことに暦が宗教的寛容性を標榜する媒体となっている。他方、ユーゴスラビア崩壊後に軍事的衝突が激化したボスニア・ヘルツェゴビナにおいては多民族共存国家としての祝日を制定しかねている。したがって、カレンダーにもその記載はない。民族や宗教の違いに加え、歴史認識の相違がそれを妨げているのである。

　暦はナショナリズムやイデオロギーなど政治の動向とも無縁ではない。カレンダーに国王や政治指導者の肖像画が掲載されることもあれば、政策の改変が絵柄に反映されることもあり、権力の変遷をめぐって、事実としての時代を映す鏡となっている。

　暦はまた経済とも連動している。サウジアラビアは2013年に週末を木・金曜日から金・土曜日に変更したが、それは欧米の金融システムと歩調を合わせる苦肉の策と解釈されている。われわれに身近な例としては、贈答用カレンダーの発行部数が景気の波を受けやすいこと、販売用カレンダーが時代の流行や趣向に左右されやすいことなども指摘できる。逆にいうと、カレンダーを通して時流や風俗を探ることも可能な訳である。

　風俗は移ろいやすい流行であるが、民俗は歴史の底流に流れている変わりにくい文化である。また民族文化も強靭な持続力をもっている。カレンダーは時として民俗や民族の伝統を維持する強力なツールとして機能している。欧米中心の国際化、グローバル化の文明秩序を仮にグレゴリオ暦が体現しているとすれば、それに対抗するかのようにイスラーム暦や農暦が存在し、インドの太陰太陽暦やイランの太陽暦が対峙している。その結果、人々は二重、三重の暦文化を使い分けて暮らしている。

　このように、いくつもの暦法を共存させるカレンダーは決して珍しくない。む

しろ多民族国家や多文化社会ではマルチ・カレンダーが一般的であり、在日外国人もその種のカレンダーを使って生活している。暦法やカレンダーを通して多様な世界のあり方が重層的に、あるいは共存的に見えてくることがある。実際の文化はきわめて複雑であるが、カレンダーには多様な諸文化の関係性を端的に示しているところがある。トピックスの項ではそうしたユニークな視点が随所にみられる。

　最後に、いわゆる近代化や都市化に伴って伝統的な習俗が激しく変化している現状にも言及しなくてはならないだろう。伝統文化のリズムをつくり出してきた従来の暦の役割も変容を余儀なくされているからである。日本でも盆正月の休暇の際に帰郷よりも海外旅行を楽しむ人々が増えているように、暦に縛られない行動様式がますます幅を利かせるようになっている。しかし、その一方で「伝統の創造」とでもいうべき現象もみられる。マレーシアのオラン・アスリの村では昔の苦しかった日々を思い起こす祭日が若者たちの里帰りを促している。「伝統の創造」という点では、プロト・ブルガリア人のブルガール暦（太陽暦）がポスト社会主義時代に脚光を浴びるようになったことも注目に値する。

●暦文化研究に向けて

　暦を研究する学問は暦学とよばれている。暦学には天文学や数学の知識が必要であり、天体観測や暦計算が不可欠である。これに対し、暦文化の研究は人々の暮らしとかかわるため、天文学や数学を必須とするものではない。かつて筆者は暦学に対し、「考暦学」を提唱したことがある。その意図するところは、考古学が古（いにしえ）を考える学であるように、考暦学は暦を考える学とみなすことにある。前述したように、本事典では暦法自体の体系化が主たる課題ではない。むしろ暦法と生活のかかわりに焦点を合わせており、その意味で、暦にまつわる生活文化や、暦を媒介とする諸制度にこそ、暦文化研究の新たな視点と独自の認識を提示する契機が潜んでいると考えている。　　　　　　　　　　　　［中牧弘允］

📖　参考文献

［1］『カレンダー文化』アジア遊学106，勉誠出版，2008
［2］岡田芳朗ほか編『暦の大事典』朝倉書店，2014
［3］上田　篤『私たちの体にアマテラスの血が流れている』宮帯出版社，2017

コラム　暦コレクション

　日本において暦やカレンダーのコレクションを所蔵する機関は国立国会図書館をはじめ国立天文台、国立科学博物館、国立民族学博物館、天理図書館、月光天文台、などである。また古暦は正倉院、東洋文庫などにも収蔵されている。

　国立国会図書館には「新城文庫」という元京都帝国大学総長新城新蔵の旧蔵書と「尾島碩宥旧蔵古暦」という二つのコレクションがある。前者は中国古代天文学、暦法、易占関係の和古書、漢籍などの資料が中心であり、後者は天文・暦学・易学の研究家尾島碩宥の収集した古暦、90冊・45枚・13帖・6軸からなる。国立国会図書館は貞享暦300年を記念し1984年に上記コレクションのほか同館所蔵の書籍・古暦や借用資料を網羅して「日本の暦」という展示を行った。国立天文台には江戸幕府天文方などの資料・文書を引き継いだ貴重資料展示室があり、国立科学博物館にも古暦を中心に資料や書籍が所蔵され、その一部が天体観測機器とともに常時展示されている。大阪歴史博物館には天文・暦学者間重富ゆかりの「羽間文庫古典籍・古文書」の中に、江戸時代を中心とした国内外の暦が多数含まれている。

　東京国立博物館、国立国会図書館、天理図書館には江戸時代に隆盛をみた大小暦が膨大に所蔵されている。また長谷部言人・満彦の2代にわたる大小暦コレクションが神奈川県立歴史博物館に寄託されている。

　国立民族学博物館には世界約90か国のカレンダーが2500点余り収蔵されているが、古暦は少なく、大部分は1990年代以降のものである。同館には各地域展示にカレンダーが点在するほか、特にアメリカ展示には「グローバル時代の諸宗教」をカレンダーで表現するコーナーがある。月光天文台も内外のカレンダーを多数収蔵し、1995年以来、在日大使館の協力を得て「世界のこよみ展」を毎年5月の連休頃に開催している。

　カレンダーの制作会社も過去の自社製品を中心に内外のカレンダーを収集・保存し、時に展示も行っている。その例としては、トーダンや新藤ギャラリー（閉館）などがあげられる。

　上記以外にも神宮徴古館、おおい町暦会館、三嶋暦師の館などにそれぞれゆかりの古暦が収蔵・展示されている。個人の収集としては新宿歴史博物館の企画展「暦の世界へ」（2005年）に多数の資料を提供した暦の研究家、岡田芳朗のコレクションが知られている。　　　　　　　　　　　　　　　　　　　　　　　　　　　　　　［中牧弘允］

〔参考文献〕

国立国会図書館『日本の暦―国立国会図書館所蔵個人文庫展（その3）　展示会目録』1984

新宿歴史博物館『平成17年度企画展―暦の世界へ』2005

1. 東アジア

日本（旧暦）

 暦法とカレンダー　日本では 1872（明治 5）年 12 月 3 日を明治 6 年 1 月 1 日とした「明治の改暦」により導入した太陽暦を「新暦」とし、この日以前の暦である太陰太陽暦を「旧暦」という。

　明治 5（1872）年 11 月 9 日の太政官布告第 337 号「今般改暦ノ儀」で「旧暦」「新暦」の言葉が初めて用いられた。「新暦」の施行により、それまで使い慣れてきた「旧暦」が、突然、公式暦ではなくなったが、人びとの生活を支えてきた暦が消滅した訳ではない。さまざまな工夫を凝らして伝承され、現代においても旧暦が再認識されて生活に必要な暦として注目されている。カレンダーも新暦に加え旧暦などを掲載することが生活の質を高める情報として理解され、ユニークなカレンダー文化が展開されている。

　暦法からみた旧暦の特徴は、太陰太陽暦を基本にした暦の一つということである。月の運行がもたらすリズム、すなわち月の満ち欠け（朔望）により月日を決定する太陰暦と、太陽の運行がもたらすリズムにより季節の変化を決定する太陽暦を合わせて使うことを基本にしており、「陰陽暦」の名称もある。世界で使われている暦の中では、ユダヤ暦、ギリシャ暦、バビロニア暦、中国暦など、数多くの暦がこの暦法を取り入れている。

　月日の基準としては、月が地球をまわる周期、約 29.53 日が用いられ、30 日と 29 日の長さの異なる月を組み合わせることで調整する。30 日の月を「大の月」、29 日の月を「小の月」とし、それぞれ 6 か月ずつ、合わせて 12 か月を 1 年とした。その結果、1 年は 354.36 日となる。しかし、巡る季節はこの基準では十分にとらえられない。大小の月の組合せだけでは、季節の変化に対応できず、農作業をはじめとした生業活動が円滑に行えないという生活上の問題が生じてくる。

　季節の基準は、太陽年（回帰年）、すなわち太陽が黄道上の春分点から再び春分点に帰るまでの時間である約 365.25 日を用いている。そのため、太陰暦と太陽暦では約 11 日の差が生じることになる。

　太陽年は、古くは冬至を起点として次の冬至までを 1 太陽年としていた。それを 24 等分したのが二十四節気である。冬至、夏至、春分、秋分（二至二分）を

軸として、その中間点に立春、立夏、立秋、立冬をおき、これを四立（しりゅう）とよぶ。二至二分と四立を合わせて八節とよぶ。古い時代には冬至から冬至を 24 等分した暦法を二十四節気としてとらえていた。これを恒気法（こうき）または平気法という。だが、地球が太陽のまわりを円ではなく楕円軌道で公転していることが認識されてから、春分を起点に、地球から太陽の位置が 15 度移動するたびに一節気を入れていく方法をとるようになった。これを定気法（ていき）とよんでいる。この場合、楕円を 24 で割るので、節気と節気の間の長さはまちまちとなる。日本では天保暦以降、この定気法が採用され、恒気法から定気法への切換えに伴い、二十四節気の起点は冬至から春分へと変更された。

　二十四節気の考え方では、各月の前半を節気といい、後半を中気（ちゅうき）とよんでいる。節気は奇数番目の立春、啓蟄、清明、立夏、芒種、小暑、立秋、白露、寒露、立冬、大雪、小寒の 12 である。残りの 12 は雨水（正月）、春分（2 月）、穀雨（3 月）、小満（4 月）、夏至（5 月）、大暑（6 月）、処暑（7 月）、秋分（8 月）、霜降（9 月）、小雪（10 月）、冬至（11 月）、大寒（12 月）である。冬至、大寒、雨水など二十四節気の偶数番目が中気であり、中気によって数字で示した 12 月が決められてきた。ところが中気を含まない月が時々出てくる。それは、太陽の動きと月の動きの関係で閏月（うるうづき）を設けないと太陰太陽暦を運用できなくなるからである。

　日本の旧暦は閏月をどの月の後に入れるかを決める際に、一定の規則を設定している。冬至を含む月を旧暦 11 月とすること、大寒を含む月を旧暦 12 月とし、雨水を含む月を旧暦正月と定めている。さらに春分を含む月を 2 月、夏至を含む月を 5 月、秋分を含む月を 8 月とし、閏月は中気を含まない月にすると定めた。これらの条件により閏月が決められてきたが、2033 年には中気を含まない月が三つもあり、これまでのルールでは設定できない状況が予想されている。この点についての最近の見方を「旧暦に関する最近のトピックス」で説明する。

　このような暦法の基礎を踏まえて、日本の暦の歴史を概観してみよう。古代における日本独自の暦の存在は明らかではなく、中国暦が伝来し、飛鳥時代に採用されたことに暦の運用は始まる。『日本書紀』では持統天皇 4（690）年 11 月の条に元嘉暦と儀鳳暦が初めて用いられたことが記されており、元嘉暦（実際には 692 年から 5 年間）から儀鳳暦（697 年から 67 年間）、大衍暦（だいえん）（764 年から 94 年間）、五紀暦（858 年から 4 年間）、宣明暦（862 年から 823 年間）へと 5 種類の暦法により調整を繰り返し、900 年以上の時を刻んできた。暦の制定は、時の為政者にとって力を誇示するうえで不可欠であり、いずれの時代にも当時の朝廷や

幕府の管理のもとにあった。

　日本で独自に編纂された暦は、徳川第五代将軍綱吉の時代に、京都の緯度と経度を基準にして渋川春海が作成した貞享暦（1685〜1755 年）が最初とされる。次の宝暦暦（1755〜1797 年）は第 8 代将軍吉宗が欧米の天文学に基づく改暦を目的としたが、それを十分に果たすことができなかった暦であり、その後、その補正のために寛政暦（1798〜1843 年）が作成された。欧米の天文学が徐々に取り入れられていった時代である。天保暦は、天保 15（弘化元、1844）年から施行され、明治 5（1872）年まで使用された、わが国最後の太陰太陽暦であり、現在でも生活暦として使用されている旧暦のもとである。天保暦がそれまでの暦と大きく異なる点は、前述したように冬至から冬至を 24 等分した暦法（恒気法または平気法）から、春分を起点に地球からの太陽の位置が 15 度移動するたびに 1 節気を入れていく方法をとる定気法が採用されたことである。

　明治改暦以後も使われている「旧暦」は、朔望や節気などの要素は現代の天文学に依拠しているが、天保暦の暦法を基本として使っていることから、天保暦は時代の流れに合わせて少しずつ改正されながら 170 年間も使用されているともいえる。

　暦の様式には三つのものが知られている。漢字で記された具注暦、平仮名あるいは片仮名で記された仮名暦、さらに絵や絵文字で表現した絵暦がある。中務省の陰陽寮が定める公式的な暦は「具注暦」とよばれ、干支、五行、十二直、星宿、吉凶、禁忌、季節や年中行事がすべて漢字で記入され、当日の吉凶、禁忌として記された事柄を人びとは信じて行動の指針としていた。これらの事項は「暦注」とよばれており、「具注暦」は、「注」が具（つぶさ＝詳細の意味）に記入されているのでこの名がある。奈良時代から江戸時代まで使われていたが、特に古代や中世の貴族は毎日暦に従って行動し、その余白に生活事象を記すことが多く、残された記録は歴史学上の重要な史料となっている。

　仮名文字の普及によって、「具注暦」を簡略化し、仮名文字で書いた「仮名暦」が平安時代末期に登場した。当初は手書きであったが、鎌倉時代末期からは印刷された暦も現れ、広く普及していき、当該地域の生活環境の特徴を示した地方暦が多く誕生した。各地の暦師が宣明暦をもとに計算して作成し、三島、会津、武蔵大宮、伊勢、丹生、奈良などで発行されるようになった。江戸時代には神社のお札に添えてお土産として頒布される暦は、賦暦とよばれ、伊勢の御師たちによる伊勢暦が全国規模で普及した。この他に自由に売買できる売暦があった。

絵暦は、めくら暦ともよばれ、文字の読めない農民を飢饉の被害から救うために、文字ではなく絵で記した暦がつくられた。なかでも南部絵暦とよばれる田山暦（岩手県）や盛岡絵暦（岩手県）がよく知られている。

暦の体裁としては、京暦にみられる巻暦（まきごよみ）、伊勢暦にみられる折暦（おりごよみ）、それに綴暦（つづりごよみ）という冊子形式の暦などがある。

◆◆ 祝祭日と行事・儀礼

新暦の月名が基数を基準にしているのに対し、旧暦はそれぞれに意味のある睦月、如月、弥生、卯月、五（皐）月、水無月、文月、葉月、長月、神無月、霜月、師走という異名が使われている。古典をひもとくときの基礎知識としても知っておきたい名称である。

旧暦に由来する行事は、小正月、上巳（じょうし）の節句（ひな祭り）、端午の節句、七夕、盆、十五夜、重陽（ちょうよう）の節句、十五夜、十三夜などであり、意外と多い。現在でも商業的な行事を除き、伝統的行事は旧暦を基準にした習俗に由来するものが多く、新暦に合わせながらもそのもとの姿を守ろうとしている。

その第一の方法は、旧暦の行事をそのまま新暦の日付で行い、本来の日付を尊重することである。五節句などでは、3月3日の節句（ひな祭り）がよく知られているし、お盆は東京などの特定の地域に限られるが7月13日から16日にかけて行われている。すでに行われなくなった行事が多い中で、近年、都会の町内会でも見直されている行事もある。小正月もその一つである。小正月は正月15日前後に行われ、主に農山漁村で作物の豊作や繭の増収、大漁を願って、神に祈り、当該年の五穀豊穣を期待する予祝（よしゅく）行事である。この日、左義長、どんど焼き、あるいは塞の神とよばれる火祭りも各地で行われる。また、満月のもとで異界からやってくる異形の神、いわゆる「小正月の来訪神」、あるいは「まれびと」が祭りの主体となる行事もある。秋田地域のナマハゲ、鹿児島県甑島（こしきじま）のトシドンもその例で、地域性に富む行事である。「小正月の来訪神」は、集落の新年を祝い、家々を訪れ子どもをしつける。また、子どもたちはこの行事において一定の役割をもち、地域集団の一人であることを意識する教育的意味ももつ。現在、こうした行事の一部は大正月（1月1日から始まる正月）に行われる例もある。

第二の方法は、旧暦の日付を1月遅らせて行う「月遅れの行事」とよばれる例である。季節のずれを修正するわかりやすい方法として採用された。この例は、多くの地域の8月13日から16日にかけて行うお盆であり、「帰省ラッシュ」と

いう名称も生まれた。

　第三の方法は、あくまでも旧暦の日付を守ることである。あるいはその日付を守らなければその行事の本来の意義を失ってしまう行事がある。中秋の名月（十五夜）、十三夜などがそれにあたる。月や潮に関係する行事は、旧暦で行わなければその行事そのものの存在意義が問われることになる。

　月の満ち欠けに由来しているものとして、朔日（1日）はこもっていた月が出始める意味であり、晦日（30日）は月がこもる意味で「つごもり」「みそか」ともいう。このように太陰暦に由来する言葉は現代でも盛んに使われている。「中秋の名月」は太陰太陽暦の8月15日の夜の月のことをいい、名月として古くから現在まで月見の行事が行われ、満月にススキや秋草の花々、月見団子や芋を供え、収穫の予祝（感謝）として行われており、「芋名月」ともいう。十三夜は、9月13日の夜の月のことをいい、十五夜に対して「後の月」、さらに「豆名月」「栗名月」という名称もある。日本固有の行事とする説もあり、この二つの月を鑑賞することが望ましいともいわれた。また、潮が関係する行事は旧暦でしか行えず、現在もきちんと守られている。例えば、広島の厳島神社で行われる管絃祭は、旧暦6月17日、満月を過ぎた頃に行われる船の神事である。

暦と生活文化

旧暦が農山漁村でも本来の生活における実効性が薄れていくのは、昭和30（1955）年以降の高度経済成長期であった。その後、高度な技術が発達し、情報を駆使する現代生活には実用性が求められ、新暦が中心となった。しかし、平成に入り、日本の季節の微妙な変化を再認識し、それに合わせたスローライフを営むために旧暦を参考にする考え方が徐々に広まっている。

　旧暦を掲載しているカレンダーには、一般に、月齢や新月、三日月、上弦、十三夜、下弦が表示されるほか、二十四節気、七十二候、六曜、干支、国民の祝日も掲載されている。さらに旧暦の月の大小、旬の食べ物、開花する花、つれる魚の種類、行事解説も添えられている。

　旧暦カレンダーの使用目的は多様であるが、旧暦行事や月齢、潮の干満を知ることのほかに、家庭菜園の植栽日、つりや山菜とりに出かける日にち、茶道で使う草花の開花時期、衣替え、衣類の販売、歴史的事象における時間の理解、古典の鑑賞、季語選び、自然食の研究や実践、日本酒などの仕込み、健康管理などがあげられる。したがって、2033年問題のように暦法での閏月の入れ方が定まら

ないと、一例として六曜（先勝、友引、先負、仏滅、大安、赤口）が決まらないことになる。大安はブライダル産業、友引は葬祭業に大きく影響するのである。

 旧暦に関する最近のトピックス　日本国内では、現在、沖縄など一部の地域を除いて旧暦の正月を祝うという習俗は行われなくなったが、旧暦正月を春節として祝う中国の華やかな行事の様子が日本でも話題になることはある。最近では、この期間を利用して観光旅行にやってくる中国の人々をもてなすことで旧暦を再認識することもあり、旧暦を知ることの必要性は、日本人の伝統的な生活文化を知るためだけではなく、異文化との交流のためにも必要とされる。

　また、節分の恵方巻や初午のいなり寿司は、コンビニエンスストアやスーパーマーケットでも「晴れの食べ物」として普段の食品の隣に並んで販売されるようになった。近年、ウナギの稚魚の減少が話題になるたびに、ウナギの蒲焼が盛んに食べられる土用の丑の日も注目されている。

　2014 年には、171 年ぶりに閏 9 月が入り、この月の「十三夜」は「後 十三夜」ともよばれた。その前は 1843（天保 14、江戸時代末期）年で、9 月の「十三夜」（新暦では 10 月 6 日）、閏 9 月の「十三夜」（新暦では 11 月 5 日）と二度あった。十三夜には特別な行事が伝承されている訳ではないが、2014 年は天文学や暦学に関心をもつ人々だけでなく、マスコミを通して「旧暦」「閏月」が例年以上に話題になった。現代における「閏月」への関心の現れの一つであろう。

　なお、現在、2033 年問題が注目されている。2033 年には中気のない月が 3 回となり、どこに入れるのか簡単には決められないという暦法に関する問題が生じてくる。中気を 9 月 23 日～10 月 22 日または 12 月 22 日～1 月 19 日のどちらかに入れるという提案がなされている。

　旧暦への関心は、新暦を中心とする現代生活を見直すことであり、旧暦に関連する諸文化への理解も含めた新たな生活文化の創造にもつながっている。

［大越公平］

📖 **参考文献**

[1] 中牧弘允『カレンダーから世界を見る』白水社，2008
[2] 松村賢治『旧暦と暮らす―スローライフの知恵ごよみ』文春文庫，2010

日本（新暦）

暦法とカレンダー　日本では明治6（1873）年に太陽暦（グレゴリオ暦）が採用された。それまで用いられていた太陰太陽暦を廃して、明治5（1872）年12月3日を太陽暦の明治6年1月1日とし

たのであった。改暦の準備は極秘裏に進められたために、一般大衆はもちろん政府官吏たちにとっても唐突な出来事であった。政府は明治5年11月9日に突如、改暦の詔書を発表すると同時に、太政官布告によって、12月3日を明治6年1月1日とすること、時刻法を12辰刻制から24時間制へと切り換えることを布達したのであった。

　改暦は西洋列国に伍すための文明開化政策の一環ではあったが、突然の改暦の原因は財政問題に起因するものであった。政府は明治4（1871）年に官吏の俸給を年俸制から月給制に改正したが、明治6年に暦どおりに俸給を支払うと13回分の支払いの必要が生じた。財政難に見舞われていた明治政府は、12月3日を太陽暦の新年とすることで、従来の12月の俸給と明治6年のひと月分の俸給を支払わなくてすんだのであった。

　江戸幕府において天文・暦術をつかさどったのは天文方であったが、明治維新とともに天文方は廃止された。江戸時代初めまで編暦作業にあたっていた土御門家が明治2（1869）年の作暦を行ったが、政府は明治3（1870）年に天文暦道の権限を文部省の天文暦道局に移した。さらに天文暦道局を東京に移し星学局と改称したが、同年に廃止した。文部省は翌年、星学局を天文局に改めたが、明治7（1874）

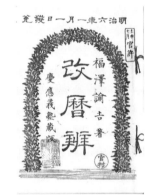

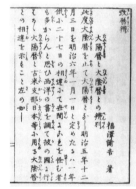

図1・図2　明治改暦時にベストセラーとなった福澤諭吉著の啓蒙書『改暦辨』。太陽暦と太陰暦との相違を平易に説いている（写真は複製）

年には廃止するなど、その後も組織の改廃が相次いだ。

　江戸時代には、伊勢の御師が年末に配る伊勢暦が全国的に知られるようになっていたが、明治4年に御師制度が廃止されたため伊勢暦の頒布も中止された。文部省は明治5年に伊勢暦を発行していた暦師を集め、頒暦商社を組織した。明治6年の太陽暦だけは許可さえ得れば誰でも出版できたものの、明治7年からは政府が発行する官暦（本暦、略本暦）の独占頒布権は頒暦商社のものとなった。明治15（1882）年からは、官暦は伊勢神宮の事務を取り扱う神宮司庁が発行することになり、再び伊勢で暦の刊行が行われることになった。冊子形式の暦が自由に刊行できるようになったのは昭和20（1945）年以降のことである。

　政府が発行する官暦である本暦では一切の暦注は排除され、旧暦も掲載されなくなった。しかしながら一般大衆の間では旧暦に対する要求が強く、そのために「おばけ暦」といわれた暦が普及した。おばけ暦には暦注のほかに大安・仏滅などの六曜、建築関係の儀礼を行うと災いが生じるとされる三隣亡、九星などが記載されていた。

　なお、「おばけ暦」と称されたのは、政府の取締りを逃れるために毎年発行所を変え、発行人の名称も偽るなど、正体をつかむことが困難であったことによる。

◈◈ 祝祭日と行事・儀礼

政府は明治6（1873）年、太政官布告第344号によって年中祭日祝日の休暇日を定めた。祝日として新年宴会（1月5日）、紀元節（2月11日）、天長節（11月3日）の3日、祭日として元始祭（1月3日）、孝明天皇祭（1月30日）、神武天皇祭（4月3日）、神嘗祭（9月17日）、新嘗祭（11月23日）の5日である。「祭日」と表記されたのは皇室祭祀の「大祭」とのかかわりによるものであった。

　その後、大正元（1912）年勅令第19号「休日ニ関スル件」や改正によって祝日・祭日は増え、日にちも変わっていった。祝日に天長節（8月31日、後に4月29日）、明治節（11月3日）が加わり、祭日に春季皇霊祭（春分日）、明治天皇祭（7月30日、大正天皇崩御により廃止）、秋季皇霊祭（秋分日）、神嘗祭（10月17日）、大正天皇祭（12月25日）が追加された。

　昭和23（1948）年7月20日、国民の祝日に関する法律（祝日法）の施行によって「休日ニ関スル件」は廃止された。同法律第一条には、「自由と平和を求めてやまない日本国民は、美しい風習を育てつつ、よりよき社会、より豊かな生活を築きあげるために、ここに国民こぞって祝い、感謝し、又は記念する日を定め、

表1　国民の祝日（平成29年現在）

元日	1月1日	年の初めを祝う。
成人の日	1月の第二月曜日	大人になったことを自覚し、みずから生き抜こうとする青年を祝い励ます。
建国記念の日	政令で定める日	建国をしのび、国を愛する心を養う。
春分の日	春分日	自然をたたえ、生物を慈しむ。
昭和の日	4月29日	激動の日々を経て、復興を遂げた昭和の時代を顧み、国の将来に思いをいたす。
憲法記念日	5月3日	日本国憲法の施行を記念し、国の成長を期する。
みどりの日	5月4日	自然に親しむとともにその恩恵に感謝し、豊かな心を育む。
こどもの日	5月5日	子供の人格を重んじ、子供の幸福をはかるとともに、母に感謝する。
海の日	7月の第三月曜日	海の恩恵に感謝するとともに、海洋国日本の繁栄を願う。
山の日	8月11日	山に親しむ機会を得て、山の恩恵に感謝する。
敬老の日	9月の第三月曜日	多年にわたり社会に尽くしてきた老人を敬愛し、長寿を祝う。
秋分の日	秋分日	祖先を敬い、亡くなった人々をしのぶ。
体育の日	10月の第二月曜日	スポーツに親しみ、健康な心身を培う。
文化の日	11月3日	自由と平和を愛し、文化を進める。
勤労感謝の日	11月23日	勤労を尊び、生産を祝い、国民が互いに感謝し合う。
天皇誕生日	12月23日	天皇の誕生日を祝う。

これを『国民の祝日』と名づける」と記されている。祝意を表し各家に国旗が掲げられたことから、明治から大正期にかけて一般的に「旗日」ともよばれていた。

　戦後の祝日の改廃に関してはかなりの苦労があった。改廃の発端は、連合国軍総司令部からの要求であった。日本の祝祭日には国家神道的色彩が強くみられたことから改廃を求められたのである。政府は、「明治節」を「文化の日」に、あるいは「新嘗祭」を「勤労感謝の日」に読み換えることで難局を乗り切った。

　現在の国民の祝日は表1のようになっている。

 **暦と生活文化**　新暦は明治以降、確実に日本人の生活に浸透していった。しかしながらそれによって旧暦が一掃されたかと

いうと必ずしもそうはならなかった。旧暦のもととなった二十四節気は農事暦をはじめとしてさまざまな暦に採用された。戦後まもなく実施された迷信調査によれば、正月と節分は特に都市部において新暦によるところが多かったが、お盆や七夕は依然として旧暦で行っている地域が少なくなかった。

　また十干十二支についても都市や農村の区別なく幅広く支持されていたことがわかっている。丙午の出産や、結婚相手を選ぶ際に丙午に生まれた女性を避けるなどの影響は次第に小さくなっているものの、十干十二支は依然として日本人の生活に影響力をもっている。

　ほかにも六曜（先勝、友引、先負、大安、仏滅、赤口）、九星（一白、二黒、三碧、四緑、五黄、六白、七赤、八白、九紫）、十二直（建、除、満、平、定、執、破、危、成、納、開、閉）、二十八宿など、地域や従事する職業（特に第一次産業）においては、さまざまな暦注が息づいていた。

 戦後の年中行事の変容　　年中行事は、地域や風土などによって日時や様式に微妙な差違がみられるなど実に多様であった。特に年末から年の初めにかけては、多くの重要な行事が行われた。12月にはすす払いを行い、神を迎える準備をする。山へ行って松を迎え、正月棚を飾り門松を立てる。大晦日にはごちそうを食べ「年取り」をする。元旦に主人か長男が年男になり若水をくむ。7日は七草がゆ、15日は小正月。2月には初朔日、節分、事八日（ことようか）、春分に最も近い戊の日は社日で、田の神が高いところから降りてくるという。3月3日はひな祭りで、女児のいる家ではひな人形を飾り幸福を祈る。4月8日は釈迦の誕生日で、灌仏会・花祭りが行われた。

　5月5日の端午の節句、6月1日は氷の朔日、6月15日は川祭りあるいは水神祭といって、水の神を祀る。6月の晦日は夏越（なごし）といわれ、都市部では神社が人形や形代を集めて川や海に流す。7月1日は釜蓋朔日（かまぶたついたち）・釜の口明きなどという、お盆の精霊が旅立つ日とされる。7日は七夕で、七日盆、盆始めともいう。八朔は8月朔日の略で、稲の穂出しを祈願したり刈り初めの神事などを行ったりする。15日は十五夜で、月見、芋名月ともいう。9月の初九日は重陽の節句。10月1日は刈り上げの朔日、10日は十日夜、田の亥の子で神祭りを行う。11月15日は七五三、第二の卯の日は新嘗祭、23日は大師講である。12月朔日は乙子（おとご）の朔日、餅をついて川に投げ、水神を祀る。八日は事八日である。

　柳田國男や折口信夫は、年中行事を総体としてとらえ、年中行事の一年両分性、

あるいは二重構造を指摘している。現在のように1年を一つのサイクルとするのではなく、1年を半分にして同様の行事を二度繰り返すと考えるのである。特に柳田國男は、正月と盆の構造的類似性を指摘し、正月に来る神が祖霊であり、仏教行事としてのお盆の基盤に日本人固有の祖霊信仰があると述べた。

　しかしながら、こうした伝統的な年中行事の大半は、都市を中心に次第に消えていき、戦後の日本人の年中行事は大きく変容することになった。地域共同体を基盤に農耕儀礼と密接なかかわりをもって培われてきた伝統的な年中行事は、産業構造が変化し、村落共同体や「家」が崩壊していく中で、支える基盤を喪失した。現在も広く行われている正月やお盆なども、その意味内容は変容している。複雑な行事であった正月や盆の行事は単純化した。歳神の来臨を迎えて霊魂の更新をはたす行事とされた正月の意味は希薄化し、家でのんびり骨休めをする機会という認識が広まっている。伝統的な祖先崇拝が変化していることは盆の行事でも確認することができる。柳田國男によれば、人は死んで一定期間たつと個性を失い祖霊に溶け込み、子孫を守護するようになる。しかしながら近年は、遠い先祖に対する崇拝の感覚は失せ、故人となった近しい親族に対してのみ愛情を表現する傾向がみられる。

　伝統行事が消えていく一方で、戦後、海外から輸入された新しい行事が定着していった。クリスマスが現在のように家族の行事となっていったのは高度経済成

長期である。クリスマスは年末の行事として日本人の間にすっかり定着し、クリスマス近くになると街はクリスマス一色となる（図3）。バレンタインデーも、女性から男性にチョコレートを贈る日として幅広い世代に浸透している。チョコレート業界の商略によって盛んになったと指摘されることがあるが、1970年代後半になって若年層の女性の間で自発的に生じた行事である。70年代半ばになって「義理チョコ」が登場するにいたって全世代的なものとなった（図4）。

　近年では節分に恵方巻を食べることが広まり、若者を中心に仮装の機会としてハロウィンへの関心が高まっている（図5）。

図3　1990年代の三越デパート（銀座）のクリスマスセール（1993年撮影）

これらの年中行事の中には、キリスト教文化に由来するものが少なくないが、日本人はそうしたものとして受け入れた訳ではない。これらの行事は、戦後経済が発展し家族構造が変化する中で、消費・流通・情報の中から生まれた新しい文化である。

図4 1990年代の東武デパートのバレンタインデー（1994年撮影）

地域共同体を基盤に農耕儀礼と密接なかかわりをもって行われてきた年中行事は、社会構造の変化に伴って、集団としての規範力を失っていった。その結果、年中行事は重層的な構造をもつようになった。夫婦の年齢や子供の有無といった世代や家族構成、ライフスタイルの志向性の相違によって、行われる年中行事や意味は異なっている。また、学校での入学式や運動会、あるいは会社での花見や社員旅行など、個人が帰属する集団ごとに節目となる行事が行われる傾向が存在する。

自然による生業への制約から大きく解放され、また自然との日常生活上の関係が薄れた現代社会においては、どのような年中行事も、程度の差こそあれ、生産過程を基盤にした季節の節目とはなりにくい。1年間を一つのまとまりとして考える場合

図5 渋谷のハロウィン（大久保衣純撮影）

には、会社や学校で採用されている年度も無視することができない。現代の生活を構造的に規定しているのが農耕のリズムではなく、消費や情報であるとすれば、年中行事も消費と情報によって制約を受けることになる。価値観やライフスタイルが多様化する中で、社会全体の節目としての年中行事の存立や意味自体が問われている。　　　　　　　　　　　　　　　　　　　　［石井研士］

📖 **参考文献**

[1] 岡田芳朗編『日本の暦—旧暦と新暦がわかる本』新人物文庫，2013
[2] 石井研士『日本人の一年と一生』春秋社，2005

日本（アイヌ）

　アイヌは北海道を中心に、かつては本州北部や千島列島、樺太（サハリン）南部に住んできた日本の先住民族である。隣り合う民族と交流しながらも独自の文化を築いてきたが、江戸時代に幕府や藩による支配が始まり、明治時代に北海道への移住者が増加すると、アイヌは不利な立場におかれ、日本化を余儀なくされた。しかし、1980年代頃から文化復興の気運が高まり、1997年に「アイヌ文化の振興並びにアイヌの伝統等に関する知識の普及及び啓発に関する法律」（通称：アイヌ文化振興法）が制定され、2008年には国会で「アイヌ民族を先住民族とすることを求める決議」が採択された。現在の人口を把握することは難しいものの、アイヌ民族としての自己認識をもつ人は数万人以上になると考えられる。

☾☀ 暦法とカレンダー

　アイヌの暦に関する記録は、その大部分が和人（アイヌに対して日本の多数民族）の残した聞き取りである。そのため、日本の暦の事項にあたるアイヌ語を収集したものが多く、独自の暦法を探ったものは少ない。しかし、文字を用いなかった時代、木の棒に刻み目を入れたり、六つの結び目をつくったひも5本をひと組にして毎日ほどいていったりするなど、日や月を数えるための道具があったことは知られている。また、新月から新月あるいは満月から満月までをひと月ととらえ、新月、三日月、半月、満月などにあたる呼び名もあった。月が欠けていくときは月が泣いて祈りが届かないため、熊の霊送りなどの儀式を行うのは月が満ちていく時期とするなどの樺太の伝承が採録されている。

　1年は、夏の年と冬の年の1回ずつで構成されると考えられてきた。ユカラ（叙事詩）などの口承文芸には、「サクパ イワンパ マタパ イワンパ」（夏の年6年 冬の年6年）という言い回しがよく出てくる。6はアイヌにとって特別な数字であり、しばしば多数を表すので、これは「何年も何年も」と長い年月を表現する言い方である。春・秋にあたる単語はあるものの、アイヌに限らず北方地域の先住民には、1年が夏と冬からなるとの考えは広くみられる。

　記録が多く残っているのは、日本の旧暦にあたる月の呼び名である。例えば、

『アイヌ語沙流方言辞典』は著者の田村すず子が1950年代から古老に聞き取り調査をしてまとめたものだが、月の呼び方とその意味を要約すると、以下のようになる。1月：トウェタンネ「日が長くなる」、2月：クウェカイ「（雪で）仕掛け弓の台が折れる」、3月：キウタチュプ「ユキザサを掘る月」、4月モチュプ「達者である月」、5月：シンチチュプ「あたり焼ける（これから暖かくなる）月」、6月：マウタチュプ「ハマナスの実を（植えるために）掘る月」、7月：マウチチュプ「ハマナスの実が熟す月」、8月：ハプラプ「葉が落ちる」、9月：ニホラク「木が倒れる（木の葉が落ちる）」、10月：ウレポク「足の下（で霜柱が鳴る）」、11月：ルウェカリチュプ「（鹿を追って）通り道を先回りする月」、12月：チュルプ（語構成・語源未詳、「雪煙が立つ月」との説明）。

　ほかにも、北海道の各地や樺太、千島などで月の呼び名は採集されており、同じ呼び名でも1〜2月のずれがあったり、食用として掘る植物がウバユリやクロユリであったりと地域による違いがある。しかし、自然の状態を表したもの、特に生業とのかかわりを示したものが多くみられるという点は共通している。

　古いところでは、幕末の探検家松浦武四郎が1857（安政4）年に著した『夕張日誌』に、同地の博識な古老コトンランから聞いた暦に関する記録がある。コトンラン自身の83歳、妻の68歳という年齢を聞き、「アイヌは歳を知らないと聞いていたのに」と驚くと、コトンランは数字は往古より伝わっているといい、文字がないため干支と日の吉凶は割り出して伝えることはないが、「土用、彼岸、社日、入梅、寒の入、冬至、夏至、八十八夜、節分、月の大小閏等は月の盈虧、草木の榮枯、雪の消方、虫の音、鳥の囀り様、花の咲き、實り方、獸の穴に出入」をその前年、前々年にあてはめて割り出すと、1〜2日の遅速はあっても3〜4日と違うことはない、と話した。また、月の名は1月から順に「イノミチュフ、ハフラフ、モキウタ、シキウタ、モマウタ、シマウタ、モニヲラフ、シニヲラフ、ウレホフ、シュナンチュフ、クエカイ、チウルイ」と記録している。これらの月の呼称は、先の田村の記録を含め、20世紀後半に収集された語とほぼ共通している。

図1　千島アイヌのカレンダー（国立民族学博物館所蔵）

　実際に使われていた暦としては、珍しいものであるが、1899 年に民族学者の鳥居龍蔵が色丹島で収集した千島アイヌのカレンダーがある（図1）。旧蔵先の東京大学の目録には「此ハろしあ人ヨリ学ビタルモノニシテ土人ハ之ヲ柱ニ掛ケ木釘ノ如キ小ナル木ヲ孔ニ刺シテ年月日ヲ知ルニアリ。」と説明が付されている。本資料は 19 世紀にアラスカで使われていたロシア正教会のペグ・カレンダーとよばれる暦に似ている。それはペグ（木釘）を毎日一つずつ動かしていくもので、右端の七つの穴は曜日を表し、教会に行く日曜日に十字架の印がつけられ、縦線の右側に 31 個、左側に 30 個ある穴は日を示し、祭日に十字架の印がつけられているようである。ただ、アラスカに残されているものは、30 個または 31 個の穴が 12 列あり、1 年分が一つになっているものばかりであるのに対し、千島アイヌのこのカレンダーは 2 か月分しかないようである。

◈◈ 祝祭日と行事・儀礼

古くは決まった日に行う行事はなかったと考えられるが、季節の変わり目に、生業の無事と収穫（獲）を祈るカムイノミ（神への祈り）が行われた。また、イオマンテ（熊の霊送り）は冬に行われるのが通例であった。

　現在は、祭りや儀式の主催者や他地方からの参加者の都合があるため、毎年決まった時期に開催されるものもある。定着して長く続いている祭り・儀式には次のようなものがあり、戦後まもなく始まったものも少なくない。①シャクシャイン法要祭：新ひだか町静内真歌、秋分の日（2017 年で 71 回）②まりも祭り：釧路市阿寒町、10 月 8〜10 日（同 68 回）③美幌峠まつり：美幌町、5 月第四日曜日（同 63 回）③こたんまつり：旭川市神居町、秋分の日（同 60 回）④アシリチェプノミ（新しいサケを迎える儀式）：札幌市、9 月第二日曜日頃（同 36 回）。また道外では、以下のような祭りが 20 年以上続いている。⑤武四郎まつり：松阪市（松浦武四郎記念館）、2 月最終日曜日（同 22 回）⑥チャランケ祭：東京、11 月第一土・日曜日（同 24 回）。

📅 暦と生活文化

先述のとおり 1 年は夏の年と冬の年に分かれ、夏は「女の年」ともいわれた。山菜や木の実、薬草などを採集し、畑を耕し農耕をする季節だからである。春に新芽や若い茎葉など食用の植物の採集が行われ、すぐに食するだけではなく、天日乾燥して保存された。夏から秋には、根茎や果実が採集された。アワ、ヒエ、キビなどの雑穀や蔬菜の栽培も

行われ、主に女性の仕事であった。

　生業の中心でもあるサケ類の漁は、遡上する春のサクラマス、夏のカラフトマ
ス、秋のシロザケと、季節ごとに産卵のために遡上するものを捕獲した。暑い時
期は焼き干し、気温が下がってくれば天日干し、冬にはそのまま凍らせて保存し
た。冬は「男の年」であり、狩猟をする季節であった。

　生業の節目で季節を区切り、雪の消える頃に夏の年が始まり、反対に雪が降り
始める頃に冬の年が始まるとされた。その季節の変わり目にカムイノミをして、
新しいイナウを捧げ、ごちそうを用意し、歌や踊りを楽しんだ。そのため、「正
月が二度ある」ともいわれる。

　一方、1月を「イノミチュプ」（祈る月）とよぶ例は、松浦武四郎が前出の『夕
張日誌』で「神祈月と言義也。此月は年の始なれば年中の事を神に祈る月なれば
也」と解説している。この夕張の例のほかに、旭川、静内などでも採録されてい
るが、日本文化の影響とみてよいだろう。現代は、日本の正月の慣習を取り入れ
て、新年のカムイノミを個人または地域などで行うところも少なくない。

 アイヌ文化の復興と暦　　現代のカレンダーは、ほかの日本人が使用す
るものと変わらない。ただ近年は、公益財団
法人アイヌ文化振興・研究推進機構で制作・配布しているカレンダーがある。先
述のように地域によって月の名が異なるため、一つ、二つ……という一般的なも
のを数えるときに用いる接尾語を数詞につけた「シネプ、トゥプ、……トゥプイ
カシマワンペ」という 12 までのアイヌ語が書かれている。

　同財団で発行している地域別のアイヌ語教材テキスト（入門編）には、（その
地域を含む）3 地域ほどの月の呼び名が一覧で掲載されている。子どもたちに伝
統的な 1 年の暮らしや自然観を教えるのに、適した教材であろう。

　また、刺繍や版画などの作品でカレンダーを制作・販売している作家もいる。

［齋藤玲子］

📖 **参考文献**
［1］末岡外美夫『人間達（アイヌタリ）のみた星座と伝承』末岡由喜江，2009
［2］久保寺逸彦「アイヌ民族の正月の今昔」佐々木利和編『アイヌ民族の文学と生活（久保寺
　　逸彦著作集2)』草風館，2004（1936 初版）

日本（沖縄）

 暦法とカレンダー　現代沖縄の暦は、公共的には日本本土と変わらない太陽暦（グレゴリオ暦・新暦）を用いているが、地方の行事や生活上の日どりなどは相変わらず旧来の太陰太陽暦（旧暦）に従い、独自の暦書・暦表が各地に伝えられている。

　生活暦としての沖縄の暦書の第一の特徴は、新旧の暦日の下に干支ほかによる暦注や、日々の吉凶を載せた暦注があることである。暦注に、日々の生活知識や教訓などが記されているものもある。第二の特徴は、それが「日選びの百科事典」に等しい書として用いられてきたことであろう。今日も沖縄発行の暦書や手書きのメモ暦（一般に沖縄では「日取り帳」という）が使われていて、生活に生かされている。

　以上のような特徴を反映して、沖縄の市販の手帳、カレンダー、暦書などには太陽暦による日本共通の曜日・祝祭日が記されているが、さらに市販の暦書には、暦表に干支、九星、雑節、十二直、二十八宿、中段・下段、月の満ち欠け、および沖縄だけに通じる暦注などが施されている。暦書には、さらに暦表や暦注などに、沖縄の祭りや行事、祭具に関する解説まで載せられている。

　時間の折目を記した暦書かどうか判断に迷うのが、沖縄に普及して用いられてきた「通書」である。「通書」とは単に日選びのためだけでなく、多項目にわたる日常の生活知識を盛り込んだ一種の情報誌だった。詳しくは「沖縄の暦書の歴史と独特な民間暦の発生」の項で解説する。

祝祭日と行事・儀礼　沖縄の祝祭日と行事、儀礼上の時間の単位は、暦による「1年」を基準に考えることが基本である。したがって現地では、一般に「年中行事」として認識されているが、年中行事のような集団的活動は、実際は必ずしも1年に1回繰り返されるものとは限らない。また年中行事の「行事」とはかつての王府の儀礼にみられたように、政治的・経済的・社会的・宗教的なあらゆる生活に必要な活動をいい、宗教活動だけをさすものではなかった。しかし、ここでは沖縄県・東村を中心とし、民俗宗

教に基づき、一定の宗教的目的を達成するために定期的に行われる規則性のある
人々の儀礼のみを例としている。

　沖縄の年中行事は、今日も太陰太陽暦によっている。ただし近年、正月行事だ
けは太陽暦に改める傾向にあり、また暦体系の変化も村落ごとに微妙に違い、行
事内容も異なっている。例えば神事は従来どおり太陰太陽暦に従って行うが、そ
の他の行事は太陽暦に基づいて行うという新暦化、本土や公共機関の行事との一
体化が図られることなどがその例である。

　東村の人々は繰り返される暦日を、「シチビー」（節日）とか「ウイミ」（折目）
と称し、またそれらを総称して「シチビーウイミ」（節日折目）としている。た
だこれらは主として「カミグトゥ」（神事）の行われる時期を言っており、これ
とは別に「グソーグトゥ」（仏事）の行われる日もあり、これを「スーコー」（焼
香）という。「スーコー」（焼香）は人生儀礼上きわめて重要な祭日で、年中行事
になっているものもあり、神事と仏事の両者が織りなされて年中行事が今日まで
伝えられているのである。

　行事の時期として、最も重要な基準は月の満ち欠けだった。沖縄の多くの地域
と同様に、東村でも新月の朔日、上弦の7・8日、満月の15日、下弦の22・23
日は行事の時期として最適だった。掃煤の儀礼、大晦日の晩餐、元旦行事、七日
節句（正月7日）、小正月、仏の正月（正月16日）、稲穂結実の祈願（5月13日）、
祖先神への祈願（5月15日）、収穫感謝祭（6月23〜26日）、七夕（7月7日）、
盆行事（7月13〜15日）、イニンビ（妖火）の出現と除厄儀礼（8月8〜15日）、
月への祈願（8月15日）、鬼除けの儀礼（12月8日）などはみな、暦書に記され
た月の満ち欠けの時期によっていた。そして潮の干満もまた、春の浜下り行事（3
月3日など）に限らず折々の行事の時刻を知らせてきた。

　行事の時期を決めるための自然界の認識は、もとは王府の自然界認識に発する
が、それは作物の成長に伴う農業活動の折目に顕著にみられる。稲作のための種
子おろし（9月吉日）、種子まき（10月吉日）、田植え儀礼（2月吉日）、害虫防
除儀礼（4月吉日）、稲穂結実の祈願儀礼（5月13日）、初収穫儀礼（6月3日頃）、
収穫感謝祭（6月23〜26日）、芋の豊作祈願（10月10日頃）、山仕事のための草
木成長期の儀礼（4月吉日）、その他今は消滅してしまった麦やアワに関する儀
礼や、新しく目的化しつつあるサトウキビやパイナップルの豊年祈願等々は、植
物の成長とそれに伴う農業活動の段階が折々の行事の時期を定めて行われてい
る。

行事の時期を定める、より人為的で政策的な暦法の産物、それは月日をほぼ均等に配分した暦日ばかりではなく、多くは「干支」や「六輝」、そしてさまざまな節令だった。「干支」による時期で代表的なのは、正月に行われる歳祝いだが、かつての東村では歳祝い以外にも「干支」により定められた行事があった。また「六輝」を用いるのは屋敷浄化儀礼（2月と8月の大安）や害虫侵入防除儀礼（3月の大安）などであり、いずれも「大安」の日を選んで行われている。「二十四節気」を用いるといえば、その典型例が清明祭（3月清明）だが、彼岸祭（2月と8月の彼岸）も日本の暦日分類上「雑節」にあたるとはいえ、春分・秋分の節気、すなわち「二十四節気」を用いており、この例に含めて考えてよいだろう。「重日」、すなわち多くは奇数で月日が同じ数まわりになる日を行事日に定めるのも、行事の折目の好基準になっている。1月1日の元旦、3月3日の女の浜遊び、7月7日の七夕、9月9日の秋の健康祈願の諸行事が代表例である。

　東村を含む全沖縄に特徴的なのが、「1年周期」によらない定期的な行事である。時期の基準としては、年3回、すなわち4か月に1回の行事、年2回、すなわち6か月に1回の行事という年内数度の例もあれば、3年に1回、5年に1回などの数年1回の行事もある。年3回の行事としては、「神月」とされる正月・5月・9月の行事であり、東村では関帝王信仰や観音信仰などの外来信仰に基づく特定の家の行事である。その他に、水への感謝儀礼をあげてもよいだろう。

　年2回の行事としては、2月と8月に行われる行事が多い。彼岸祭が典型例だが、ほかに屋敷浄化儀礼（2月と8月の大安）があげられる。2月の悪霊侵入防除儀礼（大安）と8月の除厄儀礼（8〜15日）も、2月と8月の両月を利用した行事だろう。年2度とされているのが、正月行事と9月9日の井戸祈願、旅の安全祈願などである。数年に1度の行事は、9月から11月頃に行われる今帰仁まわりと東まわりの旧地拝所巡りが好例だが、その他に八月踊りなどの踊りも数年に1度行われている。その他、1年周期にかかわらない行事として、「ウチャトゥ」と称する月2回、毎月1日と15日に行われる位牌祭祀の行事がある。

　行事には開始と終了とがある。通常あらゆる行事は、その日のうちに開始と終了の儀礼があるが、行事が2〜3日、またそれ以上の週・月・年次に及ぶとき、行事内容は一対の対立した行事となっている。沖縄の年中行事を考えるうえで重要な点は、こうした「対」を構成する行事であり時期である。行事の開始から終了までの期間はさまざまであり、1年を念頭において行われる神事の開始と終了もあれば、12月から1月にかけて行われる火の神の昇降、ほぼ半年に及ぶ種子

おろしから収穫感謝祭までの稲作儀礼、1か月近くに及ぶ物忌み期間の開始から終了（5〜6月）、1週間前後に及ぶ正月行事、収穫感謝祭（6月）や豊穣感謝祭（8月）、3日に及ぶ盆行事など、行事が単に「1日」という単位で行われるとは限らない好例を、沖縄に求めることができる。

 暦と生活文化　　沖縄では明治期の暦制改革により、公には日本年号と太陽暦が用いられて現在にいたっている。しかし民間や地方では、依然として太陰太陽暦に基づく行事が多数あり、それにより集会などが催されている。

　こうした沖縄の暦書やカレンダーには沖縄独特の暦注があって、集会など日々の生活に指針を与えていることはすでに述べた。それゆえ日本全体から見て地方性豊かな暦文化として理解できるが、最も個性的なのは造暦の歴史の産物である。それはかつての『トキ双紙』や『砂川双紙』のように、特定の知識人がそれぞれの地方独特の暦文化を伝えてきた、民間の造暦に由来している。

　今日の沖縄でも、暦を見ながら人々の要請に応じて日の吉凶を判断する専門家がおり、彼らを「ヒューリミー」（日撰見）、「ヒートゥイセー」（日どり人）、「ピューリチラビ」（日どり調べ）、「ビューヌヌス」（日どり主）などと称している。民間ではかつて用いられていた『時憲暦』や、その後の『大雑書』、『永大万暦』などの前近代の暦形式をまねた、独特の自家製日取り帳が各地域で作成されて用いられてきた。

　沖縄各地の暦文化は、暦日こそ公共の太陽暦と沖縄共通の太陰太陽暦の暦表を用いているが、暦注の解説は各地各様なのである。ヒューリミー（日撰見）はそれを自分のノートなどに記しておいて、折々の干支ほかによる、その土地独特の行事日や日の吉凶を解釈している。例えば宮古島・大浦の某家には、日どりの基準を十二支とし、各月の十二支日の意味を解説した日取り帳がある。3月子の日は「白水が日」、丑の日は「虫頭日」、寅の日は「大ヤフサ日」、卯の日は「小ヤフサ日」等々である。与那国島・祖納の某家にも、日の吉凶を知るための日取り帳がある。しかし宮古島のものとは違い、忌み日だけが一覧表に記されていて、例えば3月の忌み日で午の日は「天火」日、未の日は「地火」日、酉の日は「百人取」日で、忌み日には「旅行に悪い」、「結婚式をしてはならない」、「新築してはいけない」などの忌み行為が記されている。

　類例は沖縄各地にあって、地域ごとに暦注の意味付けが異なっている。これだ

けグローバル化した今日にあって、なお根強くローカルな暦文化が息づいている
ことが、沖縄の暦文化の特徴だろう。

 沖縄の暦書の歴史と独特な民間暦の発生　沖縄の暦がこのように日
本の中でも特異なのは、
その歴史に由来している。琉球国は 1372 年、中国に朝貢して中国から『大統暦』
を受領した。以後今日にいたるまで沖縄の人々の生活の折目を与え時間の意味を
提供しているのは、基本的には中国起源の時間体系である。琉球国はこうして、
暦の輸入を通じて中国の時間体系を輸入したが、実際その暦が必要となったのは
1436 年に福建省で中国暦を受領して以後のことである。またこの時期になると、
日本の暦（和暦）も使用されていた。

　1465 年、金鏘（きんしょう）なる人物が通訳として福州に渡り、そこで暦法を学んだのが沖
縄の造暦の始まりだとされる。時代は下って 1663 年、沖縄は清の冊封を受け、
やがて中国の『時憲暦』を琉球国内で刊行することになる。また琉球国の暦注統
制政策に対応して暦制度の確立が進み、1718 年には中国の『時憲暦』を沖縄式
にした『撰日通書』が誕生した。さらに 1765 年、暦を管理する通書役を任期制
とするなど、暦制が次第に安定化していく。「撰日新法」、「日食法」などの暦学知
識の進展もみられて、この体制が 1879 年の太陽暦への改暦まで続くことになる。

　沖縄は 1879 年の暦制改革まで中国年号を用いており、かつ太陰太陽暦を公の
暦法としてきた。それを日本政府の改革断行により日本年号に改めて太陽暦を採
用したが、非公式には継続して中国年号が用いられ、太陰太陽暦も使用され続け
てきた。

　沖縄はこのように基本的には中国の暦法の学習経験を通して独自の暦づくりを
行い、また国家的な時間の管理体制を保ってきた。それが今日の沖縄独自の時間
体系の基礎になっている。すなわちすでに述べたように公共的には太陽暦なのだ
が、地方の行事や生活上の日どりなどは太陰太陽暦によっており、独自の暦書・
暦表が各地に伝えられ用いられている訳である。

　沖縄の暦書の第一の特徴として、暦日の下に干支ほかと日々の吉凶を載せた暦
注があることは、すでに述べた。上述のように『撰日通書』は、『時憲暦』を沖
縄式に改良した独特の琉球暦である。当時は民間人がつくった『選吉必鑑』、『選
日宝鑑』などもあり、発行地も制作者もすべて沖縄だった。第二の特徴も、すで
に触れたように「日選びの百科事典」のような暦書だったことである。そこには

「太極説」「五行説」「暦法」「撰日法」「奇門遁甲」などが記されているが肝心の暦日が記されておらず、しかも「旅行」「建築」などの生活目的に合わせた事項別の事典になっていた。例としては『廸吉全書』が代表的だが、それは日選びを中心に種々の占いや生活知識を載せた書で、沖縄各地で出版されていた。暦書に生活上の必要情報を数多く盛り込もうとしたため、「通書」との差がつきにくい。

　「通書」には、暦日の下に干支・十二直・二十八宿と日々の吉凶を載せた暦注があるもののほか、生活知識や教訓などが記されたものもある。すでに述べたような王府発行の『撰日通書』のほか、庶民がつくったさまざまな「通書」があった。また日選びを中心に種々の占いや生活知識を事項別に載せた「通書」もあり、加えて事項別撰吉書に『玉匣記』があった。さらに実用的な百科事典として沖縄でよく知られているのは『大雑書』で、これは本土から沖縄にもたらされた書である。『大雑書』には「気候」から始まって、「農業」「商売」「裁縫」「養生」「雑占」などの情報が盛り込まれていた。

　かつての琉球国で国家の造暦や通書役によらず、王府で用いられた『時憲暦』『撰日通書』『大雑書』などの形式をまねた、民間人がつくった独特の日取り帳が各島・各地域で用いられてきた。その一つが「トキ双紙」（時双紙）である。「トキ」とは吉凶を占う占い師であり、人々の求めに応じて祭りや祝い事、家普請や旅行などの生活上の日どりを決めていた日撰見だった。つまり、象形文字や記号で書かれた「双紙」を読み解くことのできた民間の知識人だった。「トキ双紙」とは、このような独特の暦書であり通書だったが、王府はシャーマンであるユタとともに、「淫祠邪教」の担い手として放逐する政策をとってきた。

　「トキ双紙」が沖縄の過去の民間暦だったとすれば、その知識を受け継いで近代にいたるまで存続したのが、宮古島の砂川・友利・新里一帯に伝えられる「砂川双紙」である。単に「双紙」、または別名「砂川暦」「カンパニ」などとよばれるが、「砂川暦」は「砂川双紙」とは違って現在太陽暦を基準に編まれており、記号を「双紙」から受け継いだ現代のこの地方の暦をもさすので注意が必要である。「砂川双紙」は、『琉球国由来記』に記された「天人文字」と酷似した十二支および五行を表す記号と、忌み日を表す9種類の特殊記号からなり、二十四節気、十二直なども記されている。なかでも暦注が象形文字や絵記号によっていることが特徴で、絵暦の一種と考えても間違いではない。かつては暦書として使われていたが、現在では男子だけに伝授され、御嶽の神に捧げる神聖な奉納品としてつくられている。

　　　　　　　　　　　　　　　　　　　　　　　　　　　　　　［渡邊欣雄］

日本（在日外国人）

在日外国人は 2015 年末の統計で約 223 万人である。国籍（出身地）別では中国人が約 71 万人、コリアンが約 49 万人、フィリピン人が約 23 万人、ブラジル人が約 17 万人、ベトナム人が約 15 万人、米国人が約 5 万人であり、ペルー人、タイ人、ネパール人等々と続く。日本の総人口を 1 億 2700 万人とすると、外国人は約 1.7% となる。東西冷戦構造の崩壊や経済金融のグローバル化がその背景にあるが、日本は欧米に比べると外国人移民や難民がきわめて少ない。にもかかわらず、そこにおいてすら社会の多文化化、多言語化は確実に進んでいる。

在日外国人は 1980 年代後半から 1990 年代にかけて急増した。1990 年に「出入国管理及び難民認定法」の改正があり、ブラジルやペルーなど南米から日系人が逆流する、いわゆる「デカセギ」の現象がみられたからである。他方、コリアンは戦前からのオールドカマーが減少し、ニューカマーが東京の大久保などに住み始めた。またフィリピン人が都市では第三次産業に従事し、農村では農業後継者の結婚相手として分散居住するようになった。中国や台湾からも移住者は増え続けている。最近の傾向としては、リーマンショックや東日本大震災の影響で南米人が減少し、代わってベトナム人やインドネシア人、あるいはパキスタンやネパールからの移住者が増加している。

☾☀ 暦法とカレンダー

カレンダーの観点からは、在日外国人が二重、三重の暦法や祝日を使い分けて暮らしていることが特筆される。例えば、ラマダーンを守るエジプト出身の力士、大砂嵐がその一例である。また「爆買い」に象徴される東アジアからの旅行者が旧暦（農暦）の休暇を利用して訪日するようになった。換言すれば、農暦やヒジュラ暦などの暦法が在日外国人社会に浸透しているだけでなく、在日外国人や外国人旅行者を通して日本社会の経済活動に変化を及ぼしているのである。日本人が外国旅行や海外勤務に際し、異国の暦法をわきまえるだけでなく、在日・滞日外国人の生活文化にも注意を払う必要が生じている。

祝祭日と行事・儀礼

在日外国人にかかわる行事や儀礼は多様であるが、主なものを年初から取り上げてみよう。

　旧正月（春節）は横浜や神戸の中華街で華人中心に祝われる。横浜では午前0時に向けて爆竹が鳴り響き、煙が立ち上る中でカウントダウンが行われる。関帝廟や媽祖廟に人々は押しかけ、長い線香をあげて祈願する。中国風の獅子舞が演じられることもある。一方、家庭では旧暦の大晦日に家族が集まり、「年夜飯」（ニェンイェファン）を食べながら団欒する。黒砂糖でつくる「年糕」（ネンカオ）という餅も食べる。在日コリアンは先祖祭祀や贈り物を通して旧暦のソルラル（正月）を祝う。ベトナム人も旧正月のテトを祝うが、新暦の正月に仏教寺院などに集まることが多い。

　近年、長崎では盛大にランタンフェスティバルが繰り広げられている。旧正月を彩る赤いランタン（中国風提灯）が軒先など、いたるところにつり下げられ、春節（新月）から元宵節（満月）までの半月間の観光行事となっている。これは1994年から華人のみならず国内外の観光客を呼び込む祭りに拡大したことで長崎の風物詩となった。今では100万人以上の人々が獅子舞や竜踊り、雑技や演劇、皇帝や媽祖の行列に中国風の正月気分を味わう機会となっている。

　イースター（復活祭）は移動祝日（3月末〜5月初め）であり、カトリックやプロテスタントと東方正教では同一日のこともあるが、暦法の違いにより日にちにずれが生じることも多い。フィリピンや南米出身のカトリック教徒はその数を増しつつあり、フィリピノ語やポルトガル語によるミサも行われている。ロシアや東欧、あるいはエチオピアなど正教圏からの移住者は東京のニコライ堂や神戸ハリストス正教会などに集まり、イースターエッグでお祝いをする。ただしウクライナ正教の場合は聖公会の教会を借りたりして、ロシア語を用いずにウクライナ語や英語、あるいは日本語で礼拝を行っている。

　釈迦の誕生を記念する花祭りは4月8日だが、大阪・生駒のいわゆる朝鮮寺では仏生会として、またベトナム人の場合は仏教寺院などにおいて、降誕会として祝われている。同じ仏教徒でもタイ人は仏教寺院や公園でソンクラーン（水掛け祭り）を行い、スリランカのシンハラ人の場合は5月頃に実施するウェサックに重きをおいている。

　8月9日は国連の定める国際先住民の日であるが、ネパール人先住民連合は2000年から2009年まで、盆休みの間に愛知県で講演や音楽を中心とした集会を催していた。

　旧暦 8 月 15 日は中秋節であり、在日華人は月餅を食べるのを常とするが、在日コリアンは秋夕としてチェサ（儒教的先祖祭祀）を行う。また、親族会（宗親会）で合同慰霊祭を開催する場合もある。在日ベトナム人も仏教寺院で盛大に祝い、「こどもの日」のような様相を呈するという。

　10 月から 11 月にかけて、いくつかの在日コリアンの祭りが盛大に繰り広げられる。1983 年から 2002 年までの 20 年間、大阪・生野区で生野民族文化祭が開かれ、「ひとつになって育てよう　民族の文化を！　こころを！」というスローガンのもと、農楽（プンムル）やマダン劇などが演じられていた。これをきっかけに全国で 100 を超える在日コリアンの祭りが開催されたという。また南北に分断されている故郷を憂い、1985 年からワンコリアフェスティバル（1990 年からの名称）という野外音楽会が大阪城音楽堂で開催され、2000 人もの人々を集めている。四天王寺ワッソは古代の朝鮮半島からの使節団を迎える行事として 1990 年に始まり、一時の中断を経て、現在では難波宮跡を出発点として行列が組まれている。

　12 月はクリスマスに彩られるが、特記すべきはロシア正教の本来のクリスマスが西暦 1 月 7 日（ユリウス暦 12 月 25 日）であるにもかかわらず、1959 年から西暦 12 月 25 日に合わせて行われていることである。

　イスラームの祭りイードは太陰暦のため西暦では毎年 11 日ほど繰り上がってゆくが、特に断食明けのイード・アル・フィトルは全国のマスジド（モスク）に多くのイスラーム教徒が集まって盛大に祝う。マスジドは大学近辺やムスリムの集住地に次々と設立されているが、参拝者全員を収容できないときは午前と午後に分けたり、公共ホールを借りたりしている。

 暦と生活文化　在日外国人が使うカレンダーも多様性に富むが、日本で発行されているものを中心に紹介する。

　在日コリアンの場合、いわゆるオールドカマーとニューカマーとではカレンダーにいくつかの差異がみられる。前者のためのカレンダーには親族会のものと同郷の親睦会のものとがある。親族会のものは親族のきずなを深めるために故人の命日を日表に記して関係者に配布することで、チェサへの出席を促す効果が期待されている。親睦会のものは戦前からの長い歴史をもち、世代を超えて継承されてきたが、発行をやめるところが出始めている。オールドカマー向けのカレンダーは民族衣装をまとった女性など、祖国の文化や歴史にかかわる写真を使用す

る傾向にあるが、旧暦の日付はあって
も韓国の祝日は載せていない。他方、
ニューカマーのカレンダーには母国の
祝日が記載されている。またニューカ
マーの生活を支える飲食業、サービス
業、食品・食材小売業などが広告主に
なっている。

　日本で発行されるイスラーム・カレ
ンダーはヒジュラ暦と西暦を併記して
いるが、前者を主とするものもあれ
ば、後者を基本とするものもある。東
京モスク（東京ジャーミイ・トルコ文
化センター）の6枚もののカレンダー
は西暦の隣にやや小さくヒジュラ暦を
対照させている（図1）。

　在日フィリピン人向けの「KMC
サービス・カレンダー」はフィリピン
の伝説が描かれた絵柄を用い、フィリ
ピノ語の解説が付く。それは、移住第
一世代にはノスタルジーを喚起させ、

図1　東京モスクのカレンダー（上）と月表
　　の拡大図（下）

第二世代には生活の中でフィリピン文化に親しむ機会となっている。

◉ エスニック・メディアとしてのカレンダー

カレンダーは年月日を
知るだけでなく、さま
ざまな情報発信の媒体ともなっている。例えば、日本とブラジルの地図を掲載し
たカレンダーを見ると、国旗や国鳥、人口、面積、州名、州都、都道府県名、県庁所在
地などが対比されている（口絵6ページ目参照）。詳細な地図が必要な理由はブラ
ジルから出稼ぎでやってきた日系人たちが日本の地理に明るくないからであり、
また日本で生まれた子どもたちがブラジルを知らないからである。　　[中牧弘允]

 参考文献

[1] 三木英編『異教のニューカマーたち―日本における移民と宗教』森話社，2017

北朝鮮

　1945 年の第二次世界大戦終戦後、朝鮮半島の北緯 38 度より北部では旧ソ連が軍政を実施し、1948 年に朝鮮民主主義人民共和国が樹立された。首都は平壌で、面積は日本の約 3 分の 1 にあたる。

☾☀ 暦法とカレンダー

公式的な暦法はグレゴリオ暦であるが、民俗的な名節（祭日）は旧暦で数えられることもある。朝鮮民主主義人民共和国では、旧暦および民俗的な名節は封建時代の遺物として排斥されてきたが、1972 年に南北間の対話が始まってからは旧暦で民俗的な名節を祝うようになった。また金日成の 3 周忌にあたる 1997 年から、金日成の生誕年である 1912 年を元年とする主体年号を使っている。初めて公式的に主体年号が使われたのは、同年に行われた政権樹立記念日の新聞の社説や在日本朝鮮人総連合会が送った祝賀状においてであった。

　主体思想とは朝鮮労働党および北朝鮮の指導指針とされる思想であり、金日成により唱えられた。初期の主体思想は、自国の革命と建設に対して主人らしい態度をとるという考え方で、政治の自主、経済の自立、国防の自衛が強調されたが、後期になると主体思想を実現するためには首領の懸命な指導が必要とされ、金日成への個人崇拝と金正日の独裁体制を正当化するものになっている。

　カレンダーは、種類によって値段の差が大きく、経済水準を評価する基準である。1990 年代後半まで月暦は、朝鮮労働党幹部だけに供給される権力の象徴のようなものであった。現在も一般住民にはより簡素なタイプの年暦が供給される。それが 2000 年代から月暦の需要が高まり、平壌にある国営出版社と投資者が合同で月暦を大量生産するようになった。最も売れているものは写真と絵が入った紙製のものであり、文化財、風景、映画俳優、伝統衣装を着た女性などの図版が入っている。2017 年には国営航空会社の高麗航空の女性乗務員たちの写真が入ったカレンダーが初めて制作され、話題になった。8 月のカレンダーには乗務員が大同江ビールを注ぐ写真が掲載されている。核開発で国際社会で孤立する中、外国人観光客を呼び寄せる意図があるとみられる。また、富裕層の人たち

は自分の子供の写真を入れるために個別的に注文制作する場合もある。党幹部や新興富裕層たちは中国から輸入された電子式や木製のカレンダーを好む。

◇◇ 祝祭日と行事・儀礼　　カレンダーに記載される祝祭日は、新暦元日、旧暦元日、小正月（旧暦1月15日）、光明星節（2月16日）、国際婦女節（3月18日）、清明節（4月4日）、太陽節（4月15日）、朝鮮人民軍創建日（4月25日）、国際勤労者節（5月1日）、朝鮮少年団創立節（6月6日）、金正日党事業開始日（6月19日）、祖国解放戦争勝利の日（7月27日）、祖国解放の日（8月15日）、金正日先軍領導開始日（8月25日）、朝鮮民主主義人民共和国創建日（9月9日）、秋夕（旧暦8月15日）、朝鮮労働党創建日（10月10日）、母の日（11月16日）、憲法節（11月27日）である。

　新暦元日には、朝に金日成、金正日、金正恩の銅像に参拝する。参拝しない場合でも各家庭にある写真の前でお辞儀をする。人民班長たちは朝9時にテレビで始まる新年の辞を見て、その内容を班員たちに伝える。経済的に余裕があった1970年代には肉、油、酒、菓子などの特別配給があったが、近年はほとんど実施されていない。したがって名節に必要な食べ物、飲み物、酒類は各家庭で一からつくることが多い。米粉でつくった餅（トック）を入れたスープ「トックッ」は代表的な食べ物である。この日は家族・親族が集まって先祖祭祀をするが、移動統制や交通網の不備により、近いところに住んでいる親族同士で過ごすことが多い。韓国と同様、ボードゲームの一種であり豊作祈願に起源をもつ「ユンノリ」をしたり、中国式のカードゲーム「ジュペ」をしたりする。

　旧暦元日は、2003年から名節に指定されたが、完全な休日ではなく、休んだ分、他の日に働かなければならない。過ごし方は新暦元日とほぼ同様であるが、特別な供給はないことが多い。従来どおり新暦元日を祝う家庭が多いとみられる。

　小正月は特別に祝うことはないが、明太（スケトウダラ）を食べる習慣がある。明太を食べると腰によいという説があるからである。その他、五穀米飯やナムル、ナッツ類を食べる風習は韓国と共通している。ナッツ類などの硬いものをこの日に食べると、歯が丈夫になるといわれることによる。

　光明星節は、金正日の誕生日であり、2日間の休みとなる。金日成の誕生日と並んで民族最大の名節であり、特別配給がある。朝には金日成の銅像に参拝して花を供える。この日は特別に映画が放映されるため、テレビがある家に集まって映画を見たり、歌自慢大会に参加したりして過ごす。歌自慢大会では忠誠を誓う

歌が歌われるが、事前に班ごとに厳しく練習する。

　国際婦女節は、女性だけが休みとなる日である。男性は普段どおりに出勤し、学校も休みにはならない。特別配給も行われない。

　清明節は2012年に正式的な名節として指定された。この日は家族・親族が集まって墓参りをし、祭祀後、供えたものを分け合って食べる。

　太陽節は金日成の誕生日であり、最大の名節である。また、金日成が死亡した7月8日は名節ではないが、重要な日として認識されている。過ごし方は光明星節と同様であるが、春であるため焼畑をして個人の畑をつくろうとする人が多い。焼畑は原則として禁止されているが、生活の困窮から豆、ジャガイモ、トウモロコシなどを栽培し、市場で売る者が多い。

　朝鮮人民軍創建日は、1932年、抗日遊撃隊が組織された日である。軍人たちだけが休む日であり、衣服などの慰労品や魚の缶詰などが供給される。また、普段は軍隊内で食べることのできないトックをつくって食べることもある。

　国際勤労者節は、全国的に企業所別の体育大会や芸術公演が開かれる。

　朝鮮少年団創立節は、小学生、中学生たちだけが休む。

　金正日党事業開始日は、金正日が朝鮮労働党で業務を始めた日であり、2015年に祝祭日に指定された。金正日の支配を神聖化する意図があるとされる。

　祖国解放戦争勝利の日は、朝鮮戦争の休戦協定がなされた日である。関連企業所や精錬所だけが休みとなる。

　祖国解放の日は、唯一南北朝鮮に共通する祝日である。金日成と金正日の銅像に参拝し、抗日運動を展開した金日成の業績を祝う。

　金正日先軍領導開始日は2010年に制定された。軍隊を国家の基本とする金正日の統治思想が始まったことを記念する日である。

　朝鮮民主主義人民共和国創建日は、1948年に朝鮮民主主義人民共和国政権が樹立されたことを記念する日である。

　秋夕には墓参りをする。1972年に南北間対話が始まってから墓参りが許されるようになり、1988年に休日として制定された。名節としての地位が高くないため特別配給はないが、米粉をこねて生地をつくり、その中に豆・大豆・クリなどの材料でつくったあんを入れ、半月型に成形した餅「ソンピョン」（松葉餅）を食べる。ただ、実際は旧暦の5月5日の端午が重要視されることもある。端午は過去に祝祭日として制定されたこともあるが、現在は公式的な祝祭日ではない。朝鮮半島では北にいくほど端午の風習が重要視される傾向がある。秋夕と端

午は主要穀物の収穫に際して先祖や神への感謝を捧げるために行われるが、北部では米より麦などの雑穀が多く収穫されるため、それらが収穫される端午のほうが重要視される。端午にはヤマボクチあるいはヨモギの若葉を米粉に混ぜてつくり、車の輪の文様を押したトックを食べる。また菖蒲湯で髪を洗う風習や、仮面劇、相撲、ブランコ乗り、ユンノリなどが行われる。代表的な遊びである相撲の場合、牛1頭をかけて行われることもある。現在も端午の風習は体育行事化され継承されていくとみられる。

　朝鮮労働党創建日は、重要な国家的な名節であるが、特別配給やイベントはない。

　母の日は、金日成が1961年に第一次全国母親大会で演説した日であり、化粧品やカーネーションを母親に贈る。

　憲法節は、1972年のこの日、憲法が制定されたことを記念する日であり、体育大会などの国家的行事が行われる。

 暦と生活文化　公式的には民俗的な名節より国家的な名節（祝日）が重視されており、カレンダー上では大韓民国との共通性は薄れてきているようにみえる。しかし民族レベルでは元日、秋夕などに行われる風習は綿々と続いており、南との連続性がみられる。

　南北離散家族再会の行事も元日と秋夕を前後に行われることが多い。朝鮮戦争中の混乱で離れ離れになった離散家族は、休戦によって分断が確固たるものになると互いの生死さえもわからない状態となった。1985年から再会の行事が行われるようになったが、開催の可否は南北の情勢によるところが大きい。普段は電気の供給が不安定であり停電することもよくあるが、名節には一日中安定的に電気が供給される。また名節には「精誠事業」、つまり家ごとに飾ってある金日成、金正日の肖像画をきれいに拭く勤めを勤勉に行っているかどうかのチェックが入ることがある。

 暦と政治　太陽節、光明星節、朝鮮人民軍創建日、朝鮮民主主義人民共和国創建日の前後にミサイル発射、核実験、軍事訓練、航空ショーなどの軍事力誇示が行われることが多い。　　　　　　［金セッピョル］

大韓民国

　1919 年、日本の韓国併合に抵抗して中国・上海で大韓民国臨時政府が樹立された。解放（終戦）後、大韓民国は臨時政府を継承し、1948 年に公式に民主主義国家として出発した。国土は朝鮮半島の北緯 38 度線より南の地域であり、広さは日本の約 4 分の 1 にあたる。首都はソウル特別市、人口は約 5000 万人である。

暦法とカレンダー

　1895 年以降、公式の暦法はグレゴリオ暦である。それまでは旧暦（太陰暦）が使用されており、現在も伝統的な名節（祭日）は旧暦で行われる。また人口の約 30% を占める信者をもつキリスト教では教会暦も使用されている。また、東南アジア、南アジアからの移民の増加により、イスラーム暦もわずかではあるが使用されている。

　カレンダーは年末年始の贈答品であり、商売を行っている店や宗教施設から配られることが多いが、書店や文具店で好きな形やデザインのものを購入することもできる。形は壁掛け型と卓上型がほとんどであり、業務日程などを書き込めるものもある。

祝祭日と行事・儀礼

　カレンダーに記載される主要な祝祭日は 1 月 1 日、元日（旧暦 1 月 1 日）、三一節（3 月 1 日）、子どもの日（5 月 5 日）、釈迦誕身日（旧暦 4 月 8 日）、顕忠日（6 月 6 日）、制憲日（7 月 17 日）、光復節（8 月 15 日）、秋夕（旧暦 8 月 15 日）、開天節（10 月 3 日）、ハングルの日（10 月 9 日）、聖誕節（12 月 25 日）などである。そのうち、制憲日、ハングルの日は国慶日ではあるが休日ではない。

　1 月 1 日はグレゴリオ暦の使用が強制された植民地時代から公式的な元日としての地位を占めていた。しかし多くの人は旧暦の方を真の元日として認識していたため、1991 年には旧暦の元日が復活した。それに伴い、新暦の方の公式名称は 1 月 1 日となった。1 年が始まる日としての意味合いが大きくなっており、公式的な新年の祝辞の発表、役所・企業の仕事始めがこの日に行われる。近年は、

大晦日に除夜の鐘行事に参加したり、日の出スポットで新年を迎えたりする風習が広まっている。また、日本ほど広まってはいないが、年賀状を出すこともある。

　元日は、伝統的な名節として認識されており、親族が集まって先祖祭祀「茶礼」を行い、墓参りをする。また目上の人に深い辞儀「チョル」をしてお年玉をもらう「歳拝」という風習は子供たちの楽しみである。遊びとしては、ボードゲームの一種であり豊作祈念に起源をもつ「ユンノリ」、花札などがある。代表的な食べ物としては「トックッ」がある。これは、米粉でつくった餅と牛骨のだしをメインにしたスープであり、この日に交わす挨拶が「トックッ食べた？」になっているぐらい、大事なものとされている。

　三一節は、1919年3月1日に日本の植民地支配に抵抗して起きた大規模な独立運動を記念する国慶日である。三一独立運動は、大韓民国がその精神を継承するという旨が憲法に示されるほど重要な位置を占めており、国家的な記念行事が行われる。また、独立運動で亡くなった烈士たちの遺族が中心となって、三一運動が起きたソウルのパゴダ公園で追悼行事が行われる。

　子供の日は、1923年5月5日、社会運動家である方定煥が子供固有の文化と芸術活動を奨励し、子供の人権意識を育てる目的で考案した「子供の日宣言文」がきっかけとなり制定された。メーデーと同じ日に制定されていることから政治的解放運動の性格があるとされ、植民地期には子供の日の行事が階級的抗日運動に発展することもしばしばあったため、1945年まで中断されていた。解放後、子供の日が復活してからは、政府と子供関連団体が主催する記念式が開かれるようになった。また体育・作文・美術大会が開かれる一方、体育館、遊園地などの施設に無料入場できる特典が提供される。子供たちは両親からプレゼントをもらうが、近年はこの習慣が商業化し、百貨店にとっては子供用品販売のための重要なイベントになりつつある。

　釈迦誕身日（旧暦4月8日）は、燃灯行事が主軸となり、釈迦の誕生を祝う日である。主に高麗時代（918〜1392年）から仏教的な意味合いと農耕儀礼としての意味合いを併せもつ燃灯行事が民間で行われていたが、近年は単に釈迦の誕生を祝うだけでなく、民俗的な祭日としての位置を占めてきた。現在もソウルではこの日に曹渓寺周辺で大規模な燃灯行事が行われている。

　顕忠日は、1956年に朝鮮戦争の戦没者追悼の祈念日として制定されたが、軍事事変で政権を握った朴正煕がみずからの正統性を確保するために抗日運動で亡くなった死者も祀ることになって以来、現在にいたる。この日は政府機関や家庭

で半旗を掲げ、午前 10 時には全国的にサイレンが鳴り、黙禱することになっている。国立顕忠院では大統領や政府要員たちを中心に追悼行事が行われ、国立墓地、戦争記念館、独立記念館にも献花がなされる。

制憲日は、1948 年 7 月 17 日に憲法が制定されたことを記念する国慶日である。国慶日の中では珍しく、植民地時代や独立運動と直接関連がなく、大韓民国に起源をもっている。ただ、制憲日を大韓民国臨時政府が憲法を制定した 1919 年 4 月 11 日にすべきという主張もある。このような主張は、君主制から共和制へ政体が変化したことを最初に明確に示したのは臨時政府の憲法であるということを根拠にしている。制憲日の記念行事は国会が主体となり、生存する制憲国会議員と三部要員をはじめとする各界の代表が集まって行われる。

光復節は、韓国が日本から独立した日である。「光復」という概念は、国権を失った直後に結成された「大韓光復会」や、臨時政府が組織した「光復軍」などで使われていた。現在は 1987 年に開館した独立記念館で記念行事が行われる。この日は特に民族の分断された状態が意識され、南北の間で会談、または宣言が行われることが多い。

秋夕は、12 世紀にはすでに名節として定着していたとされる。元来は 1 年の農作業を締めくくり、豊作を願うさまざまな行事が行われていた。その年にとれた米や雑穀を丸ごと飾って先祖に供えてから共食したり、翌年の種まきに利用したりしたという。また、満月と豊穣を象徴する円舞を踊る風習があった。現在は農耕儀礼としての意味は衰退し、先祖祭祀としての目的が大きくなっている。当日に親戚一同が集まって墓参りをすることはもちろん、事前に墓に行って夏の間に茂った草を刈ることも大事な責務とされる。代表的な食べ物としては松葉餅「ソンピョン」がある。これは、米粉をこねて生地をつくり、その中に豆、大豆、クリなどの材料でつくったあんを入れ、半月形に成形した餅である。松の葉をソンピョンとソンピョンの間に挟んで蒸す。

開天節は、韓民族の始祖とされる檀君が古朝鮮を建国したことを記念する国慶日である。古朝鮮に関する歴史記録は古くからあるが、特に朝鮮時代末期から植民地時代にかけて檀君の子孫としての意識が強くなり、民族的アイデンティティの形成に影響を与えた。その後も、抗日運動や統一運動の動力として、活用されることになる。この日は政府主催の記念行事が開かれる一方、大倧教という檀君を祀る新興宗教を中心に全国各地にある檀君祠堂で祭祀が行われたり、祭天儀礼が奉納されたりする。

　ハングルの日は、1443 年のこの日、韓国固有の文字体系であるハングルの原理を解いた「訓民正音」が頒布されたことを記念する日である。1926 年、朝鮮語研究会（現ハングル学会）が民族的アイデンティティの高揚の目的を含め、初めて祝ったとされる。1980 年代からは民族主義的国語学者たちがハングルの日国慶日制定運動を繰り広げ、2005 年に目的が達成された。それまで国慶日は国家建設や植民地時代と関連した日だけで構成されていたが、国語学者たちは文化的な側面も国家にとって重要であると主張し、ハングルの日の格上げを要求してきた。

　韓国における聖誕節の歴史は、1700 年代後半のキリスト教の伝来に始まる。当時は信者の数が多くなく、社会全般に及ぼした影響は大きくなかった。20 世紀に入って主要日刊紙が聖誕節を紹介し、キリスト教の行事を詳細に報道するようになり、都市では非キリスト教信者たちも余興を楽しんだと推測される。解放後は米軍政が聖誕節を休日にし、現在にいたる。現在は宗教に関係なく 1 年を締めくくる時期として認識されている。

暦と生活文化

韓国には古朝鮮の建国を基準とした檀君紀元という年号がある。建国時期は紀元前 2333 年とされるが、正確な建国時期については論争がある。植民地時代から日本の年号に対抗し、高い民族的アイデンティティをもつ人たちを中心に檀紀が使われるようになった。1948 年、大韓民国が正式な国家として出発した際に檀紀が公式年号として採択されたが、1960 年代に近代化を進めるにあたり西暦に変更された。ただ、現在でも一部の暦、新聞などで併記されることもある。

先祖祭祀と暦

韓国の名節は、先祖祭祀という側面からみると 3 段階の変化を経てきたといえる。それぞれの名節は当初は農耕儀礼とのかかわりで始まり、先祖に対する感謝や祈願の気持ちを含んでいた。それが近代化によって、農耕儀礼より先祖祭祀としての目的が強調されるようになる。さらに近年は、墓参りや祭祀の代行業者が登場したため、そちらを利用するか、他の休日に子孫としての責務をすませ、大型連休になる名節は海外旅行に行くケースも増えている。ここには 1990 年代以降、遺体の葬り方が土葬から火葬へと急激に移行し、草刈りや土饅頭の管理がいらなくなったことも影響していると考えられる。　　　　　　　　　　　　　　　　　　　　　　［金セッピョル］

台湾（一般，ブヌン族）

　台湾は国の名称を中華民国とし、国民の直接選挙で「総統」とよばれる最高権力者を選出する大統領制を採用している。中華人民共和国との関係から国際連合には未加盟であり、正式な外交関係をもつ国は 20 か国余りとなっている。日本の九州とほぼ同じくらいの面積を有し、西部には平野が発達し、中央から東側は急峻な山岳地域となっている。人口はおよそ 2300 万人で、漢族系住人が人口の大半を占める一方、約 4% のオーストロネシア系の先住民族が住んでいる。1895 年から 50 年間、日本の植民地であったことから、首都である台北を中心に日本統治時代の建築物などもみることができる。

暦法とカレンダー

　台湾において一般に用いられているのは太陽暦である。ただし、漢族の民間行事は農暦に従って実施されることが多く、太陽暦では行事の日程が年ごとに異なる。太陽暦は西暦による表現と中華民国暦による表現とがあり、西暦 2017 年は中華民国暦では 106 年で、一般に「民國 106 年」と表現される。曜日の呼び方は、中国語では「星期」を接頭辞にして月曜日から土曜日までを数字で表す。例えば、水曜日は、「星期三」となる。ただし、台湾の日常生活では、「星期」の代わりに「禮拜」という言葉がよく用いられる。日曜日はそれぞれの接頭辞に「天」を付ける点で共通しており、「禮拜天」は日曜日を表す。

　カレンダーは年末の贈答品によく用いられ、企業や各種団体の名前やロゴが入っているものをよく見かける。また、農暦に従って民間行事が行われることから、農暦が入った日めくりも愛用されている。カレンダー同様に、ダイアリーやスケジュール帳も贈答品にされることが少なくない。各ページに異なる格言や季節、時期にまつわる挿絵、写真が掲載され、使用後に処分しがたいものもある。

祝祭日と行事・儀礼

　主要な祝祭日は、政府が定めたものと、農暦に従った季節的な行事に伴うものに大別される。日が決まっている祝日は、現在、「中華民国開国紀念日」（1 月 1 日）、「和平紀念

日」（2月28日）、「児童節」（4月4日）、「清明節」（4月初旬、5日前後）、「国慶節」（10月10日）である。「和平紀念日」は1947年に「二・二八事件」の発生した日、「国慶節」は辛亥革命の記念日にちなんで設けられた祝日である。「児童節」は子供の日に相当する。「清明節」は蒋介石の命日（4月5日）に合わせて、季節行事化した祝日である。「清明節」は「児童節」とあわせて連休となるように日程が設定される。「清明節」には墓参りが慣行され、祖先の供養が行われる。

　農暦に従った祝日は、「春節」（旧暦1月1日）、「端午節」（同5月5日）、「七夕」（同7月7日）、「中元節」（同7月15日）、「中秋節」（同8月15日）、「除夕」（同暦12月末日）である。「端午節」は中国の戦国時代に楚の国の文官であり詩人でもあった屈原が、国を追われ川で入水自殺をしたため、魚に食べられないように人々が太鼓を打ち鳴らしたり、魚に別の食べ物を与えるためにちまきを川に投げ込んだりしたことに由来し、ドラゴンボートレースが行われたり、中華ちまきを食べたりする習わしがある。「中元節」には霊界の門が開き霊魂が下界をさまようので、供物を用意し線香をたいて霊魂を慰め、「中秋節」では、満月の丸さを家族団欒とみなし、普段は離れて暮らす人たちも実家に戻ったり、親しい人と月餅を贈り合ったりする。「春節」は農暦の正月、「除夕」は大みそかである。

　これらの祝日は「紀念日乃節日施弁法」によって定められている。この他にもさまざまな行事日が定められているが、休日にはならないものも多い。また「軍人節」（9月3日）のように軍人が祝日になる日や原住民族だけが祝日となる農年祭の日（主に7〜8月）がある。政権の交代で祝日が変わることも少なくない。

📅 暦と生活文化

台湾の先住民族である「台湾原住民族」（以下、原住民族）は現在、台湾で慣用されている暦に従った生活を送っている。一方で、漢族が大多数を占める台湾社会の一般的な生活形態に変容する以前には、それぞれの民族集団に固有な生活暦に従った暮らしをしていた。そして、文字がなかった原住民族社会において、有形の暦をもつことで知られてきたのが、中北部から東部にかけて居住してきたブヌン族である。

　山岳地域に居住している他の原住民族諸集団と同様に、ブヌン族はアワの焼畑栽培と狩猟とを基本的な生業としてきた。後述する暦が使用されていた1930年代の人口は約1万8000人で、原住民族の中では中規模の集団であった。ブヌン族の伝統的な社会の特徴は父系拡大家族を構成することである。1世帯あたりの成員数は他の原住民族よりも多く、10人前後の家族が十数戸集まって一つの集

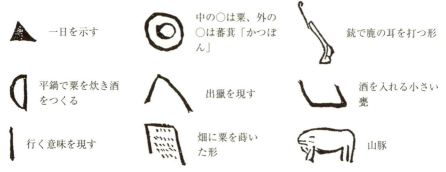

図1 　ブヌンの絵暦の絵文字の意味（一部）（出典：参考文献［2］，pp. 5-6, 1938）

落を形成していた。ただし、これらの家族が同一の部族に属するのではなく、別々のまとまりをもっており、儀礼や政治的結束が必ずしも集落を単位にして行われている訳ではなかった。

　部族には儀礼の単位となる祭団が存在しており、いくつかの祭団に絵暦が存在することが、当時の台湾総督府が刊行していた機関紙に紹介され話題となったことがあった（図1）。暦のうちの一つを作成したのは、祭司にあたる人間であり、「祭りのためのもの」という現地語があてられていることから、祭事備忘録と考えてよい。この暦がつくられた動機は、日本人との接触や時代の経過につれて、儀礼行為の厳密さが失われていくことに懸念を抱いたことであった。

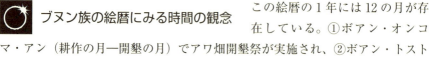 **ブヌン族の絵暦にみる時間の観念** 　この絵暦の1年には12の月が存在している。①ボアン・オンコマ・アン（耕作の月―開墾の月）でアワ畑開墾祭が実施され、②ボアン・トストヌ・オンコマ・アン（本当の耕作の月―本当の開墾の月）、③ボアン・ピナヌガン（播種の月）でアワ播種祭と長子祭が実施され、④ボアン・トストサン・ミナン（本当の播種の月）でアワ播種の続きが行われ、⑤ボアン・コラクンは意味がよくわからない名前の月でアワ畑除草祭とアワ発芽祭が実際され、⑥ボアン・パネト・アン（本当の除草の月）、⑦ボアン・パラク・タイヌガ・アン（耳射ちの月）で狩猟の祭り、首の祭り、子供祭り、アワ畑祓いの祭りが実施され、⑧ボアン・ダブナン（雨月［推定］）、⑨ボアン・ソウダ・アンは意味がよくわからない名前の月でアワの収穫祭が行われ、⑩ボアン・パスコウルサン（首飾りを着ける月）

で子供祭りとアワ収穫祭の続きと伐採祭が行われ、⑪ボアン・パアコナン（伐採月）、⑫ボアン・パヴィザオ・アン（棒の木を倒す月）で、狩猟の祭り、首の祭り、里芋とヒエの収穫祭と元服祭が行われる。これらの月の日数は等分にはなっておらず、アワの栽培とそれにかかわる儀礼が暦の基本となっており、暦上にそれぞれの儀礼が刻まれている。ブヌン族にとっての1年の始まりとなる「耕作の月」は、11月から12月の初旬にあたる。アワの栽培期間はおおむね半年ほどであることから、半年の間に九つの月があてられていることになる。つまり天体にではなく、自然環境とアワの栽培時間にしたがった暦ということになる。

　他の原住民族にも月の観念はあるものの、その多くは、「第一の月」「第二の月」といった序列の形式をとることが多い。農業の行程や儀礼活動と深く結び付いた時間の観念はブヌン族の特徴といえるだろう。こうした観念がブヌン族に発達した要因はその信仰体系に求められる。

　ブヌン族は農作物について特定の精霊や霊的存在にその生長の成否を委ねる信仰心が薄いとされており、むしろ、農作物そのものに対する直接的な働きかけを重視している。それは、もちろん祭司らを中心として行われる儀礼活動において特定の呪文などによる呪術的動作で実現するものもあれば、アワに悪影響を及ぼすものを排除するために実践する非常に多様な禁忌を通して試みられるものもある。例えば、アワには五つの耳があるので、呪文をよく聞かせることができるとされていたり、人は甘いものや塩気のあるものをよく食べると、同じように食物としてのアワもすぐに減ってしまうという現象の並行が生じるとされており、甘いものや塩気のあるものを食べることが禁忌とされたりするなど、アワと人間との霊的な距離が非常に近いことをうかがわせる。

　生態環境が類似し、焼畑と狩猟という生業活動を基盤にしている点も共通している原住民族諸集団の間でも、それらの信仰体系やそれにかかわる時間の観念、親族組織のあり方には数多くの多様性がみられる。それらの多様性がもともと同じような集団が歴史的に分化していく過程で生じたものなのか、それとも台湾への来歴の違いを反映したものなのかについてはさらなる検討が必要であるが、少なくともアワの生育という自然の摂理をブヌン族が詳細に観察し、それを観念化したことを暦という文化的な装置に転換させていったといえる。　　　［野林厚志］

📖 参考文献

[1]　馬淵東一「ブヌン族の祭と暦」『馬淵東一著作集3』社会思想社，pp. 361-381, 1974
[2]　横尾　生「続ブヌン族の絵暦に就て（上）」『理蕃の友』1938年1月号，pp. 5-6, 1938

中華人民共和国（一般）

🌙☀️ **暦法とカレンダー**　　中国ではグレゴリオ暦を公式の暦法として使っているが、国民の休日にも定められている春節や清明節、端午節、中秋節は、旧暦である「農暦」に基づいている。グレゴリオ暦を「公暦」もしくは「陽暦」というが、旧暦のことは「夏暦」や「農暦」、「陰暦」と称する。「公暦」は辛亥革命後の1912年1月1日から使われだしたが、それまで数多くの暦法が古代から使われていた。その数は100以上ともいわれている。最も古いものは秦の始皇帝の「顓頊暦（せんぎょくれき）」で、最も精確なものは元代の「授時暦」とされている。1年を365.2425日とした授時暦は、明代の「大統暦」にも受け継がれ、明末まで約360年もの間、使われた。明末に徐光啓らによって西洋暦法を参考にして「崇禎暦書（すうてい）」がつくられ、それに基づき清代の「時憲暦」が制定された。1912年の民国改暦で、「黄帝紀元4609年11月13日」を「民国元年」の元旦と定めた。封建時代の君主年号を国家年号に変えたのだが、この民国年号は今の台湾でまだ使われている。1949年の中華人民共和国建国後は西暦紀年法が公式に採用されたが、農暦も人々の生活の中で依然大きな位置を占めている。

　農暦では干支紀年法が使われる。1894年の日清戦争を「甲午戦争」、1911年に清王朝を倒した革命を「辛亥革命」というのは、その例である。今でも2016年は丙申年、2017年は丁酉年と、干支の年紀を表示しているものが圧倒的に多い。

　暦の歴史は、古く甲骨文字の時代にまでさかのぼる。古いものとしては、馬王堆漢墓から出土した「漢武帝元光三年暦譜」や敦煌で発見された唐・乾符4（877）年と唐・中和2（882）年の「暦書」が知られている。普通、「暦書」のことを「黄暦」というが、それは「皇暦」に由来し、皇帝が審定した暦という意味である。宋代になると、「頒暦」が制度化され、明清時代まで続けられた。明代の官製暦は「大統暦」といい、この時代、民間でつくる「私暦」は許されなかった。清代になって、官製暦を「時憲暦」という名称に変えたが、乾隆帝の名「弘暦」中の「暦」の字を避けるため、さらに「時憲書」に改称した。民国時代に入ると、最初は教育部中央観象台が官製の暦書をつくる一方、民間の翻刻も禁止されなかった。後に各省でも暦書をつくるようになり、それが慣行となって、解放後、1990

年代末までは、暦書の大半は各省の出版社から発行された。民間の暦書が数多く出まわるようになったのは、2000年代に入ってからである。

　中国の壁掛けカレンダーの起源は、商業広告ポスターとカレンダーを1枚に印刷した「月份牌」に求められる（口絵参照）。それももとを正せば、中国古来の「年画」にたどり着く。木版印刷の年画にはその年の二十四節気の日付を表記す

る伝統があったからである。「月份牌」が生まれたのは、オフセット印刷が普及し、細かい字が印刷可能になったからである。今でも地域によっては日めくりや一枚刷りのカレンダーを「月份牌」というところがある。

　カレンダーに記載される内容は、時代によって変わる。古代の暦書には二十四節気や朔望、上弦・下弦、満潮・干潮、それに凶吉宜忌、雑節などが、農暦の暦日とともに記載されたが、清末に西洋文化が中国に入ってくると、「月份牌」には農暦と西暦の両方が記載されるようになった（図1）。

　中華民国時代のカレンダーは、月の満ち欠けや凶吉宜忌などよりも、祝日や記念日などの暦

図1　蘭州あたりで出まわっている二十四節気の日付を記載した竈神画

注が目を引くが、その多くは辛亥革命関係のものである。そして、解放後初期のカレンダーも記念日が目立つが、共産党革命やソビエト関係のものが多くなる。現代のカレンダーには、西暦とともに農暦と二十四節気が記載されている。二十四節気の呼び名は、「啓蟄」だけが「驚蟄」であり、ほかは日本と同じである。偉人の生誕日や命日もカレンダーの記載事項の一つである。近年では、月別の好運な生年の干支や、毎日の養生術、その日その日の宝くじの好運番号（下2桁のみ）を記入したカレンダーが出まわっている。

　絵柄は、風景や人物、故事、戯曲、書画、動物など多種多様であるが、時代の風潮や世相が投影されている。1950年代の暦書の表紙や一枚刷りカレンダーには、大躍進や人民公社関係の絵画がよく使われた。1960年代になると、農業生産、都市建設、国民皆兵などの宣伝画が多くなった。文革期においては、毛沢東の肖像画のほかに、《様板戯》という革命的模範劇の舞台写真、下放運動の宣伝ポスターの絵が多く使われる一方、工芸製品や山水風景、花卉盆栽などの写真や

ちゅうかじんみんきょうわこく
（いっぱん）

図2　毛沢東が先妻楊開慧をしのんで
歌った詩「蝶恋花」の情景に基づ
いて創作した《忽ち知らせあり、
人間曾て虎を伏せりと》という題
の絵が1979年の暦書の表紙を飾っ
た。その背景には、文革中に権勢を
振るった毛夫人江青の失脚がある

絵画も少なくなかった。

　カレンダーの種類では壁掛けの「掛暦」、卓上の「台暦」、そして日めくりの「日暦」、一枚刷りの「年暦」がポピュラーであるが、ほかにもカード型の「年暦片」や小冊子の「暦書」、葉っぱや動物などの形をした異形年暦などがある。掛暦や年暦は文革後、発行部数が伸びた。文革終了直後には、「四人組」清算や華国鋒擁護の絵柄が多かった（図2）。改革開放政策が実施されてからは、外国からの資金や技術の導入にともなって、文化の多様性も次第に認められ、絵柄は豊かになった。水着姿の美女や、人気スター、バレエ、それに教会建築などキリスト教関係の絵画もカレンダーを飾るようになった。改革の進展と経済の発展にともなって、金もうけが人々の目標になった1990年代からは、財神爺が登場する。そして、住宅や乗用車の個人所有が可能になると、豪華な住宅や高級車などが人々の夢をかきたてた。老齢化社会に突入し、医療・介護の負担が重く感じられるようになると、運動や健康、養生の絵柄が現れた。伝統文化や国学が叫ばれてからは、論語や二十四孝、民俗風習などの絵柄が多くなった。「故宮日暦」に代表される「文芸日暦」の類もそうした機運の産物である。

祝祭日と行事・儀礼

祝祭日は中国語で「節日」というが、それは「現代節日」と「伝統節日」に分けられる。現代節日とは、辛亥革命後、特に解放後に確立され、西暦に基づくものである。中央文明建設指導委員会弁公室のサイト「文明網」の「現代節日一覧表」によると、1月1日の元旦（中国でも元旦の文字を使う）と3月8日の「国際婦女節」、5月1日の「労働節」、5月4日の「青年節」、6月1日の「国際児童節」、7月1日の中国共産党「建党節」、8月1日の人民解放軍「建軍節」、9月10日の「教師節」、10月1日の中華人民共和国建国記念日である「国慶節」の計9日である。そのうち、元旦と労働節、国慶節は国が定めた休日になっている。そのほか「植樹節」

（3月12日）や「記者節」（11月8日）などがある。

　「伝統節日」とは中国古来の習慣によって伝承されてきたものをいう。その数は非常に多く、由来もさまざまであるが、カレンダーによく記されているものには、春節（旧正月1日）、元宵節（旧正月15日）、清明節（4月4日か5日）、端午節（旧5月5日）、七夕節（旧7月7日）、中元節（旧7月15日）、重陽節（旧9月9日）、冬至節（12月22日前後）、臘八節（旧12月8日）の9日があげられる。そのうち春節、清明節、端午節、中秋節は、「中国四大伝統節日」ともいわれ、国民の休日になっている。

　農暦正月1日の春節は「元旦」ともよばれたが、辛亥革命後、国民政府の改暦により、西暦1月1日を「元旦」とし、農暦正月1日を「春節」と称することになった。春節は中国最大の節日で3日間の休日が定められている。中国人にとっては、元旦よりも春節の方が重要で、春節前日の「大年夜」（除夜）が年越しの夜になる。中国人の年越しは昔から、農暦12月23日の「祭竈」、つまりかまどの神を天上界に送る儀礼から始まり、カレンダーには「小年」と表記したりする。除夜の「年夜飯」は、一家団欒の晩餐会になり、昔は祖先祭祀を行ってから家族の食事に移るのが習わしであった。「年夜飯」の後は、爆竹を一晩中鳴らす風習であったが、都市部では火災を起こす危険性があるので禁止され、爆竹の代わりに深夜0時まで芸能番組の生放送を見て年を越す人が多くなった。元宵節は「上元節」ともいうが、家族行事が中心の春節と違って地域行事が主体の節日である。「中国のカーニバル」ともいわれ、人々は街に出てチョウチン飾りや獅子舞、高足踊りなどを見物する。「元宵灯会」といって、灯籠を飾ったり、ライトアップしたりして祝うところもある。清明は二十四節気の一つでもあり、節日でもある。その主要行事は墓参りと植樹である。端午節は、戦国時代の楚の詩人屈原が汨羅に身を投じた日とされ、昔は祖先祭祀や魔除けの儀礼が各家庭で行われた。今はちまきもつくらず買って食べる家庭が多い。七夕節は女性の節句であり、織女に手芸上達を願う「乞巧」が主旨であった。牽牛と織女がこの日に天の川を渡って会うという伝説が七夕の由来譚とされているので、この日を「中国情人節」にしようと提唱する動きもある。道教起源の中元節は、仏教の盂蘭盆会と習合し、道観（道教の寺院）や仏寺で施餓鬼などの儀礼が執り行われる。民間では、農暦7月を「鬼月」、つまり死者の月とし、道端に供物を捧げ、冥銭などを燃やしてあの世に送る祖霊供養の風習がまだ一部の地方に残っている。秋の節日とされる重陽節は、2013年から「老年節」（高齢者の日）と定められ、休日にはなっ

図3　『故宮日暦』の「臘八」の日のペー
ジ（2016年1月17日）

ていないが、職場や地域社会では敬老イベントが多く行われる。冬至も節気と節日が重なったもので、清明節と同様、日にちが一定しないため「活節」（移動節日）とよばれている。北方ではギョウザを、南方では「湯円」（あんの入ったピンポン玉ほどの団子）を冬至の「節日食品」として食べる。上海や寧波あたりでは、冬至の日に墓参りに行く風習もある。1年最後の臘八節は「臘日」が起源である。「臘日」とは「猟する日」であり、鳥や獣をとって年の終わりの祖先祭祀に用いるために設けられたという。後に仏教伝承と習合し、寺院で豆類や野菜など8種類の材料を入れてつくった「臘八がゆ」を施す行事が行われるようになった（図3）。

暦と生活文化

中国はグレゴリオ暦を採用していながら、「清明節」など農暦による節日を国民の休日に制定している。そのため人々は公暦と農暦の双方を気にしながら生活している。社会人の仕事や学生の勉強のスケジュールは、公暦によって進められるが、生活習慣としては農暦によって決められるものが多い。

　中国人にとって最大の節日である春節の休暇を利用して旅行や帰省をする人が多い。鉄道などの交通機関の延べ利用者数は三十数億人にものぼる。各交通機関は農暦12月16日から翌年の正月25日までの、元宵節を挟んだ約40日間を「春運」（「春節運輸」の略）期間と定めている。それは、元宵節までは年越し期間だという古来の考えがまだ根強く、元宵節を過ぎないうちは仕事に戻ろうとしない出稼ぎ労働者が多いからである。

　暦は人々の生活の指針にもなる。二十四節気と衣食との関係をことわざに託して生活を律する古人の知恵は、今もある程度有効である。「三月三日になってからは単衣を着るがよい」（三月三、穿件単布衫）、「端午のちまきを食べないうちは、綿入れを片付けない」（不喫端陽粽、不把棉衣送）、「白露になったら裸にならない」（白露身不露）、「立夏の時期に3種類の旬のものあり」（立夏三鮮）、「小暑のタウナギは薬用人参以上の滋養もの」（小暑黄鱔賽人参）、「白露のウナギに

霜降のカニ」（白露鰻鱺霜降蟹）などがその例である。

　節気や雑節の日に特定の食品を食べる習慣も続けられている。前述した元宵節の「湯円」、端午節のちまきのほかに、清明節の「青団子」（麦の苗からとった青汁でつくった団子）、夏至のワンタン、七夕の「巧菓」（あんの入った楕円状の焼き菓子）、重陽節の「重陽糕」（もち米の粉を蒸してつくった円盤形の食品、粉餅）などがあり、その時期になると店頭で売られ、街の風物詩にもなる。近年では、「節令養生」といって、二十四節気をはじめ、時節に適した養生法が人気を博している。それに応じて、飲食原則、起居注意点、季節治療、養生料理のつくり方などを盛り込んだ「養生カレンダー」が出まわっている。

　農村地域では、決まった日に市が立つところが多いが、その定期市もたいていは農暦で決められ、物資交易の場となる。また、「節場」といって、年に1回決まった月日にその村の親戚を訪ねたり、招待されたりする風習がある。農暦の暦日をうっかり忘れては農村での生活はうまくいかないのである。しかも、農暦1日と15日に寺院や道観へ行って線香をあげる習慣は、都市・農村を問わず全国的に守られている。

　都市部の若者たちは、さらにキリスト教由来の「節日」を過ごす人が多い。これらは「洋節」ともよばれるが、カレンダーに記されるのは、「情人節」（バレンタインデー）、「愚人節」（エイプリルフール）、「万聖節」（ハロウィン）、「感恩節」（感謝祭）、「平安夜」（クリスマスイブ）、「聖誕節」（クリスマス）などである。最ももてはやされるのは情人節と聖誕節であり、たいていのカレンダーに載っている。

　年月日の数字に縁起のよい意味を与える「数字吉日」がはやり出したのは、北京オリンピックの開幕式が2008年8月8日に行われると発表されてからである。この日に南京だけでも婚姻登記をしたカップルが4012組にのぼったという。2013年1月4日の「201314」が「愛您一生一世」（あなたを一生愛する）の発音に近いといったことや、2016年6月6日の数字には「6」が三つあって、「六六大順」で縁起がよいといった理屈で婚姻登記所に殺到したとの報道もあった。風水師や占い師に頼らなくてもよくなった現代の若者たちの選日法というべきものだが、運への過大な期待が今日の競争社会を反映しているようにも思われる。

［曹　建南］

中華人民共和国（イ族）

　イ（彝）族は中国西南地方である雲南省、四川省、貴州省、広西チワン族自治
区などに居住する民族であり、約 871 万人（2010 年）の人口を有する。イ族に
は独自の民間信仰の文化があり、「ピモ」とよばれる祭司が儀礼をつかさどる。
ピモはイ族の独自の文字であるイ文字で記した教典を有し、これに基づいて儀礼
を進めるのである。

　中国西南地方に広範囲に居住しているイ族はそれぞれの地域でノス、ニェス、
ナス、アシ、サニ、サメ、ロロなどさまざまなサブエスニックグループを形成し、
方言、文化、社会、生活習慣などに大きな違いがみられる。

☾☀ 暦法とカレンダー

　イ族は年月日を干支で表す。数字で年月日を表さ
ずに干支で表したため、年齢も年の数でなく、干
支の生まれ年で示した。イ族の干支は地域によって異なる。多くの地域では漢族
と同じであり、ネズミ、ウシ、トラ、ウサギ、竜、ヘビ、ウマ、ヒツジ、サル、
ニワトリ、イヌ、ブタの順番で巡る。しかし雲南省中部の哀牢山地方のイ族では、
干支はトラから始まる。その順番はトラ、ウサギ、センザンコウ、ヘビ、ウマ、
ヒツジ、サル、ニワトリ、ネズミ、ウシである。竜の代わりにセンザンコウが入っ
ているのは興味深い。イ族にはもともとトラを特別な動物とする信仰があり、こ
の地域のイ族は特にこの考えが強い。また広西チワン族自治区西部に住むイ族の
干支は竜、鳳凰、ウマ、アリ、人、ニワトリ、イヌ、ブタ、スズメ、ウシ、トラ、
ヘビである。竜から始まり、鳳凰、アリ、人、スズメがウサギ、ヒツジ、サル、
ネズミの代わりに入っており、独特な干支となっている。

　現在のイ族地域では中国の公的な暦が一般的に使われているが、もともとイ族
は太陰太陽暦で暦を計算していた。1 か月を 30 日とし、1 年を 12 か月と新年を
祝うための「クシ」（イ族の新年）の期間とするものである。1 年は 3 か月ごと
に季節を区切る。春は「ニィ」といい、ニワトリ、イヌ、ブタの月がこれにあた
る。夏は「シャ」といい、ネズミ、ウシ、トラの月がこれにあたる。秋は「チュ」
といい、ウサギ、竜、ヘビの月がこれにあたる。冬は「ツゥ」といい、ウマ、ヒ

ツジ、サルの月がこれにあたる。

　四川省涼山地方では、1年は10番目の月の干支から始まる。すなわちウマの月から新しい年が始まるのである。他の地域のイ族では異なる干支から始まる場合もある。

　日にちは数字によって数えることもある。この場合、月を半分に分けて表現する。1日から15日までの前半を「ドッ」といい、16日から30日までの月の後半を「ジ」という。「ドッ」は「（月が）上る」を意味し、「ジ」は「（月が）下る」を意味する。例えば「1日」は「ドッツニィ」というが、「ツニィ」は「1日」を意味し、「上る1日」を意味する。「16日」は「ジツニィ」といい、「下る1日」を表す。

　漢民族と近接して居住するイ族では、漢民族の暦法を取り入れているところも多い。また、二十八宿、五行、八卦などの考え方も見ることができる。

　現在の四川省涼山地方では『ノスクレヘェテジ』という暦の小冊子が出版されている。書名の意味は「イ族の歳月の書」であり、すべてイ文字で書かれている。1〜3年の間の農暦を基礎として、西暦とイ族の暦上の吉凶や方位の吉凶についてまとめられている（図1）。

　この他にもイ族には独特な暦法があったようである。これは四川省涼山地方などの一部地域で行われていた暦法で、「イ族十月暦」ともよばれる。20世紀前半の文化人類学者などの調査報告に散見された暦法であり、これは太陽暦で計算し、1年を10か月に分ける。1年が10か月しかないため、1か月の日数を36日とするのである。すなわち12の干支の日が3回まわると1か月となる。この計算では1年は360日となり、1年の日数が不足してしまう。この不足の5日間を新年を祝うための「クシ」（イ族の新年）の期間とすることで、1年が合計365日となる。さらに数年に一度、このクシの日数を1日追加する閏年を設けて調節するのである。しかし1980年代頃の専門家の調

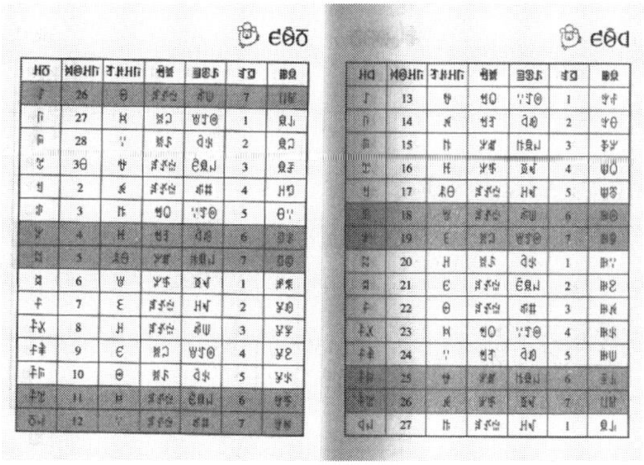

図1　『ノスクレヘェテジ』の一部

査ではこの「イ族十月暦」の存在は確認することができず、もともと存在しなかったのではないかと考える研究者も多い。

◇◇◇ 祝祭日と行事・儀礼　イ族の新しい年はウマの月に始まる。イ語で新年は「クシ」だが、漢語では「彝（イ）族年」とよばれる。この「クシ」は新暦の11月前後、すなわち農作物の収穫がすんだ後に行われるのである。この「クシ」の1日目は「クシヴォユ」という。この日は夜明け前に掃除をし、新年の食事をつくり、夜が明けた後で村中の人々が新年の挨拶を交わす。昼になり、豚をしめて、これを祖先に祀る。2日目は「アイシャラ」といい、人々は集まって果物の木の下で食事をする。そして果樹の神に子宝に恵まれるよう祈るのである。3日目は「アピサジ」という。この日は日没前に家族全員が集まって食事をし、次の夜明け前に祖先に祈りを捧げる。さらに翌日、豚肉を持参して新年の挨拶まわりをして新年の行事は終わるのである。

　イ族の年中行事で最大のものは「トッツィエ」という、たいまつ祭りである。この祭りは農暦に基づき、農暦6月24日に行われる。これはイ族だけでなく雲南省のチベット・ビルマ語派の言語を話すいくつかの民族の間でも広く行われている。しかし地域や民族によって祭りの日は多少前後する。四川省涼山地方最大の都市である西昌では農暦6月24日に行われるが、この祭りを盛大に行う普格や布拖などといった涼山地方の南部地域では、農暦6月24日より前に行うことも多い。涼山地方のたいまつ祭りでは、1日目に夕食の前に祖先と火の神を祀る。そして家の囲炉裏からたいまつに火をともし、家の外に出て、他の村人とともに「疫病を焼き尽くせ、害虫を焼き尽くせ、飢えと寒さを焼き尽くせ」などと声をあげ、田畑の方まで練り歩くのである。次の日は、昼間に村の近くの広場に老若男女が着飾って集まる。ここでは競馬、闘牛、闘羊、闘鶏、相撲、美人コンテストなどのさまざまな行事が行われる。また若い男女を中心に、輪になって踊りを踊ったりした後、日が暮れるとまたたいまつに火をともして練り歩く。3日目の夜はたいまつ送りの日である。日が暮れてからたいまつに鶏の羽毛を縛り、村の中の1個所にたいまつを積み上げ、これをたきあげるのである。このたいまつ送りの後、それぞれの家で入口に鶏をつるすなどして、魔除けの儀礼を執り行い、たいまつ祭りは終わるのである。

　現在の暦で7月に行われるこの祭りは、農作物に虫がつかないように祈る虫送りの意味がある。天上の力士が地上の力士に負けたことに対し、天の神が地上の

人々に怒り、地上に虫を降らせたことに対して、人々がたいまつに火をともし、その虫を追い払ったとする神話に由来する。不思議なことに四川省涼山地方の北部地域である美姑などではこのたいまつ祭りは行われない。その代わり「クシ」（イ族の新年）を盛大に祝うのである。

　雲南省楚雄地方のイ族地域では農暦2月8日に「挿花節」が行われ、この日、村中が花で飾られる。この祭りは「ミイル」という美しい娘が身を捨てて悪者から村の娘たちを救ったとされる伝説に基づいている。このミイルが亡くなったときに流した血の涙が赤いシャクナゲとなったとされ、これにちなんで人々は花を飾り、ミイルをしのぶのである。この他に各地のイ族はそれぞれの地域に根付いたさまざまな祭りを行っている。

 暦と生活文化　イ族の地域ではピモとよばれる祭司が暦を計算し、これを決めていた。イ族のピモは『クスィニスィ』という暦法の書物や『クスィジャモ』という天文暦法から月日の吉凶を判断する書物などを有し、結婚式や葬式などの儀礼の日どりを占った。ただ結婚式や祖先祭祀儀礼は、農閑期である「ツゥ」、すなわち冬の時期に行うことが多い。

　また、イ族には60日あるいは60年周期でその吉凶を観る方法がある。これは10日あるいは10年を1セットとして六つのグループに分けて吉凶を観るものであり、「ククゥクジョダニクゥニジョ」という。これは天と地の神が10日あるいは10年周期で激しい戦いをしており、人々の暮らしもこれに影響を受けると考えるものである。

ラク蜂起　四川省涼山地方において20世紀前半に起きた武装蜂起事件はその年の干支にちなみ「ラク蜂起」とよばれた。この蜂起は1913〜1915年に奴隷たちが起こしたものであった。「ラク」はトラ年を意味し、蜂起が最も高まった1914年がこのトラ年であった。四川省涼山地方は支配層である「黒彝」と一般民である「白彝」、そして奴隷などからなる階層社会であり、奴隷などの下層の虐げられていた人々が冤寧などで蜂起し、奴隷主を殺害し、大規模な蜂起へと発展した。しかし、支配層の黒彝勢力の反攻に遭い、蜂起は終結した。こうした事件についてイ族は特に名称を付けてはいないが、人々はその年の干支ラクにより、この蜂起を記憶しているのである。　　　　［清水　亨］

中華人民共和国（回族）

　回族は、中華人民共和国に暮らすイスラームを信仰する少数民族である。中華
人民共和国を建国した中国共産党は、国内に暮らす圧倒的多数を占める漢民族以
外の人々を、55 の少数民族として認定した。その中で、漢語（中国語）を話し、
容貌も漢民族に相似しながらも、イスラームを信仰し、その信仰に基づいた生活
習慣を維持していることから、少数民族として認定されたのが回族の人々であ
る。

　中国国内には、回族をはじめ、ウイグル族やカザフ族といった、イスラームを
信仰する 10 の少数民族集団がおり、その人口は約 2300 万人を数える。回族は、
その中でも最大の人口を抱えており、その数は約 1058 万人にもなる。ほかのイ
スラームを信仰する 9 の少数民族が西北地方に集中しているのに対し、回族は中
国全土に分布している。各地域では集まって生活していることが多く、回族の集
まる地域には「清真寺」とよばれるモスクや聖者廟といった宗教施設が存在して
いる。

暦法とカレンダー

公式の暦法はグレゴリオ暦であるが、イスラーム
を信仰する回族は、宗教行事の多くをイスラーム
の暦法であるヒジュラ暦に基づいて営んでいる。ヒジュラ暦は、新月の出る日を
各月の第一日とする太陰暦で、30 日と 29 日の月を交互に組み合わせた 354 日を
1 年とするため、太陽暦のように季節と月が一致せず、毎年 11 日ずつずれるこ
とになる。そのため、ヒジュラ暦とグレゴリオ暦、さらには現在なお中国社会で
広く用いられる中国農暦とを対照するカレンダーが普及している。

　カレンダーは、各地域のイスラーム教協会やモスク、ムスリムの経営する企業
など、さまざまな団体が発行しており、無料で配られたり、宗教用品店で販売さ
れたりしている。多くが壁掛けカレンダーであり、絵柄は巡礼者でにぎわうメッ
カのカアバ神殿や国内外のモスクが定番となっている。企業の作成したカレン
ダーには、経営するハラール・レストランの外観などが描かれていることもある。
ちなみに、偶像崇拝が禁止されているイスラームらしく、人物が描かれることは

ない。

 祝祭日と行事・儀礼　　カレンダーにイスラームの年中行事としてあげられるものは、主に聖紀（ヒジュラ暦3月12日）、ミウラージュの夜（ヒジュラ暦7月27日）、バラーアトの夜（ヒジュラ暦8月15日）、ラマダーン月の断食の開始日（ヒジュラ暦9月）、ライラ・アル・カドル（ヒジュラ暦9月）、断食明けの祭り（イード・アル・フィトル、ヒジュラ暦10月1日）、犠牲祭（イード・アル・アドハー、ヒジュラ暦12月10日）、アーシューラー（ヒジュラ暦1月10日）の八つである。

　聖紀は、預言者ムハンマドの誕生日を祝う、いわゆる預言者生誕祭のことである。ただし、回族には、ムハンマドの誕生日とともに命日も記念する行事であると考える人が多い。この日はモスクで宗教職能者（アホンとよばれる）によるクルアーンの朗誦、さらにはムハンマドの故事を題材にした説教などが行われる。また、ムハンマドをたたえる讃歌が朗誦されたりもする。

　漢語で「登宵夜」などとよばれるミウラージュの夜は、621年のこの日の夜に、ムハンマドが天使ジブリールとともに空を飛び、メッカからエルサレムまで移動した後、アッラーの御許までいたった日とされる。そのため、この日の夜には、モスクに集まって礼拝を行い、アホンによる説教を聞くこととなっている。

　バラーアトの夜は、人々のすべての行いが記された帳簿が更新される日であるとされ、漢語では「拝拉特夜」や「換文巻之夜」などと記される。この夜に善行を積むと日頃の悪行に対する贖罪となると考えられていることから、クルアーンの朗誦や礼拝などが盛んに行われる。

　ヒジュラ暦の第九月は、ラマダーン月とよばれ、ムスリムには1か月間の断食が課されている。この期間中、成年男女で健康な者は、日の出から日没まで飲食や性行為を絶たなければならない。また、この期間中は、ムスリムとして忌むべき言動を慎むべきだともされ、人々の信仰心がおおいに高まる時期でもある。

　ラマダーン月の断食の期間中には、預言者ムハンマドに初めて啓示が下された夜とされる、ライラ・アル・カドルがある。その日程については諸説あるが、27日とされることが多い。この日は、モスクを電飾などで飾り立て、徹夜で礼拝やクルアーンの朗誦などを行う。漢語では「蓋徳爾夜」や「高貴之夜」などと表記される。

　断食明けの祭り（イード・アル・フィトル）は、イスラームにおいて最も重要

な行事の一つであり、1か月にわたる断食の完遂を祝う行事である。漢語では「爾徳節」や「大爾徳」、もしくは「開斎節」などと記される。この日、回族の人々はモスクに集まり、礼拝を行い、アホンの説教を聞く。帰宅してからは、親族や友人の家を相互に訪問して盛大にもてなし合う。家によっては、この日に墓参りをすることもある。

犠牲祭（イード・アル・アドハー）は、預言者イブラーヒームがその子であるイスマーイールを捧げようとしたという故事に基づいており、漢語では「犠牲」を示すアラビア語の音訳である「古爾邦節」のほか、断食明けの祭りに対して「小爾徳」、もしくは意訳して「宰牲節」などと記される。当日は、断食明けの祭りと同様に、モスクに集まって礼拝を行い、アホンの説教を聞く。その後、モスクで犠牲とする牛や羊を屠（ほふ）り、親族や友人間で贈り合ったり、貧しい人々に施したりする。

アーシューラー（阿舒拉日）は一般的に、預言者ムハンマドの孫で、第三代イマーム・フセインの殉教を哀悼するシーア派の行事として知られるが、回族の人々の間ではさまざまな由来が語られる。イスラームの唯一神であるアッラーが世界を創造した日、もしくはアーダムやヌーフといったクルアーンに登場する預言者たちが救いを得たのがこの日であるとされる。地域によっては、豆類の入ったかゆ（アーシューラー飯）を炊いて食べたりもする。

この他にも、全国的には、預言者ムハンマドの娘であるファーティマを追悼するファーティマ節（ヒジュラ暦6月）といった年中行事が存在している。

暦と生活文化

カレンダーには、ローマ数字で記されたグレゴリオ暦の日付に、アラビア数字で記されたヒジュラ暦の日付、さらには漢数字で記された中国農暦の日付が書き添えられている。また、二十四節気が書き添えられていたり、別表としてまとめられたりしている。これは、回族の人々が、これら3種の暦に基づいて生活していることを表している。

中国は公式の暦としてグレゴリオ暦を採用しており、回族の人々も日常的にはこれに基づいて生活している。その一方で、宗教行事の多くをヒジュラ暦に基づいて営んでいる。先にあげた主要な年中行事は、基本的にはヒジュラ暦に基づいて挙行されるため、モスクにおける活動はそれに従って動いているといえる。ただし、一部の地域においては、ヒジュラ暦の3月12日に行うものとされる聖紀を中国農暦の正月である春節の期間中に行うなど、中国農暦を併用しているとこ

ろもみられる。

　とはいえ回族は、春節のような、漢民族やほかの少数民族も行うような中国農暦に基づいた年中行事を祝うことはないとされる。近年では、都市部や漢民族が多数暮らす地域で生活している回族の中には、その影響を受けて、春節や端午節、中秋節といった行事を行う人々が出てきているというが、あくまでも一般的な祝祭日として過ごすだけにとどまっている。

「教派」によって異なる暦

中国に暮らすムスリムである回族は、イスラームにおいては主流であるスンニ派で、法学的にはハナフィー学派に属するとされる。しかし、その内部には、「教派」とよばれる独特な観念に基づく分派が存在している。そこには、中国に伝統的なイスラームを伝えるカディーム派をはじめ、改革派であるイフワーン派やサラフィーヤ派、さらには「門宦」などともよばれるスーフィー教団があり、それぞれに教義の解釈や儀礼の様式などが異なっている。

　そのため、同一地域で生活していながらも、教派の違いなどにより、モスクによって年中行事の実施日程が異なるといったことがある。例えば、ラマダーン月の断食において、その開始日と終了日を確定するのに、その月の新月を肉眼で確認するという伝統的な方法を用いているモスクもあれば、カレンダーどおりに実施するというモスクもある。伝統的な方法においては、天候などの関係で新月を肉眼で確認できない場合、3日までは断食の開始を順延するため、カレンダーどおりに行うモスクとは大きくスケジュールが異なることになる。

　また、そもそもどのような年中行事を実施するかについても、教派によって異なっている。先にあげた年中行事のうち、断食明けの祭りと犠牲祭、聖紀の3つは、「回族三大行事」としてよく知られる存在である。しかし改革派であるイフワーン派やサラフィーヤ派は、聖紀について、本来のイスラームの教えにかなっていないとして、その開催に否定的、もしくは消極的な立場をとっている。

　このように、中国という非イスラーム社会に生きる回族は、多様な暦の中で生きる人々であるといえる。　　　　　　　　　　　　　　　　　［今中崇文］

📖 参考文献
中国ムスリム研究会編『中国のムスリムを知るための60章』明石書店，2012

中華人民共和国（チベット族）

　「世界の屋根」ヒマラヤ山脈の北側に広がるチベット高原は、東・南・中央・北アジアと接する文明の交差点である。そこでは高地特有の生態環境条件を背景に、隣接諸地域との交流の中で独自の文明が育まれてきた。現在はその大部分が中国領になっており、人々は 55 の少数民族の一つ「チベット族」として登録されている。チベット族はチベット自治区、青海省、甘粛省、四川省、雲南省などに約 600 万人が暮らしているが、この他、チベット系の人々はインドやネパールをはじめとする複数の国家に居住する。チベット暦は、チベット高原に流入した多様な伝統が重層的に絡み合いながら形成され、現代まで継承されてきたという特徴をもっている。

暦法とカレンダー

現代中国では公式の暦法としてグレゴリオ暦を採用しているが、太陰太陽暦である農暦も広く普及しており、カレンダーに併記されているのが一般的である。チベット暦は、農暦と同じく太陰太陽暦であるが、ダショとよばれる閏月のおき方や、月齢に応じた日付の割り振り方が異なるため、農暦との間に必ずずれが生じる。このため、中国に暮らすチベット族は三つの暦を併用しながら生きているといえる。

　チベット暦では日本や中国と同様に、年月日にそれぞれ十干十二支が割りあてられ、その組合せで吉凶を占うことが多い。十干は木・火・土・金・水の五行からなり、その陰陽は男女で表される。例えば 2017 年は、「メ・モ・チャ（火・女・酉）年」となる。さらにインド由来の名称もあり、2017 年は「セルチャン年」である。1 週間はサ・ニマ、サ・ダワ、サ・ミクマ、サ・ラクパ、サ・ブルブ、サ・パサン、サ・ペンパからなる。サは惑星の意であり、それぞれ太陽、月、火星、水星、木星、金星、土星を意味する言葉とつながっている。これは日本語の曜日に近い感覚で理解しやすい。カレンダーの表記で特徴的なのが余日（ラク）と欠日（チェ）である。これは月齢の進行と 1 日の長さがずれることから生じるもので、同じ日付が連続する余日と、日付を一つとばす欠日がある。

　チベット暦のルーツは多岐にわたる。チベットへの仏教伝来以前からの流れを

くむボン（ポン）教の暦法は、中央アジア方面から伝わったとされている。また、吐蕃として知られるチベットの古代帝国期にもたらされたとされるのが、中国にルーツをもつナクツィと、インドにルーツをもつカルツィである。前者には十干十二支や二十八星宿、後者には黄道十二宮などの要素が含まれている。そして、大きな影響を与えたのが11世紀にチベットに伝わったインド後期密教の聖典『カーラチャクラ』（時輪タントラ）に説かれる暦法である。カーラチャクラがチベット語訳された1027年（火・女・卯［ラプジュン］年）を始まりとする、「ラプジュン」とよばれる60年のサイクルが広く用いられており、2017年は第十七ラプジュンの31年目にあたる。チベット語で書かれた書物の読解にあたっては、こうした暦の記法に関する知識が不可欠である。

　かつて、暦の計算と公布はごく限られた専門家に委ねられていた。それは、中央チベットの政権に属する占星官や、各地域の有力な僧院に属する僧侶たちであった。1916年にダライラマ13世のもとで医学と暦学をあわせた教育研究施設「メンツィカン」（薬暦館）がラサに設立されたことで、暦学の知識が広く一般にも開放されたのである。その後メンツィカンはラサと北インドのダラムサラの2個所で存続している。毎年、ロトとよばれる暦書がメンツィカンから発行され、チベット語書籍を扱う書店で入手できる。その他、僧院などで発行されるカレンダーにもチベット暦とグレゴリオ暦を併記したものがみられる。また近年では、スマートフォンのアプリケーションでもチベット暦のカレンダーを簡単に入手することができる。

◆◇◇ 祝祭日と行事・儀礼

東西約2000kmにも及ぶチベット高原では、地域によって生業や生活習慣、方言などの違いが多くみられる。チベット仏教を中心とする宗教文化は祝祭日に大きな影響を与えているが、宗派や個別の僧院によって多様な儀礼が存在しており、その全貌を把握することは難しい。

　人々にとって代表的な祝日はロサル（新年）である。現代中国では、農暦に従って祝う地域とチベット暦に従って祝う地域に分かれるが、人々は誕生日にかかわらずロサルの訪れとともに年齢を一つ重ねる。筆者がフィールドワークを行った東チベットのシャルコク地方（四川省アバ州）では、ロサルには食卓の上に装飾を施されたバターの塊がおかれ、その前には各種の飲み物や料理が所狭しと並べられる。ロサルの時期は親戚・友人が家々を絶え間なく訪れ、いつでも接待

ができるようになっている。またこの時期に聖山などの巡礼に出かける者も多い。

　チベット仏教徒にとって特に重要なのはサカダワとよばれるチベット暦4月の1か月である。釈尊がこの世に降誕し、悟りを開き、入滅したのはすべてこの月の15日であると伝わる。サカダワに何らかの善行をなすとその功徳は数十万倍になるとされ、各僧院では大規模な儀礼が行われる。

　チベットの中心都市ラサで有名なのは、チベット暦6月末から1週間にわたり行われるショトン祭（ヨーグルト祭）である。夏の修行を終えた僧侶に人々がヨーグルトを捧げたことに由来するというこの祭りは、デプン寺やセラ寺といった大僧院での巨大なタンカ（仏画）の開帳で知られ、チベットの伝統的な歌劇である《アチェ・ラモ》の公演も行われる。

　僧院では、ロサルから春にかけて大規模な儀礼が行われることが多く、僧侶たちがチャムとよばれる宗教舞踊を舞う。密教儀礼と深く結び付いたチャムは、護法神をはじめとする神々の顕現でもあり、僧院や集落を祓い清め、すべての衆生の幸福を祈ることが目的である。農耕地帯では、こうした儀礼の後に種まきの時期を迎えることも多い。

暦と生活文化

　チベット暦は、占いとも密接に結び付いている。例えば、ある日の吉凶は、その日がもっている十干十二支などの属性と、吉凶を知りたい人の出生日の関係で判断される。こうした占いは、かつては「宗教」と区別される「迷信」として退けられたこともあったが、人々の間で根強く継承されている。家を建てる日どりや、遠方に旅立つ日、また葬儀の段どりなどを決める際に行われることが多い。暦の知識は僧侶や行者だけではなく、世俗の人々が世襲で受け継いでいる場合もある。近年では、北京や上海などの都市部で活動するチベット僧侶が漢族のクライアントから占いや儀礼を依頼される事例が増加している。

　チベットの宗教に広くみられる善行や功徳といった概念と、暦が結び付くのが巡礼の場である。チベットの人々は、時として1000 km以上の道のりを五体投地の礼拝をしながら歩き続ける。峠の上や、かつての高僧の足跡、聖水の泉などで、人々はルンタ（「風の馬」、聖典の文言が記された7〜8 cm角の正方形の薄い紙）を空に向かってまき、五体投地を行う。こうした「めぐり、あるく」宗教実践は、よりよい来世の暮らしと、すべての衆生の救済を願って善行をなす場であると同時に、土地に根差した多様な神々の存在に触れる場でもある。チベット

高原の代表的な聖山では、12年に一度大巡礼が行われることが多く、山神と縁のある年が選ばれる。例えばアムネマチン（青海省）では午年、カワカブ（梅里雪山、雲南省）では未年に行われている。地域社会を巻き込んだ宗教活動の活性化が、暦に基づくサイクルで発生しているのである。

　三つの暦の中で生きているチベットの大半の人々にとって、チベット暦は日常生活の中で常に意識されているわけではないが、宗教実践を通じてその存在が浮き彫りになる。それは、暦が宗教と深く結び付きながら発展し継承されてきたことを物語っているのである。

 ### 暦からみる宗教と地域社会

チベット社会において、宗教実践の中心的な場としての僧院は重要な役割をはたしており、その年中行事はチベット暦に従って実施される。なかでも宗派や地域の独自性が表れるのが、かつての高僧の誕生日や命日に行われる追善供養の儀礼である。チベット仏教最大宗派であるゲルク派の開祖ツォンカパの命日であるチベット暦10月25日には、多くの僧院で大量のバター灯明がともされる。ボン教の僧院では中興の祖シェーラブ・ギェンツェンの誕生日である1月4日に同様の儀礼を行う。

　その他、僧院の歴史において重要な人物も儀礼の対象となる。シャルコク地方のボン教僧院では、文化大革命を経た1980年代の改革開放期において僧院の再建に尽力した僧院長の命日に供養が行われる。大規模な儀礼が行われる日はドゥチェン（大きな時）とよばれ、僧侶のみならず多くの世俗の人々が集まってくる。また、高僧による法話や、ゴンジョ（加行）とよばれる集団的な瞑想や祈りの実践も、農閑期を中心に決まった日時に行われる。普段は村を離れ都市で暮らす人々も、ロサルやドゥチェンには顔を合わせ、ともに談笑し祈りの言葉を唱える中でつながりを強化していく。21世紀初頭にもたらされた急速な経済発展の中、生業の多様化によってコミュニティとしての村や僧院の形は大きく変容し希薄化している側面がある。しかしその一方で、チベット暦によって刻まれる時は、人々が宗教を通じて集まり、結び付く場を生み出し続けているのである。

[小西賢吾]

📖 参考文献

[1] Cornu, P., *Tibetan Astrology*, Shambala, 2002

中華人民共和国（チワン族）

　チワン（壮）族は 1680 万人（2010 年）と中国の 55 の少数民族のうち最大の人口を有する。その約 9 割が広西チワン族自治区に居住し、少数のものが雲南、広東、貴州、湖南に居住する。自治区の中でも西部の丘陵地帯に多い。「ブーヨイ」「ブーノン」「ブートゥー」「ガンヤン」など 20 種以上もの自称を持つ下位集団に分かれており、それらが中華人民共和国成立後に民族政策によって統合されて成立した民族である。言語は中国ではタイ語系に属するとされ、南北二つの方言があり、それぞれの方言区の中でも多くの小方言区がある。

　中国では秦漢時代の「駱越」（「百越」のうちの一つ）、三国時代から隋の「俚人」「獠人」がチワン族の先民であるとされているが、元から明代に貴州、湖南などから移住した者もいる。異なる自称や広西の西北部・北部地域で英雄神「莫一大王」が祀られるが他地域では祀られないことなどを考え合わせると、一定程度共通する文化を共有しながらも、多くの起源の異なる下位集団が結集して形成された民族集団と考えられる。

　チワン族の伝統的な住居は、1 層に家畜を飼養し、2 層が人間の居住空間となる木造高床式住居である。この形式の住居は中国南部、長江流域以南の広い地域に古くからあり、チワン族のほかタイ系の民族などにもみられる。家の新築の際に「風水」で地勢を見るが、その際、山を背に、河を前にした立地条件のところが選ばれる。家の正面中央部に門をつくり、中心線にそって祖先や神々を祀る祭壇を居間の奥につくる。前門の扉には「門神」の絵札を貼り、主要な柱には縁起のよい詩句を漢字で書いた「対聯」を貼る。前門から祭壇を結ぶ中心ラインの重視や、漢字の使用、対聯・門神などは漢族の影響を受容しており、祭壇の神名も漢字で書かれている。調理は伝統的には囲炉裏で行われてきたが、漢族式のかまどに変化した家も少なくない。靴を履いたまま家に入り、椅子・テーブルを使いベッドで寝る方式も、漢族や近代化の影響による。

　最近は沿海部に出稼ぎに行った若者が資金をためてコンクリートブロックの家を新築し、伝統的な高床式住居が少なくなり、農村の景観が大きく変化している。

　農村部のチワン族は農繁期になると日の出から日の入りまで農作業に追われ

る。都市と農村の経済的な格差が大きく農村では収入が少ないので、若者が沿海部に出稼ぎに行っている家が多い。このため普段は老人と子供だけの家庭が少なくない。日常の食事は米飯を主食とし、野菜の炒め物とスープが基本的献立であるが、夕食に豚肉を食べる日もある。肉といえば豚肉が一般的で、鶏やアヒルは来客や行事の際のごちそうだ。電化製品は近年、カラーテレビ、携帯電話が普及しているが、洗濯機や冷蔵庫はあまり普及していない。肉や魚は近くの街（鎮・郷）に行って購入する。街では旧暦にそって3〜5日に一度、定期市が開かれる。商品は豊富で、日常の暮らしは便利になっている。

暦法とカレンダー

チワン族の暦は太陰太陽暦（旧暦、農暦）が用いられる。主な年中行事や農作業はそれによって行われるが、清明節や冬至などの行事や農作業の一部は太陽暦の二十四節気に基づく。この点は漢族と同じである。

祝祭日と行事・儀礼

広西西部では、農繁期は、4月の「穀雨」以降に水稲の種をまき、5月の「立夏」に田植えが始まってから9月に収穫するまでの時期である。早稲を植える地域では3月の「啓蟄」の前に種まきをし、6月の「夏至」に収穫をする。冬にトウモロコシ（7〜8月に収穫）や大豆（6月に収穫）、小麦（4月に収穫）の種まきをする。近年は、トマトやタバコ、八角など商品作物の栽培が奨励されているが、生業の主体は定着的な水稲農業である。農業の機械化はあまり進んでおらず、近年、収穫に足踏み式脱穀機を使用するようになったが、田植えなどはまだ手作業で行われる。

農事暦に対応して年中行事が行われる。正月、2月はその年の豊作の予祝をし、春の墓参が終わったら、田起こしをして水稲の種まき、田植えをし、除草など農作業に追われる6月に豊作を祈り、秋に収穫してその祝いをするなど、農業と年中行事は対応している。村ごとに土地神が祀られており、年中行事のたびに参詣する。それは村落を守護し、人々の平安や五穀豊穣をもたらす神である。

春節（旧正月）は歳首で、チワン族にとって年間最大の行事だ。この時期、沿海部へ出稼ぎに行った若者が家電や子供の玩具など土産物を抱えて帰省する。今は沿海部から農村各地まで直通のバスがあるし、高速鉄道網の発達で交通は便利になっている。子供たちは玩具や正月用の菓子詰合せを手にしてあちこちで歓声をあげる。農家では年末になると飼養している豚を殺して、豚肉の塊を細長く

切って塩漬けにした後、囲炉裏の煙でいぶした燻製「臘肉」（ラーロウ）や自家製ソーセージをつくって正月の準備をする。地域によってはもち米でちまきをつくる。チワン族はもち米食品を好む。除夜の 12 月 30 日に家内の大掃除や、対聯の貼り替えをし、夜にごちそうを食べて一家団欒で年越しをする。除夜の夕食は、ゆでた鶏肉「白切鶏」（バイツェーチー）、チャーシュー、アヒルのぶつ切り炒めなど肉料理尽くしだ。鶏肉や豆腐、野菜などが入った鍋、蒸し魚のあんかけ料理などもつくる。地域によってはもち米でちまきをつくるところもある。除夜にはテレビの全国的な特別番組に釘付けになることもある。深夜近くになると爆竹を放ち、花火を打ち上げ、新年の到来を祝う。村の土地神やその他の神廟に参詣し、新年の豊作や家族の健康を祈る。家の祭壇にも線香をたいて供物を捧げる。こうした過ごし方は漢族のそれと大差がない。ただし、除夜に鶏の骨で新年の豊凶を占う「鶏卦」を行うところもある。1 月 2 日以降には、嫁出した娘が実家に帰省する。街では龍舞、獅子舞が行われる。多くの場合、正月 15 日までは正月休みの期間だ。

　春には墓参をする。広西西部では清明節（4 月 4 日あるいは 5 日）にではなく、旧暦 3 月 3 日に行われる。供物に植物の染料で 5 色に染めたおこわが用いられるなど独自性もみられるが、墓石に漢字で故人の名が刻まれることや墓参の方式も漢族式である。ちなみに 3 月 3 日、5 月 5 日といった月日の数が同じ「重日」を重視するのは漢族の習俗である。

　3 月に山野での歌掛けが伝統的に行われてきた（図1）。中国南部の多くの少数民族は歌を好むが、特に 1960 年代に歌劇《劉三姐》が流行し、歌掛けがチワン族のシンボル的な行事とみなされるようになった。今は、カラオケや CD の発達で廃れつつあり、残されている地域でも行っているのは中年以上の人に限られる。歌掛けはかつては男女が配偶者を選択する場であったが、今では娯楽として行われており、地方政府が主催して歌掛けコンテストを開催する。歌は比喩表現を多用し、規則的な押韻をしたもので、即興でつくるのには一定の技量が求められる。ゆったりとした旋律の歌掛けはチワン族地域に春を告げる風物詩である。

　牛魂節の期日は地域によって、4 月 8 日、5 月 5 日、6 月 6 日に分かれる。それは耕牛

図1　靖西県の歌掛け

を休ませて慰労し餅を与えたりするもの
である（図2）。5月5日の端午節は、漢
族から受容した行事で、牛の角の形のち
まきをつくる。6月2日には広西北部で
莫一大王祭が行われる。豊作や土地・人
畜への加護を祈るため、豚を殺して英雄
神である莫一大王を祀る。内臓は参加者
が神前で共食し、肉は平等に切り分けて
持ち帰る。肉を均分する方式は漢族の社
神祭のそれを想起させる。

図2　龍勝県の餅つき

　7月14・15日の中元節は、「鬼節」と
もいい、春節に次ぐ大きな行事だ。アヒ
ルを殺して供物を祖先の祭壇に捧げて、
祖霊を迎え、祀り、そして送る。行事の
期日や、死者があの世で使う紙銭や紙衣
を燃やす行為は漢族から受容したと考え
られるが、チワン族には霊魂を畏怖する
死霊観念があったゆえに容易に受容した
ように思われる。嫁出した女性は期間中
にアヒルを持参して帰省する。

　8月15日は中秋節で、漢族は春節、
端午節と並ぶ三大節句の一つとして盛大
に過ごすが、チワン族も漢族の影響を受
けて供物を捧げて賞月をする。供物は

図3　靖西県の財神カレンダー

鶏、果物、里芋、月餅などだが、なかでも月餅は欠かせない。1年間でこの時期
の満月が最も丸く、また収穫祝いの意味もあってチワン族の間でも広まった。一
方、漢族の立春、4月8日の灌仏会、6月6日の書籍・衣服の虫干し、七夕、9月9
日の重陽節、冬至節は受容したもののチワン族の間ではあまり普及しなかった。

　文化の複合性

　　　　　　　　　このように、チワン族の行事には漢族的要素がみられ
　　　　　　　　　るが、同時に独自の伝統も認められ、チワン族の文化
の複合性を示している。　　　　　　　　　　　　　　[塚田誠之]

中華人民共和国（ペー族）

　人口193万人余り（2010年）のペー族（白族）は、その約6割が雲南省西北部の大理白族自治州に居住する。中国の少数民族の中で漢族の文化を最も受容した民族の一つである。歴史をさかのぼると、唐代に雲南地域を支配した南詔国の中枢を担ったのはペー族の祖先で、南詔王が8世紀末に唐への忠誠を誓った際、唐朝から中国の暦を授与されている。南詔は唐に倣い、独自の漢字2文字の年号を定めていることから、その支配層には漢文を操る能力がみられ、この頃から中国の暦に基づく祭日の観念も浸透していった。このように中国文化の受容の歴史が長い一方で、ペー族固有の言語であるペー語は、今日でもペー族が集住する地域で日常的に使われている。1950年代から考案・改良されてきたペー語のラテン文字表記法は普及しておらず、文字記録には中国語が用いられる。集住地以外のペー族の生活や文化は、漢族とほとんど違いがない。以下では、民族的文化が色濃く維持されている大理州内、特に中心地である大理盆地の農村部のペー族の状況を中心に紹介する。

暦法とカレンダー

　古くから中国王朝の暦を導入していたペー族は現在、中国人一般と同様、中国語で「公暦」とよばれる世界共通のグレゴリオ暦と、中国の太陽太陰暦である農暦の両方を使い分けながら生活している。どの家の壁にもカレンダーが掛けられているが、村内で売られていることは少なく、商店や企業、機関などが印刷して配布するカレンダーを入手することが多い。他方、村の市場でも目にするのは、月や日の十干十二支や二十四節気が記されている日めくりや冊子体の暦である。後者には占い関連情報や実用知識も掲載されており、特に何年分もの暦がわかる「万年暦」は人気がある。中国では伝統的祭日は、現在も農暦に基づいて祝うので、上記のすべての暦にグレゴリオ暦と農暦の両方の日付と曜日、中国の祝祭日が記されている。

　学校教育が普及している現在、若い世代は中国語ができ、識字率が高いが、老齢者や女性では中年層にも文字が読めない者がおり、壁掛けカレンダーを十分に解せないことがある。その点、ペー族が使う日めくりと冊子体の暦には、毎日の

十二支が文字とともに動物の図柄で印刷されている。壁のカレンダーは、暦としての実用性以外に装飾的な要素も重要で、美しい風景やおめでたい絵柄が好まれる。老齢者はカレンダー類を「黄暦」とよぶ。黄暦は暦を意味する古い中国語で、神話上の最初の皇帝である黄帝が暦をつくったという伝承に基づいている。

◇◆◇ **祝祭日と行事・儀礼**　ペー族の年間の祝祭日には、公暦に基づき国家が定めた祝日（「中国（一般）」参照）と、農暦に基づき慣習として伝承されてきた祭日がある。後者にはさらに中国伝統の祭日とペー族固有の祭日の2種類があり、主なものとして春節（1月1日）、清明節、三月街（3月15日〜）、繞三霊（ラオサンリン）（4月23〜25日）、たいまつ祭り（6月25日）、中元節（7月前半）、中秋節（8月15日）、冬至節、本主節がある。そのうちペー族の祭日は三月街、繞三霊、たいまつ祭り、本主節で、中国伝統の祭日にもペー族独特の慣習がみられる。

春節は、除夜の日のかまど神や門神、春聯（しゅんれん）の貼り替え、夕食のごちそう、年の変わり目の爆竹や花火など中国伝統の慣習が今も維持されている。春節当日、ペー族は肉類を控えた食事をとる。朝にまず、米の麺やあられ、黒砂糖などでつくる椀物を食べ、その後も豆腐や山菜の揚げものなど、精進料理を食べる。2日目に地域の守護神の廟に参拝した後には、肉類を食べることができる。古来、中国では春節と並び、立春も年の初めとして重視された。ペー族は立春に春節と同じ精進物の行事食を食べる。

清明節は春分の後にくる二十四節気の一つで、グレゴリオ暦の4月5日前後にあたる。清明節の墓参は、ペー族においては今も広く行われている。

三月街は、3月15日の観音信仰の活動に伴い、唐代頃から大理盆地で数日間にわたり開催されてきた大規模な交易市である。省外から物資が流入し、各地から来た多数の民族でにぎわう様子が17世紀前半の文献に記されている。現在は商品の種類と量が膨大に増えたが、動植物の珍しい漢方薬材を売るチベット族、牛馬市、雲南名産の販売など地方色豊かな姿は継続している。伝統的に競馬などが行われ、歌や踊りを楽しむ場でもあったが、1991年に政府によって3月15日から始まる1週間余りの「民族節」に指定され、民族体育大会や、歌や踊りのパフォーマンスのプログラムが組み入れられた。2008年に中国の無形文化遺産に登録され、近年は延べ200万人以上が国内外から集まるという。

繞三霊は大理盆地内だけのペー族の3日間続く祝祭で、連日、その日に詣でる

寺廟があり、3か所を巡る。伝統的には女装や奇抜な服装をして村ごとに隊列を組み、歌ったり踊ったりしながら参拝し、夜になれば寺廟周辺で休息をとった。農閑期の男女の交流の場とも、雨乞いの意味があったともいわれる。2006年に中国の第一期無形文化遺産リストに入った。

　たいまつ祭りでは、一定の地域ごとに10mものたいまつを皆の力を合わせてつくり、立て、燃やす。その火の粉は、人々に1年の息災や作物の豊穣をもたらすと信じられている。

　ペー族の中元節は、7月1日に各家で祖先を迎え、あの世で祖先が安楽に暮らせるように、紙でつくったお金を入れた包みを燃やし、供物を捧げ、7月14日の夜に祖先を送るという祖先祭祀の側面が強い。漢族において目立つ施餓鬼の意味をもつ活動は、ペー族では限定的である。

　中秋節の夜は、漢族らと同様、月餅や秋の実りを食べながら家族団欒の時を過ごす。大理盆地内の一部の村では、当日の日中、南詔時代から大理で信仰されてきた老人の姿をした「観音老祖」の像を廟内から運び出し、神輿にのせて担いで村内を練り歩き、豊作を祈願する祭祀活動が行われる。

　冬至節の日、ペー族は餅をつくって食べる。餅米を蒸し、臼と横杵で餅をつく。大きな円形に薄く伸ばした餅の上に同じく円形の赤い切り紙細工を載せて贈答用とし、その家の子供と「老友」という擬制的親族関係を結んだ子供のいる家、あるいは婚約者の家に届ける。

　ペー族にとって最も重要な神は、「本主」と総称される地域の守護神である。春節以外に、人生の節目の儀礼の際、あるいは遠方に出かける前などには本主に参拝する。本主廟は、普通は各村に一つ、例外的には1村に複数、あるいは数村に一つある。本主の生誕日は本主節とよばれ、地域をあげて祝う。本主は伝説上の英雄、歴史上の人物、竜神など多様で、本主節の期日はさまざまだが、春節後の旧暦1月から2月にかけての農閑期に比較的集中している。

　ペー族の村では孫のいる年配世代の宗教組織が発達している。それぞれ男性の組織には「洞経会」や「方廣会」、女性の組織には「蓮池会」がある。道教、仏教、儒教の神の生誕日には組織ごとに寺廟に集合し、宗教儀礼を行う。その期日は年間で十数日から20日以上にのぼる。

　暦と生活文化　国家として公暦が採用されている現在でも、農村部の老齢のペー族は農暦を重視して生活している。誕生日

は農暦で記憶しており、毎日が十二支では何の日かを気にする。大理州の定期市は伝統的に日付の十二支あるいは農暦の特定の日に開催され、「竜街（竜の市の意味）」などの地名があり、今も多くはその期日が継続している。

　老齢者の中には日付の十干十二支にまつわる禁忌を重んじる者もいる。中国には結婚する男女の生年月日と時間の十干十二支を示す「八字」で相性を占う伝統があったが、ぺー族の間では今も続いている。一般にも広く知られているのは、子と午、丑と未、巳と亥のような相性の悪い十二支の組合せである。これらも中国文化の伝統だが、「迷信撲滅」が繰り返し、徹底して実施された漢族の場合、ぺー族のようには残っていない。冠婚葬祭を実施する日時も当事者の八字により占う。特別の知識を備えた人物に八字をみてもらい、日どりを皆に通知するのだが、それらはすべて農暦に基づいており、自身の誕生日を公暦でしか覚えていない若年層でも、このように生活の中で農暦に触れる機会がある。

 ぺー族の古い暦法　　大理州の西に隣接する怒江傈僳族自治州には、数百年前に大理州から移住したとされるぺー族がおり、周囲のリス族らから「レーモー」とよばれてきた。彼らは農暦とは異なる暦法を 20 世紀の半ばまで使っていた。それは、月の満ち欠けと季節の推移を観察することで年月を区切り、十二支に基づく周期で日を刻む暦法である。

　彼らは「1 年は 13 か月、1 月は 30 日」とその暦法を説明するが、実際には、1 年は 13 か月または 12 か月で、月には 30 日と 29 日の大小の違いがあった。最初に細い繊月が空に現れる日は、月の 3 日目と定められ、1 か月は基本的には 30 日だが、月が変わって 2 日目に細い月が姿を見せた場合は、その月の 2 日は 3 日とされ、2 日が暦から消え、その月は 29 日となった。年についても 13 か月が基本だが、野生の桜桃の花が咲く月を 3 月とし、年明けの月の翌月に桜桃の花が咲いた場合は、2 月が省かれ、1 年は 12 か月となった。

　満月の日は 15 日という感覚はあるものの、日にちは数字では数えずに十二支によって認識され、子、丑、寅という順番で 12 日を 1 周期とする「ロウベン」が単位となった。それぞれの日は、まず「2 月の午の日」のようにとらえられ、その月の何日目であるかをあえて知りたければ、満月の 15 日や繊月が見えた 3 日を起点として、そのつど数える作業を伴った。12 か月の年は、ロウベンが 29 半の 354 日、13 か月の年は 32 ロウベンの 384 日となった。年齢もロウベン単位で、数えで 13 歳は 1 ロウベン、35 歳なら 3 ロウベンにあと 2 年と数えた。　　　［横山廣子］

コラム　雪　形

　「雪形(ゆきがた)」は、雪山を間近に望見できる主に東日本の地域に伝承されている自然暦、すなわち天候・気象の変化から生活のリズムを知る一つの暦である。春先の太陽に照らされた山の斜面では雪解けが始まり、残雪は日ごとに変化する。山麓に住む人々は、その雪解けの変化に毎年見慣れた形が見え始めたときを生業の開始時の目安とする伝承がある。その形が崩れ始めたときを生業の終了時とする伝承もある。山の地肌がつくる雪形をネガ型、残雪が作る雪形をポジ型とよぶ。田起しや田植え、山菜とりのための山入り、回遊魚の漁の開始や終了を知る。その形は、人の姿（種まきじいさんやばあさんなど）や動物（馬、鳥、牛、ウサギ、コイ、チョウ、犬、猫、トラなど）、架空の動物（飛竜など）、なかには農具に似た形（くわ、すき、鎌など）、さらには文字の形（「山」の字や数字）までさまざまで、山の自然を身近に感じる人々の発想力のたまものである。また、その出来映えを見て、その年の豊凶を占ったという伝承もある。

　雪形は、雪絵、残雪絵ともよばれ、形そのものの呼称、例えば「種まき爺(じい)さん」「農男」「駒」「農鳥」などでよばれることもあった。「雪形」の名付け親は定かではないが、田淵行男の『山の紋章―雪形』（学習研究社、1981）により広く知られるようになった。白馬岳、駒ヶ岳のように名前が雪形に由来している山も多い。

　田淵行男は、この書において雪形伝承が消えかかっていることを報告し、悲しんでいた。それから35年以上経過した現在は、当時以上に悲しまなければならない状況にある。だが、雪形は本来の生業暦の役目を終えても、自然観察の一つの対象として多くの人の関心をよんでいる。人々は、以前と変わりなく、その「時」と「形」に注目している。山々の残雪の文様には、毎年のように「新たな語り伝え」が創作される。自然観察者としての一人ひとりの雪形がある。日本人のみならず世界の多くの人々に、日本の自然を知ってもらい、雪形が現れるときの感動を共有してもらうことが望まれる。雪形は自然遺産であり、文化遺産でもあり、新たな山の文化を創造する源の一つでもある。

　雪形は今のところ日本固有の習俗とされているが、世界の積雪地帯から同様の伝承があるという報告が舞い込むことを期待したい。　　　　　　　　　［大越公平］

図1　白馬岳の「代掻き馬」（長野県白馬村）

図2　吾妻小富士の雪形「種蒔き兎」（福島市）

コラム 『天地明察』と《明治おばけ暦》

　冲方丁の『天地明察』（角川書店、2009）は2010年の本屋大賞を受賞し（図1）、2012年9月には同名の映画が封切られた。これは、日本でつくられた最初の暦である貞享暦をめぐる小説である。主人公は碁所（碁方）の安井（保井）算哲であるが、暦学者としては渋川春海の名で知られている。

　日本では690年、律令体制を志向する中で中国の元嘉暦と儀鳳暦が正式に採用されて以来、平安時代の861年に宣明暦に改暦しただけで、それが延々と江戸時代の初めまで続いた。しかしその頃、天行と2日のずれが生じており、日食や月食の天文現象と合わなくなっていた。当時、天体に異変が起きるのは何かの悪い予兆であると解釈されていたため、政治が悪いから災害が起きるという非難にさらされかねない為政者は天変地異に敏感だった。したがって暦による天文予測は政治的にも重要課題であり、幕府老中であった保科正之の、日本独自の暦を作成せよ、という遺命を受け、渋川春海が試行錯誤のうえに完成させたのが1684年の貞享暦である。

　映画《天地明察》用に製作された天文観測の機器は京都大学総合博物館で2012年春に展示された。それは、同館の企画展が同年5月21日の金環日食に合わせたものだったからである。

　また、2012年に創立80周年を迎えた前進座は記念の十月公演に山本むつみ作《明治おばけ暦》を打ち、翌年正月には京都でも上演

図1　文庫版『天地明察』の表紙

図2　演劇《明治おばけ暦》のチラシ

された（図2）。これは、1873年の明治改暦に伴い、旧弊とのレッテルを貼られ、暦注のない西暦を強いられた庶民が、ひそかに版元の定かでない暦注付きの「おばけ暦」を使用していた事情にかかわる物語である。江戸から明治への世相の移り変わりが暦を通して楽しく伝わる芝居だった。

[中牧弘允]

コラム　月份牌

　月份牌とは一般に中国のカレンダー付きの
広告ポスターをさし、清末から民国時代に隆
盛を極めた（図 1）。初見は 1876 年の「華
英月份牌」の広告とされるが、春節（旧正月）
に民家の門口などに貼る木版で赤色の「年画」
が石版印刷やオフセット印刷の多色刷りポス
ターに発展したとみることもできる。「華英」
とあるように、中国の暦と西洋の暦を対照し
て載せたことに特徴があった。当初は日めく
りだったが、次第に一枚ものに替わり、美人
画や風景画を配し、船舶、薬品、タバコ、化
粧品などの広告宣伝用として盛んに作成され
た。その中心は上海の租界である。例えば
1897 年創業の商務印書館は日本資本の修文
書館を買収し、日本の金港堂とも合弁し、東

図 1　1931 年の月份牌（『最後一
　　　瞥・老月份牌年画』より）

京から技師を十数名招聘してカラー地図、有価証券、月份牌などの注文に応えた。

　月份牌が熾烈な販売競争の広告媒体になるにつれ、本来のカレンダー的要素は薄
れ、ポスターに特化していった。描かれた図柄は美人画が圧倒的に多かったが、母
子画もあり、モダンな女性で良妻賢母でもあることが推奨された時代を反映してい
た。しかし、健康的で魅惑的な女性も商品広告には不可欠だった。他方、故事に画
題をとったものもある。南北朝時代（5〜6 世紀）、病弱の父に代わって木蘭という
女子が男装し、12 年間異民族との戦いに従軍し手柄を立てて帰郷するという『木
蘭従軍』という物語はその一例である。1939 年には映画化され、絵本やテレビで
も人気を博した。中国オペラ《木蘭詩編》は欧米や日本でも上演された。

　月份牌は露店でも売られ、1930 年代にブームを巻き起こしたが、租界の消滅と
ともに姿を消した。そして、月份牌の絵画技法である淡いカラーの炭素擦筆法は、
共産主義思想のプロパガンダの媒体に吸収されていった。しかしながら近年、月份
牌は再び脚光を浴び始め、レトロな装飾品や観光土産として人気を集めている。

[中牧弘允]

〔参考文献〕
[1] 于暁妮「20 世紀初頭の中国における印刷技術の近代化とその月份牌への影響―
『申報』の記事と広告を基本資料として」『表現文化研究』10 (1)，pp. 1-17, 2010
[2] 呉咏梅「モダニティを売る―1920-30 年代上海における『月份牌』と雑誌広
告に見る主婦の表象」落合恵美子・赤枝香奈子編『アジア女性と親密性の労働』京
都大学学術出版会，pp. 125-152, 2012

2. 東南アジア

インドネシア共和国（ジャワ）

　ジャワ人は、人口約2億5000万人のインドネシア人の50〜60%を占め、その主な出身地はジャワ島の中・東部であるが、植民地時代からインドネシア各地に移住している。ジャワ島の中・東部は7〜9世紀頃から王国が栄え、ジャワ島中部のスラカルタ、ヨグヤカルタには、今なお宮廷文化が色濃く残っている。インドネシア共和国は1945年にオランダからの独立を宣言し、1949年に独立が国際的に承認された。多民族・多言語の国だが、国語としてのインドネシア語が普及している。インドネシア人の90%前後はイスラーム教徒であり、インドネシアは世界最大のイスラーム教徒人口を抱える国である。

 暦法とカレンダー　インドネシアの日常生活で用いられているのは、グレゴリオ暦である。年号は西暦で、月名はオランダ語に由来する。

　他方、曜日名はアラビア語に由来する。ジャワ語の曜日名は、かつてはインド起源の天体の名称が用いられていたが、現在では表1のようにアラビア語に置き換えられている。これらの曜日名は、おおむね「〜番目の日」を意味するが、表1のように、ジャワ語では若干呼び方が異なる。

　年号に関しては、ジャワではグレゴリオ暦とヒジュラ暦に加え、ジャワ特有の暦のサイクルが存在する。ジャワ暦は西暦78年を元年とするインドのサカ暦を基本とする。当初太陽暦であったが、17世紀以降、太陰暦に変更され、イスラーム暦の月日と同様に進行する。ちなみに西暦2017年はジャワ暦では1950〜51年にあたる。

　ジャワで広く用いられる周期は五曜と七曜である。この二つを組み合わせて、35日の周期（スラパナン）が構成される。五曜にはジャワ語の名称（ルギ、パヒン、ポン、ワゲ、クリウォ

表1　曜日名（七曜）

	インドネシア語	ジャワ語
日	ハリ・ミング	アカッド
月	スニン	スネン
火	スラサ	スロソ
水	ラブ	ルボ
木	カミス	クミス
金	ジュマット	ジュムア
土	サプトゥ	セトゥ

ン）が付けられているが、
その語源については諸説あ
り、定かではない。歴史的
には、五曜にインド由来の
神の名が用いられることも
あった。

　月の名称も、かつては、
七曜同様、インド起源の名
称が用いられていたが、16
世紀以降、イスラーム暦の
月の名称が用いられている
（表2）。さらに、主として
何番目の月という呼び方の
12の季節があり、農林水産
などの作業に使用される。

表2　太陰暦による月名

インドネシア語	ジャワ語
ムハラム（30日）	スロ
サファル（29日）	サパル
ラビウル・アワル（30日）	ムルッド
ラビウル・アキル（29日）	ラビングラキル
ジュマディル・アワル（30日）	ジュマディアワル
ジュマディル・アキル（29日）	ジュマディラキル
ラジャブ（30日）	ルジャブ
シャバン（29日）	アルワ
ラマダン（30日）	ポソ
シャワル（29日）	サワル
ズルカイダ（30日）	ズルカイダ
ズルヒジャ（29日または30日）	ズルヒジャ

この季節は太陽の進行に基づいており、雨季・乾季など、季節の推移と重なって
いる。

　この他、現在では日常にはあまり用いられていない、パウコンという暦がある。
パウコンは30の七曜週（ウク）からなる210日の周期である。七曜に五曜、そ
して六曜などが組み合わされ、さまざまな運勢を表す。

　年に関しては、ジャワ暦の1年にアラビア語の文字名を振り、8年をひとまと
まりとする周期（ウィンドゥ）もあるが、これも日常的にはあまり用いられない。

　ジャワのカレンダーは、おおむね西暦年とその月名と日付を基本とし、ヒジュ
ラ暦の年号や月名、日付を併記したものが多い。また、各日については、五曜が
必ずといっていいほど記載されているが、五曜、七曜以外のサイクルやウクはカ
レンダーには記載されないことが多い。

　この他、プリンボンあるいはアルマナックと題する冊子があり、上記のような
周期と運勢との関係について説明したり、過去にさかのぼって、あるいは将来に
ついて、例えば特定の日の七曜は何、五曜は何といった早見表を掲載したりして
いる。特に早見表などについては、近年では多くのウェブサイトで閲覧できるよ
うになっている。

表3　政府が定める2017年の祝祭日

1月1日（日）	元旦
1月28日（土）	イムレック（中国暦2568年元旦）
3月28日（火）	ニュピ（サカ暦1939年元旦）
4月14日（金）	キリスト受難日
4月24日（月）	ムハンマド昇天祭
5月1日（月）	メーデー
5月11日（木）	ワイサック（仏教大祭）
5月25日（木）	キリスト昇天祭
6月25日（日）～26日（月）	イドゥル・フィトリ（1438年断食明け）
8月17日（木）	独立記念日
9月1日（金）	イドゥル・アドハ1438年（メッカ巡礼最終日）
9月21日（木）	イスラーム暦1439年新年
12月1日（金）	ムハンマド降誕祭
12月25日（月）	クリスマス

◆◇◆　**祝祭日と行事・儀礼**　　表3の政府が定める2017年の祝祭日以外に、イドゥル・フィトリの前後、クリスマスの翌日は政令で休日と指定され、連休となっている。イスラーム、キリスト教、仏教に加え、バリ・ヒンドゥサガ暦、中国暦の新年まで祝祭日に加えられている。しかし、国民の大部分がイスラーム教徒であることから、イスラーム関係の祝祭日や儀礼は非常に重要である。なかでも、イドゥル・フィトリはルバランともよばれ、里帰りの機会であることから、交通機関は大変混雑する。イドゥル・アドハに先立つラマダーン月は断食（プアサ）が行われる。独立記念日はインドネシア全土で式典が行われる。国旗の掲揚や国歌の斉唱、行進、独立の精神を強調する自治体首長などの演説が主たる内容である。また、各町村では、清掃などの共同作業、演芸会などが催される。

　ジャワで行われる儀礼の多くは、表3のイスラーム暦にちなむものである。宮廷ではイドゥル・フィトリ、イドゥル・アドハ、そしてムハンマド降誕祭（マウリッド）にグレベッグとよばれる儀礼が営まれ、巨大な円錐形の飯の山にさまざまな菜を添え、宮廷に隣接するモスクまで護衛兵とともに行進する。この食物には豊穣をもたらす力が備わっていると信じられている。マウリッドは、宮廷に

代々伝わるガメランが打ち鳴らされるスカテンという儀礼を伴う。また、宮廷前の広場には縁日のように仮設の屋台や遊戯施設が立ち並ぶ。

　もう一つの宮廷儀礼はラブハンである。ムラピ山、ラウ山、そしてパランクスモの海岸で、王国の建設にあたって王を支えた土着の霊たちへ供物を捧げる儀礼である。儀礼執行の日は不定であるが、王の即位の日もしくは誕生日を目安に行われる。

　ジャワの一般の人々にとって、ルワハンとよばれる墓参りは重要な行事である。ルワ月（ヒジュラ暦ではシャバン月）に祖先がこの世に戻ってくると信じられており、祖先にちなんだ供物が用意され、墓参りをする。

暦と生活文化　ジャワの村の日常生活においては、とりわけ七曜と五曜を組み合わせた 35 日の周期が重要である。五曜は、パサラン（「市場に関係する」という意味）とよばれることからもわかるように、常設市のない地域では、5 日に一度の市が開かれていた。七曜の周期もまた市の開催の目安とされたことから、ジャカルタの地名には、今なおパサル・スネン、パサル・ミングなどの地名が残っている。

　35 日の周期は、村の寄り合いの周期となるが、そればかりではなく、ジャワ人にとっての誕生日とは、かつては何月何日ではなく、この周期の 1 日として認識されていた。また 35 日のうち、スロソ・クリウォンは聖なる日とされ、ジャワの神秘主義的な信仰であるクジャウェンでは、その夜、瞑想を伴うさまざまな行が営まれる。

暦と運勢　よく知られた占いとしては、五曜と七曜の各々の日に与えられた数値を用いて、男女の相性や運勢、引っ越しや儀式の日どり、なすべき行為などを占う方法がある。

　暦の中のさまざまな周期は、ことごとく運勢に結び付けられる。五曜と七曜以外にも、パウコンにはさらに多くの周期が記されており、例えば六曜は各々葉、動物、魚、人などを表し、農業や漁業などの生業にかかわる運勢を示すとされる。六曜以外にも八曜、九曜、十曜、四曜も記されており、それぞれ運勢を表すものとされている。　　　　　　　　　　　　　　　　　　　　[宮崎恒二]

インドネシア共和国（バリ）

インドネシアの一州であるバリは、愛媛県ほどの広さの島（約 5637 km²）で、人口は約 415 万人（2015 年現在）である。1990 年頃まではヒンドゥー教徒が 90% 以上を占めていたが、2010 年には約 84% と減少し、一方、約 8% だったイスラーム教徒が 13.4% まで増加した。キリスト教徒はプロテスタントとカトリックを合わせて 2.5%、その他、わずかではあるが仏教や儒教が確認される。

 暦法とカレンダー インドネシアで公的に採用されているのはグレゴリオ暦であるが、バリではそれに加えて月の満ち欠けに基づくサカ暦、1 巡 210 日からなるウク暦の 3 種類の暦が人々の暮らしと密着して用いられている。

サカ暦は太陰太陽暦で、12 か月からなり、1 年が 354～356 日となるために、19 年に 7 回閏月をおいて季節とのずれを調整する。月名は 1 月カサ、2 月カロ、3 月クティガ、4 月カパット、5 月クリマ、6 月クナム、7 月クピトゥ、8 月カウル、9 月クサンガ、10 月クダサ、11 月ジュスタ、12 月サダである。ひと月は新月の翌日から次の新月までで、29 日もしくは 30 日である。月が満ちていく白分はエネルギーが満ちていく期間であり、新月へと向かう黒分は減退していく期間とと

表1　ウクの名称一覧

1	シンタ	11	ドゥングラン	21	マタル
2	ランドゥップ	12	クニンガン	22	ウェ
3	ウキール	13	ランキール	23	ムナイル
4	クランティール	14	メダンシア	24	プランバカット
5	トル	15	プジュット	25	バラ
6	グンブレッグ	16	パアン	26	ウグ
7	ワリガ	17	クルルット	27	ワヤン
8	ワリガディアン	18	ムラキー	28	クラウ
9	ジュルンワンギ	19	タンビール	29	ドゥックット
10	スンサン	20	メダンクンガン	30	ワトゥグヌン

らえられている。

　バリ人の生活に欠かせないウク暦は、一巡 210 日である。ウクとは、7 日をひとまとまりとする単位で、30 種類のウクがあり、第一週のウクであるシンタ、第二週のランドゥップ……、そして第 30 週のワトゥグヌンにいたるまで、それぞれが名称をもっている。さらに、10 種類の異なる日数からなる週、ワラが同時進行している。1 日からなる週エカワラ、2 日週ドゥイワラ、3 日週トゥリワラ、4 日週チャトゥルワラ、5 日週パンチャワラ、6 日週サドワラ、7 日週サプタワラ、8 日週アスタワラ、9 日週サンガワラ、10 日週ダサワラである。この 10 種類のワラのすべてがそれぞれ曜日名をもっており、それらが複雑に関係し合っている。例えば、3 日週トゥリワラの最終日カジュンと 5 日週パンチャワラの最終日クリウォンが重なるカジュン・クリウォンの日は、悪霊が災いをもたらしやすい日であるとともに、呪術を行うのに最適な日であると信じられている。

　5 日週パンチャワラと 7 日週サプタワラのそれぞれの曜日にはウリップとよばれる特定の数字が結び付けられており、その和が 1 日週、2 日週、10 日週の曜日を決定する。それ以外の週でも、4 日週、8 日週、10 日週には変則的な曜日順になる規定が設けられている。また、ワテックとよばれる石・鬼・人間やその他の生物の二つが組み合わされたものが 12 種類あり、日々の性格を表すものとして、それぞれの日に配当されるが、これを決定するのも 5 日週と 7 日週のウリップの和による。バリの暦は、一部の人々の知識や教養としてだけでなく、より簡便に吉凶を判断するために木や紙にも記された。古い形態のカレンダーは、7×30 マスの 210 マスを板に刻んで、それぞれのマスに各ワラがわかるように記号で記したティカというものであった。ウク暦は年号をもたず永遠に繰り返される暦であるため、ティカは万年カレンダーとなる。しかし、刻み込む情報量には限度があり、暦の専門家のもとに日柄伺いに訪れる人は後を絶たなかった。その習慣が変わり始めたのは 1950 年代である。現在ではどの家庭でもみられる月めくりカレンダーは、ギアニャール

図 1　バンバンのカレンダー

県チュルック村の住民、イ・クトゥット・バンバン・グデ・ラウィによってつくられた（図1）。グレゴリオ暦をベースにサカ暦、ウク暦などが書き込まれたこのカレンダーは、度重なる改訂を経て、今ではバリの家庭の必需品となっている。

✕✕ 祝祭日と行事・儀礼

サカ暦第10番目の月クダサの第一日目に巡ってくるニュピは、インドネシア国民の休日となっている唯一のヒンドゥー教の祭日である。年が改まるのもこの日で、2015年の場合、3月21日がサカ暦1937年の新年であった。ニュピ前夜は新月にあたり、人々は門前に悪霊たちへの供物を用意し、子どもたちは竹筒をたたいて大騒ぎしながら村中を練り歩く（図2）。騒音で目覚めた悪霊たちは、各家庭の門前におかれた供物に満足して村から去ると考えられている。そして太陽が沈むと打って変わったような沈黙の夜を迎える。家々の明かりはすべて消され、交通機関もストップする。働くことも火を使うことも許されない。「静寂の日」とよばれるゆえんである。ただひたすら静かに1日を過ごし、翌日、夜が明けてからようやく普通の生活に戻る。一部の村落においては、ニュピ以外にもサカ暦に基づくさまざまな宗教的行事が執り行われている。主にウサバとよばれるこの祭礼は、サカ暦という季節を伴う暦に基づくこともあって、多くが農耕や豊穣にかかわる祭礼である。

　一方、ウク暦に基づく主要な宗教的行事の中で最も重要なものは、ガルンガンとクニンガンである。ガルンガンは第11週ドゥングランの水曜日にあたり、クニンガンは第12週クニンガン（ウク名と祭日名が同じである）の土曜日にあたる。諸説あるが、ガルンガンからクニンガンにかけての期間に、祖霊や神々が地上を訪れ、寺院や各家庭で捧げられる供物や祈りを受けて、再び天界や霊界に戻っていくと考えられている。バリにおいてはガルンガン前後の3日間、クニンガン当日は休日となる。これ以外に休日となっている祭日は、第1週シンタの水曜日パグルウェシ、第6週グンブレッグの金曜日シワラトリ、第30週ワトゥグヌンの土曜日、すなわちウク暦210日目のサラスワティである。パグルウェ

図2　ニュピの供物と子どもたち

シの日は、武器や鉄でつくられた道具に祈りを捧げる日で、車やオートバイ、自転車にまでも特別な供物が捧げられる。サラスワティの日は、学問の神であるサラスワティ女神に祈りを捧げる日である。この日は本を開いてはいけないという禁忌があり、本や本棚に供物が捧げられる。シワラトリは、身を慎み、夜を徹して瞑想に励む日とされるが、隣近所の人々と寄り合って談笑しながら夜を明かすことも多い。

 ### 暦と生活文化

バリ人は、何かことをなす前に、いつ行動を起こすべきかを暦によって判断する。例えば、「田植えによい日」「結婚式によい日」「火葬によい日」「西の方角へ旅に出るのによい日」「髪を切るのによい日」「賭け事をするのによい日」「家畜の去勢をするのによい日」「踊りを習い始めるのによい日」などである。宗教的行事はもちろんのこと、日々の暮らしや生業などにおけるあらゆる活動のために日柄をみるのである。バリにおける暦の吉凶禁忌が人々の暮らしへ与える影響はきわめて大きい。

 ### 多民族・他宗教への柔軟な対応

バリのカレンダーにはヒンドゥー教徒にとって重要な祭日や寺院の年祭情報、日々の生活に欠かせない吉凶情報などが驚くほど細かに書き込まれているが、その中にはイスラーム教徒にとって必要な情報も可能な限り盛り込まれている。また、ジャワ暦や中国系住民のための中国暦による年号や月名、日付も記され、曜日名には英語や日本語による情報も書き込まれている。バリのカレンダーは、しばしばカレンダー・ルンカップ、すなわち「完全カレンダー」とよばれるが、カレンダー・トレランシと表示されている場合もある。トレランシとは英語の tolerance に由来するインドネシア語であるが、「寛容カレンダー」とでも訳せばよいのだろうか。トレランシとは特に宗教的寛容さをさす場合に使われる言葉である。歴史的に見れば、バリへのヒンドゥー教の伝来やジャワ島に成立したヒンドゥー教国家との関係の変遷、イスラーム勢力との関係、多民族国家インドネシアの成立、国際観光地化など、さまざまな機会を通じて異文化がバリに持ち込まれた。その中で、バリ人は異文化を受容し、みずからの文化との共存・融合を図ってきた。それが端的に表れたものがバリのカレンダーなのである。

［嘉原優子］

カンボジア王国

　カンボジアは、東南アジア大陸部のインドシナ半島の南部に位置する。タイ、ラオス、ベトナムと国境を接し、日本の半分ほどの国土面積に、現在 1500 万人ほどの人が住んでいる。イスラーム教を信仰するチャム人や、山地の先住民もいるが、人口の 8 割以上はクメール語を話すクメール人である。熱帯モンスーン気候のもとで、6 月頃から 11 月頃までが雨季、12 月頃から 5 月頃までが乾季となる。雨季の降雨を利用した稲作と漁労が、クメール人の伝統的な生業であった。以下では、国民の大多数を占めるクメール人にとっての暦文化について述べる。

暦法とカレンダー

現在の公式の暦法はグレゴリオ暦である。1953 年にフランスの植民地支配から独立してから、長らくグレゴリオ暦と仏暦の両方が併用されてきたが、1993 年に誕生した現在の国家では、グレゴリオ暦のみが使用されている。グレゴリオ暦に 543 年を足す仏暦は、仏教関連の行事などで使用される範囲にとどまる。

　仏暦のほか、大暦と小暦という二つの暦法も知られている。前者はインドから伝えられたもので、仏暦より 621 年少なく年を刻む。後者はタイから伝わったとされ、仏暦より 1183 年遅れて始まった。しかしこの二つの暦は、現在の人々の生活の中でほとんど意識されていない。

　十二支も、人々の生活に深くしみ込んだ年の認識である。ネズミ、牛、トラ……と数える 12 頭の動物名による年の認識は、クメール人の社会に古くから浸透しており、老人世代の人々は今も、自分の年齢を十二支でしか認識していないことが多い。ちなみに、十二支の最後の動物は、日本ではイノシシとなるが、カンボジアでは豚である。

　一方で、1 年の時間の流れは、太陰太陽暦の一種である農暦のリズムに従って日付が決定され、営まれている。人々の農暦の認識は第一に、雨季と乾季の交代による季節の巡りに基づく。また、年中行事の開催日は農暦に基づいて決まるので、例えば都市でサービス業に従事している人などでも農暦を確認する必要がある。伝統的な農暦のリズムはまだ過去のものとなっていない。

　よく出まわっているカレンダーは、A3判程度の大きさの厚手の紙の表裏に、各6か月分のグレゴリオ暦と農暦の情報を併記したものである。その他に日めくりのカレンダーもある。最近では、広告写真を載せた卓上カード式のものなども見かけるようになった。しかし、値段も安く、書店や文具店、新聞のスタンドなどで広く求めることができる厚紙1枚のものが最も一般的である。

◇◆◇ 祝祭日と行事・儀礼

紙1枚のカレンダーでは、表がグレゴリオ暦の1月から6月、裏が7月から12月にあてられている。横並びに月ごとのマスが六つ並び、各マスの上から下まで、グレゴリオ暦の日付が表形式で割り振られている。各日には、月曜日から日曜日までの曜日のクメール語名と、対応する農暦の日付と祝日の情報が併記されている。これにより、人々は、グレゴリオ暦と農暦の対応を確認する。

　農暦のひと月の日数には、29日と30日の2種類がある。新月の1日から始まり、満月を経て晦日にいたるまでがひと月である。クメール人は上座仏教を信仰するため、通常、上弦8日目、満月、下弦8日目、下弦14日目あるいは15日目は、赤字で目立つように刻印される。それらは「仏日」とよばれ、老人たちを中心に多くの人々が寺院施設に集まり、僧侶に戒律を請う儀礼行為を行う。

　カレンダーの上部の余白部分には、十二支の動物を従えた神（テヴァダー）の画が描かれている。左上に位置するのは、前年内から当該年の4月半ばのクメール正月までを統括する干支の動物に乗った神で、右上に位置するのは4月半ばに迎える新しい年を象徴する干支に乗った神である。

　サンスクリット語起源のソンクラーンという名称でもよばれるクメール正月は、カンボジアで最も暑さの厳しい時期にあたる。年が替わる日と時間は、国家委員会によって発表される。それに合わせ、テレビでは、これまでの干支と次の干支に乗った神の交代劇を演じる番組が組まれる。国民の休日とされる正月の3日間は、就学や就労のために都市などに住む人々が田舎に帰り、親族などと祝祭的な時間を過ごす。多くの人々が寺院施設に詰めかけ、僧侶へ寄進などを行う。境内では、綱引きなどの遊びに興じる人々も多い。ヒシャクや水鉄砲で路上の人々に水を掛ける行為は、もともとはなかったというが、今では都会を中心に広くみられる。

　カンボジアの祝祭日の大半は仏教に関連するものである。例えば、2月頃にはミアックボーチア、5月頃にはヴィサークボーチアがある。前者は仏陀が入滅を

宣言した日であり、後者は仏陀の誕生、悟り、入滅を記念する日と考えられている。いずれも寺院施設で集合的な儀礼が行われる。ヴィサークボーチアはまた、仏暦の新年の幕開けを飾る行事とされている。

　ヴィサークボーチアからまもなく、雨季の到来に伴い、農耕の開始を告げる始耕祭が首都で行われる。これは、インドの影響を受けた伝統的王権の宮廷文化に由来する儀礼である。王が専用の牛と二頭引きのすきを用い、会場の地面を儀礼的に耕す。牛はその後、米、豆、ゴマなどが盛られた高杯の前で放される。どの作物をいちばんよく食べたかで、その年の作柄が占われる。

　農暦のアサート月の下弦1日目には、入安居がある。毎年7月頃にあたるこの行事は、上座仏教の僧侶が特定の寺院施設に蟄居して過ごす安居とよばれる3か月の期間の始まりを意味する。これは、上座仏教文化の年中行事の一つであり、タイやミャンマー、ラオスなどでもみられる。安居に入る直前の満月の日は、月に4回ある仏日の一つであるが、通常よりも多くの人が寺院施設に集まり、安居を通して灯し続ける大きなロウソクを僧侶に寄進する。

　農暦のペアトロボット月下弦1〜15日目は、プチュムバン祭の期間である。これはカンボジアにおける最大の仏教年中行事であり、だいたい毎年9〜10月頃にあたる。この期間は、あの世からこの世へ、祖霊や身寄りのない霊が戻ってくると考えられ、人々は、寺院施設で集合的な積徳行を行う。期間中、七つの寺院施設を訪問し、功徳を転送する儀礼に参加することが理想だといわれるが、実現はなかなか難しい。期間の最後の3日間は国民の休日であり、クメール正月と同様、都会の人も田舎に帰り、親族や友人と集い、ハレの時間を過ごす。

　農暦のカダック月の上弦14日目には、競舟の祭りがある。祭りの目玉は、首都の王宮前のサープ川で行われるボートレースである。地方の予選を勝ち抜いた精鋭が集められ、故郷やパトロンの政治家の名前を冠した舟で速さを競い合う。レースの模様はラジオやテレビで国内に広く放送される。首都ではコンサートなどがあわせて行われ、地方から出てきた人々も加わり、多くの観衆が夜遅くまでイベントを楽しむ。その翌日のカダック月の満月の夜は、月を拝む儀礼が寺院施設で行われる。地方によっては、灯籠を流したりもする。この時期に収穫された早生の新米を用いてつくったオンボックとよばれる押し米を食べる習慣もある。これら一連の行事全体は、水祭りともよばれる。

　例年11月頃、アソッチ月の満月の日に安居が明ける。それに続く下弦1〜15日には、国内の各寺院施設でカタン祭が行われる。カタン祭の主眼は、僧侶が身

に着ける黄衣を寄進することであるが、多額の金銭も喜捨される。一念発起して親族や友人を集め、特定の寺院施設のカタン祭の寄進主になることは、大変大きな功徳を生み、誉れ高い行為とされる。カタン祭は上座仏教文化の年中行事であり、タイなどでもみられる。

　カンボジアではその他、グレゴリオ暦によって日付が固定された休日が3種類ある。第一は、歴史的な記念日である。ポル・ポト政権からの解放記念日（1月7日）、憲法記念日（9月24日）、パリ和平会議記念日（10月23日）、独立記念日（11月9日）がそれにあたる。第二は、王に関連する祝日である。例えば、現王である N. シハモニー王の即位記念（10月29日）のほか、王の誕生日の前後も3日間の休日である（5月13〜15日）。王の母の誕生日も休日である（6月18日）。王の父であり、フランスからの独立以来カンボジアを指導した N. シハヌーク前王が崩御された日も祝日とされている（10月15日）。そして最後に、国際的な記念日がある。グレゴリオ暦の元旦（1月1日）、女性の権利の日（3月8日）、労働者の日（5月1日）、子供の日（6月1日）、国際人権の日（12月10日）といった日も国民の休日とされている。

暦と生活文化

クメール人の文化は、インド起源の宮廷文化や上座仏教文化と並んで、中国からの影響を強く受けている。国民の休日とはされていないが、中国正月（春節）には、中国人を祖先にもつと考える人の多くが仕事を休み、儀礼を行い、祝宴にいそしむ。クメール正月が間近に迫った時期にある清明節（クメール語でチェンメーン）には、故郷に帰って墓参りを行う。

　ノエルとよばれるクリスマス、花を贈る日としてのバレンタインデーも、商業的なイベントとして都市の人々に受け入れられつつある。

　一方で、伝統的な暦文化の形骸化が顕著である。古くには、月曜日はお金を借りたりしない、土曜日は精霊への儀礼を好んで行う、結婚式は安居期間ではない乾季中の29日の日数の月に行う、といった習慣があったという。しかし現在は、雨季の安居期間内であっても結婚式が行われるし、クメール正月とプチュムバン祭のまとまった休日には、帰郷よりも観光旅行を優先する人々が増えている。稲作など伝統的生業の近代化がすすむことで農村でも生活のリズムが変わりつつある。　　　　　　　　　　　　　　　　　　　　　　　　　　　　　　［小林　知］

シンガポール共和国

　シンガポールは 14 世紀頃には、單馬錫（トゥマセク、淡馬錫とも表記）という名の独立国であったが、14 世紀後半からはマジャパイト王国の影響下となり、交易の要衝としてマレー系や中国系の人が住んでいた。16 世紀以降はモルッカ諸島に自生する丁子やナツメグなどの香料をめぐりヨーロッパ諸国が競い、17 世紀にはオランダと英国が東南アジアの支配をめぐる二大勢力となった。英国はいったんインドの植民地経営に軸足を移したが、18 世紀末に再び中国への足がかりとして東南アジアの拠点探しを始めた。1819 年 2 月、ベンクーレン（現スマトラ島西部）の副総督であった S. ラッフルズは、シンガポールの利便性に着目し、ジョホール王国の代官から沿岸部の使用許可を得た。以降、次第に領地を拡大し、1826 年にペナンやマラッカとともに海峡植民地となる。マレー半島一帯では、コショウ、ガンビール、コーヒー、ゴムなどのプランテーション栽培に加え、1840 年代からはスズ鉱山開発が本格化し、シンガポールにはインドや中国からさらにたくさんの移民が住み、産物の輸出港として繁栄した。そのため 1867 年からは英国植民地省の管轄になった。1942 年 2 月から 1945 年 9 月まで昭南島として日本軍政が敷かれ、シンガポールの祝日は日本の祝日に変更され、そこに英国軍投降日などが加わった。1963 年にシンガポールはマレーシアの一部となったが、マレー系と華人系住民の対立が深刻化し、1965 年にマレーシアから分離を宣言され、独立した。

　このような経緯でシンガポールは今日でも華人系が 74%、マレー系が 13%、インド系が 9%（2016 年シンガポール統計局）の人口を構成し、多様な宗教や歴史が共存する。

☾☀ 暦法とカレンダー

　そのため一般には西洋暦（グレゴリオ暦）であるが、これ以外にイスラーム暦（ヒジュラ暦）やヒンドゥー暦（インドの太陰暦）、中国農暦（太陰暦，以下農暦）がそれぞれの慣習や年中行事で用いられ、複数の暦法が存在する。

　例えば華人の場合、1 か月分が 1 枚に表示されるカレンダーを例にとると、数字が横に並ぶ日本でもよくあるパターンの他に、数字が縦に並んでいるものも一

般的である（図1）。

　さらに、競馬開催日や宝くじ抽選日は欄全体が馬やお金のイラストで埋まり、西洋暦の日付表示は片隅に追いやられている。数字が縦に並ぶ理由について、シンガポール人は中国語表記が縦書きだからと説明する人もいるが、明確な理由は定かではない。日めくりも存在し、曜日や日付に加え、吉凶の方位や干支による注意が記されている。

図1　5・12・19日などに描かれている馬の絵は競馬開催日を示す

　年度末に企業がカレンダーを配布する習慣は減ってきており、カレンダーを壁に貼らない若者も珍しくない。家庭用光ファイバーやスマートフォンの普及が著しいシンガポールでは、カレンダーは画面の中で活用されているともいえよう。

 祝祭日と行事・儀礼　シンガポールの場合、1年を通してさまざまな宗教や文化にかかわる祝日がある。カレンダーに記される祝祭日は、次のとおり。グレゴリオ暦の新年（1月1日、普通の祝日）。華人新年（移動祝日）は農暦に基づき、新年1日目と2日目が連続で祝日。復活祭前の3月下旬の金曜日、グッド・フライデー（移動祝日）はキリスト教徒にとって受難日として最も重要な日となる。その次の祝日は労働節（5月1日）。また農暦「四月十五」は、仏教徒がブッダの誕生、涅槃、入滅を記念するヴェサック・デー（移動祝日）である。イスラーム教徒にとって、断食月が明けたことを祝う最大の宗教的行事が行われる日は、ハリラヤ・プアサである。この日はムスリムにとり盛大な祝賀会が開かれるだけでなく、親族訪問も行われ、その後しばらく街中では一家で同系色に揃えた服を着飾る人々に出くわす機会が増える。8月9日はシンガポールがマレーシアから独立した記念日であり、国内各所でパレードや花火が行われる。ハリラヤ・ハジ（移動祝日）はムスリムにとって、ヒジュラ暦12月10日に由来するメッカ巡礼月の最終日として祝う聖地巡礼祭であり犠牲祭の日である。ヒンドゥー暦の新年であるディパーバリ（移動祝日）では、リトル・インディアの通り一帯がロウソクを模したデコレーションで飾り付けられ、新年を祝う雰囲気に包まれる。12月25日はクリスマスで、街中にクリスマス・キャロルが響く。以上シンガポールでは、祝祭日が10種類、11日間ある。

また、その祝祭日のうち、華人新年の第二日目、労働節、ハリラヤ・プアサ、独立記念日、ディパーバリの5日は大統領官邸が開放される。シンガポール国民と永久居住権取得者は入場料が無料になり、敷地での舞踊や部屋を観覧できる。これら五つの祝日は民族や社会の調和に与する日と位置付けられている。

 暦と生活文化　　暦が日常生活の多様な場面に関与するだけでなく、多彩な文化背景をもつ人びと相互の理解を促する役目をもつのが、シンガポールの暦の特徴である。例えば図2では、左側に縦書きで農暦が記され、日付の数字の下欄左側にはイスラーム暦の日付、その右側にはタミール暦の日付が記され、上欄にはその日運勢上相性がよくない干支が記され、右側は農暦に基づきその日してよいこと、忌避すべきことが記されている。このように1日ごとの小さな欄に、イスラーム、ヒンドゥー、華人の文化が凝縮され、文化的特徴が一目でわかる。

　また暦には、統治する側の時間的支配の意図が明確に表れる。例えば英領植民地時代の1930年の祭日は新年（1月1日）、華人新年（移動祝日）、華人新年2日目、グッド・フライデー（移動祝日）、労働節（5月1日）、クリスマス（12月25日）の5種類6日間で、現在と比べるとかなり少ないうえに、植民地宗主国の宗教であるキリスト教の祭日だけが祝われた。

　また、農暦の使用は歴史的にみると、一貫して支持されてきた訳ではない。1930年1月のある日の南洋華字紙『叻報』（ラッパオ）を見ると、「封建思想を打倒する際の障壁の一つが旧暦である。世界に通用しない、閏月や閏年がたびたび加わり、日が固定しない、黄道、陰陽五行など封建時代の迷信に由来する事項があるなど廃止すべき理由がいくつもあり新暦に改めるべき」との提起があり、時代背景に影響されやすかった。

図2　日付部分を拡大したもの。17日はハリラヤ・プアサ（ラマダーン明け）の祭日。イスラームの三日月とモスクのイラストが描かれている

 暦の活用　　図1のようなタイプのカレンダーは、シンガポールでは一般にプロパンガスを販売する各社が、年末に顧客サービスとして配っていた。シンガポールでは、ほとんどの家庭がプロパンガスを利用している。横書きタイプのカレンダーを配布

する企業も多かったが、これもなくなりつつ
ある。しかし彼らがまったくカレンダーや農
暦の存在を忘れたり、否定している訳ではな
い。例えば現在もシンガポールでは華人系の
寺廟で、霊媒である童乩（タンキー）に人々
が仕事や病気の悩みの相談を行うことは盛ん
に行われており（図3）、依頼の場面では、
出来事の日時は農暦で算出される。そのため
過去にさかのぼってグレゴリオ暦と農暦を対
照することができる「萬年暦」（ワンリエン
リ）が用いられる。

図3　背を向けているのが童乩で、
依頼を受けている。テーブル
の上に通書がおかれている

　また、童乩と依頼者が相談のやりとりをす
るテーブルの上には「通書」（トンシュー）
がおかれ、童乩が依頼者に生年月日を尋ね、
相談事に関わる日と依頼者の運勢の関係と、
災因や吉凶を通書で確認する（図4）。通書
は数種類出まわっているが、寺廟で用いてい
るのは、毎日の日時による方位や農事の吉
凶、占いなどが1年分書かれた暦である。
「書」の音が中国語で勝負事に「負ける」、あ
るいは賭け事で「擦る」の意味をもつ「輸」
と同じ音になるため、1文字変えて「通勝」

図4　通書または通勝ともよぶ
（胡偉成撮影）

（トンセン）ともよばれる。童乩が出来事の災因を説明する際には、二十四節気
に言及する場合もあり、農暦の知識が多層的に共有される。
　また、事業立ち上げや家屋新築の際に、風水師を招いて吉祥の日時方位を選ぶ
際も通書を用いる。彼らが使う通書は『四庫全書』の子部に由来し、陰陽五行の
記述を含み、通書とは異なる。このようにシンガポールでは通常の暦はさまざま
な場面で活用されている。　　　　　　　　　　　　　　　　　　　[福浦厚子]

タイ王国

タイは東南アジア大陸部のほぼ中央に位置する。国土の面積は約 51 万 4000 km² で、日本の約 1.4 倍である。人口は約 6600 万人で、日本の約半分、その 6 分の 1 の約 1100 万人が首都バンコクに住む。ワチラロンコン国王（ラーマ 10 世）を元首とする立憲君主制国家で、国民の 9 割以上が仏教徒である。日本企業の主な進出先として知られるが、一方で就業者の約 4 割が稲作などの農業に従事している。

 暦法とカレンダー　公式の暦法はタイ王国独自のグレゴリオ暦である。釈迦が入滅した翌年の西暦紀元前 543 年を紀元元年とする。西暦 2016 年はタイ仏暦 2559 年にあたる。西暦と同じ 1 月から年が始まるが、1941 年まではタイ陰暦の正月（西暦の 4 月中旬）を正月としていた。今でも民間では、伝統行事の日どりを決める際などにタイ陰暦も用いられる。

タイで最もよく見かける壁掛けカレンダーは、王室関連のものだろう。現国王をはじめ、プミポン前国王、チュラロンコーン大王など、歴代国王の写真や肖像画が入ったカレンダーはどの家庭にもおいてある。有名な高僧や美しい寺院、霊験あらたかな仏像など、仏教関連の写真のカレンダーも人気が高い。日本同様、美しい観光地や美男美女の写真によるカレンダーも好まれるが、ムエタイ（タイ式キックボクシング）やきわどいヌード写真のカレンダーなども人気がある。

農村では、青赤の 2 色刷り、もしくは黒を加えた 3 色刷りの地味なカレンダーもよく見かける。そこには年号が 3 通りの数字で書いてある。タイ数字によるタイ仏暦、アラビア数字と漢数字による西暦だ。日付の下にある小さいタイ文字はタイ陰暦の日付で、月の満ち欠けが絵で表される場合もある。赤色で描かれた仏像の絵は、仏教の安息日である「仏日」（六斎日）を示す。これは新月、半月、満月の日にあたる。ほかに、漢字で中国暦が書かれていることもある。

 **祝祭日と行事・儀礼**　タイの主要な祝祭日には、仏教関連の祭日と王室関連の記念日がある。前者はタイ陰暦（以下、

陰暦）によって定められるため、年によって日が移動する。

　仏教関連の祭日は三つある。陰暦3月の満月の日（2月頃）、マーカブチャー（万仏節）は、釈迦がみずからの教えを説いて聞かせようとしたとき、悟りの境地に達した1250人の弟子が偶然一堂に会したという奇跡を祝う日である。陰暦6月の満月の日（5月頃）、ウィサーカブチャー（仏誕節）は、釈迦が生まれ、悟りを開き、入滅した日を祝う。アーサーラハブチャー（三宝節）は、陰暦8月の満月の日（7月頃）、釈迦が5人の弟子を前に最初の説法を行った日を祝う。これら仏教関連の祭日に、人々は寺院に集まり、布施をし、説法を聞き、瞑想し、五つないし八つの戒の遵守を誓う。また、手にロウソクをもって本堂や布薩堂のまわりを3回巡る。

　本来は仏教行事ではないが、功徳を積む重要な機会となる伝統行事にソンクラーン（タイ旧正月）がある。陰暦の正月元日は毎年ずれるが、現在は政府によって4月13～15日が公休祝祭日として固定されている。連休前後はタイで最大の帰省ラッシュが発生する。人々は寺院を訪れ、僧侶に寄進したり、仏像を洗う儀礼に参加したり、死者を追悼する儀礼を行ったりする。また世話になった親や先輩を訪ね、てのひらに水を注いで敬意を表す。川岸などで魚や小鳥を放してやり、徳を積む者も少なくない。

　ソンクラーンは別名「水掛け祭り」とよばれ、この3日間、町では見知らぬ人々が互いに水を掛け合って祝福し合う。1年で最も暑い時期なので、水を掛けられると気持ちがよいが、その水は必ずしも清潔ではない。また毎年のように水掛けが原因で重大な交通事故が起きている。

　タイで正月といえばこのソンクラーンだが、タイにはほかにも2回「正月」がある。1941年、太陽暦に移行して以降、タイの正月は太陽暦の1月となり、元日（1月1日）および大晦日（12月31日）も祝祭日になった。ソンクラーンほどではないが、新暦正月に新年を祝い、寺院に出かけてさまざまな儀礼に参加するようになっている。もう一つは春節（中国旧正月、2月頃）であり、中国系の多い都市部では、獅子舞が大通りを練り歩き、爆竹が盛大に鳴らされるなどして新年が祝われる。

　王室関連の祝祭日として、まず、チャクリー王朝記念日（4月6日）がある。これは、1782年、現王朝チャクリー王朝の創始者であるチャクリー将軍がこの日に即位したことを記念するものだ。そのチャクリー王朝第十代の国王、ワチラロンコン国王の誕生日（7月28日）も、祝祭日である。プミポン国王（ラーマ9

世）の王妃、シリキット王妃の誕生日である 8 月 12 日も祝祭日になっている。この日はタイの母の日でもあり、人々は愛と感謝の気持ちをこめて母親にジャスミンの花を贈る。プミポン前国王が崩御した 10 月 13 日は、2017 年よりラーマ 9 世記念日として祝祭日になった。チュラロンコーン大王記念日（10 月 23 日）は、タイの近代化に偉大な業績を残したラーマ 5 世、チュラロンコーン大王が崩御した日である。歴代国王の中でも特に人気のある国王であり、この日、バンコク市民は国会議事堂前の王の銅像の足もとに花輪や線香をたむける。プミポン国王誕生日（12 月 5 日）には、王宮前広場でさまざまな儀式やパレードが執り行われる。この時期、街中の主な通りや広場、ホテルなどで、国旗や国王の肖像画が飾られ、夜は色とりどりの明かりでライトアップされる。この日は、タイの父の日でもある。

　仏教にも王室にも直接関係がない祝祭日として、憲法記念日（12 月 10 日）がある。1932 年のこの日、ラーマ 7 世により、タイ国で初めての憲法が公布された。ほかに、民間企業だけが休みになるレイバーデー（メーデー）（5 月 1 日）や、官公庁だけが休みになる農耕祭（5 月頃）、入安居（7 月頃）などもある。

 暦と生活文化　タイ王国はおおまかに、中部、南部、北部、東北部の四つの地域に分けられる。それぞれ独自の生活文化を有しているが、ここでは全国で実施される主な伝統行事を二つ紹介する。

　ローイ・クラトンは、陰暦 12 月の満月の夜（11 月頃）に行われる。日本でいう「灯籠流し」に近い。バナナの葉や紙でハスの花、舟、鳥などをまねてつくった灯籠の中に、菓子や花、硬貨などの捧げ物を入れ、線香とロウソクに火をつけて願い事をした後、川や池、運河などに流す。田畑に水を与えてくれる水の女神に対して感謝の意を表すバラモン教起源の儀礼だが、現在は、ローイ・クラトンの祈りと奉納によって、みずからの罪やそれによってもたらされる災いを洗い流してもらえると信じられている。

　トート・カティンは、毎年、出安居から 1 か月間（陰暦 11 月の新月の第一夜から 12 月の満月の夜まで、10〜11 月頃）に、黄衣またはその布地を僧侶に献上する行事をいう。この時期に僧衣を献上することにより特別な功徳が得られるとされる。釈迦が雨季の終わりに泥だらけになった僧侶たちを見て、年に一度、新しい衣をもつことを許したという話に起源がある。

雨安居

　タイの暦を語る際に、雨安居について触れない訳にはいかない。タイでは6月から10月にかけてが雨季で、ほぼ毎日1回か2回、雨が降る。じとじとと降り続くことは少なく、バケツをひっくり返したような大雨（スコール）が短時間降り、急にからっと晴れ上がる。陰暦8月の十六夜の日（7月頃）から11月の満月の日（10月頃）までをパンサー（安居、雨期）といい、このおよそ3か月間、僧侶は一つの寺院に定住し、仏教の修行に専念する。かつて、僧侶が雨季に外出すると、植えられた稲や草木、虫などを踏むおそれがあるとして、寺院にこもったのが始まりとされる。雨安居の前後は、タイで伝統行事が最も集中する時期である。

　雨安居の最初の日をカオ・パンサー（入安居）という。この日、人々は寺院に集まり、食べ物やロウソク、修行中に用いる身のまわり品などを僧侶に奉納し、夜はロウソクを手に布薩堂や本堂のまわりを時計まわりに三周する。

　在家者にとっても雨安居は、いつも以上に布施をし、在家向けの戒律を守るなど、功徳を積むことに熱心になる時期である。年配者の中には、六斎日に白衣に身を包み、在家戒である八戒を遵守しながら寺院で夜を過ごす者もいる。またこの時期、寺院では、在家者向けの短期瞑想クラスや仏教講座などがよく開かれる。

　陰暦11月の満月の日（10月頃）、安居が明けて僧侶が自由に外出できるようになる日をオーク・パンサー（出安居）という。この日、人々は寺院に集まり、僧侶に食べ物を寄進する。亡くなった親族の追善供養のために布施をする者も多い。夜には、入安居のときと同様、ロウソクを手に布薩堂や本堂を三周まわる。安居が明けると、僧侶たちは自由に旅することが許され、一部の僧は野宿のテントを携えて地方へ遊行に出かけていく。多くの一時僧がこの後で還俗する。雨安居を経験した回数は、僧侶の経歴年数を表す。これは僧侶の間での、唯一の上下関係の基準になる。

　タイでは一生に一度、一時的に出家するのが男子の理想とされる。両親の功徳になり、みずからの精神修養にもなるためだが、なかでも雨安居期間中の出家は特別に価値あることとして推奨される。そのため、雨安居の少し前になると、多くの若者が出家するのだ。　　　　　　　　　　　　　　　　　　　　　　［平井京之介］

フィリピン共和国

　フィリピンはスペインと米国の植民地となった歴史をもち、1946 年に独立した共和国である。面積は日本の約 8 割、人口は約 1 億人であり、7000 の群島に多くの民族が暮らす多文化・多言語の国である。フィリピンは人口の 9 割がキリスト教（8 割がローマンカトリック、1 割がプロテスタントおよび新宗教）で、5.6% がムスリム、2% がアニミズム、2% が仏教（華人、日本人が中心）である。

暦法とカレンダー

　公式にはグレゴリオ暦を使用するものの、イスラーム暦と旧暦の一部が国民の休日に組み込まれている。少数民族の暦、漁業暦、農業暦などもあるが利用は限定的だ。カレンダーは年末の贈答品であり販売品でもある。企業や商店、町の有力者（政治家）が名入りカレンダーをつくって顧客や支援者に贈る。また、庶民向けの市場が密集するマニラ首都圏のキアポ地区では、年末には露店で多くのカレンダーが売られている。壁掛けカレンダーの絵柄の定番は聖書由来の絵（キリスト像や《最後の晩餐》など）である。

祝祭日と行事・儀礼

　フィリピンの祝祭日にも旧暦やイスラーム暦によるものが混じる。毎年 8 月頃になると、大統領府がメディアを通じて翌年の休日を国民に知らせる。しかし、大統領布告令のみで簡単に休日を制定できるため、年の途中で急に休日が追加設定されたり、祝日が移動したりする。2016 年の場合は以下のとおりであった。

　元旦（1 月 1 日）。除夜から新年にかけて、街のあちこちで邪気払いのための爆竹が鳴らされ、にぎやかである。

　チャイニーズ・ニューイヤー（2 月 8 日）。春節はフィリピンでも 2012 年から特別祝日となっている。チャイナタウンなど華人が多いところでは、旧正月を祝う光景を目にする。

　ピープルパワー記念日（2 月 25 日）。1986 年 2 月 25 日、F. マルコスが退陣・亡命し、C. アキノの大統領就任へといたった「エドゥサ革命」の記念日である。

聖木曜日（3月24日）。カトリックの復活祭前の木曜日にあたる日で、毎年変わる。カトリックでは復活祭前の1週間は特別な期間となっているが、なかでも聖金曜日からの3日間は特に尊重され、特別な典礼や礼拝が行われる。キリストの受難を描いた長編叙事詩「パション」を詠唱するカトリック教徒の行事「パバーサ」も各地で行われる。

聖金曜日（3月25日）。復活祭の前の金曜日にあたり、「受難日」「受苦日」ともよばれる。イエス・キリストの受難と死を記念する日で、福音書の記述をもとにイエスの受難を思い起こす特別な典礼が行われ祈りが捧げられる。カトリック教会では聖金曜日に断食を行う習慣がある。

聖土曜日（3月26日）。復活祭の前日の土曜日はキリスト教世界でホーリー・サタデーともよばれる日で、特別に祝日となる。カトリック教会では、普段は掛けられている祭壇布などが取り払われ、イエスが眠りについていることを表す。

復活祭（3月27日）。十字架にかけられて死んだイエス・キリストが3日目によみがえったことを記念する復活祭は、キリスト教の典礼暦において最も重要な日である。復活祭は、春分の日の後の最初の満月の次の日曜日に祝うため、年によって日付が変わる移動祝日である。

勇者の日（4月9日）。以前は「バタアン・デー」とよばれていた。第二次世界大戦中の1942年4月9日に旧日本軍が捕虜となった比米軍人を炎天下に約42km歩かせ、多数の死者を出した「死の行進」が始まった日である。

レイバーデー（5月1日）。労働者による祭典や集会が開かれる。

5月9日：大統領選を含む統一選挙の投票日のため休み（2016年のみ）。

6月12日：独立記念日。1898年6月12日、カビテ州カウィットにあるE. アギナルドの生家でアギナルドがスペインからの独立を宣言したことにちなんだフィリピン独立記念日。

イスラームの断食明け祭り（7月6日）。イスラーム教最大のお祭り。イスラーム世界ではイード・アル・フィトルとよばれ、イスラームのヒジュラ暦第十月1・2日に断食（ラマダーン）を終えたことを盛大に祝う日である。毎年変わる。

ニノイ・アキノ・デー（8月21日）。フィリピンの民主化を訴え、1983年のこの日に暗殺された上院議員アキノをたたえる日である。

英雄の日（8月29日）。フィリピン独立に寄与した英雄たちをたたえる祝日で、8月の最後の月曜日となっているため、毎年、日付が変わる。

メッカ巡礼祭（9月12日）。イスラーム世界で「イード・アル・アドハー」と

よばれ、ヒジュラ暦の 12 月 10 日からメッカに向かって歩く巡礼のときである。日本では犠牲祭ともよばれている。断食明け祭りと並んで、国民の祝日となるイスラーム暦の祝日である。

　万聖節（11 月 1 日）。キリスト教ですべての聖人と殉教者を記念する日。翌日の「万霊節」とあわせて、ちょうど日本のお盆のようになっている。大家族が集まり、墓石の前で食事をして過ごす。

　ボニファシオ・デー（11 月 30 日）。1892 年にフィリピンの革命と独立を目指した政治組織「カティプナン」を創設した独立の英雄の一人、A. ボニファシオの生誕を祝う日。

　クリスマスイブ（12 月 24 日）。実際のクリスマス・シーズンは 12 月 16 日から 12 月 24 日までの 9 日間である。16 日に「雄鶏のミサ」とよばれる特別な早朝ミサが始まる。そして、年が明けても 1 月 6 日の三賢者祭りまではクリスマスの雰囲気が漂う。

　クリスマス・デー（12 月 25 日）。

　リサール・デー（12 月 30 日）。フィリピン独立の英雄、J. リサールがスペイン官憲の手により、「暴動の扇動容疑」で 1896 年 12 月 30 日に銃殺刑に処されたことを悼む日。

　大晦日（12 月 31 日）。特別に祝日扱いとなる。クリスチャンは家族そろって「深夜のミサ」とよばれる特別なミサに出て、新年を家族・親戚が集っている家庭で迎えるのが一般的である。街では花火や爆竹の音が派手に鳴り響きわたる。

暦と生活文化　フィリピン南部ではカトリックとムスリムの融和が常に課題となってきた。イスラーム暦への配慮を示すため、G. アロヨ前政権下の 2002 年からイスラーム暦による祝祭日が特別休日になっている。例えば 2014 年のラマダーン明けの祝日を制定する際には、当時の B. アキノ大統領が「文化的な理解と統合を促進するため、国民全員がイスラーム教徒の祝祭に加わってほしい」と呼びかけるなど、祝日の制定が融合のあかしとされている[3]。

　少数民族の暦の例が、ルソン島北部で暮らすイフガオ族の農業暦である。彼らは、神から授かったとされる在来米「ティナウォン」とともに数千年の時を刻んできた。その 1 年は「植え付け期」（太陽暦の 8 月〜翌年 3 月頃）と「収穫期」（同 4〜7 月頃）に大別される。さらに、米の生育段階に基づいた「四季」もある。

それは「イワン」（農閑期、8〜11 月頃）に始まり、「ラワン」（植え付け期、12〜3 月頃）、「ティヤルゴ」（乾期、4〜6 月頃）を経て「アヒツゥル」（収穫期、7 月）で終わる。しかし、このような暦も 1970 年代以降の世俗化でほぼ失われた[1]。

　世俗化という意味ではアエタ族も同様だ。1991 年、ルソン島中部サンバレス州のピナツボ火山が大噴火したため、その近くで暮らしていたアエタ族の人々は避難所生活を経て、用意された再定住地への移住を強いられることとなった。それは彼らにとって暦の転換でもあった。避難生活は、自然のサイクルにそった穏やかな時の流れをアエタ族から奪い、西暦と時計に基づいて動く「下界」の生活へと彼らを導いた。当初は 1 日 3 食の習慣や睡眠時間の規制に慣れなかったものの、次第に彼らは「フィリピン人」のまねをして時計を身に着け、クリスマスと新年を祝うようになった[2]。

 ## 日本とフィリピンをつなぐ暦

1990 年代前半から在日フィリピン人を対象にしたエスニックメディアが増加した。現在まで発行を続ける『KMC マガジン』（KMC サービス発行）は、2000 年代前半の数年間、読者サービスとしてフィリピンの民話をテーマにしたカレンダーを配布していた。同誌は日比国際結婚家庭をターゲットとしており、子どもへのフィリピン文化継承の意図もあったと思われる。

　従来は日本に来住したフィリピン人が自国の文化装置としてフィリピンの暦を使っていた。これに対し、2010 年代から増えているのが、フィリピンへ英語留学をする日本人向けのフィリピンカレンダーである。安近短の英語留学が人気を集めたことによる。フィリピンの祝祭日は現地の学校の休校日ともなるので、これらを留学予定者に知らせるため、現地の学校が独自にカレンダーを作成してウェブサイト上で公開している。若者を中心に、日本人がフィリピンの暦に「実用性」を見出す時代になったといえる。　　　　　　　　　　　　　　［高畑　幸］

参考文献

[1] 酒井善彦「稲作，自然が培った知恵」『まにら新聞』2000 年 1 月 4 日
[2] 酒井善彦「大噴火後，西暦の世界へ」『まにら新聞』2000 年 1 月 3 日
[3] 『まにら新聞』2014 年 7 月 15 日

ベトナム社会主義共和国

　10 世紀にキン（京）族すなわちベト（越）族は、紀元前から水田開発が進んでいた紅河下流域に、中国からの独立国家を打ち立てた。その後、19 世紀にはメコンデルタにまで版図を拡大する。19 世紀後半からフランスによる植民地支配を受けたが、1945 年に独立しベトナム民主共和国を樹立、その後の戦乱と南北分断を経て 1976 年にベトナム社会主義共和国が成立した。人口約 9000 万人、54 民族が公定されている多民族国家である。

 暦法とカレンダー　公式の暦法はグレゴリオ暦であるが、中国の太陰太陽暦に依拠した暦（以下、便宜上ベトナム暦とよぶ）も依然として生活の中で用いられている。風景、名所旧跡、ファッションなどの写真入りの壁掛け型やポスター型のカレンダーが壁を飾っているのを、家庭やオフィスなどでよく見かける。家庭では日めくりカレンダー「リック・ブロック」もよく用いられ、しばしば壁や柱につり下げられている（図1）。めくっ

図1　壁につり下げられた日めくりカレンダー

て不要になった紙はメモ用紙などとしても用いられる。日めくりには必ずアラビア数字とクオックグー（公式正書法であるベトナム語ローマ字表記）と漢字でベトナム暦の年月日、および十干と十二支を組み合わせた六十干支による年月日が記されている。

　曜日の観念はフランス植民地期に普及した。日曜日はチュー・ニャット（主日）とよばれ、月曜日から土曜日は第二日から第七日と、単純に数字を用いてよばれる。

祝祭日と行事・儀礼　カレンダーに記される 2017 年の公休日は、元日とその翌日、テト（ベトナム正

月）休み（1月26日〜2月1日）、雄王の命日とその翌日（4月6・7日）、解放
記念日からメーデーとその翌日（4月30日〜5月2日）、国慶節とその翌日（9
月2・3日）の計16日である。これらのうちテト（1月28日）と、伝説上のベ
トナム国家建設の祖、雄王の命日（3月10日）はベトナム暦によっているため、
年ごとに月日が異なる。

　元日とのその翌日の公休日は、通常の休暇と変わらない。ただし近年は大晦日
の夜に大都市で開催されるカウントダウンパーティーが盛り上がっている。

　テトは漢語「節」のベトナム語訛音で、テト一語だと普通は元旦節をさす。ベ
トナム暦12月23日の竈神節は、キン族が台所の神を祀る日である。コイなど生
きた魚を入れたタライをお供えした後に水に放すこの日の習慣は都市部では廃れ
つつあるが、この日から年の瀬のあわただしさが始まる。大晦日に旧年の歳神を
送り、元旦には祖霊も戻ってくるため、親族や隣人を訪ね合い新年を祝う。北部
では桃の花、南部ではホア・マイ（漢字では「梅花」）とよばれる黄色い花、キ
ンカンを飾る。祭壇にお供えし、バインチュンという正月ちまきを食べ、酒を酌
み交わす。お年玉を贈る習慣もある。テト休み期間は各地で演芸や舞踊なども催
される国民規模の遊興週間である。

　雄王の命日は「ベトナム民族4000年」という公定史観に基づき2007年に国家
儀礼の日として定められた。陵墓があるフートー省の雄王神社で行われる盛大な
儀礼は各地からの参拝客で混雑を極める。

　解放記念日は、1975年のサイゴン陥落によりベトナム戦争が終結した日であ
る。翌日のメーデーも公休日となる。この時期、フランス植民地期からその後の
戦乱期における国民の苦難と忍耐と努力を思い出させる記録映像が、テレビでは
繰り返し放映され南北ベトナムの統一を祝う。戦争世代は高齢化しつつあり、若
年層は普通の休暇として旅行や交遊など娯楽を楽しんでいる。

　国慶節は、ホー・チ・ミンが1945年のこの日、ベトナム民主共和国の独立を
宣言したことにちなむ。くしくもこの日がホー・チ・ミンの命日でもある。

　これら公休日以外にも、さまざまな年中行事を行う日がある。都市生活に関係
する行事から、以下にいくつかを取り上げる。

　中秋節（ベトナム暦8月15日）はベトナムでは子どもの日で、月餅を食べ、
町中には屋台や夜店が出る。親族や知人同士での月餅の贈答も盛んなのでかなり
の数の月餅が市場に出まわるが、近年、食の安全への関心が高まり、生産現場の
衛生問題がとりざたされるようになった。

　キリスト教は人口の 10% と、仏教に次いで信者が多い宗教である。クリスマスイブには各地の教会に信者が集まり、ミサに参加する。この時期、町にはサンタクロースの飾りやクリスマスツリーなどの飾り付けがあふれる。

　そのほか、旧社会主義国で有名な国際女性の日（3 月 8 日）、および 1930 年のベトナム反帝婦人会（現ベトナム婦人連合会）の発足日にちなんだベトナム女性の日（10 月 20 日）には、家族や恋人など身近な女性たちへ、日頃の感謝をこめて男性がバラの花などを贈る。また 1982 年に政府が定めた先生の日（11 月 20 日）には、学校ではイベントが催され、生徒たちは日頃世話になっている教師たちに花など（実際にはお金も）を贈る。

 暦と生活文化　ポスター型や壁掛け型のカレンダーに公休日は明記されているが、ベトナム暦による日付や月齢は示されていないことが多い。そのためか壁面装飾として用いられることが多く、また企業や役所が年末の贈答品として配ることも多い。一方、法事をはじめとする親族の儀礼や村の神事・祭礼は現在でもベトナム暦に従って行っている。また、例えばキン族はベトナム暦の月の前半は犬肉食を禁忌とするなど、月齢を知る生活上の必要性もある。日めくりの需要は、地方におけるほど高い。気候、行事、金言、食事レシピなどの付加情報があるものも増えている。

少数民族とカレンダー

　　　　　　　　　　　　近代以前から固有の文字文化を発達させてきた代表的な少数民族に、ターイとチャムがいる。いずれの社会でも、固有の暦が生活の中で用いられている。

　まずタイ語系のターイについて、その地方集団黒タイの例から説明しよう。西北部の山間盆地に住む黒タイは、古クメール系の文字を継承してきた。黒タイの伝統文書の一つに『パップ・ム』（暦書）がある（図 2）。これはカレンダーではなく、図像、記号、文字に満ちた卜占書（ぼくせん）で、民間の祈禱師や占い師がしばしば所持している。ベトナム暦とちょうど 6 か月ずれている黒タイ暦による月日、六十干支による月日（必要に応じて時間も）、五行「木火土金水」の相生（そうしょう）と相剋（そうこく）から、日相を見て吉凶福禍を占うための本である。家の新築祝い、婚礼、儀礼・祝祭の日どりを選ぶ際に、現在でもしばしば用いられているが、農作業の開始や収穫、遠方への出立の日どりに関して参照されることは減った。また、呪術師が個人の依頼を受けて運勢占いに用いることもある。

カレンダーとしては、ベトナムの日めくりが黒タイの間でも日常的に使用されている。さらに独自のカレンダーも存在する。インドシナ戦争（1946～54年）終結後に米国に移住した黒タイが中心となって発行し、頒布しているものである。グレゴリオ暦の英仏語カレンダーを基礎に、黒タイ文字で黒タイ暦による日と干支も付記されている。近年はフェイスブック（Tai Dam Heritage Channel による）でも公開されている。実用のためというより、民族文化の象徴としての文字と暦の普及を通じて民族アイデンティティを表明する意図も強い。

図2　20世紀前半の手写本と思われる黒タイの暦書『パップ・ム』

　次に、中南部に住むチャムの例を説明する。15世紀以降のキン族の南進で徐々に弱体化し19世紀に滅亡したチャンパ王国の主要民族の末裔とされ、オーストロアジア語族に属するチャムは、インド系文字を継承している。日常的にはグレゴリオ暦かベトナム暦を、また壁掛け型や日めくりのカレンダーを用いているが、チャムも黒タイと同様に独自のチャム暦をもち、ニントゥアン省にあるチャム語編纂所でカレンダーを印刷し各家庭に配布している。しかし、一般の人々はチャム暦での日付も知らず、そのカレンダーはチャム文字の知識をもつ宗教的職能者や知識人にしか用いられていない。

　チャムは宗教の点からバニ（土着化したイスラーム）とバラモン（土着化したヒンドゥー）の2集団に分けられ、暦もバニのアワール暦とバラモンのアヒエール暦の二つがある。アワール暦はいわばチャムのイスラーム暦であり、タムキとよばれる村のモスクにおける儀礼の日を決めるのに用いられる。一方、アヒエール暦はベトナム暦と重なり、婚礼や家の新築祝いなど、タムキ以外で開催される儀礼の日を決めるのに用いられる。1987年から、閏の追加時期が不統一であったためチャム暦の統一が試みられ、チャムの新年を祝うカテ祭の日（アヒエール暦7月1日）に統一された。　　　　　　　　　　［樫永真佐夫］

📖 **参考文献**

[1] 吉本康子「ベトナム中南部・チャム族の暦」『ベトナムの社会と文化』2, pp. 200-214, 2000

マレーシア（オラン・アスリ）

🌙☀ 暦法とカレンダー

東南アジアに位置する熱帯の国マレーシアには、主流民族のマレー人のほかに、華人やインド人などの民族が暮らしている。これら三大民族に加えて、マレー半島にはオラン・アスリ、ボルネオ島のサバ州・サラワク州にはカダザンドゥスンやムルット、イバン、プナンなどの先住民が暮らしている。多民族社会であるマレーシアは、多宗教社会でもあり、民族ごとに信仰している宗教も異なる。また、同じ民族であっても異なる宗教を信仰している場合もある。したがって、それぞれの宗教によって祝祭日が異なり、祝日の設定も信徒の多い一部の地域や州に限定されていることもある。

暦法については、今日では万国共通の太陽暦である西暦（グレゴリオ暦）を基準にしてはいるが、太陰暦であるヒジュラ暦（イスラーム暦）、旧暦（太陰太陽暦）、ヒンドゥー暦（インド暦）など、複数の暦が存在している。そのため、祝祭日の多くは、太陽暦では毎年の日付が異なってくる（以下の日付は、2017年のカレンダーの太陽暦による日付を記している）。

◆◈◆ 祝祭日と行事・儀礼

マレーシアの祝祭日には、イスラーム教徒であるマレー人が祝うハリ・ラヤ・プアサ、華人が祝う春節、インド人のディパバリ、その他、キリスト教徒のクリスマスなどがある。こうした祝祭日は、対象となっていない民族や信徒も休日となり、お互いに他の民族を尊重する多民族社会ならではの祝日の設定となっている。

マレーシアで最も盛大な祝祭日といえば、イスラームの断食月（ラマダーン）明けの大祭（ハリ・ラヤ・プアサ）であろう（6月25日・26日）。マレー語でハリは「日」、ラヤは「偉大な」、プアサは「断食」を意味する。ハリ・ラヤ・プアサでは、首相官邸も一般に開放され、大勢の人々がお祝いに訪れる。訪問者には、料理やお菓子、飲み物などがふるまわれるが、イスラームの戒律に従ってアルコールは厳禁である。ハリ・ラヤ・プアサの祝祭は、首相の家ばかりでなく、マレー農村の家々でも行われる。

　華人の祝祭日としては、春節（1月28日・29日）が有名である。この時期、華人の商店やレストランが軒並み休みとなるので、市民生活に大きな影響が出る。華人のすべてが仏教徒ではないが、日本で花祭りといわれる釈迦誕生日（5月10日）もまた、マレーシア全体が休日となる祝日として設定されている。これらの祝祭日は、三大民族の一つである華人に配慮してマレーシア全体で祝日として設定され、休日となっている。インド人の場合は、ディパバリ（10月18日）がマレーシア全体の祝日として設定されている。ディパバリは、悪（闇）に対する善（光）の勝利を祝うヒンドゥー教最大の祝祭日であり、ヒンドゥー暦の新年にあたる。

　これらに加えて、マレー半島やボルネオ島に暮らす先住民にもそれぞれ祝祭日がある。ボルネオ島のサバ州・サラワク州では、先住民の収穫祭に合わせて祝日が設定されて、これらの州のみ休日となっている。サバ州では、タダウ・カアマタンとよばれる収穫祭があり（5月30日・31日）、美人コンテストが開催されることで知られている。サラワク州では、収穫祭はガワイ・ダヤクとよばれている（6月1日・2日）。ちなみに、オラン・アスリの祝祭日は祝日にも休日にもなっていない。

 暦と生活文化　祝祭日のほかに、人々の生活に大きな影響を与えている暦として考えられるのは、学年暦であろう。マレーシアの学校では1年を二つに分ける2学期制を採用しており、1学期は1月から始まり、2学期は6月から始まる。1学期は3月に1週間ほどの休みがあり、学期末の5月には2週間ほどの休みが設定されている。2学期は、9月に1週間ほど休みがあり、2学期末には学年末として11月から6週間の休みがある。学校が休みになる期間の週末には、あちらこちらで結婚式が行われている光景を目にすることができる。

　普段の休日が異なっている場合もある。クダ州、クランタン州、トレンガヌ州、ジョホール州では、集団礼拝を金曜日に行うイスラームの影響で、日曜日ではなく、金曜日が休日となっているのである。公的機関や学校、そしてほとんどの企業では金曜日が休日であり、日曜日は平日扱いである。ちなみに、スルタン（王様）の誕生日を祝う日は、州によって祝日の設定が異なっている。

　メッカ巡礼祭（犠牲祭）（9月1日・2日）、イスラーム暦新年（9月21日）、ムハンマド生誕祭（12月1日）は、マレーシア全体で祝日となっているが、ム

ハンマドが最初にアッラーのお告げを受けた夜である「みいつの夜」（6月12日）は一部の州に祝日が限定されている。

　このように、マレーシアはイスラームが国教であるため、イスラーム関連の祝祭日が多いが、マレー人の祭りを他の民族が祝うこともよく目にする。例えば、ハリ・ラヤ・プアサでは、マレー人が華人やインド人を招待し、ともに祝うことも珍しくない。同じように、春節やディパバリもまた、華人やインド人だけの祭りではなくなってきている。

　民族の交流・共生という観点からいえば、独立記念日（8月31日）や、マレーシア連邦の成立を記念する日として2010年に制定されたマレーシア・デー（9月16日）などは民族や宗教の違いに関係なくマレーシア国民が一体となって祝う日として設定されており、特に独立記念日前には、民族の共生を演出したコマーシャルがテレビで放映され、ムードを盛り上げている。

 オラン・アスリの祝祭日　　以上のようなマレーシアの祝祭日をめぐる状況の中で、オラン・アスリの祝祭日は祝日としても設定されておらず、まさに蚊帳の外におかれているといえよう。オラン・アスリは、人口が約20万人の少数民族であり、ほとんどの人々は宗教をもたず、アニミズム的な信仰を保持していることに特徴があるが、マイノリティであること、そして宗教をもたないことが、彼らの祝祭日が認められていないことと関係しているのかもしれない。

　オラン・アスリにもまた、マレーシアの他の民族と同じように、独自の祝祭日がある。彼らはそれを「ハリ・ラヤ」とよんでいる。オラン・アスリのハリ・ラヤは、マレー人のハリ・ラヤ・プアサのやり方によく似ている。オラン・アスリがマレー人のハリ・ラヤをまねているように見える。しかし、オラン・アスリのハリ・ラヤには、マレー人と違って祝祭に宗教的な意味が付与されていない。わかりやすくいえば、キリスト教徒ではない日本人がクリスマスを楽しむような感じである。

　しかし、近年、オラン・アスリ社会でイスラーム改宗者やキリスト教改宗者が増加するにつれ、ハリ・ラヤ事情にも変化が生じている。例えば、イスラーム改宗者たちは、マレー人のハリ・ラヤ・プアサの日に合わせて祝祭を行っているし、キリスト教改宗者たちはクリスマスの日にハリ・ラヤを行っているのである。また、華人との付き合いが深いオラン・アスリは、華人の春節に合わせて祝祭を行

う場合もある。さらには、太陽暦の正月にハリ・ラヤを行う村もある。

図1　着飾ってお菓子をほおばる子どもたち

　ハリ・ラヤの1日を紹介しよう。当日、村人は仕事を休んで、朝から牛肉や鶏肉のカレーとルマンとよばれる「ちまき」（竹の筒の中に餅米、ココナツミルク、少量の塩を入れて炊いたもの）をつくる。料理の準備がひととおり終わると、客間に、カレーなどの料理やルマン、お菓子、そしてジュース、甘いミルクティー、コーヒーなどを用意して、客人が来るのを待つ。そして、子どもから老人まで、村人は着飾って近しい親族の家をお互いに訪問し、おいしい料理をごちそうになり、その家の人たちや訪問客とおしゃべりをしてひと時を過ごすのである（図1）。

　日が暮れると、村の若者たちが演奏する生バンドに合わせて野外ディスコが開かれる。大音量のロック調のリズムに合わせて、子どもや若者たち、そして酔っ払った男たちが夜通し踊り続ける。その中には、オラン・アスリだけでなく、マレー人や華人の姿も見える。酔った男たち同士でトラブルになり、警察ざたになることも珍しくない。男女の出会いを目当てに村外から訪れる若い客人もいる。ハリ・ラヤを舞台に恋が芽生えることもよくあるようだ。

　筆者が調査研究しているオラン・アスリの村では、他の民族の文化を模倣する状況を改善し、村の独自性を主張するために、30年以上も前に毎年10月1日にハリ・ラヤを行うことにした。他村の人にもわかりやすいように「ハリ・ラヤ」と村人はよんでいるが、正式名称は「ハリ・クスダラン」である。ハリ・クスダランには「昔の苦しかった日々を思い起こす日」という意味がこめられている。この名称には、模倣ではない新しい伝統を創造しようとする彼らの自負が示されている。近年では、休暇がとりやすいように、10月の第一週の週末にハリ・クスダランを実施している。そのときには、都市で働いている若者たちも、休暇をとって、バスなどを乗り継いで、村に帰ってくる。以前は、知人や職場の人たちには休暇の理由が理解されにくかったが、数十年も続いた今では伝統行事として定着してきているようである。　　　　　　　　　　　　　　［信田敏宏］

ミャンマー連邦共和国

　ミャンマーは 135 の民族がいるとされる多民族国家だが、主要民族であるビルマ人が全人口のほぼ 6 割を占める。ビルマ人はほぼ仏教徒でもあり、ビルマ仏教文化がミャンマーの国家的「文化」の中枢をなし、暦もその特徴を有している。

暦法とカレンダー

　ミャンマーでは西暦に加え、王朝時代から用いられてきたビルマ暦（ミャンマー・テッカレッ）が併用されている。ビルマ暦は、伝説の王ポゥパーソーラハンが西暦 638 年 3 月にパガン王朝を樹立したときに始まったとされ、東南アジア大陸部で広く用いられてきた太陽太陰暦をもとにしている。ビルマ暦はまさに月の成長とともに始まる。新月の翌日から満月を経て月が終わるまでを 1 か月とし、12 か月で一年となる（表1）。また、閏月を 19 年に 7 か月、閏日は 57 年に 11 日設け、太陽暦と連動するよう工夫されている。ミャンマーのカレンダーは暦の併記型のものが最も多く、西暦の 1 月から始まり、日にちはアラビア数字で書かれる。その横に、ビルマ暦の日付がビルマ文字表記で小さく書かれる。満月は○、新月は●で、満月には伝統的祭りが対応しており、祭りの名称が書き込まれる。また、カレンダーは非常に好まれ、家の居間などに必ず飾られる。近年では、各政党や各省庁、少数民族による各組織などが宣伝や寄付金集めにカレンダー販売を行うことも多い。例えば少数民族のカレンダーには、土地の名所や有名な民族儀礼が掲載されている。

表1　ビルマ暦による月の名称

順序	名称	西暦（目安）
1	ダグー	4 月
2	カソン	5 月
3	ナヨン	6 月
4	ワーゾー	7 月
5	ワーガウン	8 月
6	トータリン	9 月
7	ダディンジュッ	10 月
8	ダザウンモン	11 月
9	ナッドー	12 月
10	ピャードー	1 月
11	ダボードェ	2 月
12	ダバウン	3 月

 祝祭日と行事・儀礼

　暦法の併用は祝日

や祭りを定めるシステムとも連動する（表2）。多くの国と同様、国家建国の要となる記念日が祝日となり、とりわけ英国植民地から独立への歩みが重要である。ミャンマーは1885年、第三次英緬戦争に敗れ、全領土が英領化された。反植民地運動が生じる中、ヤンゴン大学で教育を巡ってストライキが行われた。これが「国民の日」（ダザウンモン月10日）記念となる。その後アウンサンをはじめとする独立の志士たちは当初日本軍の支援を受けてゲリラ軍を組織するが、後に抗日蜂起をする（1945年）。蜂起日が「国軍記念日」、1947年の連邦制の土台をつくったピンロン条約締結日が「連邦記念日」、その翌年のアウンサン将軍暗殺日が「英雄記念日」、1948年の独立日が「独立記念日」と定められている。社会主義政権時代に、ネーウィン将軍がクーデターにより政権の座についた日は「農民の日」となった。その他、多くの国家に共通のメーデー、クリスマスが祝日である。

これとは別にビルマ仏教文化を反映した伝統的祭日があり、満月ごとに祭りが設けられ、「12季節の祭り」とよばれる。このうち六つが、国家の祝日と定まっている（表2右欄の中の＊印）。一方、ミャンマーは上述のとおり、多民族国家で、民族ごとに独自の祭りがあり、民族記念日が設定されている。ただ、国家の祝日はカレン民族の新年のみである。宗教にかかわる祝日としてはクリスマスに加えて、イスラームの犠牲祭、ヒンドゥーのディーワーリー祭りがそれぞれの暦に従い、毎年祝日として定められる。つまり、祝日は国民国家としての記念日が主に西暦で、伝

表2　祝日

月日	西暦による祝日	ビルマ暦などによる祝日
1月4日	独立記念日	
1月（目安）		カレン新年
2月12日	連邦記念日	
3月2日	農民の日	
3月（目安）		ダバウン祭り＊
3月27日	国軍記念日	
4月中旬		新年（水掛け祭り）＊
5月1日	メーデー	
5月（目安）		カソン祭り＊
7月（目安）		ワーゾー祭り（安居入り）＊
7月19日	英雄記念日	
10月（目安）		ダディンジュッ祭り（安居明け）＊
10月（目安）		ディーワーリー祭り
11月（目安）		ダザウンモン月祭り（灯祭り）＊
11月（目安）		国民の日
12月25日	クリスマス	
毎年変化		犠牲祭

統的宗教的祭日がそれ以外の暦法で定められ、暦と祝日が多層的に構成されている。つまり、表2のビルマ暦の祝日は西暦では毎年変化する。

　ビルマ暦の正月はティンジャン祭りである。インド、東南アジア大陸部に広く伝わり、「水掛け祭り」とも称される。帝釈天が三十三天から降臨し、地上で過ごした後、昇天日に再び天に戻る時期とされており、ティンジャンの核は、迎日、降臨日、中日、昇天日、新年の5日である。また、帝釈天は毎年異なる持ち物、異なる動物に乗って地上に降臨する。その持ち物、乗り物が1年間の運命を示すとされており、国家暦選定委員会が中心になって、降臨時刻、乗り物、持ち物を占う。新年直前に販売される「新年の書」は、毎年の帝釈天のイラスト入りである。都市部では若者が車やジープを貸し切って街中を駆けまわり、企業や省庁、諸団体の仮設舞台では、水を掛けたり、飲料水やタピオカの菓子を無料で配ったり、夜間には歌謡ショーが開催されたりする。ただこうした喧騒は大晦日までで、新年になると一転、静寂さを取り戻し、僧院、仏塔などの参拝客が増える。

　翌月のカソン月満月は釈迦の誕生日である。釈迦は誕生日と悟りを開いた日、入滅日が同じといわれ、仏教徒は町や村に植えられている菩提樹に水を掛けて祝う。ワーゾー月の満月（法輪日ダマセッチャーネィ）から雨安居が始まる。雨安居の約3か月の間は、仏教徒は常より精進に励むべき時期と認識されている。出家者は旅行が禁じられ、在家者は結婚、家の新築引っ越しなどを控える。また、通常より多くの戒律を守る人もいる。新月、黒分7日、満月、白分7日は布薩日とよばれ、仏教徒は通常以上に、僧院を訪れたり持戒を増やしたりする。市場も雨安居期間内は布薩日に閉じるし、地域によっては小中高校まで、土曜日の代わりに布薩日が休みとなる。つまり、雨安居期間中はビルマ暦なしに日常生活を営むことはできない。雨安居が終わるのはダディンジュッ月の満月（論蔵日アビダンマネィ）で、道や家にロウソクや行灯を飾り、にぎやかに祝う灯祭りを開催する。翌日から次の満月までに、カティン僧衣寄進式が行われる。これは、仏陀の母が出家した息子に僧衣を贈ったという故事をもとにしている。職場や町内会など集団ごとに寄付を募り、望みのものがなるという伝説の樹（パディタービン）に倣って、紙幣や贈り物できらびやかに飾りたてた樹をつくる。行列をつくって伝説の樹や僧衣を僧院に運び、寄進式を開催する。ダザウンモン月満月には、第二の灯祭りともいえるダザウンダイン祭りが開催される。ダバウン祭りには仏塔祭が全国的に開催される。ミャンマーでは上座仏教社会内でも非常に仏塔建立が重視される。雨季が終わり、収穫も終えたこの時期に仏塔が完成されることが多

く、多くの仏塔で、日程は少しずつ異なるが祭りが催される。村落部では最も娯楽に満ちた祭りでもあり、資金が潤沢だと著名劇団や有名歌手が招待される。夜間には仏塔わきに屋台が立ち並び、人力観覧車やシーソーなど移動可能な遊技道具が運び込まれ、簡易遊園地ができあがることも多々ある。

 暦と生活文化　暦は人々が仕事や日常生活に不可欠で、人生における指針を得たり、時には国家的決断のよすがにもなってきた。たとえば、1年の暦は情報省から毎年発表されるが、暦そのものは宗教省傘下の「国家暦選定委員会」が定めてきた。委員会は軍事政権時代から存在し、王朝時代にインドから招聘したブラフマンの子孫や王朝時代に活躍した占星術師の弟子筋等の者など数名で構成されていた。占星術はインド占星術を基礎とし、王朝時代以来独自の展開を遂げてきた。人だけでなくモノも、誕生した時点の天空の状態を記した出生票（ザーター）がつくられる。ネーウィン時代以降約半世紀続いた軍人支配下では、軍人やその家族を中心に、占いや厄払い（占いに基づく結果を変える術）がはやり、国家行事や政治の裏には占いが存在するといわれてきた。例えば、軍事政権の持続のために厄払いが密かに行われているとか、2006年のネーピードーへの遷都が占星術によるなどの噂である。

　いわゆる「日柄」が記されることもある。例えば、吉日（イェッヤーザー）、凶日（ピャッタダー）、大凶（アミェイタソウィェ）などである。大凶とは曜日と日付を足して13となる日をさす。この考えの根底には曜日は数字に変換できるという理解の共有がある。数字の変換方法は複数あるが、この場合、月曜日を1、火曜日を2と順に数える。なかでも7日の金曜日（数字では6）、6日の土曜日（数字では7）は凶とされる。また「竜の向き」（ナガーフレー）が示されることもある。例えば「竜が南を向く」日には、北から南への移動は竜の口に正面から入ることを意味し、その回避のために、移動日の延期や「方違え」のように別の経由地を介すことなどが行われる。

　近年のミャンマーは民主化政権への移行で海外に開かれ、外資系企業の移入など大きな変化の時期にある。祝日が政府発表まで定まらないなどの不便もあるが、現状では伝統暦法の併用が続いている。　　　　　　　　　　［土佐桂子］

📖 **参考文献**

[1] Eade, J.C. *The Calendrical Systems of Mainland Southe-east Asia*, E.J. Brill, 1995
[2] 土佐桂子『ビルマのウェイザー信仰』勁草書房，2000

ラオス人民民主共和国

　ラオスは、中国、ベトナム、カンボジア、タイ、ミャンマーの5か国に囲まれた、東南アジア唯一の内陸国であり、日本の本州とほぼ同じ広さの国土に600万人余りが住んでいる。住民の約6割がラオ族で、残り4割は言語・文化の異なる非ラオ系の多くの少数民族に分かれている。20世紀半ば、フランスから独立し、内戦を経て一党支配の社会主義国になった。新体制による政治的迫害を恐れ、戦後、数十万人が難民として国外に移り住んだ。

 暦法とカレンダー　官庁・会社・学校はグレゴリオ暦で運営されており、行事や文書の日付も西暦の年月日で表記される。官庁・会社の会計年度はグレゴリオ暦1〜12月である。学校は9月に始まり、翌年6月に試験の後、休みに入る。休日は土日週休2日制である。

　一方、農村部を中心に伝統的な暦も用いられている。伝統的な暦は、グレゴリオ暦が世界共通の「国際暦」とよばれるのに対し「ラオ暦」とよばれる。上座部仏教とともにインドから伝来した太陰太陽暦と、中国の十干十二支の思想が結合したもので、タイ、カンボジア、ミャンマーの暦と共通点が多い。

　一般的なカレンダーにはグレゴリオ暦とラオ暦が併記されている。伝統行事の多くが仏教に関連しており、ラオ暦と連動しているため、毎年日どりが変わる。

　ラオ暦は1か月の長さが29日もしくは30日であり、月の真ん中の15日目に満月がくる。ラオ暦の1年は354日になるが、閏年と閏月により、グレゴリオ暦とのずれが一定になるように調整されている。

　ラオ暦年の最初の月（1月）はグレゴリオ暦の12月とほぼ重なる。つまり、ラオ暦の方がグレゴリオ暦よりひと月早く1年が始まる。しかし、一部の少数民族を除き、ラオ暦1月に新年を祝う人は少ない。多くの人にとって1年の始まりはラオ暦5月の「ラオ正月」である。十二支も、ラオ正月を境に切り替わる。5月に新年があるのは、ラオ暦のベースにあるインド暦を踏襲したためである。

◇◇◇ 祝祭日と行事・儀礼

公式の祝日は、新年（1月1日）、国際女性の日（3月8日）、ラオ正月（4月13〜15日）、メーデー（5月1日）、建国記念日（12月2日）である。これ以外にも官庁・党組織の記念行事や地域の祭りで、特定の職場や地域だけ休日になる日もある。

年中行事は仏教や農作業に関連したものが多い。次のものがラオ暦の各月を代表する行事である。

1月：ブン・カオガム。僧侶の読経に合わせて過去の過ちを告白する。

2月：ブン・クンカオ。旧年の収穫を感謝し、新年の豊作を祈る。

3月：ブン・カオチー。「カオチー」は焼きおにぎりのことである。焼きおにぎりを僧侶への布施とする。ブン・マカーブサー（万仏節）と一緒に行う。万仏節は、釈迦が竹林精舎で戒律を説いたときに弟子1250人が偶然集まった奇跡を記念した行事である。

4月：ブン・パヴェート。大生経（だいじょうきょう）を読経し、釈迦の輪廻転生を祝福する。

5月：ブン・ピーマイ。ラオ正月。伝統行事で唯一、グレゴリオ暦に日程が固定されており4月13〜15日の3日間行う。家族や友人が集まり、健康と幸運を祈って互いの手首に糸を巻き付ける「バーシー」儀式をして、水を掛け合う。都市部では水掛け合戦が繰り広げられる。1年で最も重要でにぎやかな行事。

6月：ブン・ウィサーカブサー。満月の日に、釈迦の誕生、悟り、入滅を記念して行う。この日を境に、仏暦が新年に改まる。カレンダーには西暦と並んで仏暦の年号が記載されている。西暦2018年は仏暦2561年である。

7月：ブン・バンファイ。ロケット祭り。ラオ暦6月後半から7月にかけて、天の神に雨を祈願するため、長さ数mもあるロケット花火が各地の農村で打ち上げられる（図1）。雨季の訪れと田植の始まりを告げる農村の風物詩である。

8月：ブン・カオパンサー。ラオ暦8月の満月の日は釈迦が初めて説法した日とされ、仏教徒にとって重要な祭りである。翌日から、ラオ暦11月満月の日まで3か月間、僧侶は寺にこもって修行する。この時期は雨季とも重な

図1　ロケット発射台

る。在家信者も世俗の祭事・娯楽を控えて労働に励む。

　9月：ブン・カオパダップディン。この時期、あの世の扉が開き、死者が家族からの贈り物を受け取りにやってくる。人々は死者への供物として、バナナの葉に包んだ米を朝暗いうちに、あちこちにおいておく。

　10月：ブン・ホーカオサラーク。ラオ暦10月の満月の日、修行中の僧侶に布施をする。

　11月：ブン・オークパンサー。ラオ暦11月の満月の日、3か月にわたる僧侶の修行が終わると同時に、雨季も終わりを告げる。修行と雨季の終わりを祝い、ドラゴンボート競漕が各地でにぎやかに開かれる。この晩、健康と幸運を祈って、バナナの葉でつくった小さな灯籠を川に流す。

　12月：ブン・トートガティン。修行明けの僧侶に袈裟などを寄進する。またラオ暦12月の満月の日には首都ビエンチャンにある、ラオスで最も由緒ある寺院タートルアンで祭りが開催される。祭りの期間中、寺院の周辺には屋台が立ち並び、多くの参拝客でにぎわう。

　伝統行事以外にも、ベトナム人や中国人の祝う旧正月（春節）やクリスマス、年越しのカウントダウン、バレンタインデーも季節の行事として定着している。

暦と生活文化

ラオ暦の1か月は満月を折り返し点に前半と後半に分かれている。新築・入居儀式、結婚式、店・会社の開業など新しいことを始めるのは月の前半がよく、年中行事や儀式も月の前半に行われる。月の後半に行うのは縁起がよくない。

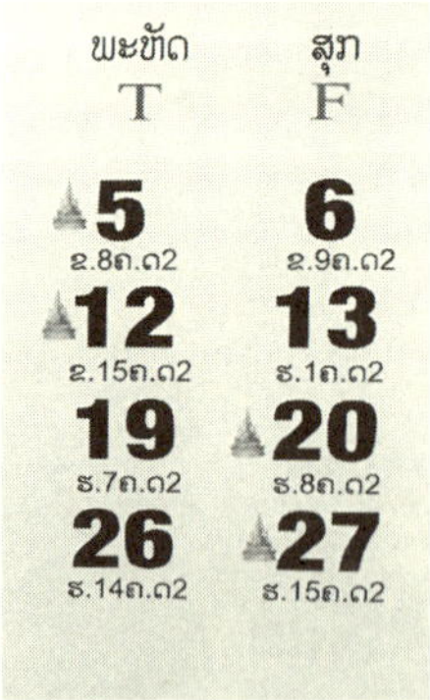

　新月・上弦・満月・下弦の日は、カレンダーに仏像のイラストがマークされている（図2）。この日は戒律を守るべき斎戒日であり、飲酒など不品行を慎み、僧侶にお布施をしたり寺にこもって読経したりする。また、仏像や先祖の墓、神聖な場所に花を供えて祈る。都市部ではこの日、マリーゴールドとバナナの葉でつくった供花を売る屋台が路上に立ち並び、買いにきた人々でにぎわう。花売り屋台が斎戒日の目印になっている。

　ものとしては会社の宣伝用に製作された壁掛けカレンダーが最も目に付く。日付や月齢を知るためだけでなく、見た目の華やかさが重要であり、観光名所や田園風

図2　斎戒日を示したイラスト

景を背景にモデルの女性がポーズをとったものが定番のデザインになっている。ビール会社など大手企業が製作したものは「ミス・ラオス」入賞者を起用した豪華版で、人気が高い。一方、中小企業や、町の貴金属店が製作したカレンダーには従業員や店主自身がモデルとして登場し、親しみやすい。

　ミス・ラオスの登場するカレンダーには、流行ファッションの発信源という側面もある。モデルたちが着ているのは伝統衣装を現代風にアレンジしたドレスで、その色使いやデザインの新しさは女性たちの間でしばしば話題になる。結婚式や儀式で着るドレスは現在もオーダーメイドが一般的であり、自分の服を新しく仕立てるとき、カレンダーモデルの衣装を参考にする女性も少なくない。

　また、カレンダーには伝統行事が記載されているため、国外に移り住んだ人々と祖国の文化を結び付ける媒体としても機能している。米国などに定住した難民のコミュニティでは、ラオ暦のカレンダーにそって寺での行事が営まれている。

 少数民族にとっての暦　独自の言語や文化をもつ少数民族にはラオ暦のような暦法がなく、月の満ち欠けと天候の変化によって季節の移り変わりを知り、生産活動のスケジュールを立て、その節目で儀礼や祭りを行ってきた。

　東南部の山地に住むカントゥという民族は、焼畑で陸稲を栽培する。焼畑の農事暦は毎年12月から1月頃、「休閑林」という、焼畑再生林を切り開くことから始まる。一定の土地を切り開くと、3月から4月にかけての雨が降らない暑い季節に、切り倒した木が十分乾燥するのを待ってから火入れをする。

　次に種まきは、5月の雨で地面が柔らかくなるのを待つ。それを待つ間、村をあげて盛大な儀礼を行い、豊作を祈願する。雨季が到来し種まきがすむと、それから数か月間は除草作業が休みなく続く。この頃は前年の収穫米を食べ尽くし、苦しい時期である。

　10月頃に雨季が明け、もみが膨らみ始めると小さい儀礼を行って一息つく。さらにもみの成熟を待ち、12月に入る頃、ようやく収穫となる。家族全員が助け合って収穫を終えると、村全体で収穫儀礼をして祖先の霊に感謝する。その後、短い休息を挟んで次の年の農作業が始まる。収穫儀礼が正月にあたるが、彼ら焼畑民にとっての1年はこのように農作業の中に埋め込まれている。

［西本　太］

コラム　カレンダー業界

　日本における造暦の歴史は中国暦の導入に始まるが、律令時代には陰陽寮に暦博士と暦生たちが仕えていた。暦家の誕生は平安時代の賀茂家にさかのぼる。だが、陰陽寮でつくられる具注暦は貴族層の使用にとどまり、仮名暦の普及に伴い地方では暦師によって独自の暦がつくられた。特に古いのは三島の暦師河合家によって作成された三嶋暦であり、最古のものは足利文庫に所蔵される1437年版である。江戸時代になると伊勢の御師が頒暦に従事し、神札（大麻）の頒布に付随する土産として伊勢暦を全国に広め、享保時代には200万部に及んだ。江戸市中では暦師ではなく暦問屋が株組織の組合をつくり、幕府開始期から江戸暦を発行していた。当初28人だったが、仲間割れがあって、1697年以降は11人に限定された。他方、京都では巻暦の伝統を守る大経師と院御経師の二つの版元があった。そして渋川春海の貞享暦（1685年）によって暦の統一が図られると、天文情報は幕府天文方が計算し、暦注を賀茂家（幸徳井家）が付記し、改めて天文方の校閲を受けることとなり、勝手な作暦は許されなくなった。

　明治政府は1870年から暦師を弘暦者に改めて売暦を許可し、1872年には東京と大阪に頒暦商社が設けられた。当時の弘暦者は東京11人、京都4人、奈良11人、伊勢9人を含む総計43人だった。弘暦者は1882年版の暦まで頒暦を独占したが、それ以降は神宮司庁が頒布を担当したため、次第に姿を消すこととなった。1883年からは一枚刷りの略暦に限り自由な発行が許され、活版印刷による広告目的の引札暦が主流となった。版元も大阪、京都、東京、名古屋など大都市に集中するようになった。他方、日めくりは西洋の卓上日記をまねて横浜から始まったが、禁止の対象外であり、特に大阪では柱掛け型が人気を集め、大正時代から戦前にかけて全国に広く普及した。そして戦時体制下の1940年、全国団扇扇子カレンダー連合会（現、全国団扇扇子カレンダー協議会）が設立された。

　戦後は民間でも自由にカレンダーを出版できるようになり、今では2億部とも3億部ともいわれる市場で大量かつ多様なものが生産されている。カレンダーの印刷に携わる10団体で組織される日本印刷産業連合会は「全国カレンダー展」を開催し、カレンダー出版専業者で組織された日本唯一の団体である全国カレンダー出版協同組合連合会も「カレンダー新作展示会」を開いている。「全国カレンダー展」は1950年から始まったが、その出展作品の分析によると、A.ルノワールをはじめとする西洋絵画が特に金融機関のカレンダーを通して流布し、1960年代の後半以降、西洋絵画のイメージの普及に一役買ったとされる。　　　　　　［中牧弘允］

［参考文献］

[1] 阿部明日香「『西洋絵画のイメージ』普及と日本のカレンダー」『フランス文化研究』47，2016

3. 南アジア

インド

　インドは大国であり、13億の人口も297万km²に及ぶ面積も、EU（European Union, 欧州連合）全体をしのぐ規模を有している。当然、自然・文化も多様で、言語の数も何千とある。そのうち、ヒンディー語が中央政府の公用語とされ、英語と併用されているほか、政府が公認する地方公用語（2007年からは22語）が定められている。また、宗教も多様性に富み、人口の多数を占めるヒンドゥー教（80%）をはじめ、イスラーム（14%）、キリスト教（2.3%）、仏教（0.7%）などのいわゆる世界宗教のほかに、インド固有のシク教（1.7%）、ジャイナ教（0.4%）、パールシー教（ゾロアスター教）などがある（2011年センサス人口調査）。そして、当然暦もきわめて多様である。

暦法とカレンダー

　インドの暦法には、太陽暦、太陰暦、そして、月は月の周期により、年は太陽の動きによる太陽太陰暦の3種類が混在している。暦には月、太陽、星座の運行についての高度な知識が微妙に絡み合っているが、インドでは天文学の知識体系も古くから確立していた。前1200年頃からのヴェーダ時代にはすでに、太陰太陽暦を基本としており、紀元前に成立したとされる『スーリヤ・シッダーンタ』では1恒星年を365日6時間12分36.56秒と計算していて、その精緻さに驚かされる。後2世紀頃にはヘレニズムの天文学と占星術が伝えられ、その後も独自の発展を遂げた。

　1200年から1757年の間はムスリム支配のもとでイスラーム太陰暦が採用された。ただし、ムガル帝国3代のアクバル帝時代（1556-1630）にはイラン風のイスラーム太陰暦が採用され、「神の暦」と称された。さらに1757年に英国が本格的な植民地支配体制を確立し始めてからは、グレゴリオ暦が標準となった。さらに独立後、インド中央政府は1957年にヒンドゥー暦を統一した国民暦「ラーシュトリヤ・パンチャーンガ」を制定したが、実効性がなかったばかりでなく、かえって混乱を大きくしただけに終わった。

　高度な天文学的な知識を背景にしたインドの暦法は、当然ながら人々の生活に深く浸透している。この複雑な暦法のシステムは、古代からの伝統をひいて宗教

行事や儀礼を実行する際に最も大きな意味をもつ。また占星術（ホロスコープ）の知識は、結婚をクライマックスとする人々の一生の運勢を大きく左右している。その意味で、暦によって人々はみずからの運命を天空の動きに委ねているといえる。

インド起源の代表的な暦法は以下の7種である。

①カリ・ユガ暦（前3101/2年紀元）はきわめてインド的な暦であり、その射程は宇宙的に雄大である。ユガとはヒンドゥーにおける世界期のことで、4期全体では実に432万年に達する。サティヤー、トレター、ドヴァーパラ、カリの四つの期（ユガ）があって、次第に世界は暗黒の時代へ向かう。現在の世界はカリ・ユガ期にあり、これは4ユガの最後にして最短の暗黒時代であって、43万2000年続く。カリ・ユガは前3101/2年を紀元とするので、この世の暗黒時代はこの先43万年近く続くことになる。

②仏暦（前544〜43年紀元）は釈尊仏陀の入滅年を紀元としている。規準となる仏陀入滅年には諸説あるが、インド、スリランカでは前544年説をとる。タイやビルマとは数えと満の年齢の違いのように1年のずれがある。

③ウィクラマ暦（前57年紀元）は太陰太陽暦で、グプタ朝第三代王チャンドラグプタ2世（ウィクラマーディティヤ、4〜5世紀）時代に制定されたものとされ、西インドのグジャラート州や北インドで比較的よくみられる。紀元となる前57年は元祖ウィクラマーディティヤがシャカ（サカ）族を倒して支配を創始した年である。

④シャカ暦（78年紀元）は太陽暦で、ウィクラマ暦が卓越する地域以外に広くみられる。この暦の紀元は、スキタイ系のシャリワーハナ・シャカがウィクラマーディティヤを倒してウッジャイーンで覇権を確立した年に比定されており、シャリワーハナ暦ともいう。

⑤ヴェーダーンガ・ジョティシャ暦は、インドで最初に体系化された暦法で、前5世紀頃には成立していたと考えられる。この暦法は5年をユガ（周期）として計算するのが特徴である。例えば、5年で、60太陽月、62朔望月、1830日、67恒星月などの数値を与える。1年に換算すると12か月、366日になる。

⑥ベンガル・ソン暦は、太陰暦のヒジュラ暦963年（西暦1584年）を基点として、以後は太陽暦計算を行う。これは、太陰暦のヒジュラ暦を採用していたムガル帝国と太陽暦を規準にしていたベンガル農民などとの間のずれを調

整しようと、当時のアクバル大帝が太陽暦「神の暦ターリーキ・イラーヒー」を導入しようとした名残である。これがベンガル暦ボンゴブドとして現在もインドからバングラデシュにまたがるベンガルの地にのみ残っている。

⑦コッラム暦（825 年紀元）は太陽暦で、南西インド、ケーララ州（マラヤーラム語地域）の公用暦であり、隣接するタミルナードゥ州南部でも使われている。

インドの「年」は黄道十二宮（ラーシ）の中での太陽の動きに基づく「恒星年」である。恒星年は、特定の恒星（インドでは白羊宮［メーシャ］）を基準に、地球が太陽を一周し同じ恒星の位置に戻るまでの平均時間 365.2563 日である。同じ太陽年でも、春分点から春分点までのグレゴリオ暦などよりおよそ 20 分長くなる。1 年の始まりは白羊宮（メーシャ）に入った時点、つまりメーシャ・サンクラーンティからであるが、これは現在では西暦 4 月 13 日にあたる。もともとは春分の 3 月 21〜22 日に対応すべきところであるが、半月以上ずれている。月の運行を規準にする太陰暦に対して、太陽月（サウラマーサ）の単位は黄道十二宮の構成に対応している。太陽がこの十二宮の境界を越える点をサンクラーンティとよぶが、ここから太陽月が始まる。

「月」は月の運行に基づく太陰月（朔望月）である。しかしこれには、満月（プールニマ）から満月までをひと月と数えるプールニマーンタ法と、新月（アマーワーシャ）から新月までのアマーンタ法の大きく分けて二つの方式がある。アマーンタ法は、マハーラーシュトラ州、グジャラート州、南インド各州、ネパールなどで採用され、その他の地域ではプールニマーンタ法に従っている。どちらの方式によっても、月が満ちていく半月を白分、新月に向かう半月を黒分とよぶ。二つのシステムは白分のときには同じ月名であるが黒分ではひと月ずれるので、例えば光の祭りディーワーリはどちらの方法でも同じ日になるが、アマーンタ法ではアーシュヴィナ月の黒分の新月にあたり、プールニマーンタ法では次のカールティカ月の新月にあたる。

太陰暦の単位となる「日」は「ティティ」とよばれる。ティティは月の周期約 29・5 日（朔望月）を 30 等分したものである。特に祭礼などの日を決めるのに不可欠であり、多くの有名な祭礼で最終日が満月になる 15 日間（15 ティティ）あるいは 10 日間を設定している。そして祭礼の日どりは「アーシュヴィナ月白分の第 11 ティティ」などというように示される。

祝祭日と行事・儀礼　　現在、全インドで共通の祝日は、独立記念日（8月15日）、共和国記念日（1月26日）、ガンディー生誕日（10月2日）の三つのみで、そのほかは、宗教、地域などの違いによってばらつきが大きい。

　インドの有名なヒンドゥー寺院の前の商店・露店では、日本でいえば高島暦にあたる、「パンチャーンガ」（五肢）とよばれる暦がよく売られている。その名のとおり、以下に示す5種類の要素（ティティ、ヴァーラ［ヴァール］、ナクシャトラ、カラナ、ヨーガ）からなっていて、それぞれが1日のどの時間に終わるかが示されており、それが吉時・凶時などの計算の根拠となる。これらのうち、ティティとナクシャトラが年中儀礼などを行う場合に最も重視される。

①ティティはインド固有の単位で、月の満ち欠けの単位である朔望月（約29.5日）を30等分したものである。ティティは太陽暦の30日とは半日ずれるので、ひと月が29日になる場合もあるが、その場合でも月の最後の日だけは現地語の三十日という。

②ヴァーラはいわゆる七曜にあたる。順に、日（ラヴィ）・月（ソーマ）・火（マンガラ）・水（ブダ）・木（グル）・金（シュクラ）・土（シャニ）という惑星の名前が使われる。ヴァーラの1日は、日の出から翌日の日の出までの間である。

③ナクシャトラ（星宿）は中国でいう二十八宿にあたる。月は恒星の上を約27.3日で1周するが、各日は月が通過する27ないし28の恒星の名でよばれる。

④カラナは、ティティの半分の単位で、1か月は60カラナからなる。最初のカラナと最後の三つのカラナには特別な名前があり、ほかの56カラナは7種類のカラナが8周する仕組みになっている。

⑤ヨーガは、太陽と月の黄経の和を13度20分で割ったもので、27のヨーガがあり、それぞれ名前がついている。

　これらのうち、ティティとナクシャトラが年中儀礼などを行う場合に最も重視される。儀礼のさいには当日の日の出のときのティティ、ナクシャトラ、カラナ、ヨーガをみる。日の出の時刻は地域によって大きな差があるので、儀礼のタイミングにもまた地域差が生まれる。

　インド各地の正月もまた、理論上は何種類もの日になる可能性がある。シャカ暦、ウィクラマ暦をもつ地域では、正月は4月13日のメーシャ（白羊宮）・サン

クラーンティを含むチャイティヤ月の初日、つまり3月21、22日あたりになる。しかし、タミルナードゥやスリランカでは、サンクラーンティそのものの4月13日を正月と定めていて、正月は月の初日にはあたらない。そして、グレゴリオ暦（太陽暦）と、イスラーム暦（太陰暦）の正月がこれに加わる。

　ただ、タミルナードゥ州では西暦の正月も、タミル正月の4月13日も実際にはあまり盛大に祝われず、むしろ1月14〜16日の「ポンガル」が祝われる。このうち1月14日はタミル月タイの朔日であり、「マカラ（山羊座）・サンクラーンティ」にあたる。この日を境に太陽は北をまわりながら光は日に日に強くなる。タミル社会でタイ月は特別な意味があり、「タイ月が始まると道が開ける」といって、人々が何かを始めようとする日である。

　タミルナードゥ州のポンガルは3日間ないし4日間続く祭礼で、もともとは収穫祭、豊穣儀礼である。前日の13日は「ボーギ・ポンガル」といって、日本でいえば大晦日にあたる。14日の「スーリヤ・ポンガル」の朝には女性が家の玄関先に「祝ポンガル」という文字を含むコーラムを特別に描く。この日には吉時を選んで、新しいポットに新米を入れ、少量のミルクを加えて沸騰させる。3日目は「マットゥ・ポンガル」といい、雌牛の額や角を色とりどりに装飾する。4日目には姉妹が兄弟を訪ねる「カーヌム・ポンガル」を行うところもある。ただし、現在のポンガル正月は、1930年代のナショナリズム全盛の時期に、それまでにも行われていたポンガル行事を実質的な正月行事として広く祝おうと定められたものである。また、州政府は2011年にポンガル正月を公的行事からはずすと宣言し、大きな混乱を招いた。ただ、実質的にはこの正月が相変わらず盛大に祝われている。

　また、南インド・タミルナードゥ州の主なヒンドゥー寺院では、年に一度「大祭」を開催するが、これは10夜（足かけ11日）続くのが通例である。大祭の初日の夕方には「旗揚げ式」が行われ、その後10日間、さまざまな行事が行われる。この間何日かは神像を載せた山車を出して寺院の周囲の街をまわる。信者は山車に乗ったブラーマン祭司に供え物を渡し、神に供えた後、お下がりをもらう。大祭の最終日の朝には「旗下ろし式」が行われて祭礼を締めくくる。こうした10日間（正確には足かけ11日）の大祭の形式は、この地域のキリスト教やイスラーム教の祭礼でも踏襲されている。

暦と生活文化　インドからスリランカにかけては一般に、子供が生まれると占星術師に頼んで占星表をつくってもらう。このとき出生の日時を分単位まで細かく記憶しておかないと、正しい表にはならない。占星表には子供の生まれたときの、太陽、月、星の位置によって、子供の一生の運勢を左右するさまざまな要素が書き込まれている。最も重要なのは、出生した刻限の、十二位の中での九星神の位置である。人の一生の運勢を左右する九星神は、太陽、月、水星、金星、火星、木星、土星と、日食と月食を起こす竜の頭と尾を加えた9神からなっている。人の一生は細かく区分され、特定の星神がそれぞれの期間を支配する。星神は、吉凶さまざまな性格をもち、それによってその人の運勢も決まってくる。生まれた日の「星宿」は、個人の性格を大きく左右する要素として書き込まれている。また、十二宮も九星も、それぞれ人体の各部分や人生の周期に対応しており、そこでも人の運勢が支配される。特に結婚の際にはホロスコープの相性がよいことが不可欠な条件となる。

　インド世界の暦は人々の生存・生活のすみずみにまで入り込み、その運勢を左右している。日本でも若者の間で占いがブームであるように、インドの占いも、時代が進んでも廃れることはない。街の書店に行っても、月刊・季刊などの占星術関係の雑誌などが何種類もおいてあるし、有名な占星術師はインド中から招待されて東に西に飛びまわり、実に大忙しである。特に最近は新しいテクノロジーを使ったコンピュータ占いが人気である。そのプログラムには各種あり、従来は、棕櫚皮に鉄筆のようなもので描くいわゆる貝葉（パームリーフ）あるいは紙に手書きのものなどが普通であったが、コンピュータで解析した結果がプリントアウトされて流通するようになっている。さらには、占星術ソフトウェアなるものも現れて、占い産業の勢いはとどまるところを知らない。

　こうした新しいタイプの占いブームは、意外なことに、特に都市の中流以上の人々の間で広がっている。インドは1991年以降の急速な経済発展策のもと、都市の中間層以上の生活が大きく変わってきている。裕福な生活を守ろうとする都市の上層階層の中にむしろ生活や将来への不安が強く、コンピュータ占いなどが静かに広がっているのである。このように、天空の動きをもとにした暦法である占星術はインド世界に生きる人々の生活・生存のすみずみまで支配するとともに、グローバル化が進み、テクノロジーが進歩するとともに、迷信として退けられるどころか、ますますその役割を拡大している。　　　　　　　　　［杉本良男］

スリランカ民主社会主義共和国

☾☀ 暦法とカレンダー

スリランカの暦法は、英国による植民地化以降は西暦（太陽暦）を基本としているが、長い伝統をもつ独自の仏暦や、南インドと共通する暦法も使われている。スリランカは多民族・多宗教国家であり、多数派のシンハラ、少数派のタミルのほかにムスリム、混血のバーガーなどの民族があり、またシンハラの多くは仏教徒、タミルは多くヒンドゥー教徒で、ムスリム、キリスト教徒もそれぞれ数％を占めている。さらに歴史的に対岸にある南インドとの関係が密接であり、その影響も受けて暦法はいっそう複雑である。

　インドと異なるスリランカ独自の暦法はいわゆる仏（教）暦である。この仏暦は仏陀入滅年を紀元としている。仏陀入滅年については諸説あって統一をみていないが、仏暦の規準になるのは前544年説である。

◈◈ 祝祭日と行事・儀礼

スリランカにおける伝統的な正月は、民族・宗教を問わず基本的には、太陽が黄道12宮の双魚宮から白羊宮に入るメーシャ・サンクラーンティ（4月13・14日）に祝われる。これはインドのヒンドゥー暦と共通であり、国家の祝日もこの日を含んだ3日間祝われる。シンハラ仏暦による正月はバク月の新月の日、2016年の場合には4月7日にあたった。スリランカではほかにキリスト教徒、イスラーム教徒もそれぞれ独自の正月をもっている。一方タミル暦では太陽暦と妥協しており、正月はやはりメーシャ・サンクラーンティ、つまり4月13・14日に祝われる。

　スリランカの正月は、シンハラ語でアルット・アウルドゥ、タミル語でプッターンドゥというが、農耕サイクルではちょうど秋のマハ期の収穫の後にあたり、盛大に祝われることになる。正月は新年の始まりというだけでなく、旧年の終わりから連続的に祝われるのであるが、一つひとつの吉時が細かく算出されている。正月はまた、収穫後にあたるので、この日には新米を使ったミルク・ライスを用意する。これにはゴマ、緑豆、ジャグリー、蜂蜜などを混ぜる。また7種のおかずをつけるところもある。ほかにもさまざまなスイーツ類などが用意さ

れ、それらをひっくるめて正月料理という。さらに、16 世紀から海岸部を植民地化したポルトガルの影響を受けて、正月には特別に牛肉を食べるところもある。もちろん、スリランカの伝統では牛を食べることは忌避されている。正月は、特に目上の人に対してベテルの葉を奉じて敬意を表する機会であり、また農村地域では日常的なサービスに対する返礼の機会でもある。吉時をみる占星術師や、職人のカーストには塩、タバコ、米などが贈られる。

　月の区分については、インド、スリランカを通じて大きな混乱がある。もともとインドのヒンドゥー暦そのものが多様なのに加えて、仏暦の影響が強いシンハラ暦の場合には、太陰暦に基づいて年 12 か月が構成されており、計算上数年に一度閏月が加わって年 13 か月になることがある。この月の満ち欠けによる暦法も、新月から新月までを 1 月とするか満月から満月までを 1 月とするかに地域差があるが、シンハラ暦もタミル暦も新月から新月までのアマーンタ法をとっている。

　①バク（3～4 月）　5～6 世紀頃に書かれたスリランカの史書『大王統史』『島王統史』には、釈尊仏陀は 3 回スリランカを訪れたとあるが、バク月の満月の日は仏陀の 2 回目の来島の日とされている。

　②ウェサック（4～5 月）　仏暦で最も重要な月であり、満月の朔日は釈尊仏陀の誕生、成道、入滅の三つの重要な出来事が起こった日とされる。また、仏陀の 3 度目の来島もこの日とされる。この日は仏教徒が敬虔な祈りを捧げる一方、寺院や聖地などは電飾で飾られ、またいたるところに仏陀の生涯を描く看板などが立てられる。さらには、路傍の出店では巡礼者向けの饗応なども行われる。

　③ポソン（5～6 月）　この月の満月の朔日は紀元前 3 世紀に初めてスリランカに仏教が伝えられた日とされる。第二代王デーワーナンピヤティッサが、インドのアショーカ王が派遣したマヒンダ長老と、現アヌラーダプラ郊外のミヒンタレーの山上で会見し、そこで仏教に帰依したとされる。そのためミヒンタレーの山に登る巡礼が引きも切らず、また島中がデコレーションで飾られる。

　④エサラ（6～7 月）　この月の満月の日は、釈尊仏陀の初転法輪（初説教）の日であるとともに、仏歯が招来された日でもある。古都マハヌワラ（キャンディ）をはじめとして、各所でエサラ・ペラヘラ祭りが行われる。

　⑤ニキニ（7～8 月）　この月から 3 か月の間、正式には僧侶は断食と隠棲に入る「雨安居」の生活を送る。この時期雨季にあたり、僧侶は通常のように托鉢をせず、信者が分担して食事を届けることになっている。ただ、実際はこの時期以

外も実質的に「安居」の状態にある。

⑥ビナラ（8～9月）　釈尊仏陀が天上で、母や人々に対して説教を行ったとされる月。また、この月の満月はスリランカで初めて尼僧団が成立した日とされている。

⑦ワープ（9～10月）　この月の満月の朔日は、雨安居の終わりの日である。この日に続いてカティナ衣式が行われ、信者は僧団に対して僧侶の衣を贈る。

⑧イル（10～11月）　満月の日は、仏説を広めるために60人の仏弟子を諸国に派遣し始めた日とされる。

⑨ウンドゥワプ（11～12月）　満月の日はスリランカに仏教をもたらしたマヒンダ長老の妹サンガミッターがインドから菩提樹の苗をスリランカにもたらした日とされる。

⑩ドゥルトゥ（12～1月）　満月の日は釈尊仏陀の初めての来島の日とされ、この日から聖地スリーバーダへの巡礼が始まる。スリーパーダはアダムス・ピークともいわれ、山上に足跡が残されていて、仏教徒は仏足跡、ヒンドゥー教徒はシヴァ神の足跡、キリスト教徒、ムスリムはエデンの園スリランカのアダムの足跡と解釈している。

⑪ナワム（1～2月）　満月の日は釈尊仏陀が般涅槃（パリニッバーナ、完全な涅槃）に達した日とされる。

⑫メディン（2～3月）　満月の日は、釈尊仏陀が成道後に父スッドーダナに対して説法を行った日とされる。

太陰暦は特に、祭礼などの日を決めるには不可欠であり、多くの有名な祭礼が、最終日が満月になる15日間あるいは10日間に設定されている。アジア最大の祭りとしてスリランカ政府が観光の目玉としている「キャンディ・ペラヘラ祭」（7～8月）は、毎年エサラ月の最終日の新月の夜から始まり、ニキニ月の満月の日に終わる。15日間のうち、最初の5日間は仏歯寺の内部で行われ、一般の人々には公開されていない。6日目からの5日間はクンバル・ペラヘラとよばれ町中に出る。そして11日目から最終日までがランドゥーリ・ペラヘラで、電飾で飾った象の行列なども加わって、観光客が多く訪れる機会となる。ちょうど満月の夜がクライマックスであるが、翌日の昼間には観光客用に行進が行われ、その夜には祭りの汚れを祓う行事がある。

またスリランカ、タイ、ビルマなどの南方上座仏教圏では、満月、新月、半月の月4回を聖日（ポーヤ日）と定めているが、スリランカではこのうち満月の聖

日のみ国家的な祝日に制定されている。ポーヤ日はもともと仏教寺院において僧侶が結界をつくり、互いに戒律の確認を行う日であったが、現在では篤志の在家信者が寺院に入って1日僧侶と同じ戒律を遵守する日になっている。またこの日の夜に菩提樹供養が行われることも多いが、菩提樹供養そのものは1970年代から始まったものである。

 暦と生活文化　スリランカではインドと同様、一般に子供が産まれると占星術師に頼んで占星表をつくってもらう。このときに、出生の日時を分単位まで細かく記憶しておかないと、正しい表はつくってもらえない。この占星表には子供の生まれたときの、太陽、月、星の位置によって、子供の一生の運勢を左右するさまざまな要素が書き込まれている。なかで最も重要なのは、出生した刻限の、12月宮の中での九星神の位置である。

　スリランカの占星術は、インド特に南インドとのつながりが強い。これはスリランカの占星術が、南インドから移住してきた特殊な職能者集団によってもっぱら行われているからである。この集団は、ベラワーとよばれる儀礼・芸能などを職能とするカースト集団であり、その身体技法を含めた知識の体系は、南インドから伝わったものである。

　ベラワー・カーストは、さまざまな儀礼の際の、太鼓のたたき手と踊り手、それに呪術、占星術などを職能とする集団である。太鼓をたたくことはそれ自体呪術的な効果をもつが、それとともに祭礼などの行事や結婚式、葬式などの儀礼の進行を管理する役割ももっている。キャンディ・ペラヘラ祭のときに、いわゆるキャンディアン・ダンスの演者として招集されるのは、伝統的にはこのカーストに限られていた。またこうした行事や儀礼そのものが、1年の生業サイクルや人の一生などの節目に行われるものであり、さらには人や社会の運命は、大きな宇宙の運行のリズムに影響されている。その意味で、このカーストは、時の観念についての体系的な知識をもち、またそれを管理する専門家集団である。

　ただ、キャンディ王国廃絶（1815年）の後は、ベラワーのもっていた特権的な知識は次第に失われるとともに、口承で伝えられてきた伝統は、印刷、出版などを通じてベラワー以外にも広く普及するようになり、その特権を失いつつある。キャンディアン・ダンスも大衆化し、今ではむしろ学校教育の中で広く普及するようになっている。また、この人々がもっていたインドとの深いつながりも、最近の民族、宗教間対立の中で分断されつつある。　　　　　　　［杉本良男］

ネパール連邦民主共和国

　ネパールは、2006年まで世界で唯一のヒンドゥー教を国教とする王国であった。インドと異なり、一度も植民地になっていない。共産党（毛沢東派）による武装闘争を経て、2008年の第一回制憲議会選挙において国民は同党を第一党に選び、国会の議決によって王制が廃止され連邦民主共和国となった。首都はカトマンドゥで、人口約2650万人（2011年）が九州の2倍強ほどの国土に暮らす。インドと中国（チベット）に挟まれ、歴史的に両国の影響を受けてきたが、グルカ王朝が統治した240年間、ヒンドゥー教とカースト制により国民を統合してきたため、社会や文化はよりヒンドゥー教の色彩が強い。

暦法とカレンダー

公式暦はインドのビクラマーディティヤ王が創始したとされるビクラム暦である。ビクラム暦は紀元前57年を紀元とし、2018年4月中旬から始まる1年はビクラム暦2075年になる。人々の日常生活はビクラム暦の月と日（ガテ）に従い、西暦の月と日（ターリク）はほとんど使われない。ただし、飛行機の搭乗日の表示は国内線でも西暦が用いられ、観光業に携わるなど外国人と関係をもつ人は日頃から西暦も併用している。

　ほかに、ネワールの人々の伝統的な暦であるネパール暦（2018年はネパール暦1139年）、シャリバハーン・シャカ王の戴冠を紀元とするとされるシャカ暦（同、シャカ暦1940年）、チベット暦（同、チベット暦2146年）もみられる。これらは日常的に用いられるというより、関係する人々が独自の文化を主張する運動の中で、新年を祝ったり、結婚式の招待状に併記したりと象徴的に用いられる。チベット暦の新年にはそれぞれ日付が異なる、タム（グルン）の人々が祝うタム・ロサール、タマンの人々のソナム・ロサール、シェルパの人々のギャルボ・ロサールがあり、いずれも祝日にあたる。

　年末のチャイト月（3月中旬〜4月中旬）、内務省が翌年の祝日を「官報」で公表すると、市販の壁掛けカレンダーがいっせいに市場に出まわる。カレンダーには、ビクラム暦の年月日と曜日、太陰暦の月齢、祝日、西暦の年月日、余白には結婚

や成人式に適した日やホロスコープ占星術による運勢などが載る。図柄の定番は
その月を特徴付ける祝日に関連するヒンドゥー教の神々の絵である。著名な占星
術師が監修した、より詳細な日本でいうところの高島暦のようなものも売り出さ
れ、主に祭司が儀礼や結婚式、移動に適した日時や方位などを調べるために用いる。

◆◆◆ 祝祭日と行事・儀礼

祝日は政府が暦法委員会の諮問を受けて決め
る。ビクラム暦 2073 年（2016〜17 年）の場合、
祭日（16 日）、就労女性の休日（3 日）、教育機関の日（1 日）、カトマンドゥ盆
地の巡行祭（4 日）、ダサイン祭（8 日間）、ティハール祭（3 日間）、記念日（8 日）、
生誕日（8 日）という八つに分類された計 51 日の祝日が、この順で「官報」に載っ
た。これらの祝日の中で、国民共通の祝日は 31 日あり、休日となる地域や対象
者が限定される「准祝日」とでもよべる休日が 20 日ある。
　国民共通の祝日の内訳は、「祭日」がビクラム暦新年（2016 年の場合 4 月 13
日だが、毎年同じ西暦日とは限らない。以下同）、ウバウリ祭（5 月 21 日）、ジャ
ナイ・プルニマ（8 月 18 日、聖紐の満月）、チャト祭（11 月 6 日）、タム・ロサー
ル（12 月 30 日）、マーギ祭（1 月 14 日、マーグ月初日）、ソナム・ロサール（1
月 28 日）、シヴァラトリ（2 月 24 日、シヴァの夜）、ギャルボ・ロサール（2 月
27 日）、ファグー・プルニマ（3 月 12 日、ファグン月の満月）の 10 日で、「記念
日」がメーデー、共和制の日（5 月 28 日）、憲法記念日（9 月 19 日）、殉国者の
日（1 月 29 日）、民主主義の日（2 月 18 日）、国際女性の日（3 月 8 日が固定日）
の 6 日、「生誕日」がラム神（月齢で日付が決められるので、年ごとに日付が変
わり、2016 年 4 月 15 日と 2017 年 4 月 5 日が載る）、仏陀（5 月 21 日）、クリシュ
ナ神（8 月 25 日）の誕生を祝う 4 日、およびダサイン祭の 8 日間とティハール
祭の 3 日間である。
　「祭日」には、クリスマスやイスラーム教徒の断食明けの祭り、犠牲祭なども
あがるが、信者のみが公休をとれる准祝日である。同様に、カトマンドゥ盆地の
巡行祭、就労女性の休日、教育機関の日も准祝日になる。生き神クマリが巡行す
るインドラ・ジャトラ、死者を供養して仮装した遺族が練り歩くガイ・ジャトラ、
巨大な山車が街を巡るマチェンドラナート祭など、旅行ガイドブックでも紹介さ
れ、カトマンドゥの観光の目玉となっている祭りは、実はカトマンドゥ盆地だけ
が休日であり、国民共通の祝日ではないのである。
　ネパールは土曜日だけが休日で週休 2 日制ではないし、祝日が土曜日と重なっ

ても振替休日がない。とはいえ、祝日と准祝日の多さは世界的に見ても稀有だ。しかも、ヒンドゥー王国の名残で、世俗国家となった現在でもヒンドゥー教に関連した祭日や生誕日が圧倒的に多い。加えて、インドの首相など賓客の公式訪問の日が臨時の祝日になるなど、実際の休日はカレンダーに記載されている祝日にとどまらない。

　あまたある祝日の中で代表的なものは、飛び石8連休となるダサイン祭（10月1日、8〜13日、15日）という秋の大祭である。日本人にとっての正月のように、多くの人は「ダサインおめでとう」というカードを贈り合い、帰省して家族とともに過ごす。初日に大麦を鉢にまき、暗室で苗を育てる。「勝利の10日」とよばれる、ダサインの吉祥の赤い印を額に付ける最大の儀礼の日（10月11日）には、この苗（ジャマラ）を頭や耳に飾って祝福する。ダサインは、ドゥルガー女神が悪魔を退治して勝利し、この世に再び平安がもたらされたという神話に基づく。生命の再生が祝われる祭りで、広く南アジア全域でみられる。ネパールでは、去勢ヤギや去勢水牛を、生き血を欲するという神々の像に供犠して安寧を祈る。また、戦いの勝利に由来して、コートとよばれる砦の祠に納められた古い刀剣、軍の施設、ひいては車やバイクにも供犠獣が捧げられる。人々はダサイン・ボーナスで衣類を新調し、親族を招き合って肉（犠牲獣）などのごちそうを食べる。

　しかし、1990年の民主化後、先住の諸民族の運動家は「ダサインはヒンドゥー教徒の王が、私たち先住民族の王を征服し勝利した日を祝う、血塗られた祭りだ」と主張し、ダサインをボイコットする運動が始まった。それが地方の村々にまで広がるにはいたっていないが、ダサインに代わる、民族独自の祝祭日を創造する動きは止まらない。他方、動物愛護団体の人々は犠牲獣の代わりに、それに見立てた野菜を切って神に捧げることを推奨する。かつて国民的大祭とよばれたダサインも、少しずつ変容している。

暦と生活文化

　一般に月齢（ティティ）で祭りや儀礼の日どりが決められるが、月齢は断食や沐浴においても重要な役割をはたす。新月から満月に向かう半月を白分、満月から新月に向かう半月を黒分とよび、1日から15日まで月齢名がある。白分11日（白分エカダシ）、満月（プルニマ）、黒分11日（黒分エカダシ）、新月（アウンシ）は儀礼と関係が深く、この4日はカレンダーに月の満ち欠けを表したイラストが描かれることが多い。

　曜日に関しては、土曜日と火曜日が「強い」曜日とされ、土曜日の別れ（旅立

ち）と火曜日の再会（旅からの帰宅）は忌み嫌われる。結婚式もこれらの曜日は
避けられる。逆に「軽い・涼しい」曜日で、安全とされるのが水曜日と金曜日で
ある。水曜日は引っ越しに、金曜日は布以外の買い物に適しているといわれる。
金曜日に布を買ってはいけないのは、死人は金曜日に布を買い、翌週の金曜日に
仕立てに出し、次の金曜日に服をとりに行くといわれ、縁起が悪いからである。

 ### 新旧のカレンダー

「祝祭日と行事・儀礼」の項で、政府が定めた国
民共通の祝日は 31 日にのぼると書いた。これら
の祝日の中で 22 年前のビクラム暦 2051 年（1994〜95 年）、つまり王制時代にも
祝日であったのは、新年、ジャナイ・プルニマ、シヴァラトリ、ファグー・プル
ニマ、憲法記念日（現在とは異なり、11 月 9 日）、殉国者の日、民主主義の日、
ラム神・仏陀・クリシュナ神の生誕日、ダサイン祭、ティハール祭の 21 日である。
残る 10 日の祝日は、1990 年の民主化と 2008 年の王制廃止を経て、廃止された
国王誕生日など王制にまつわる祝日に取って代わるように新たに追加されたもの
である。

　新ネパールの鍵となる概念は、多様な人々の文化を互いに尊重し合い、政治や
社会への参加を促す包摂の民主主義である。その一環として、これまで上位カー
ストから同等の権利を認められずにきたと主張する先住の諸民族は、ヒンドゥー
教の祭日に加えて、みずからがあがめる祭日や宗教的な指導者の生誕日を祝日に
するよう政府に要求してきた。その結果、先述した三つのチベット暦のロサール
（新年）、太陽神を奉るタライ地方のチャト祭、キラートと総称されるライやリン
ブーの人々のウバウリ祭、タルーの人々のマーギ祭（吉祥のマーグ月の到来を祝
う。マガールの人々はマーゲ・サンクランティとよぶ）が、国民共通の祝日に指
定された。逆にいえば、キリスト教徒やイスラーム教徒の要求は完全には満たさ
れず、クリスマスや断食明けの祭り、犠牲祭などは准祝日にとどまった。ネパー
ルで盛り上がるアイデンティティの政治は、祝日の制定や暦にも色濃く現れてい
る。　　　　　　　　　　　　　　　　　　　　　　　　　　　　　［南　真木人］

📖 参考文献

[1] 南　真木人「政治の暦から暦の政治へ――ネパールのビクラム暦」『カレンダー文化』アジア
　　遊学 106．勉誠出版，pp. 104-109, 2008
[2] 南　真木人「国際先住民の日（歳時世相篇）」『月刊みんぱく』35(8), pp. 20-21, 2011

パキスタン・イスラム共和国

　1947 年 8 月 14 日に英国から独立したパキスタン。この国の正式名称は、パキスタン・イスラム共和国である。脱退や資格停止を繰り返しつつも、現在、イギリス連邦加盟国の一つになっている。国民の 97% ほどがイスラーム教徒である。

🌙 暦法とカレンダー

　イスラム共和国ではあるが、日常的に最も用いられている暦法は、グレゴリオ暦である。その次に用いられているのがヒジュラ暦（イスラーム暦）であり、さらに宗教や地域によってはヒンドゥー暦やイラン系の農暦なども使用がみられる。カレンダーが家庭内で用いられることはあまりないようで、オフィスや店舗などで卓上カレンダーや壁に貼るポスター状の年間カレンダーを見かけることの方が圧倒的に多い。

　企業や文房具屋などが年末にギフトとして配布するものが主流で、一般にあえてカレンダーを購入する習慣はないといえる。デザインとしてはパキスタン国内の景勝地の風景写真をあしらったものがよく見受けられ、それ以外には、カアバ神殿などといったイスラーム関連の風景写真や、クルアーンからの一節を抜粋したカリグラフィー、高名な詩人の詩を書き連ねたものなどが多い。かわいい動物、きれいな花、イラストといったモティーフのものがほとんどないのは、イスラーム文化が理由の一端を担っているのかもしれない。

✦ 祝祭日と行事・儀礼

　祝祭日として、主にグレゴリオ暦のものとヒジュラ暦のものとを以下にあげる。なお、パキスタンは祝祭日の増減がかなり多い国であるため、ここに記したのは 2016 年現在、筆者の管見が及んだものだけであることを断っておく。

　グレゴリオ暦での祝祭日には、元日（1 月 1 日）、カシミールの日（2 月 5 日）、パキスタンの日（3 月 23 日）、労働者の日あるいはメーデー（5 月 1 日）、独立記念日（8 月 14 日）、国防記念日（9 月 6 日）、ムハンマド・アリー・ジンナー命日

（9月11日）、詩人イクバール誕生日（11月9日）、ムハンマド・アリー・ジンナー誕生日あるいはクリスマス（12月25日）などがある。一方でヒジュラ暦（以下、ⓗとする）のものは、アーシューラー（ⓗ1月10日）、預言者ムハンマド誕生日（ⓗ3月12日）、指導者アリー殉教日（ⓗ9月21日）、カダルの夜（ⓗ9月下旬）、イードゥル・フィトル（ⓗ10月1日）、イードゥル・アズハー（ⓗ12月10日）などとなる。

　カシミールの日とは、カシミールの民族自決主義者たちがインドからの独立を求めたり、独立運動で亡くなった人々を追悼したり、インド側カシミールの住民とパキスタンとの結束の遵奉を祝う日である。

　パキスタンの日は、1940年に、英領インド帝国からイスラム教徒の国としてパキスタンを分離独立させることを訴える、ラホール決議が唱えられた日である。

　労働者の日（メーデー）は、パキスタンでも祝日となっている。

　独立記念日は、1947年に英国支配から、インド、パキスタンが分離独立をはたしたことを記念した祝日である。インドでは翌日の8月15日が独立記念日となっており、同時に分離独立をしたはずなのに日付がずれているのは、パキスタンがインドよりも優れていることを示すために先行日に独立を宣言したのだといううわさを耳にしたことがある。あるいは、パキスタンは8月14日の24時、インドは8月15日の0時だと解釈したためにずれたのだともいう。

　国防記念日は、第二次印パ戦争の開戦日である。第一次印パ戦争ではカシミール地方が分割されてしまい、第三次印パ戦争では東パキスタンがバングラデシュとして独立してしまったため、主張している領土の縮小がなかった第二次印パ戦争が、パキスタンにとっては最も成功した印パ戦争なのだろう。

　ムハンマド・アリー・ジンナーとは、カーイデ・アーザム（最も偉大な指導者）とも、建国の父ともたたえられるパキスタン初代総督である。その誕生は1876年12月25日、命日は1948年9月11日であり、そのどちらもが祝祭日とされている。ちょうどクリスマスと重なっている彼の誕生日12月25日は、パキスタン国内では一般的に「大きな日」とよばれている。現行のすべての額面のパキスタン・ルピー紙幣は、表面に彼の肖像が印刷されている。

　国民的な詩人でもあり、哲学者でもあり、政治家でもあったムハンマド・イクバールが誕生したのは、1877年11月9日である。イスラーム国家としてパキスタンを構想し、国家創立を願っていた彼は、建国に尽力したとして、その政治的

努力を独立以降に認められている。

　アーシューラーとは、ヒジュラ暦で年始から数えて10日目、つまり、ヒジュラ暦の1月（モハッラム月）10日のことであり、その名もセム系言語で「10番目」という意味である。この日は特にシーア派にとって重要な日で、第三代指導者であったフセイン・イブン・アリーがカルバラーの地（現イラク）で殉教した日である。アーシューラーの日には、彼の殉教への哀悼の意を表するため、刃の付いた「ザンジール」とよばれる鎖鞭で身を打つ儀礼が行われる。

　預言者ムハンマド誕生日としては、ヒジュラ暦の3月（ラビー・ウル・アッワル月）12日が祝日となっている。実はこれはスンニ派の定めている日であり、シーア派は同月17日こそが本当の誕生日だと考えているのだが、パキスタン全土を見るとスンニ派が多数派であるため、仕方がない。

　ヒジュラ暦9月（ラマザーン月）21日は、預言者ムハンマドのいとこであり養子で義理の息子でもある、第四代正統カリフ（あるいはシーア派にとっては初代イマーム）アリー・イブン・アビー・ターリブが暗殺され、殉教した日である。

　カダルの夜とは、ヒジュラ暦9月（ラマザーン月）下旬の祝祭であり、クルアーンが初めて預言者ムハンマドに啓示された夜のことをいう。和訳に定訳はなく、「力の夜」「定めの夜」「神命の夜」などとされる。

　イードゥル・フィトルとイードゥル・アズハーとは、それぞれ小イード、大イードともよばれる祝宴のことである。イードゥル・フィトルは「断食明けの祝宴」という意味で、ラマザーンの1か月にわたる断食が明けることを3日間祝うものである。この祝祭日の期間中、子供たちは主に親族の大人からの「イーディー」というお年玉をもらいにまわる。イードゥル・アズハーは「犠牲の祝宴」という意味であり、神の命に従ってイブラーヒーム（アブラハム）が彼の息子を神への犠牲に捧げた物語、いわゆる「イサクの燔祭（はんさい）」に由来している。しかし、その息子が誰であったかは宗派によって異説があり、キリスト教やシーア派はイスハーク（イサク）、スンニ派はイスマーイール（イシュマエル）だと考えている。ハッジ（聖地巡礼）の最終日に始まり、神への犠牲を捧げて、4日間祝われる。

📅 暦と生活文化

　　　　　　　グレゴリオ暦しか記載されていないカレンダーでも、イスラーム暦の月の始まりの日は小さく書かれていることが多い。イスラーム暦が太陰暦であるため、月齢が書かれていることもある。けれども、例えばラマザーン月が明けたか否かなどは、カレンダーどおりに

決まるわけではなく、基本的には実際に月を観測することで月明けが宣言される。そのため、カレンダー上では明けていると考えられる場合でも、曇天が続いて数日延びることもままある。

　占星術というか、黄道十二宮の星座占いは広く認知されていて、新聞や雑誌などにも占いコーナーが設けられており、そういったあたりからは朝の情報番組に占いコーナーのある日本とも共通した意識がうかがえる。

　公立学校は日曜日が休み、金曜日が半日休みとなるのが基本である。

生業と儀礼

　都市を離れると、地域ごと、民族ごとに異なった農業関連の儀礼などが残されている。それらはイスラーム以外の思想・文化に由来するもので、太陽の運行や耕作、牧畜といったものと関連が深い。

　北東部のフンザ谷に住んでいるブルショ人を例にとると、夏至の日に「ギナニ」という麦の収穫祭が行われる。かつて国王が取り仕切って行われていたこの祭りでは、収穫歌が歌われ、特別な料理がつくられて、その後の収穫作業で得られる豊かな実りを祈願した。冬至にも「トゥムシャリン」という犠牲祭が祝われていたが、1月初旬のヤギ祭りや、春の花祭りなどといったその他の祝祭と同様、近年は行わない村が多い。

　北西部のいくつかの谷に住むカラーシャ人は、独自の多神教を信仰している民族である。彼らは冬至の前後に、年内最大の祭り「チョウモス」を祝う。12月はほとんど、この祭りと、その準備のために費やされるといっても過言ではない。ほかにも、春の祭り「ジョシ」や、夏の祭り「ウチャオ」、以下様々な祝祭が年間を通して催されているのだが、こちらもやはり、世代を超えての継承がややおろそかになっており、少しずつ縮小している感が否めない。

　上記以外に、パキスタン北部から西部にかけて、イラン農暦での新年を祝う「ナウルーズ（ノウルーズ）」という行事が春分の日に行われるところもある。イスマーイール派（ニザール派）の人々は、グレゴリオ暦12月13日に、宗教的最高指導者（イマーム）であるアーガー・ハーン4世の誕生日を祝い、そのために門松のような柱を立てる集落もある。　　　　　　　　　　　　　　［吉岡　乾］

バングラデシュ人民共和国

　現在のバングラデシュは、大英帝国によるインド植民地支配からのインド・パキスタン分離独立（1947年）においては「イスラーム」を旗印にパキスタンの東翼をなす「東パキスタン」となり、その後1971年には「ベンガル」を旗印としたパキスタンからの独立を経て「バングラデシュ」（ベンガル語で「ベンガルの国」）となった。英領期の1905年から1911年にしかれたベンガル分割令を機に、同民族内に宗教による住み分けがなされたことが、その後のこの地域の位置取りに大きな影響を及ぼしている。隣接するインド西ベンガル州は同じベンガル民族でヒンドゥー教徒がマジョリティを占めるのに対して、バングラデシュでは人口の約9割がイスラーム教徒、つまり「ベンガルムスリム」によって占められている。この「ベンガル」と「ムスリム」としてのアイデンティティは、バングラデシュの暦にも象徴的に表れている。

☾☀ 暦法とカレンダー

　バングラデシュでは三つの暦が同時に機能している。まず、現代社会で広く共有され我々にもなじみの深い西暦（グレゴリオ暦）、ベンガルに固有の「ベンガル暦」（太陽暦）、そして太陰暦を用いたイスラーム暦（ヒジュラ暦）があり、バングラデシュで発行されるカレンダーや新聞にはこの三つの暦が常に併記されている（図1）。太陽暦は1年365日（4年に一度の閏年）で太陰暦は354日（30年に11度の閏年）なので、西暦およびベンガル暦とイスラーム暦の間には毎年約11日のずれが生じる。西暦2017年を軸に各暦を対比してみよう（表1）。各暦には月名称があるが、対比をみるために順に第何月として表記する。

　ベンガル暦について簡単に紹介しておきたい。ベンガル暦は、西暦594年4月14日にショシャンコ王によって制定され、その後、ムガール朝アクバル皇帝がこれを修

ダッカ、27/12/2016、13/9/1423、26/3/1438

図1　現地新聞の日付表記。
西暦2016年12月27日、
ベンガル暦1423年9月13日、
イスラーム暦1439年3月26日

表1　西暦・ベンガル暦・イスラーム暦

西暦 2017年	1	2	3	4	5	6	7	8	9	10	11	12
ベンガル暦 1423〜1424年	10	11	12	1	2	3	4	5	6	7	8	9
イスラーム暦 1438〜1439年	4	5	6	7	8	9	10	11	12	1	2	3

正して税徴収のために用いた。アクバル皇帝以前はイスラーム暦によって年貢徴収が行われていたが、イスラーム暦は太陰暦であり農暦に合致せず、ヒンドゥー暦とイスラーム暦を合わせて改定したベンガル暦を用いるようになった（参考文献［1］、p. 114）。現代になってからもベンガル暦には修正が加えられている。1947年に東西ベンガルが別の国となり、1971年にバングラデシュが一国を築いた後の1987年にもバングラデシュでは修正が加えられたが、その修正はインド西ベンガル州では採用されていない。バングラデシュでの修正は西暦とのずれを調整するための機能的なものであったが、伝統的なベンガル暦はヒンドゥー教の祭礼に準じているために、ヒンドゥー教徒の多い西ベンガル州においてはそれが維持されている。ベンガル暦は太陽暦に基づいて12か月で構成されており、現在バングラデシュで用いられている暦は、第1〜5月は各31日間、第6〜12月までは30日間となっている。閏年は4年に一度、西暦と同年に制定され、第11月が31日間となる。バングラデシュで用いられているベンガル暦では常に西暦4月14日がベンガル暦1月1日であるが、西ベンガル州のベンガル暦では4月15日になる年もある。

◇◇ 祝祭日と行事・儀礼

前述のようにバングラデシュではムスリムが人口の約9割を占めるが、独立当初から政教分離（セキュラリズム）の原則に立ち、イスラーム、ヒンドゥー教、キリスト教、仏教の各祭日が休日とされ、加えて国家の記念日が祝祭日とされている。とはいえ、ヒンドゥー教に関しては西暦10月11日のドゥルガープージャ、キリスト教は12月25日のクリスマス、仏教は5月23日の仏誕祭のみが暦上の休日であるのに対して、イスラームに関する休日は多岐にわたる。なかでも断食明けの大祭と、巡礼最終日の犠牲祭には各3日間の休日が設定されている。イスラームの祭日はイスラーム暦に基づいているため西暦からは毎年11日ずつ早まり、また月

齢によってしばしば前後する。また、1週間の終わりの休日はイスラームの安息日の金曜日に定められている。

　宗教に基づく祭日以外には、2月21日の母語記念日（ベンガル語公用語化運動記念日）、3月26日の独立記念日（1971年独立戦争開始日）、4月14日（ベンガル暦1月1日）のベンガル暦新年、5月1日のメーデー、12月16日の戦勝記念日（1971年独立戦争終戦日）が祝祭日である。また、現与党アワミ連盟は、バングラデシュの独立を導き初代首相であったシェイク・ムジブル・ラフマンの誕生日3月17日と、ラフマン初代首相が軍事クーデターによって暗殺された8月15日を国家大葬祭として休日に定めているが、これらは政権交代ごとに変更される。現在のバングラデシュにとって1971年のパキスタンからの独立が国家アイデンティティの要であることから、これらの祭日はナショナリズムの高揚を促す。

　なお、2月21日の母語記念日は、東パキスタン期の1952年に、西パキスタンを中心とする当時のパキスタン政府が行ったウルドゥー語公用語化政策に対する東パキスタンの「ベンガル語公用語化運動」において、ダッカ大学の学生数名がパキスタン軍の軍事制圧の犠牲になったことに由来している。その後の独立への契機となったこの日は1999年にユネスコによって世界母語デーと定められた。

暦と生活文化

　人々は、上記の三つの暦を生活の中で混在させながら生活している。例えば、会社や学校では西暦が一般的に用いられ、小学校の場合、西暦1月から新学年が始まる。しかし、年中行事の大半は宗教に基づいており、ムスリムたちには断食月や犠牲祭が重要とされ、休日でもあることから、農村から都市部に働きに来ている人々がいっせいに帰省したり、祝いのための買い物をしたりと、日本のいわゆる「盆正月」に似た賑わいである。しかし、断食月や犠牲祭以外でイスラーム暦が毎日の生活の中で意識されることはほとんどないといってよい。

　一方、農業が主要産業であり、農村人口が全人口の約7割を保っているバングラデシュにおいて、最も人々の生活に反映されているのがベンガル暦である。ベンガル暦の各月名称は、1月（西暦4月半〜5月半）＝ボイシャク、2月＝ジョイスト、3月＝アシャル、4月＝スラボン、5月＝バドゥロ、6月＝アシン、7月＝カルティク、8月＝オグロホン、9月＝ポッシュ、10月＝マグ、11月＝ファルグン、12月＝チョイトロである。さらに、12か月を2か月ごとに区切った六つの

季節がある。ベンガル暦第1月と第2月は「グリッショカル」とよばれる「夏」、日差しが1年のうちで最も強く、気温は45℃前後に達するプレモンスーン期で、人々は3か月前に植えた稲の収穫を始める。3～4月は、「ボ（ル）シャカル」（雨季）、モンスーン期である。5～6月は「ショロトカル」（秋）とよばれ、ボ（ル）シャカルから続く雨によってバングラデシュがまさに「水の国」になる。湿度が非常に高くじめじめとした中、人々は田植えを行い、緑が地平線を覆う。7～8月の「ヘモントカル」（霜季）は暑さが収まり、後半には農村部では霜が降り出す。モンスーン期末期のサイクロンに襲われることもある。そして9～10月は冬、「シットカル」。寒さの中で人々は3か月前に植えた稲を刈り、収穫で潤う中、餅菓子をつくるなどし、結婚などの儀礼も多い。そして、11～12月の「ボショントカル」（春）には次第に寒さは和らぎ、田んぼではまた新たな田植えが行われる。農村で暮らす人々にとって、気候は日々の生活を左右するものであり、気候を示すベンガル暦が日々の生活の目安となっている。

 ## カレンダーとナショナリズム

三つの暦のバランスは、バングラデシュ社会と人々の生活を象徴している。学校や工場会社勤めという近代型の生活スタイルが中心の都市部では西暦が主流を占める一方、農業に従事する人々の多い農村ではベンガル暦が身近である。

　各暦がバングラデシュのアイデンティティと関連していることから、時にイデオロギー的に強調される。ベンガル暦新年は、春の芽生えを意味する「ボショント」（Basanti、サフランの意）の色（黄色に近い）や、赤や白のサリーを着た女性たちがベンガルダンスを踊り、「ジャットラ」とよばれるベンガルの民俗劇が演じられる。こうした習慣は従来から農村文化として機能していたが、近年では「ベンガルナショナリズム」の高揚とともに、都市部でも盛大に祝われる。都市で生まれ育った若者たちの中にはベンガル暦の月名称を言えない者たちも少なくない一方で、ベンガル暦1月1日は、「4月14日ベンガル新年」と認識されて「民族の祭典」と化している。　　　　　　　　　　　　　　　　　［南出和余］

📖 参考文献

[1] Chakrabarti, K. and Chakrabarti, S., *Historical Dictionary of the Bengalis*, Scarecrow Press, 2013

ブータン王国

ブータンは中国とインドに挟まれて、ヒマラヤ山脈の南麓に位置する、面積約3万8000 km²（九州とほぼ同じ）の小王国である。人口は70万人余で、うち7割ほどがチベット系、残りが19世紀以後移り住んできたネパール系である。チベット文化圏最後の独立国で、現在は立憲君主制である。

 暦法とカレンダー　公式のカレンダーはブータン暦である。これはチベット暦と同じく、太陽と月の両方の運行を考慮に入れた太陰太陽暦であり、原則的には日本の旧暦と同一であるが、実際の月日には若干の相違がある。

数年に一度閏月が設けられる。その場合には同じ月、例えば2月が、前の2月、後の2月と区別され、1年は13か月となる。

1か月は原則として1日（新月、朔）に始まり、15日が満月で、最後は再び月が欠ける30日で終わる。また、月を前半の白分と、後半の黒分に二分する場合があり、この場合には白分の1〜15日、黒分の1〜15日（通常の16〜30日）と呼び分ける。

ただし1日から30日まで日付が連続してそろうことは決してなく、途中で欠ける日があるかと思えば、逆に重複する日もある。例えば今日が11日とすると、翌日は普通であれば12日であるが、それが欠日となり、1日飛んで13日となることもある。逆に11日が重複して、翌日がその重複日として後の11日となることがある。

暦法上の根拠があってのことであるが、一般人にはまったく知る由がなく、いちいち暦を見て確かめる必要がある。

さらに厄介なのは曜日である。ブータン暦の曜日は、チベット暦も含めた他の暦の曜日よりも1日先行している。例えば世界中で一般に月曜日とされている日は、ブータン暦では曜日が1日先行しており、すでに火曜日である。その結果、ブータン人と英語で話していて、Monday と言った場合、世界中で一般的な意味での月曜日なのか、それともブータン暦の「月曜日」（すなわち日曜日）なのか

を確かめないと、行き違いが生じるので留意しなければならない。

　ブータン暦は中央僧院の暦博士によって計算され、横長の冊子として公刊されるが、一般にはあまり流通しない。その理由の一つは、ブータン暦は1月から始まるのではなく、3月から始まり、翌年の2月で終わるので、伝統的に新しい暦が公刊されるのはブータン暦3月の直前になってから、すなわちグレゴリオ暦の3月頃となることである。

　このようにブータン暦は、他の暦に比してかなり複雑で、近代化、グローバリゼーションが進む中での採用には不都合な面がある。それゆえに実生活で一般的に用いられているカレンダー（主として新聞社、企業などが無料で配布している壁掛け型、卓上型、あるいは手帳型）ではグレゴリオ暦が用いられ、12月には配布される。そしてこのカレンダーには、実生活に必要なブータン暦の月日が小さく併記されている。

◈◈ 祝祭日と行事・儀礼

　参考のために西暦2015年度の月日をあげた。ブータン暦では甲午（きのえうま）から乙未（きのとひつじ）にまたがる（以下、カッコ内の「ブ暦」「ネ暦」はそれぞれブータン暦、ネパール暦で決められる祝祭日である）。1月2日：冬至（ブ暦 移動祝祭日）、1月21日：供物日（ブ暦 12月1日）、2月19〜20日：新年（ブ暦 1月1日）、2月21〜23日*：五代現国王誕生日（1980年）、4月28日：シャプドゥン（1594-1651）ご命日（ブ暦 3月10日）、5月2日*：三代国王（1929-72）誕生日、6月2日：釈迦牟尼仏成道・涅槃会（ブ暦 4月15日）、6月26日：グル・リンポチェ生誕日（ブ暦 5月10日）、7月20日：初転法輪会（ブ暦 6月4日）、9月22日：慈雨会（ブ暦 移動祝祭日）、10月22日：ダサイン（ネ暦 アスウィン月）、11月1日*：五代国王戴冠（2008年）記念日、11月3日：釈迦牟尼仏降天会（ブ暦 9月22日）、11月11日*：四代国王誕生日（1955年）・憲法記念日、12月17日*：建国記念日（1907年）である。

　まず、以上の祝祭日は、その日を決めるのに用いられる暦により、3種類に分類できる。一つは国政に関するもので、これは西暦（すなわちグレゴリオ暦）で日付が決まっている（*が付してあるもの）。もう一つは仏教および季節に関するもので、これはブータン暦で決められるが、なかにはブータン暦上でも前後する、いわゆる移動祝祭日もある。最後の三つ目がヒンドゥー教に関するもので、これは1日だけであるがネパール暦で決められている。ブータン暦、ネパール暦で決められる祝祭日は、西暦上では1か月程前後することがあるので、年ごとにカレ

ンダー上で確かめる必要がある。こうして祝祭日の月日を決めるのに、3種類の暦が併用されているあたりにも、ブータンの多様性が反映されている。

　次に、祝祭日の性質によっても3種類に分類できる。一つは国政に関するもので、シャプドゥン（ブータンをドゥク派に統一し、チベットから独立国として建国した英主）ご命日、三・四・五代国王誕生日、五代国王戴冠記念日、建国（1907年にウゲン・ワンチュクが初代世襲国王として選出され、ワンチュク王制が始まった）記念日の6日。二つ目が仏教に関するもので、釈迦牟尼仏成道・涅槃会、グル・リンポチェ（チベット・ブータン仏教ニンマ［古］派の開祖）生誕日、初転法輪会、釈迦牟尼仏降天会（釈迦牟尼仏が天国に昇り、そこで生まれ変わった亡き母に教えを説いて再びこの世に降下した日）の四つである。そして最後が暦、季節行事に関するもので、冬至、供物日（農作物を捧げる日）、新年、慈雨会（モンスーンの終わりを祝う日）、ダサイン（ネパール系の人たちの新年）の五つである。

　冬至は、現在広まっている定気法では太陽黄経が270度のときで、一年のうちで最も昼が短い12月22日ごろ（21日、23日と前後することもある）である。ところが、ブータン暦では1980年代では1月1日であったが、現在では1月2日で10日ほど遅れていて、この差は徐々にではあるがますます開いていく。これは、ブータン暦が根拠としている天文観測値が、天体の運行が正しく観測されていなかった、西暦5世紀ごろのインドでのものであることに起因する。インド南部には、同じく古い観測値に基づいた暦が用いられている地方があり、ここでも冬至はブータン暦と同じように遅れているのは興味深い。

　以上はブータン全国で官公庁が休日となる日であるが、その他に県ごとに休日となる祭日がある。それはツェチュ（10日）とよばれるお祭りで、ブータン暦の10日前後に行われる祭りである。どの月に行われるかは全国20のゾンカク（県）ごとに異なるが、中央政庁・県庁所在地であり中央僧院・国分寺にあたるゾン（本来は「砦」の意味であるが、政庁と僧院を兼ねたブータン独自のもの）で行われる。1日だけのところもあるが、大がかりなものは数日に及ぶものもある。これはグル・リンポチェとよばれる偉大な師を祀るもので、チャムとよばれる仮面舞踏が繰り広げられる絢爛なものである。

　また、これ以外にもほぼどの僧院でもツェチュ祭あるいは大きな法要が営まれるが、その日は公の休日ではなくても、実質上その地域は休日状態となる点は、仏教が生き続けているブータンの特徴である。

暦と生活文化　ブータン人の生活は暦上の吉凶に支配されていると
いっても過言ではない。まず仏教国として戒律により、
月日の吉凶が定められている。例えば4月は釈迦牟尼仏成道・涅槃会の月であ
り、屠殺および肉食が禁じられている。また月ごとに8、14、15、23、29、30日
は六斎日として、在家の人も八斎戒を守ることが奨励されている。

　次に年には、日本と同じように干支があり、ある人の一生は自分の生まれ年の
干支に支配されている。毎年の暦には、さまざまな事柄に関して干支ごとに吉凶
が記されており、それを考慮に入れる必要がある。吉であれば神々に感謝し、捧
げ物を備え、凶であればそれを避けるべくしかるべき法要を行うというのが原則
である。

　これ以外に、誰にでもあてはまるものとして、毎日の新聞にはいくつかの項目
に関して、その日の吉凶が記してある。例えば、婚姻、引っ越し、新築、旅立ち、
昇進といったことに関して、その日の吉凶が記してあり、多くの人はそれを考慮
に入れて行動する。

　ことにほぼ週に1回はタシガチャ（「馬が死に、鞍が壊れる」という意味）と
よばれる日があり、その日の旅立ちは慎んだ方がよいとされる。しかしブータン
人は非常にプラグマティックなところがあり、そうした場合には出発を形式的に
1日早め、実際に旅立つ日を旅の2日目とすることで対処している。

　同じことは日にだけではなく、月にも及ぶ。凶月（ブータン語では「黒月」）
の場合には、その月には新たな行いはほぼすべて慎むというかたちになる。しか
しこの場合、せいぜい1か月の遅れしか生じないので、実生活上は大した問題に
はならない。

　それがさらに年（黒年）に及ぶと、経済活動にも大きく影響することになる。
しかしここにもブータン流のプラグマティズムが働き、「黒年」が始まる前に始
業の式典だけは行い、実質的な活動は「黒年」の間に継続するということになる。

　これは単に個人生活だけではなく、国の公式行事にもあてはまる。例えば建国
100周年記念は2007年に行われるはずであったが、その年は「黒年」にあたっ
たため、1年遅らせて2008年に行われたことは記憶に新しい。　　　　［今枝由郎］

コラム　ポピュラーアートとインドのカレンダー

　植民地支配下のインドでは 19 世紀末頃に近代絵画の手法によってインドの事物や人物を描くインド人画家の作品が人気となった。同じ頃、石版印刷技術も定着し、人気絵画を印刷したカレンダーが急激に普及していった。社名や製品名を入れて大量生産できるカレンダーは販促材料として格好の製品だったうえ、近代的技法による絵画は庶民に鮮烈な印象を与え、それを簡単に身近におくことのできるカレンダーが争って求められたのである。

●カレンダー絵画の題材と作家　題材として好まれたのは、ヒンドゥー教の神々、名高い武人や政治家、20 世紀に入り人気となった映画俳優や女優、インド各地の名所などであった。一方、作家としてはラジャ・ラヴィ・ヴァルマが特に有名となった。宮廷画家出身の彼は、自身の作品を石版印刷で大量頒布する会社を経営するようになり、近代的手法でインドの神や人物を描いた作品の流行をも支えた。彼に続く人気作家も多数輩出し、カレンダー絵画の定型が形づくられていく。

●カレンダー絵画の普及がもたらしたもの　カレンダーには西暦が印刷されていた。インドではそれまで宗教や宗派、また地方によって異なる暦が使われていたので、西暦カレンダーの庶民への普及は西欧近代の時間がインドの隅々にまで行き渡ったことを意味する。近代的時間は鉄道、工場、学校、軍隊などの諸制度によって普及したが、カレンダーはこれらの制度とは縁の薄かった地方にまで西暦という文化を可視化させる媒体となったのである。

　一方、カレンダーの絵画、特に神々の絵画は独特の使われ方をした。ヒンドゥー教徒にとって神の絵は単なる神の表現ではなく、神が宿る媒体である。神の絵が印刷されたカレンダーは使い捨てにできず、祭壇に安置して礼拝すべき対象となったのである。カレンダー絵画の神々はこのような礼拝の習慣に合うように正面を向き、礼拝者を見つめ返すような構図で描かれていた。だからこそ神の絵は「神の写真」として絶大な人気を誇ったのである。

　インドの神の絵は地方によってさまざまだった。大量生産されたカレンダー絵画は、この世への現れとしての神の姿をインド全体で規格化するという効果をもたらした。20 世紀前半は、反植民地運動を通じて国民国家が形成された時期でもある。カレンダー絵画は、運動の指導者の肖像画の普及を通じてこれを直接後押しする一方、宗教を通じた国民共通の文化の形成にも一役買ったといえよう。カレンダーは、近代制度をインドに深く根付かせる一方で、その支配を覆す底流をも用意したのである。

[三尾　稔]

4. 中央・北アジア

ウクライナ

　ウクライナは 1991 年にソヴィエト連邦か
ら独立。古くは 988 年にキリスト教を国教と
定めたキエフ大公国（キエフ・ルーシ）が栄
え、首都キーウ（キエフ）は当時ヨーロッパ
有数の大都市であった。15 世紀に発生した
自治集団コサックは今でもウクライナ人に
とって象徴的な存在となっている。

　国土面積は日本の約 1.6 倍、肥沃な平原が
広がり、穀倉地帯として知られており、国旗
は青空の青色と小麦畑の黄色を表したもので
ある。

図 1　11 世紀より建てられた「聖ソ
フィア大聖堂」

暦法とカレンダー　現在において
はグレゴリオ
暦が公式の暦法として採用されているが、正教会の宗教行事はユリウス暦に基づ
いて行われている。カレンダーの形状には壁掛け式、卓上式、日めくり式、名刺
大のポケット式などさまざまなものがあるが、四季折々の風物、国旗の色である
青と黄色をデザインしたものがよくみられる。また、ウクライナの国土や歴史上
の英雄であるコサックの歴代首領が絵柄となっているものもあり、愛国心の強い
国民性を表しているといえる。中国文化の影響で、その年の干支の動物をデザイ
ンしたカレンダーもある。日本の干支とほぼ同じ動物であるが、12 番目の動物
は中国と同様「豚」である。

祝祭日と行事・儀礼　カレンダーに休日として記載されている祝祭日
は元日（1 月 1 日）、クリスマス（1 月 7 日）、
国際女性デー（3 月 8 日）、復活大祭（パスハ、移動祝日）、メーデー（5 月 1・2
日）、戦勝記念日（5 月 9 日）、聖神降臨祭（三位一体の日、移動祝日）、憲法記

念日（6月28日）、独立記念日（8月24日）、ウクライナ防衛者の日（10月14日）の計11日である。

①元日　古代においては春分の前の新月の日に新年を祝っていた。10世紀にキリスト教が入ってからは新年はユリウス暦の3月1日と定められた。同時に紀年法は世界創造紀元（紀元前5508年を起源とする）が導入された。15世紀にはビザンツ方式に合わせて9月1日に改められた。また、この時期にリトアニア大公国の支配下にあった地域では新年は1月1日とされ、紀年法もキリスト紀元であった。17世紀ピョートル1世によって1月1日が新年と定められ、キリスト紀元が採用された。現在のグレゴリオ暦になったのはロシア革命後の1918年である。1930年代にもともと民話の登場人物であった寒さの精霊ジド・モロズ（「吹雪のじいさん」の意）が新年のキャラクターとして現れる。サンタクロースと同様に白いひげのおじいさんであるが、異なる点は外套の丈が長いこと、必ずしも赤い服装ではないこと（青い服を着ていることもある）、スニフーロンカ（「雪娘」の意）という孫娘を伴っていることである。近年ではソ連の遺物であるジド・モロズではなく、聖ムィコライ（ニコラオス）とともにクリスマス（またはこの聖人の正教会の記念日である12月19日［ユリウス暦の12月6日］）を祝う動きもまたウクライナのいくつかの地域で現れている。旧正月前日の1月13日に新年が恵み豊かな年であるようにとの願いをこめて“シチェドリウカ”という年越し歌を歌いながら家々を練り歩く風習がある。歌の中には新年を象徴する鳥としてツバメが登場する。この日を「施しの晩」という。世界的に有名な「クリスマスキャロル」の原曲はウクライナの“シチェドルィク”という曲である。

②クリスマス　1月7日（ユリウス暦の12月25日に相当）。子供たちは前日から“コリャドカ”というキリストの生誕をたたえる歌を歌いながら家々を練り歩き、お金や食べ物をもらう。

③国際女性デー　20世紀初頭のニューヨークの女性労働者による社会主義運動にちなんでいる。第一次世界大戦中の1917年の3月8日（ユリウス暦では2月23日）にペトログラード（サンクトペテルブルグ）で女性労働者によるデモが発生し、二月革命へとつながった。ソ連では1966年に祝日（非労働日）と制定された後はフェミニズム的要素は薄れ、女性をたたえ感謝する日へと変わっていった。旧ソ連圏においては現在でもこの日は男性から女性に花などのプレゼントを贈る日となっている。

④復活大祭　ユリウス暦の春分（3月21日）後、満月の日の次の日曜日に祝

われる。グレゴリオ暦の西方教会の復活祭とは必ずしも一致しない。ウクライナではプィーサンカ（pysanka）とよばれるイースターエッグが、染める、描く、点で描く、刻むなどさまざまな手法でつくられる。またこの時期にはパスカやクリーチという甘いパンを食べる。

　⑤メーデー　ウクライナでは「国際労働者団結の日」とよばれる。ソビエト政権下で公式的・政治的意味をもつ非労働日の祝日となった。ウクライナで最初のメーデー運動は 1890 年に西部の都市リヴィウにおいてであり、キーウでは 1900 年である。

　⑥戦勝記念日　ナチス・ドイツの降伏は西欧では 1945 年 5 月 8 日とされているが、降伏文書の調印がモスクワ時間では 5 月 9 日未明だったため、旧ソ連諸国では対独戦争勝利記念日は 5 月 9 日に祝われている。ウクライナでは 2016 年に「勝利の日」から「第二次世界大戦におけるナチズムに対する勝利の日」と名称が変更された。

　⑦聖神降臨祭　復活祭から 50 日目の日。ペンテコステ。

　⑧憲法記念日　ウクライナの最高法規であるウクライナ憲法は 1996 年 6 月 28 日にウクライナ最高議会によって可決され、この日が国民の祝日となっている。

　⑨独立記念日　1991 年 8 月 24 日にウクライナ最高会議で独立宣言が採択されたことに由来する。首都キーウでの軍事パレードをはじめ、ウクライナ各地でさまざまな祭典が盛大に催される。

　⑩ウクライナ防衛者の日　生神女（聖母マリヤ）庇護祭とウクライナコサックの日、また独ソ戦期間に結成されナチス・ドイツとも赤軍とも戦ったウクライナ蜂起軍の日と同日である。ソ連時代に定められた 2 月 23 日の祖国防衛の日から 2015 年に 10 月 14 日に移された。

暦と生活文化

　国民の休日となっている上記祝日のほかにも、宗教上の祭日がある。

　①マースヌィツャ（Masnytsya）　復活祭の前の大斎（精進期間）が始まるまでの 1 週間祝われる。乳製品が大斎の節制リストに含まれており、祭りの名称はバター（maslo）に由来する。西方教会の謝肉祭（カーニバル）に相当する。キリスト教以前から春の訪れ、冬送りを祝う行事であった。太陽を象徴する円いムリヌィ（クレープ）や、チーズ入りパイ、チーズ入り水餃子などを食べる。

　②イヴァン・クパーラ　キリスト教以前の夏至祭りが起源である。夏至の日に

は植物が力強く生い茂り、その生命力は魔物や妖精の力によるものと考えられていた。花輪をつくって川に流し恋占いをしたり、厄除けのためにたき火を飛び越える風習がある。サウナで体をマッサージするための木の枝の束もこの日につくり、1年の無病息災を願う。光るシダの花の下に宝物が埋まっているという伝説に基づく民話も多数ある。キリスト教受容後は前駆授洗イオアン（洗礼者ヨハネ）の祭りとして7月6日の夜から7日にかけて行われ、祭日の名前もこれに由来する。

③マコヴィーヤ（Makoviya）　8月14日。教会に水と花とケシ（mak）が供えられる。別名には「蜂蜜の祭日」「水の上の祭日」「第一祭日」がある。教会の近辺では蜂蜜市が開かれ、各農家特性の蜂蜜の店舗が並ぶ。また988年にヴォロディームィル大公がキエフ大公国をキリスト教化したのがこの日と伝えられる。礼拝の後、洗礼のために川への十字行が行われ、この洗礼の行進がキエフのメインストリートであるフレシチャーティク通り（洗礼通り）の名前の由来の一説となっている（ほかに「十字路」という説もある）。この日を第一祝日として、第二祝日（別名リンゴの祝日、8月19日）、第三祝日（別名パンの祝日、8月29日）がある。夏に別れを告げ、冬に備えての食料の備蓄が始まる。

④知識の日　9月1日はウクライナでの学年の始まりであり、新学期の始業式が行われる。ソ連政府によって1984年に定められた。教師に感謝の花束を贈り、新学期の鐘が鳴らされ、上級生が新入生を学校へ迎える儀式が行われる。

◯ 月の名前

ウクライナの月の名前には、以下のように季節の風物に基づいた名前が付けられている。1月 sichen' は「切る、（雨や雪が）打ち付ける」に由来。この時期に切り株や薮を切り開いて農地を整え、春の種まきに備えた。または、作業中に雪が吹き付けることからとも。2月 lyuty は「厳しい、過酷な」寒さの月。3月 berezen' は「シラカバ」が芽吹く月。4月 kviten' は「花」の月。5月 traven' は「草」の月。6月 cherven' は生地を染めるための染料の原料となる虫、「コチニールカイガラムシ」から。7月 lypen' は「菩提樹の蜜」をこの時期に採取することから。8月 serpen' は「鎌」の月。小麦を主とする作物の刈り入れの月。9月 veresen' は「ギョリュウモドキ」（ツツジ科の低木）から。10月 zhovten' は植物の葉が「黄色」になる月。11月 lystopad は「落葉」の月。12月 hruden' は「塊、でこぼこ」に由来。秋の雨で土の道がでこぼこになり凍る月。　　　　　　　　　　　　　　　　　　［小川暁道］

ウズベキスタン共和国

　ウズベキスタンは 1924 年にソヴィエト政権が行った民族・共和国境界画定により現在の国境が定まり、1991 年のソヴィエト連邦崩壊によって独立した共和国である。日本よりやや広い 44 万 7400 km^{2}の面積に、3000 万人以上が暮らしている。中央アジアの南に広がるオアシス地域のほとんどを含み、そこで育まれてきた豊かな定住民文化を誇る一方で、各地には遊牧民文化を受け継いできた住民も多数生活する。

 暦法とカレンダー　古くからさまざまな民族や文化が交差してきた土地であり、7〜8 世紀頃からイスラーム化が進むと 622 年を紀元とする太陰暦のヒジュラ暦が使われるようになったが、それ以前からの太陽暦も農耕や牧畜などの生産活動上は重要であり続けた。19 世紀末にはロシア帝国の支配下におかれ、行政上はユリウス暦が用いられるようになった。ロシア革命の翌年にはソヴィエト政権の方針によってグレゴリオ暦が使用されるようになり、徹底した政教分離の政策によってヒジュラ暦に基づいた祭りや習慣は表舞台からほとんど姿を消した。1991 年の独立後は社会の再イスラーム化がゆるやかに進み、ヒジュラ暦に基づいたイスラームの二大祭りが国家の祭日として祝われるようになり、断食月に断食を実行する人々も増えている。

祝祭日と行事・儀礼　公的な祝祭日は新年（1 月 1 日）、国際女性デー（3 月 8 日）、春分の日（3 月 21 日）、追悼と敬意の日（5 月 9 日）、独立記念日（9 月 1 日）、師の日（10 月 1 日）、憲法記念日（12 月 8 日）である。これらに加えて、イスラームの二大祭りである断食明けの祭りと犠牲祭が 1 日ずつ祝日とされており、太陰暦に基づいて年々少しずつ日を早めて巡ってくる。また、公的機関が休むことはないが 1 月 14 日は祖国防衛者の日、8 月 31 日は政治的犠牲者を追悼する日と定められている。

　ウズベキスタンで一般的な新年の祝い方は、前夜から各家庭でごちそうを準備し、隣近所や親族同士で訪問し合うにぎやかなものである。町ごとに花火を打ち

上げ、テレビではきらびやかなコ
ンサートが放映されるなど、国中
にお祝いムードが漂う。3月8日
の国際女性デーは「母の日」とし
ても知られており、都市で暮らす
学生が田舎の母親を訪れてともに
過ごす光景や、子供が母親に花や
詩を贈る姿がよくみられる。春分
の日はナウルズまたはノウルーズ
とよばれ、この前後から春の訪れ
を告げるさまざまな行事が行われ
る。女性たちは親族や隣近所で集
まって、スマラクとよばれる小麦
の芽を煮込んだ甘いジャムや、羊
の肉をゆでてつくるハリム、野菜
の新芽をパイ皮で包んだコク・サ

図1　キリル文字によるロシア語、ラテン文字に
　　よるウズベク語と英語の3か国語で記され
　　たウズベキスタンのカレンダー

モサなどビタミンに富んだ料理をつくり、楽しいひと時を過ごす。地方では道端
で大鍋に油を熱し、チャルパクとよばれる揚げパンをつくって通行人にふるま
い、無事に春を迎えた喜びを分かち合う習わしがある。

　5月9日はソ連時代には対ナチス・ドイツの戦勝記念日であったが、独立後は
祖国を守るために戦った人々を追悼し、年長者を敬う日となった。この頃から
徐々に夏の暑さが始まり、6月半ばから8月上旬にかけてのチッラとよばれる約
40日間は、平野部で雨がほとんど降らず日中の気温が40℃近くの猛暑が続く。
とはいえ湿度は非常に低く、朝晩は10℃以上温度が下がる日も多い。バザール
は旬を迎えたさまざまな野菜や大きなスイカ、メロンなどで彩られる。

　9月1日の独立記念日には、首都や地方行政の中心地で大規模な祭典が催され
る。収穫の秋を迎えてバザールには安くて豊富な農作物が並ぶため、この時期に
結婚式や割礼式などの祝いの宴を開く家庭も多い。10月1日は古来より知識や
伝統を伝えてきた先人たちに敬意を払う日とされ、学校の生徒たちにとっては日
頃お世話になっている教師に花や贈り物を渡して感謝を伝える機会である。ちょ
うどこの頃、ウズベキスタンの主要産業である綿花の収穫が最盛期を迎える。19
世紀後半にロシア帝国によって奨励された当地の綿花栽培は、ソ連時代にも盛ん

に行われてきた。この「白い金」の収穫は多くの人手を要し、国をあげた秋の一大イベントである。

12月8日は1992年のこの日に発効したウズベキスタン憲法を記念した祝日となっている。その前後に冬が訪れ、標高の高い地域はもちろん、平野部にも時おり雪が降る季節となる。大晦日には、コルボボ（直訳すると「雪おじいさん」）とよばれるサンタクロースのような人物が、コルクズすなわち「雪娘」とともに子供たちに贈り物を渡すというロシアから入った行事も行われる。

暦と生活文化

ウズベキスタンでは上述の公の祝祭日のほかにも、人々の生活において重要な節目となる日がいくつかある。その一つは5月25日の「最後の鐘の日」で、翌日から教育機関は3か月強の夏休みに入るため、多くの生徒や学生にとって待ち遠しい日である。卒業を迎える生徒たちは教師に花や贈り物を手渡し、在校生は歌や踊りで彼らを祝う。クラスごとに集ってパーティーを開く生徒たちもいる。だがこの後、進学を目指す者は、8月1日に全国一斉に行われる高等教育機関の入学試験まで勉学に励まなければいけない。試験の結果は2週間ほどで明らかとなり、9月1日の独立記念日を経て、9月2日に入学式あるいは進学式となる。9月2日は「最初の鐘の日」ともよばれる。この日に真新しい登校用の服や文具、カバン、靴などをそろえる家庭が多いので、8月も半ばを過ぎると学用品関係のバザールが大にぎわいとなる。

人口の8割以上を占めるイスラーム教徒にとって重要なのはヒジュラ暦9月の断食・斎戒の習慣である。健康な大人は暁の礼拝が始まる前には食事をすませ、日中は一切の飲食を絶ち、日没と同時に断食を終了しなければならない。ソ連時代は公的に認められず、行わない者が多かったというが、近年では徐々に実践する人が増えている。断食月の始まりと終わりは実際の月の満ち欠けの観察に基づいて発表されるので、この時期が近づくと「今年はいつから始まるのか」ということが人々の話題となる。一般にグレゴリオ暦やヒジュラ暦のカレンダーを常に身近においている者はまれで、必要な情報は親族や隣近所との日々の密接な交流から得るというのがウズベキスタン人の典型的な姿といえよう。ただし、最近では携帯電話のアプリケーションから断食月の日の出・日の入り時間を知る若者も多い。

人生はトイ（祝宴）とともに

年を単位とする暦に対して、人間の一生に節目や抑揚をつける重要な契機となっているのが人生儀礼である。ウズベキスタンを含む中央アジアのイスラーム教徒の間では、この人生儀礼が今も非常に重要視されている。なかでもトイと総称される慶事の祝宴は、世帯の収入のほとんどをつぎ込むほどに負担が大きいものの、人生の大きな喜びであり目的であると意識されている。

ウズベキスタンの主なトイは、赤ん坊の誕生に際してのゆりかご祝い、男児の割礼祝い、結婚祝いである。これらのトイに共通する要素は、客によるパンや食事類の持参と、主催者による饗応および食べ物や布類などの返礼、イスラームの知識が豊かな者によるクルアーン朗誦、そして参加者全員による祈願だが、地域や各家庭の経済力によって細則や規模に差がある。

ゆりかご祝いは、赤ん坊が生後数か月になり、ベシクとよばれる独特のゆりかごに入れられるようになると開かれる。これは女性を中心としたトイで、嫁の母親や女性の親戚たちが赤ん坊のためにベシクを持参し、婚側の饗応を受けるものである。儀式としては、赤ん坊をベシクに縛ってお菓子をふりかけることを行う。これは、お菓子のように甘い人生になるようにとの願いが反映されているという。

割礼祝いは、就学前の男児がいる家庭にとって最大の関心事である。割礼はイスラーム教徒の証であり親の子供に対する義務と考えられ、ソ連時代は政権に禁止されてもひそかに行っていたという。現在では、割礼の手術は祝いの宴とは別の日に行うことが多い。宴会は早朝から夜まで続き、親族や隣近所の人々が次々と決められた時間帯にやってきてピラフをはじめとするごちそうでもてなされ、男児の幸せを祈って帰っていく。

結婚をめぐる数々のトイは、人生儀礼の中でも最重要かつ出費が大きいものである。ニカフ・トイとよばれる結婚披露宴当日の前に少なくとも2回は、新郎側と新婦側の一族の間で互いの饗応と物の交換を行う会を開く。披露宴の後も2〜3回ほど、類似の会が開かれる。この一連の手順で重要なのは双方で物品を贈り合って共食を重ねることで、これにより披露宴とその後の新夫婦の暮らしに必要な物とお金が蓄積され、双方の親族がより深く知り合い、饗応や贈り物にあずかる親族や隣近所の人々の間にも結婚を祝う気持ちが高まるのである。結婚にまつわる一連のトイが終わると、次はいつ新夫婦の間に子供が生まれてゆりかご祝いができるか、というのが親族の関心事となる。　　　　　　　　　　　　　［菊田　悠］

カザフスタン共和国

　カザフスタンは 1991 年に旧ソ連から独立した共和国で、日本の約 7.2 倍の広さの国土をもち、地下資源が豊富で経済発展を遂げたことから中央アジアの地域大国ともよばれる。首都は 1997 年にアルマトゥからアスタナに移された。人口は約 1740 万人であり（2014 年時点）、うちカザフ人が 63.1%、ロシア人が 23.7%、その他の民族が合わせて 13.2% を占める多民族国家である（2009 年国勢調査）。国家語はカザフ語、公用語はロシア語である。

 暦法とカレンダー　公式の暦法はグレゴリオ暦だが、旧ロシア暦（ユリウス暦）やイスラーム暦なども使用されている。カレンダーには、12 か月が 1 枚の紙に示された壁に貼るタイプ、月ごとにめくる方式の卓上型などがある。月ごとのカレンダーの表記は、曜日が横軸ではなく縦軸にとられている点が日本と異なる。月や曜日は、カザフ語・ロシア語併記のものが多い（図1、図2）。

　カレンダーは、キオスクや文具店、書店などで売られており、企業が顧客に配ったり、職場で記念品としてつくったりすることもある。しかし、各家庭や職場で、日本のようにカレンダーが多く使われている訳ではない。数年前のカレンダーがずっと飾られていることもあり、暦としてのみならず、一種の記念や装飾としての役割も大きいといえよう。

図 1　民族衣装がテーマの卓上カレンダー（1 月）

祝祭日と行事・儀礼

カレンダーに記される主要な祝祭日は、新年（1月1・2日）、国際婦人デー（3月8日）、ナウルズ（3月21〜23日）、カザフスタン民族統一の日（5月1日）、祖国防衛者の日（5月7日）、戦勝記念日（5月9日）、首都の日（7月6日）、憲法記念日（8月30日）、初代大統領の日（12月1日）、独立記念日（12月16・17日）である。

　1月1日に新年を祝う習慣は、ソ連時代に定着した。0時には家々でごちそうを食べて祝い、親戚や隣人が挨拶を交わす。街の広場では花火が打ち上げられて夜空を彩り、若者は友人たちと通りに繰り出す。日本のように元旦の朝を重視する習慣はなく、夜が明けると街は静けさを取り戻す。

　国際婦人デーは、「女性の日」ともよばれ、ソ連時代から祝われている。春の最初の祝日と位置付けられ、男性が女性に花を贈る習わしがある。この日、まだ寒い街の通りには、チューリップやクロッカスの花を売る露店が立ち並ぶ。

　ナウルズ（ノールーズ）は、春分の頃の祝祭で、古代イランの太陽暦に由来する伝統的な新年である。ソ連時代には約60年間にわたり公式に祝われなかったが、1990年前後からカザフスタン全土で祝われるようになった。ナウルズ・コジェとよばれるおかゆを、ヨーグルトや肉、穀類など7種の食材を入れてつくり、その年に食べ物が豊かであるようにと祈念して食べる。踊りや歌も披露され、人々は屋外で春の到来を祝う。

　カザフスタン諸民族統一の日は、ソ連時代には「勤労者の国際的連帯の日」（メーデー）として祝われていたが、現在では、多民族国家であるカザフスタンの諸民族の統一を祝う日となっている。

　祖国防衛者の日は、かつてのソヴィエト陸海軍記念日（2月23日）に代わって設けられた。「男性の日」とみなされているが、一般市民の祝いの日として国際婦人デーほどには定着していない。

　戦勝記念日は、「大祖国戦争」とよばれる独ソ戦（1941〜45年）に、ソ連が勝利した日にちなむ。カザフスタンからも多くの兵が戦線に送られたため、ソ連解体後も

図2　カザフスタンの風景がテーマの卓上カレンダー（8月）

記念日として残された。主要都市では、戦没者を記念する「永遠の火」への献花が行われ、退役軍人が慰労される。

首都の日は、新首都アスタナを記念して制定された新しい祝日である。アスタナは発展目覚ましく、故黒川紀章が都市設計を手がけたことでも知られる。2017年には国際博覧会が開催された。

憲法記念日は、カザフスタン共和国憲法が制定された日で、かつてのソヴィエト憲法記念日に代わって設けられた。

初代大統領の日は、2011年に制定された。カザフスタンの初代大統領 N. ナザルバエフは、独立から2017年8月現在まで25年間の長きにわたり大統領を務めている。

独立記念日は、ソ連時代末の1986年に起きたアルマトゥ事件にちなむ。カザフスタン共産党第一書記がカザフスタンでの勤務経験のないロシア人に交代するという人事に抗議した学生のデモ隊が、当局によって鎮圧され多くの負傷者が出た。この事件は、自治を要求した運動としてカザフスタン独立後に評価され、記念日に制定された。

このように、ソ連時代から一部の祝祭日が受け継がれる一方で、カレンダーに示される祝祭日の約半数は、カザフスタン独立前後の歴史的出来事を記念したものである。

暦と生活文化　カザフ人は広大な草原で20世紀初頭まで遊牧生活を送っており、現在も牧畜は村落部の主要な生業の一つである。季節の変化に合わせ、グレゴリオ暦を参照しつつ牧畜が行われている。

例えば、カザフスタン北部のある村では、冬に家畜小屋の中で飼っていた家畜を草原に放牧に出すのは4月、再び家畜小屋で飼い始めるのは11月が目安である。放牧が行われる夏季には、馬のミルクから馬乳酒を、牛のミルクからはヨーグルト、バターやチーズなどをつくり、冬に備えて干草の準備もする。9月1日の入学式・始業式へ向けて、8月末には家畜を売って現金収入を得て子供の服などを新調することが多い。やがて12月に日中の気温が0℃を下回るようになると、馬や牛など大型の家畜を屠り、長く厳しい冬の食料とする。年明けの1〜3月は家畜の出産シーズンである。

こうしたグレゴリオ暦にほぼそった季節の変化と、イスラーム暦とがずれながら重なり合い、村の暮らしのリズムが生み出されている。

◯ 宗教とカレンダー

カザフ人の大部分は、スンナ派のムスリムである。カザフスタン独立前後からの宗教の自由化に伴って、街にはイスラーム用品店が増えたが、礼拝用敷物やベールなどに混じって売られているのがカレンダーである。イスラーム暦は太陰暦のため、グレゴリオ暦よりも毎年11日程度早まっていく。イスラーム暦とグレゴリオ暦が併記されたカレンダーを参照して、人々は断食月や断食月明けの祭り、犠牲祭などの時期を知る（図3）。

イスラーム暦の9月が、ラマザン（ラマダーン）とよばれる断食月である。断食する人はそれほど多くないが、30年余りで徐々に増えており、カレンダーには断食の開始と終了の時刻もあわせて表記されている。断食月明けの祭りは、断食しなかった人もともに祝う。イスラーム暦12月10〜13日の犠牲祭には、羊などの家畜を屠り、お客を招待して共食し、クルアーン（コーラン）を朗唱して祈る。このため、普段はモスクに通わない人にとっても、犠牲祭の時期を知ることは重要である。

一方で、旧ロシア暦のカレンダーも、ロシア正教の祭日を知るためにスラヴ系の人々によって使われている。旧ロシア暦はグレゴリオ暦よりも13日程度遅れており、グレゴリオ暦1月7日頃にキリスト降誕祭、1月13日頃に「古い新年」（旧新年）を祝う。

このように、グレゴリオ暦以外の暦は、主に社会主義体制から移行後に盛んになった宗教行事に関連して用いられている。なお、イスラームの犠牲祭のうち1日とロシア正教の降誕祭は、2010年代から国が定める公式の祝祭日となった。

［藤本透子］

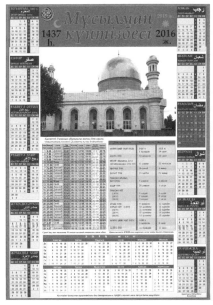

図3　イスラーム暦1437年のカレンダー。グレゴリオ暦2015〜16年にあたる。写真はアルマトゥ市の中央モスク

キルギス共和国

　キルギス（現地語発音では「クルグズ」）、またはキルギスタン（現地語発音では「クルグズスタン」）とよばれる。首都はビシケク、面積は日本の本州よりいくぶんせまい約 20 万 km² である。北部から中部は天山山脈北西部、南部はフェルガナ盆地に位置する。1855〜76 年にロシア帝国へ併合され、1917 年のロシア革命後はソヴィエト連邦（ソ連）体制下に入って後に連邦構成共和国となり（1936 年）、ソ連崩壊により 1991 年に独立した。2016 年時点で人口約 600 万人、うちテュルク系のキルギス人が 67%、同じくテュルク系のウズベク人が 14%、スラヴ系のロシア人が 11% を占める。

 暦法とカレンダー　人口の約 7 割を占めるキルギス人は、ソ連時代以前、伝統的に天山山脈やフェルガナ地方の山麓地帯で遊牧に従事し、一部は季節移動の合間に農耕を行ってきた。古代からテュルク系遊牧民は、12 の動物を年順に配列した 12 年 1 周期の十二支を使用してきた。フェルガナ地方のイラン系・テュルク系定住民にイスラーム教が根を下ろし、遊牧民へと波及したことでヒジュラ暦も使用され、十二支紀年とヒジュラ暦が併用されたという。その後、ロシア正教を国教としていたロシア帝国時代はユリウス暦が、ソ連時代から現在にいたるまではグレゴリオ暦が用いられている。

　一般家庭ではお茶の間の壁に大型のポスターを 1 枚貼ることがよくあり、カレンダーはその中の一種である。果物や花、アーティストなどの人物、政府や政党の宣伝、モスクのある風景やアラビア文字が配されたポスターの中に、カレンダーが入っているものもある。オフィスでも、政府機関の発行する人物や標語の入った大型の 1 枚カレンダーを壁に貼ることがある。卓上カレンダーや日めくりカレンダーはオフィスでよくみられるが、一般家庭にはあまり普及していない。

　祝祭日と行事・儀礼　公定祝祭日は元日（1 月 1 日）、ロシア正教のクリスマス（1 月 7 日）、祖国防衛者の日（2 月 23 日）、国際婦人デー（3 月 8 日）、ノールーズ（3 月 21 日）、国民革命の日（4 月 7

日）、労働者の日（5月1日）、憲法記念日（5月5日）、戦勝記念日（5月9日）、独立記念日（8月31日）、報道と出版の日（旧十月社会主義革命記念日、11月7日）、断食明けの祭り（移動祭日）、犠牲祭（移動祭日）の計13日である。

　元日はソ連時代から引き継がれた祝日で、この日で年が切り替わる。新年を迎えるにあたっては、年末に幼稚園や学校・地方自治体などで、子供たちのための「ヨールカ」（ロシア語、クリスマスツリーをさす）というロシア由来の行事が行われる。大人の男性が冬雪じいさん（ロシアのサンタクロースに由来）に扮し、おめかしした子供たちが彼を迎えて飾りをつけたヨールカを囲み、歌ったり踊ったりする。若い女性が扮する冬雪娘も登場する。

　ロシア正教はユリウス暦を採用しているため、クリスマスは1月である。テュルク系のムスリムが大多数を占めるキルギスで、スラヴ系住民とのバランスをとるためと思われ、独立後、公定祝日に制定された。

　祖国防衛者の日・国際婦人デーともにソ連時代より受け継がれた祝日である。前者は1918年、ドイツ軍の侵入に対してソヴィエト革命防衛のために赤軍への大量の志願兵登録が開始された日にちなむ。ソ連時代から「男性の祝日」とされ、対をなすのが「女性の祝日」の国際婦人デーである。身内の女性、特に母親に花を贈ったり、家族や親族、友人同士が集まって会食したりする。

　独立後、キルギス民族文化復興の流れを受けて祝日に制定されたのがノールズ（ノールーズ、ナウルーズ）である。かつてはイラン系農耕民の祝日であり、古代イランで春分の日を新年としていたことが起源である。ソ連以前は火による清めの儀礼や娯楽が行われていたが、ソ連時代には公に祝うことが禁止された。独立後は首都ビシケクの中心部にあるアラトー広場で大規模な祝典が開催されている。華やかな演舞が披露され、装飾を施した多くの天幕が張られて、時には穀物を用いたノールズの食事がふるまわれる。幼稚園や学校では、生徒が劇を演じたり歌ったりして行事を祝うところもある。

　国民革命の日は、2010年4月に当時のバキエフ政権が民衆の反政府運動により瓦解したことを受け、翌年から休日となった。政府首脳は記念碑に献花して、アッラーに犠牲者の冥福を祈りクルアーンを朗誦する。

　5月の祝日では労働者の日と戦勝記念日がソ連時代から引き継がれた。後者は第二次世界大戦で対ドイツ戦勝利の功労者である兵士をたたえるもので、式典や会食を開催する地方自治体もある。ヨーロッパ戦線からシベリアでの後方支援まで多くの国民が動員され、キルギス人の犠牲者も非常に多数であった。戦死者の

ために政府首脳が首都にある
戦勝記念広場の「不滅の火」
に献花する。憲法記念日は独
立後に制定された。

　キルギスが十全な主権国家
となったことを祝うのが独立
記念日である。首都ではアラ
トー広場や政府庁舎の前で、
地方では中心都市や町で式典
が行われる。首都の式典では

2010 年国民革命犠牲者記念碑（2010 年撮影）

おおむね盛大なパフォーマンスが繰り広げられる。一般家庭では都市・地方とも
に友人や同僚・親戚が集まり会食することもあるが、特に何もせずテレビで式典
中継や音楽・漫才などの娯楽番組を見て過ごすといった人も多い。

　年間最後の固定祝日である報道と出版の日は、ソ連時代の十月社会主義革命記
念日を引き継いでいる。

　キルギスで最も重要な宗教的祭日は、ムスリムの断食明けの祭りと犠牲祭であ
る。ヒジュラ暦による移動祭日で、先に断食明けの祭り、後に犠牲祭となる。朝
にモスクで祭日礼拝が行われ、その後、主に同じブロックに住む隣人同士が互い
の家を行き来して祭日訪問をする。お茶と砂糖、揚げパン、バターやジャム、お
菓子に果物を準備して、やってきた人をもてなす。キルギス人の間では「断食明
けの祭りは死者のため、犠牲祭は生者のため」といわれ、前者では特にアッラー
に死者の冥福を祈りクルアーンが朗誦される。両祭日ともに家畜を屠殺してつ
くった料理を会食することがあるが、必ずしもすべての家庭が行う訳ではない。

暦と生活文化

　カレンダーは、①グレゴリオ暦に従った呼称で印刷さ
れたもの（キルギス語・ロシア語）、②グレゴリオ暦に
従うが月と曜日はソ連以前のキルギス語の呼称を用いたもの（月呼称はキルギス
語起源・曜日呼称は金曜日を除きイラン系言語起源）、③ヒジュラ暦（アラビア
語）のものなどが、各種販売または配布されている。独立後の民族伝統復興の流
れを受け、②が政府の刊行物などで復活している。

　カレンダーに見る月と曜日の呼称は、日常会話でよく耳にするそれと必ずしも
一致する訳ではない。日常会話では通常①のグレゴリオ暦の年・月・曜日の呼称

が用いられる。アラビア語の③が日常会話で用いられることは皆無で、②の月の呼称を耳にすることもあまりない。曜日の呼称では、①のソ連時代から一般的であった月曜日〜土曜日を順に「第一曜日」〜「第六曜日」、日曜日を「休日」とよぶキルギス語と、ロシア語のグレゴリオ暦の呼称の２種が併用される。だが独立後のイスラーム復興により金曜礼拝が一般庶民の間で広まるにつれ、②の曜日呼称のうち、金曜日はアラビア語起源の「ジュマ」がよく聞かれるようになっている。イスラーム信仰を重視する人、シャリーアを遵守しようとする人は③のカレンダーを自宅の部屋に掛けることもあるが、通常会話で用いられるのはグレゴリオ暦である。

🌙 祝祭日の過ごし方

公定祝祭日のうち、やはり盛大で華やかな祝典が開催されるのはノールーズと独立記念日である。首都ビシケクには、海外からの観光客を含め大変な数の見物客が押し寄せる。特に、地方から子供たちが家族や親戚に連れられて、憧れの首都見物にやってくる機会にもなっている。

　ノールーズでは、アラトー広場で歌や踊りの出し物を見物し、出店でアイスクリームやハンバーガー、ジュースを楽しみ、近くの遊園地で思い切り遊ぶ（図1）。独立記念日では暑い中をビシケク郊外の競馬場へ、飲み物や食べ物を買い込んで出かける。男性が馬に騎乗しチームを組んで、馬を走らせ首を落とした仔ヤギの胴体を奪い合う、「ウラク・タルトゥシ」（キルギス語、「仔ヤギの引っ張り合い」）に興奮する（図2）。祝祭日は、自分たちの生きる「国」を実感させる契機でもある。

［吉田世津子］

図1　ノールーズの催し物（2009年撮影）

図2　独立記念日のウラク・タルトゥシ（2015年撮影）

モンゴル国

　モンゴル国は 1911 年に清朝中国から独立、1921 年の人民革命を経て 1924 年に社会主義国家（モンゴル人民共和国）となった後、1989 年のソ連の崩壊をうけて民主化運動が起こり、1992 年に民主化が達成されて現在のモンゴル国となった。日本の 4 倍の広さの国土に約 300 万人が住み、その半数近くが首都ウランバートルに集住する。

 暦法とカレンダー　　公式暦は新暦（グレゴリオ暦）で、壁掛けカレンダーや卓上カレンダーはこちらによる。一方、民間では旧暦が根強く使われているため、新旧の暦を対照したハンディな冊子本が書店で販売されており、一家に 1 冊常備されている。旧暦はインド・チベット仏教起源の時輪暦が主流だが、一部では中国の旧暦が「チンギス・ハーンのシャル・ゾルハイ（黄暦）」の名で流布している。いずれも太陰太陽暦で、閏月挿入のタイミングによって元日の日付が 1 か月程度ずれることがあるため、しばしば「暦論争」が起こる。

　旧暦のうち大勢を占める仏教起源の時輪暦は「オドン・ゾルハイ」（星暦、チベット語の skar rtsis に由来）とよばれ、インド暦起源のチベット暦が 17 世紀にチベット仏教とともにモンゴルに流入したものとされる。18 世紀に青海出身の大学匠スムパ=キェンポが著した『ゲデンの新算法』に基づいており、暦元は 1747 年である。もう一つの旧暦は清朝支配下のモンゴルで公用暦として利用されていた中国暦（時憲暦）で、「シャル・ゾルハイ」（黄暦）といわれる。「シャル」は黄色の意で、中国の清朝皇帝をさす色である。中国の内モンゴルでは今にいたるまでこの暦が旧暦として使われている。

　「オドン・ゾルハイ」の暦本は暦日・暦注

図 1　モンゴルのオドン・ゾルハイの暦本の表紙。第 17 ラブチュンの火・トリ年（西暦 2017〜18 年）と書かれている

からなっており、①その年の支配星、②モンゴル版「春牛図」、③その年の運勢全般、④二十四節気、五惑星（水星・金星・火星・木星・土星）の位置と日月蝕、「ダシニャム」「バルジンニャム」などの吉日の日付、⑤日ごとの月と太陽の天球上の位置、⑥日ごとの六十干支・八方位・九星、⑦日ごとの五行相克・十二因縁、⑧生年別吉凶表などが記載される（図1、2）。

Хаврын тэргүүн хар барс сар						II-III сар
Билгийн тооллын өдөр, гараг — 1 Сумъяа	2 Ангараг	3 Буд	4 Бархасвад	5 Сугар	6 Санчир	7 Адъяа
Аргын тооллын өдөр, гараг — 27 Даваа	28 Мягмар	1 Лхагва	2 Пүрэв	3 Баасан	4 Бямба	5 Ням
Жил-өдөр — Хөхөгчин тахиа	Улаан нохой	Улаагчин гахай	Шар хулгана	Шарагчин үхэр	Цагаан бар	Цагаагчин туулай
Од зүрхий — 23 23	24 23	25 23	26 23	0 23	1 23	2 23
жөдрий — 24	25	26	0	1	2	23
Мэнгэ Хөвлэг — 7 улаан Уул	6 цагаан Мод	5 шар Хий	4 ногоон Гал	3 хөх Шороо	2 хар Төмөр	1 цагаан Огторгуй
Барилдлага — Үхэх	Үхэх	Үхэх	Рашаан	Хотол чуулган	Түлэх	Түлэх
Шүтэн барилдлага — Хуран үйлдэхүй	Тийн мэдэхүй	Нэр-өнгө	Төрөн түгэхүй	Хурьцахуй	Сэрэхүй	Хурьцахуй
Нар ургах шингэх — 7.37-18.33	7.36-18.35	7.34-18.36	7.32-18.37	7.30-18.38	7.28-18.40	7.26-18.41

❀ Балжинням　☾ Дашням　✦ Ичигсэд хөдлөх (17 ц 31 м)

図2　第一段が旧暦の日付、第二段が西暦の日付、以下暦注で、最下段に日出・日没時刻が書かれる。旧暦の元日は西暦の2月27日にあたる

　モンゴルの二つの旧暦「オドン・ゾルハイ」（時輪暦系統）と「シャル・ゾルハイ」（中国暦系統）は、どちらも月の満ち欠けによって1か月を定める太陰月（約29.5日）を基本とする。すると12太陰月が354日あるいは355日となって1太陽年よりも短いため、3年弱に1回閏月として1太陰月を挿入し、季節とずれないようにしている、いわゆる「太陰太陽暦」である。しかし双方で閏月を挿入するタイミングが異なるため、旧正月が1か月ずれることがある。また中国暦では新月（朔）は必ず1日になるが、満月（望）が15日にならず16日になることがあるのに対して、時輪暦では満月（望）が必ず15日になると決められているが、新月（朔）は1日にならず前月の30日になることがある。そもそも中国暦では午前零時（子の刻）が1日の起点となるが、時輪暦では「明け方」が1日の始まりと規定されるので、時輪暦の1日（朔日）は、中国暦よりも遅れがちになる。

　結果として、オドン・ゾルハイ暦による旧正月は、シャル・ゾルハイ暦による旧正月よりも1日遅れることが多く、閏月挿入のタイミングによっては1か月遅れる場合もある。例えば2017年の旧正月は、オドン・ゾルハイ暦では2月27日であったが、シャル・ゾルハイ暦では1月28日で、中国の旧正月と同じだった。前者では前年に閏十二月が挿入されたのに対し、後者では当年に閏四月が挿入されたからである。これはどちらが正しいという問題ではなく、暦の計算システムによる違いである。

✵ 祝祭日と行事・儀礼

国家が定める祝祭日は、新年（12月31日〜1月1日）、旧正月（三が日、移動祝日）、婦人の日（3月8日）、子どもの日（6月1日）、国家祭典ナーダム（7月11〜14日）、民族の誇りの日（旧暦10月1日、移動祝日）、国家独立の日（11月26日）、自由独立回復記念日（12月29日）の計14日である。

新年は、社会主義時代に旧ソ連の影響でギリシャ正教の新年祭「ヨールカ」が祝われた名残もあり、今でも年末から年明けにかけて職場の同僚や友人同士が街中のレストランなどで盛大なパーティーを開く。

これに対して伝統的な旧正月ツァガーン・サル（白い月）は家族や親戚同士で祝う。旧暦の年末に肉まんじゅうボーズ（漢語「包子」）を大量に準備し、大掃除を終え、大晦日にはモンゴル服の正装に着替えて新年を迎える。草原では天幕住居ゲルの扉の上に雪の塊を三つ供える。これはモンゴル仏教の儀礼で、大晦日にバルダン・ルハモ（吉祥天母、チベット語 dpal ldan lha mo）がラバに乗って三千世界を駆け巡る際、ラバの喉の渇きを癒やすために供えるという。大晦日にはモンゴル各地の仏教寺院で夜通し法要が行われ、首都にあるモンゴル最大の寺院ガンダン寺のそれはテレビで生中継され、多くの参拝者が訪れる。元日にはご来光を拝む習慣がある。家を出る際にその年の恵方への方違えを行う。年始の挨拶まわりをする習慣もあり、家族・親戚一同の最年長者に対して平安・長寿を祝う挨拶をする。その際、年長者に対して金品を捧げ、年長者は礼品を返す。元日に寺院に参詣できない場合でも、旧正月15日までに寺院を訪れ、厄落としをしてもらう習慣がある。

婦人の日（3月8日）と子どもの日（6月1日）はともに国際的な祝日である。国家祭典ナーダム（7月11〜14日）は、1921年革命記念日（7月11日）に合わせて開催される。「ナーダム」の原義は「遊び」だが、それが発展して伝統的な「相撲」「競馬」「弓射」の競技をさす。その直接の起源は、1639年にモンゴル仏教の初代化身仏ジェブツンダムバ1世（ザナバザル）の即位式が開催された後、この三つの競技が奉納されたこととされる。

民族の誇りの日は、モンゴル民族の英雄チンギス・ハーンが旧暦の冬の最初の月（10月）の朔日に誕生したとする学説が採用されたことによって、2012年に設けられた。

国家独立の日（11月26日）は1924年の憲法制定記念日、自由独立回復記念日（12月29日）は1911年のボグド・ハーン政権独立日である。

　これ以外に、仏教寺院の年中行事としてオドン・ゾルハイ暦の以下の日付で法要が営まれ、多くの参詣者が集う。旧正月の法要（元日～15日）は仏陀が異教徒の教えに対抗して勝利したことを祝って行う。旧正月14日はジェブツンダムバ1世が遷化した日、旧暦4月（夏の最初の月）15日は仏陀の生誕日（イフ・ドゥイチェン）、旧暦6月（夏の最後の月）4日は仏陀が最初に法を説いた（初転法輪）日、旧暦9月（秋の最後の月）22日は仏陀が天界から人間界に戻ってきた日、旧暦10月（冬の最初の月）25日はチベット仏教ゲルク派の開祖ツォンカパの生誕日であり、それぞれ特別な法要が行われる。

暦と生活文化

　モンゴルの旧暦とその暦注は、人々の生活に少なからず影響を与えている。二つの旧暦において数年ごとに旧正月が1か月ずれる現象は、そのつど「旧暦論争」を巻き起こす。シャル・ゾルハイ暦派は「中国・韓国・日本は同じ時期に旧正月を迎えているのにモンゴルのオドン・ゾルハイ暦だけが1か月遅れるのはおかしい」と主張する。これに関連して、モンゴルの旧暦には二つの吉日「ダシニャム」と「バルジンニャム」の重なる大吉日が年に数回あり、特に秋の中の月（8月）のその日は、1年のうち婚姻に最も適した日とされている。しかしオドン・ゾルハイ暦にはそのシステム上、ある日付が二度繰り返される「余日」と、ある日付が飛ばされる「欠日」があり、2006年のこの日は欠日で、せっかくの大吉日が暦の上で存在しなかったため、人々はがっかりし、シャル・ゾルハイ暦派は、オドン・ゾルハイ暦の不要を説いた。

　こうした旧暦論争は、モンゴル文化の重層性を示している。かつて中国（清朝）に支配されていたモンゴルは、根強い反中国感情をもっており、中国起源のシャル・ゾルハイが普及しないゆえんとなっている。その一方、13世紀のチンギス・ハーン時代にはまだインド・チベット起源のオドン・ゾルハイが伝播してきていなかったとして、シャル・ゾルハイ暦派はその呼称に民族英雄の名を冠し、「チンギス・ハーンのシャル・ゾルハイ暦」と称するにいたった。この結果、二つの旧暦は、モンゴル人の伝統のよりどころとなる二つの権威（チンギス・ハーンとチベット・モンゴル仏教）の代弁者として共存しているのである。　　［松川　節］

参考文献

[1] 松川節「カレンダー文化・モンゴル」『カレンダー文化』アジア遊学106, 勉誠出版, pp. 110-121, 2008.

ロシア連邦

　今日のロシア連邦は、1991 年 12 月にソヴィエト連邦が解体したことによって生まれた。日本の約 45 倍、世界最大の国土をもつ大国であり、首都はモスクワである。なお、1712 年から約 2 世紀間は、ピョートル 1 世が建都したサンクトペテルブルクが首都であったが、1918 年（ロシア革命の翌年）にモスクワが首都となり、今にいたる。人口は約 1 億 4434 万人（2016 年時点）で、日本より1735 万人ほど多い。

暦法とカレンダー

公式の暦法はグレゴリオ暦である。これは 1918年、それまで用いられていたユリウス暦に代えて導入された。ただ、ロシアの主要宗派であるロシア正教会（キリスト教）は、今日でもユリウス暦を用いており、そのため今日のロシアではクリスマスは 1 月 7日に祝われる。カレンダーは、壁掛けカレンダーや日めくり、カード型カレンダーが普及しており、日本と同様に書店などで販売されている。壁掛けカレンダーは多種多様であるが、ロシアの伝統工芸（ホフロマ塗りなどの民芸品、細密画、陶器など）やイコン画、聖人たちの図柄も目立つ。日めくりも正教の聖人から家庭の医学、料理のレシピ、女性向けと銘打ったものまで多岐にわたり、読み物といってよいほど、情報量がある（図 1）。

　また、複数の出版社から、暦の本（冊子タイプのカレンダー）のシリーズが出版されており、「正教カレンダー」や「ムスリム・カレンダー」（イスラームの暦）など宗教系の暦に加えて、近年では月齢カレンダーが目立つようになった。ロシア正教会の冊子タイプの暦には、一般向けと女性向けの両方がある（図 2）。なお、中学校・高校では歴史の副教

図1　書店の日めくりカレンダー

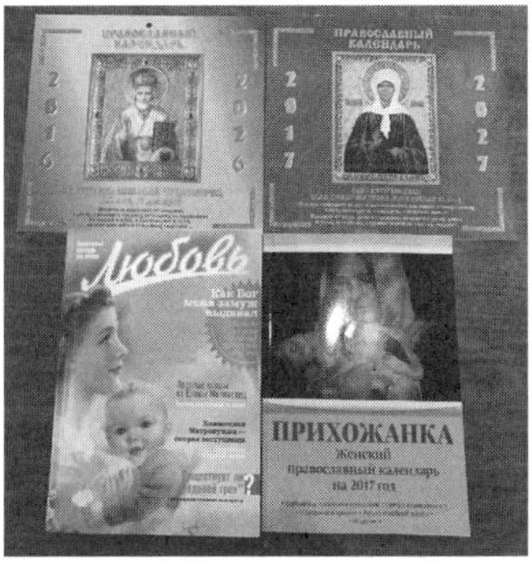

図 2　正教の壁掛けカレンダー（上）と女性向け暦本（下）

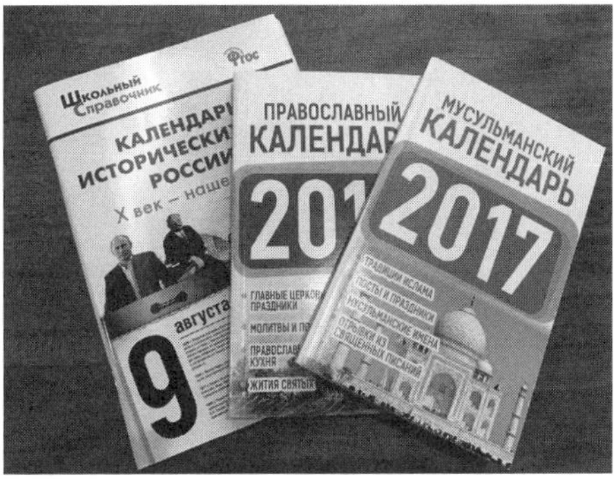

図 3　歴史の副教材（左）と冊子タイプの正教暦（中央）、ムスリム暦（右）

材として「今日は何の日　歴史出来事カレンダー」があり、10世紀から現代までの1年365日の各日に何があったか、暦形式で知ることができるようになっている（図3）。

祝祭日と行事・儀礼

ロシア連邦法が定める祝祭日のうち、休日となっているのは、新年（1月1日）、キリストの誕生日（クリスマス、1月7日）、祖国防衛者の日（2月23日）、国際婦人デー（3月8日）、春と労働の祝日（5月1日）、勝利の日（5月9日）、ロシアの日（6月12日）、民族統一の日（11月4日）である。さらに、新年休暇として1月1日から5日までは法定の休日となっている。また、飛び石連休とならないように、政府は毎年、翌年の暦を発表、祝日と土・日曜日の谷間の平日は1年限りの法定休日とされることが多い。

2月23日の祖国防衛者の日は一般に「男性の日」と考えられている。というのも、徴兵制のもと、男子は徴兵の対象となっているためだ。3月8日は「女性の日」と考えられ、花やカードを母親や女性教師に贈る習慣がある。5月1日はいわゆるメーデーである。5月1日から9日まで大型連休となることが少なくない。春の訪れが遅く、秋の早いロシアでは、5月初頭は春から初夏の気候を味わえるよい時期で、この大型連休は新年休暇とともに重視されている。連休の最後を飾る5月9日は第二次世界大戦の対ドイツ戦勝記念日で、街中には祝いの巨大ポスターや風船があふれ、パレードが行われる。

6月12日のロシアの日は、比較的新しい祝祭日である。1990年にロシア共和

国が主権宣言を採択した日であるためだ。6月12日とクリスマス以外は、ソ連時代の名残を感じさせる祝祭日である。より正確にいうと、ソ連時代の祝祭日に近い日にちを選んで新しい意味付けが施されているのである。その典型例が11月4日の民族統一の日である。ソ連時代は11月7日が十月革命記念日として休日だった（2004年まで休日とされていた）。革命記念日（11月7日）は国家の祝祭日としては姿を消し、新たに11月4日がポーランド軍からモスクワを解放した日とされ民族統一の日と意味付けられた。この祝日制定の是非については議論が絶えない。なお、ロシア正教会では、11月4日は以前から「カザンの生神女（聖母）のイコンの日」として長らく親しまれてきた。モスクワを解放したロシア国民軍が「カザンの生神女のイコン」を掲げていたとされることにちなむ。一方、祝祭日のうち、廃止されて代替の日が設けられていない日もある。それは12月12日の憲法記念日である。この日は1993年に現行憲法が制定された日であるが、2004年に廃止された。

　休日ではない祝祭日としてロシア連邦法で定められている日のうち、9月1日の「知識の日」は、教育年度の最初の日で、日本では4月1日にあたる。学校では、教師に花を贈るのが習慣で、入学式や始業式には晴れ着姿の児童と保護者が顔をそろえる。2004年のこの日、チェチェンに近い北オセチアの地方都市ベスランで学校が武装集団によって占拠され、多くの児童・保護者が犠牲となった。

　ロシア連邦は、85もの共和国・州などからなる連邦であり、地域や民族によって異なる歴史や宗教をもっている。そのため、各共和国・州などで、独自の祝祭日を定めてよいことになっている。例えばバイカル湖近くの仏教徒の多いブリヤート共和国では、太陰暦で正月を祝う。2017年の元日は2月27日と発表され、休日の祝祭日とされた。2月23日の木曜日は連邦レベルでの「祖国防衛者の日」で休日、24日の金曜日は日曜日にあたる1月1日の振替として休日となり、ブリヤート共和国の2017年の正月は2月23日から27日までの5日間の大型連休となった。

暦と生活文化

　ロシア国内のある調査では、ロシア連邦の68%の人が正教徒と答えている（2013年時点）。正教会の暦と関連する行事は人々にとって身近なものといえるだろう。その1つが、ロシア版カーニバルの「マースレニッツァ」（バター週間）である。移動祭日である復活祭（イースター、ロシア語ではパスハ）に先立つ40日間が斎戒期（ロシア語で

はポスト）で、卵や肉を断つ習慣がある。斎戒期が始まる前の「マースレニッツァ」には、卵やバターを使ったクレープ（ロシア語ではブリヌィ）をたくさんつくり、友人を招いてごちそうしたり、コンサートに出かけたり、催し物を行ったりする。正確には、正教会の教会暦には入っていない行事だが、ロシア人にとって伝統的な祝い事として親しまれている。また、近年の都市部のカフェでは、この斎戒期に菜食メニューを準備するのが定番となっている。

　ロシアの人々、特に農民の暮らしに密着した暦として、民衆暦がある。この暦は、キリスト教が普及する以前の農事暦と正教暦が重ね合わされているという特徴をもつ。例えば夏至の祭「クパーラ」は、キリスト教の聖人の一人、洗礼者ヨハネの誕生日とされた（ユリウス暦6月24日）。「イワン・クパーラ」とよばれるこの日の前夜に薬効のある草を摘む風習は、20世紀にもその記録がある。

 クリスマスとお正月　　日本では、12月25日が過ぎるとクリスマスツリーを片付け、正月飾りを飾るのが習慣となっているが、ロシアではクリスマスとお正月が一体化している。これには、ロシア正教会が用いているユリウス暦でクリスマスが1月7日にあたるという理由だけでなく、ソ連時代の反宗教政策が影響している。

　人々の信仰心を新しい共産主義国家の建設へ向けようとしたソ連政府は、キリストの誕生を祝うクリスマスに否定的であった。そのため、政府は、民話で親しまれてきたマロースじいさん（ジェト・マロース）と雪娘（スネグーラチカ）をお正月のキャラクターとして、エゾマツ（ヨールカ）とともに広場などに飾る、通称「ヨールカ祭」を普及させた。マロースは「厳しい寒さ」を意味する言葉で、日本で『森は生きている』（マルシャーク作）として親しまれているお話の中でも、寒い冬の精（12月、1月、2月の精）は老人として描かれているのを思い起こすことができるだろう。

　マロースじいさんと雪娘はともに青い衣装を身にまとい（マロースじいさんは赤い衣装のこともある）、大晦日に贈り物を配ってまわるのである。ソ連解体後には、宗教にかかわる唯一の祝祭日（休日）としてクリスマス（1月7日）が復活し、ユリウス暦の新年は1月14日であるため、1月半ばまで正月気分は続き、クリスマス飾りもその頃になってやっと姿を消す。なお、マロースじいさんと雪娘は、ソ連解体後の今日でも人々の間で身近な存在であり、近年のコメディ映画にも青服姿で登場するキャラクターである。　　　　　　　［井上まどか］

コラム　日本カレンダー暦文化振興協会

　日本カレンダー暦文化振興協会（以下、暦文協）は 2011 年 2 月に設立された一般社団法人である。設立趣旨によると、世界各地のカレンダーや暦の価値を広く知ってもらうためのいわば産学共同の文化交流団体と規定されている。会員はカレンダー業界を中心に歴史学、天文学、文化人類学などの研究者、ならびにカレンダー愛好家らで構成されている。会員数は約 160 名。暦文協では暦文化に関する講演会やシンポジウム、フォーラムなどを定期的に開催するほか、「旧暦 2033 年問題」などの議論を深める活動や、「暦原本」の作成にも従事している。「旧暦 2033 年問題」とは、旧暦（天保暦）には 2033 年の閏月をどこに入れるかに関し同暦に準じた規定では、三つの候補から一つを決定できないという問題である。公式にはすでに廃止された旧暦だが、中秋や六曜など年中行事や冠婚葬祭に影響を及ぼしていて、文化にかかわる問題として浮上してきた。暦文協では慎重に議論を重ねた結果、閏 11 月案を推奨している。他方、12 月 3 日の「カレンダーの日」には「暦原本」を奉納する儀式が明治神宮などで行われている。

　さらに設立の翌年から会員向けにオリジナル・カレンダーを発行し、一般にも販売している。2012年版のテーマは「大小暦」であり、「貧しいリチャードの暦」（2013 年）、「引札暦」（2014 年）、「東アジアの暦」（2015 年）、「大小暦」（2016 年）、「在日外国人のカレンダー」（2017 年）と続いた。そのカレンダーの特徴の一つは掲載事項が豊富なことである。旧暦、六曜、二十四節気、七十二候のほかに八十八夜や二百十日などの雑節、月の満ち欠け、潮の

図 1　日本カレンダー暦文化
振興協会のロゴマーク

干満などが記載されている。また国民の祝日はもとより盆、彼岸、節句、バレンタインデー、ハロウィン、クリスマスなど国内の主要行事以外にも、カーニバルやイースター、ラマダーン、ホーリーなど世界の代表的行事も解説付きで載っている。さらに、ユダヤ暦、エチオピア暦、ヒジュラ暦、イラン暦などの新年も取り上げられ、日月食などの天文情報も図解付きで示されている。紀年法も西暦、干支のほかに神武紀元、明治・大正・昭和・平成の元号やイスラーム暦が加わり、新年から数えて第何週かという項目も入っている。さまざまなカレンダーや暦を文化として把握し、その多様な意味や使用法を正確に認識して、国際的でグローバルな社会で暮らす現代日本人にとっての多元的な時間軸が提供されている。

　2017 年版からは企業名が印字されて配布される既製品カレンダー（約 1 億冊）の表紙に太陽・月・星をかたどった暦文協のロゴマーク（図 1）が掲載されている。これは、「暦原本」に基づく信頼できる暦関連情報が記載されていることを保証するしるしである。　　　　　　　　　　　　　　　　　　　　　　　　[中牧弘允]

5. 西アジア

イエメン共和国

　中東のアラビア半島南端に位置するイエメンは、「アラブ民族発祥の地」という別名をもち、また7世紀にアラビア半島のメッカに預言者ムハンマドが現れると、最も早い時期にイスラーム教に改宗し、後のイスラーム帝国の拡大にあたっては勇敢な戦士を多数輩出したことでも知られる。人口は推定2600万人で、そのほとんどが人種的にはアラブ人、宗教はイスラーム教である。また、アラブというと砂漠を想像する日本人が多いが、イエメンは山岳地であり、数千年来、段々畑を築いて降雨を利用する天水農業を続けてきた。「モカコーヒー」はイエメンを代表する農産品である。このような来歴をもつイエメンの暦では、アラブ、イスラーム、農業が大きな影響を及ぼしている。

暦法とカレンダー
　　　　　　　　　　　　　　　人々の生活にはイスラームの宗教行事が根付いており、その暦法であるヒジュラ暦（太陰暦）はまだまだ現役である。もちろん、現代世界に生きるイエメン人は日常的には太陽暦である西暦（グレゴリオ暦）を用いている。しかし、カレンダーにはヒジュラ暦を併記したものや、主要な宗教行事のみヒジュラ暦で記してあるものが多い。

　政府をはじめ国家機関は西暦を採用しているので、国家的な記念日などは西暦の月日で固定されており、カレンダーに祝日として記載される。これらはすべて1960年代に近代国家が成立して以降に制定されたもので、メーデー（5月1日）、南北イエメン統一記念日（5月22日）、イマーム打倒革命記念日（9月26日、1962年に旧北イエメンでイマーム王政を倒して共和国が誕生）、反英独立革命記念日（10月14日、1963年に当時英領植民地であった旧南イエメンで、反英独立闘争開始）、独立記念日（11月30日、1967年に旧南イエメンから英国軍が撤退、南イエメン共和国が成立）などがある。

　こうした日には官公庁、銀行、企業、学校などは休みになるが、市場は通常どおり開いており、商店は午前中に休んで午後営業するところも多い。例えば1990年に旧南北イエメンが統一されたことを記念する統一記念日（その後、2015年以降の内戦で統一の行方は不透明になってしまった）には、2011年以前

は各州持ちまわりで盛大な記念式典が開催され、この日に向けて会場周辺は道路整備などで急ごしらえの近代的な街並みに変身した。当日は軍事パレードや大統領演説が行われ、テレビや新聞で特集が組まれたものである。ただし、こうした政治的な式典は人々の生活の中では「休日」以外の特段の意味をもたない。

◇◇◇ 祝祭日と行事・儀礼

イスラームの祝日には断食月以外にも次のものがある。これらの祝日はヒジュラ暦によるため、グレゴリオ暦のカレンダー上では毎年およそ11日ずつ日付が前にずれていく。イスラーム元旦はヒジュラ暦ムハッラム月（第一月）の第一日に新年を祝うものである。断食月はヒジュラ暦ラマダーン月（第九月）である。ラマダーン月が終わってからは断食明け祭り（イード・アル・フィトル）で約5日間の祝日となる。1日目は家族そろって朝食をとり、服を新調してモスクに集まりイードの集団礼拝に参列し、その後は親類や友人たちへの挨拶回りを行う。ヒジュラ暦ズー・アル・ヒッジャ月（第十二月）には全世界のムスリムが聖地メッカを巡礼する。この月の10日から3〜5日間が犠牲祭（イード・アル・アドハー）の祝日となる。イードの集団礼拝や家族での食事は断食明け祭りと似ているが、犠牲祭では巡礼に参加していないムスリムは家畜を屠って神に捧げ、貧者に分け与える習わしがある。そのため、比較的裕福な家庭は羊を1頭買い、犠牲祭の朝に屠って昼ご飯に食する。1頭丸のままでは買えない家庭でも市場などで部分肉を購入して、やはり昼ご飯は肉料理というところが多い。また、近年ではヒジュラ暦ラビーウ・アル・アウワル（第三月）の12日を預言者ムハンマド生誕祭の祝日とするようになった。

暦と生活文化

多くの人々にとっての生活リズムはヒジュラ暦を基本に構成されている。すなわちイスラーム教のサイクルである。1日のリズムは5回の礼拝によって刻まれ、ヒジュラ暦によって定められるイスラームの宗教行事こそが、人生の節目となることが多い。

特にラマダーン月の断食と犠牲祭は、イエメン人にとって最も大きな年中行事である。ラマダーン月はヒジュラ暦の第九月にあたる。断食といっても1日中食べない訳ではない。断食は日中のみ行う。具体的には夜明けの礼拝（ファジュル）から日没礼拝（マグリブ）の間、「断食」を行うことがムスリムの義務とされている。「断食」には単に飲食をしないだけではなく、喫煙や性的行為の禁止、

悪しき言動を慎むことなどが含まれ、「心身を空にしてアッラーへの祈りで満たすこと」が求められる。イエメンでは、このラマダーン月が始まる1週間くらい前から準備で慌ただしい雰囲気となる。市場やスーパーには断食明けすぐに食べるナツメヤシが平積みとなる。1日の断食を終えた後の食事（イフタール）はごちそうになるため、食材が通常よりも多く入荷され、市場は活気を帯びてくる。

ラマダーン月が始まると、昼夜が逆転するため社会生活が普段とはがらりと変わる。というのも「飲食ができない昼間は、寝て過ごすのが得策」と考える人が多いからである。このため朝は遅い時間に起き出してゆっくりと出勤することとなり、そのうえ昼礼拝で早々に職場から姿を消す人、職場には残るが半ば居眠りをしながら仕事をする人などさまざまだが、ほとんどは昼下がりには帰って昼寝に入ってしまう。市場は昼礼拝の前後に開き出し、13時頃にはその日のイフタール食材を求める客で大変な混みようである。

主婦は午後一杯をかけてイフタールの準備をするが、断食中のこととて味見ができず、長年の勘を頼りに味付けをする。日没が近付くにつれて人々は家路を急ぎ、路上の車の運転は荒くなる。そして、日没のアザーン（モスクからの礼拝の知らせ）が流れるとナツメヤシを口に頬張り、礼拝をしてから、家族が車座になってイフタールの食事を囲む。おなかを満たしてひと心地がつくと、親戚や近所の家を訪問し合ったり、男性の場合はカートという葉っぱをかんでのんびりしたりする。ラマダーン中の町では商店が夜通し営業し、人々が通りに繰り出してにぎやかである。そして、人々は明け方近くになると、「スフール」とよばれる食事をとり、夜明けの礼拝を終えてから床に入る。

ラマダーン月4週目になると、人々はイードの準備に入る。イード中は田舎に帰省する人も多く、町はがらんとしている。公的なカレンダーでは断食明け祭りの祝日は5日間だが、イエメンではその後の1週間は「イードの尻尾」とよばれ、故郷でのんびりする人も多く、ラマダーン月が終わって2週間ほどたってから、ようやく社会生活が通常に戻る。

 天文暦と農業カレンダー　イエメンはアラビア半島でも雨量が多い地域であり、古来より農業が盛んであった。しかし1960年代に北・南イエメンでそれぞれ革命が起きて近代国家が誕生するまでは、太陰暦であれ太陽暦であれ農村部に印刷されたカレンダーはなかったし、テレビ・ラジオによる天気予報なども利用できなかった。そもそも、太陰暦

は太陽の運行とずれているので、季節とはシンクロしない。このためヒジュラ暦は農民が農事暦として利用することはできないのである。

　そのため、農村地域では星々の位置と月の軌道から季節を読む天文暦が伝統的に使われてきた。イエメンでは天水農業が主であり、雨季は春先（3～4 月）と晩夏（7～8 月）の 2 回ある。農村地域の天文暦では、特定の星の位置と月の軌道によって季節と降雨の時期を計り、それに基づいて農作業の日取りを決めるのである。太陽暦では 1 年はおよそ 7 日間×52 週であるが、天文暦では月の朔望周期を 1 単位として数え、1 年を 28 日×13 周期と考える。そして、月の軌跡上にある星を特定することにより日付を、特定の星の位置を計ることによって季節を知る。

　季節を計る星は 28 個あり、それは「農業標星」とよばれた。例えば、おおぐま座の星が地平から上る位置に見えるのは晩夏・初秋を表し、収穫の時期の知らせとなる、などである。地方の農村には、こうした月読み・星読みを専門に行う占星術師がいるところもあったという。占星術師は天体の運行により季節や天候を調べ、村人の求めに応じて農作業の日取りを決めた。また、その時々の星の位置や見え方によって村民の生活行事を決める役も担っていた。例えば、村内で若い男女の結婚が決まると、占星術師に星を観てもらい、婚約や結婚式によい日取りを占ってもらうのである。

　こうした伝統的な暦法は、印刷されたカレンダーやテレビ、さらには携帯電話端末などの普及により次第に使われなくなってきており、星読みのできる占星術師もまれな存在となってきている。

　このように、イエメン社会においては天文暦、ヒジュラ暦、グレゴリオ暦という異なる暦法が共存しており、人々は伝統的な農事やイスラーム行事、近代国家の記念日などにより暦を使い分けている。近年のカレンダーではグレゴリオ暦が優勢となり、伝統的な天文暦による農事は減ってきているが、月や星を見て季節の移ろいを感じ、雨や太陽の恵みを思う心は今もイエメンの人々の中に息づいている。

［佐藤　寛・野中亜紀子］

📖 参考文献

［1］佐藤寛『イエメン―もうひとつのアラビア』アジア経済研究所，1994
［2］Varisco, D.M. "The Agricultural Marker Stars in Yemeni Folklore," *Asian Folklore Studies*, 52, pp. 119–142, 1993

イスラエル国

　イスラエルは 1948 年、東地中海地域の一角の、歴史的にパレスチナとよばれてきた地域（以下、歴史的パレスチナ）に、シオニズムを掲げるユダヤ人たちによって建国されたユダヤ人国家である。2016 年現在、この国の人口の約 7 割以上は、世界各地から入植したユダヤ人（ユダヤ教徒）で占められている。しかしながら、歴史的パレスチナはオスマン帝国の支配下において、長らくアラビア語を母語とするアラブ人が居住してきた地域である。建国から現在にいたるまで、イスラエル全人口のうち約 2 割は、常時パレスチナ・アラブ人が占めてきた。宗教的にはスンニ派ムスリムがアラブ人口の 8 割強を占め、残りの 2 割弱をキリスト教徒と、シーア派ムスリムから分派した特殊性の強い宗教であるドゥルーズの信徒が占めている。このうち、スンニ派ムスリムとキリスト教徒の暦は社会的にも影響力を及ぼしているため、本項目ではユダヤ暦とあわせ、キリスト教徒の暦とイスラームのヒジュラ暦についても扱う。

　ユダヤ教とキリスト教、イスラームは、「アブラハム一神教」とよばれる。中東で生み出された最初の一神教であるユダヤ教を礎として、その改革派として登場し、後にイエスの弟子たちによって新たな宗教的集団として分裂したのがキリスト教であり、先行するユダヤ教とキリスト教の影響を色濃く受けて、最後の一神教として 7 世紀にアラビア半島で登場したのがイスラームである。アブラハム一神教は聖典や教えの内容を一部共有しており、暦や祝祭時の慣習もまた、互いに影響を与え合っている。イスラーム圏ではアブラハム一神教徒が祝祭を互いに祝い合い、共有する光景はごくあたりまえのことである。イスラエルやパレスチナ自治区では今日もなお、クリスマスの時期に相互交流を推進する祭りが地方行政主導で行われたり、「ラマダーンおめでとう」というポスターをキリスト教会の大司教座が大きく掲げたりという光景がみられる。

 暦法とカレンダー　　●ユダヤ暦　ユダヤ教徒に用いられるユダヤ暦は、唯一神が天地を創造した年を元年としており、2016 年 10 月に新年を迎えた年は、ユダヤ暦 5776 年にあたる。現行の暦のシス

テムは、ユダヤ教の長老の一人であるヒレル 2 世によって、紀元前 359 年によっ
てつくられた。太陰太陽暦という特殊なシステムを採用しており、基本的に太陰
暦であるが、定期的に閏月が挿入されることで、季節の変遷とのずれを修正して
いる。新年が 1 月 1 日ではなく、第七月の 1 日にあたることも、太陽暦との大き
な違いである。

　ユダヤ暦では、1 日の始まりは日没であり、日没から次の日没までが 1 日とさ
れる。この考え方は後にイスラームのヒジュラ暦に受け継がれることとなった。
また、1 週間という概念もユダヤ暦によって生み出された。これは唯一神が世界
を 6 日間で創造し、7 日目に休息したといわれる『創世記』の故事に由来してい
る。ユダヤ暦では日曜日を起点として「第一日」ヨム・リションとよび、月曜日
は「第二日」ヨム・シェニ、火曜日は「第三日」ヨム・シルシと順によぶ。金曜
日が「第六日」ヨム・シシであり、神も休んだ土曜日が「安息日」ヨム・ハ・シャ
ヴァットである。土曜日になると、敬虔なユダヤ教徒たちはいっさい労働をせ
ず、家にこもって家族で金曜日の夕方までに準備した食事を食べて過ごす。一
方、あまり宗教的戒律に拘泥しない世俗派のユダヤ人市民たちは、家族や友人と
ともに海岸をそぞろ歩いたり、山へキャンプに出かけたり、街のお気に入りのカ
フェでたむろしたりして、思い思いの休日を楽しむ。この場合、彼らが出かける
のはムスリムやキリスト教徒のアラブ人たちが経営するカフェである。ユダヤ人
であれば、安息日に店を開けることはしないためである。

●キリスト教諸教会の暦　　一方、キリスト教諸教会の使用する暦は、いずれも太
陽暦に基づいている。ローマ・カトリック教会やメルキト派カトリック教会（ギ
リシャ・カトリック教会）など、カトリック諸教会は、我々が日常的に使用して
いるものと同じグレゴリオ暦を使用し、東方正教会はユリウス暦を使用してい
る。両者の間には 2 週間のずれが存在し、祭りの時期も当然 2 週間ずれることに
なる。例えば、カトリック教会では世間のカレンダーと同じく 12 月 25 日にイエ
スの降誕祭、すなわちクリスマスを祝うが、東方正教の降誕祭はグレゴリオ暦で
いう 1 月 7 日である。彼らの暦では、この日が 12 月 25 日に相当する。また、ご
く少数ながら存在するエジプト由来のコプト正教徒や、第一次世界大戦中にアナ
トリア半島から移住したアルメニア正教徒もまた、それぞれ独自の暦を使用して
いる。このため、聖地であるパレスチナでは、毎年複数回降誕祭や復活祭が祝わ
れることになる。

　キリスト教徒にとっては、日曜日（ヤウム・アル・アハド、第一の日の意。ユ

ダヤ暦同様、日曜日から木曜日までは数でよばれる）が集団礼拝の日であり休日であるが、イスラエル側に住むパレスチナ・アラブのキリスト教徒は、実際にはイスラエルの法定休日に則して生活しているため、日曜日は多くの者が労働している。ただし、パレスチナ・アラブ居住地域に多いキリスト教会経営の私立校は、土曜日と日曜日を休日としている。パレスチナ自治区の学校は、金曜日（ヤウム・アル・ジュムア、集会の日の意）と土曜日（ヤウム・アル・サブト、ヘブライ語の安息日の転用）、あるいは金曜日と日曜日を公休日としている。キリスト教徒が経営にかかわっていたり、キリスト教徒の学生や教職員が多かったりする学校では、後者を採択している。

●**ヒジュラ暦**　ムスリムが使用するヒジュラ暦もまた、太陰暦に基づいている。こちらはイスラーム圏共通のものであり、イスラエルおよびパレスチナ自治区に住むムスリムはスンニ派なので、スンニ派の暦が使われている。

◇＊◇　祝祭日と行事・儀礼

ユダヤ人国家を標榜するイスラエルでは、国の決めた祝祭日はユダヤ暦のものが採用されている（表1）。ユダヤ暦において、休日は安息日である金曜日の日没から土曜日の日没までであるため、原則的に金曜日は午前中のみ勤務、土曜日は官庁や公的機関はすべて休日となる。ムスリムやキリスト教徒のアラブ人市民や、外国人が経営する店舗はもちろんこの限りではなく、土曜日に開いているアラブ人居住地区の市場やカフェは、世俗派のユダヤ人には重宝されている。

　ユダヤ教の祝祭のうち、重要なものは以下のとおりである。詳細は表1を参照されたい。

　①**新年（ロシュ・ハ・シャナー）**　ティシュリ月第一日がユダヤ教の新年にあたり、ユダヤ教徒たちはシナゴーグに集い、角笛を吹き鳴らす。この日は来る新年の幸運を祝い、蜂蜜を付けたリンゴを客にふるまう慣習があり、「よき新年を」（シャナ・トヴァー）、「甘い新年を」（シャナ・メトゥカー）などといった挨拶が交わされる。

　②**大贖罪日（ヨム・キプール）**　ユダヤ教において最も厳粛かつ聖なる日とされる。この日は1日家かシナゴーグにこもり、断食して贖罪のために祈りを捧げる。余談であるが、1973年、この日にエジプトとシリアを主としたアラブ諸国連合軍の攻撃を受け、イスラエルは大打撃を被った。一般には第四次中東戦争として知られるが、イスラエルでは「ヨム・キプール戦争」と称されている。

表1　ユダヤ暦の1年

ユダヤ暦の月の順番	月の名称	太陽暦	祭日
第七月	ティシュリ	9〜10月	**1日　新年** **10日　大贖罪日** **15日　仮庵祭**（祝祭は15日より1週間） **23日　律法祭**
第八月	マルヘシュヴァン	10〜11月	
第九月	キスレヴ	11〜12月	25日　光の祭り、ハヌカー（祝祭は25日より1週間）
第十月	テヴェト	12〜1月	
第十一月	シェヴァト	1〜2月	15日　樹木の新年（TuV Shevat）
第十二月	アダル	2〜3月	**14・15日　プリム（Pūrīm）**
第一月	ニサン	3〜4月	**15日　過越祭**（Pesah、祝祭は15日より1週間） *27日　ショアーの日*
第二月	イヤル	4〜5月	*5日　独立記念日* 18日　ラグバオメル *28日　エルサレム解放記念日*
第三月	シヴァン	5〜6月	**6日　五旬祭（Shavōt）**
第四月	タムーズ	6〜7月	
第五月	アヴ（Av）	7〜8月	9日　ティシャ・ベ・アヴ
第六月	エルール（Elūl）	8〜9月	

注：祭日欄中の太字はイスラエルの法定休日，斜体はユダヤ教とはかかわりのないイスラエルの法定休日。

③**仮庵祭**　出エジプト後のユダヤ人が、荒野で天幕を張って一時的な住居としたことにちなんだ祭りで、実質的な秋の収穫祭である。庭やベランダなどに庵をつくり、祭りの期間中はそこで家族で時を過ごす。

④**律法祭**　ユダヤ教徒は1年かけて、少しずつ律法（『モーセ五書』）を読む。この祭りは律法を読み終えたことを祝う祭りである。

⑤**プリム**　バビロニアの支配を受けていた時代、危機的状況からユダヤ人を救った王妃エステルにちなんだ祭り。

⑥**過越祭**　出エジプト直前、疫病からユダヤ人が救われたことを祝う祭り。

これらのほかに、イスラエルには建国宣言が行われた日を「独立記念日」、

1967 年の第三次中東戦争（67 年戦争、六日戦争）時にエルサレムをヨルダンから「奪回」した記念日（エルサレムの日）、さらにはショアー（ホロコースト）の記念日を法定休日と定めている。

●パレスチナ・アラブ人の祝祭・記念日　イスラエルが建国やホロコーストにちなんだ記念日を法定休日にしているように、イスラエル国内のパレスチナ・アラブ人コミュニティでは、彼らのエスニック・アイデンティティを鼓舞する日を休日としている。

　①ナクバ記念日（5 月 14 日）　ナクバとはアラビア語で大破局、大災厄を意味し、1948 年 5 月 14 日のイスラエル建国とその前後期間、シオニズムを掲げるユダヤ人民兵組織によって引き起こされた混乱や破壊・虐殺行為をさす。被害の全貌はいまだ不透明な部分もあり、400 から 600 の村が破壊され、80 万人とも 120 万人ともいわれる住民が難民となった。イスラエルでは「独立記念日」はあくまでユダヤ暦にのっとって祝われているが、ムスリムやキリスト教徒であり、当時英国による委任統治下で生活していたパレスチナ・アラブ人は、現在もなお西暦の日付である 5 月 14 日をナクバ記念日として固定している。

　②土地の日（3 月 30 日）　土地の日は、イスラエル国内のパレスチナ・アラブ人コミュニティにとって、彼らの土地を守り、エスニック・アイデンティティを自覚するための記念日である。1976 年 3 月 30 日、北部ガリラヤ地方のサフニーン村とアッラーベ村で問題となっていた、政府による土地接収に反対する抗議デモによって、パレスチナ・アラブ人に 6 名の死者が出た事件を記念して制定された。

 暦と生活文化　歴史的パレスチナには、日常的に使用されている暦とは別に、農作業の目安として宗教・教派を問わずに使用される農耕暦（表 2）が存在する。この暦では、9 月 15 日の十字架挙栄祭を起点として 1 年を約 50 日ごとに七つに分け、それぞれの区分の中で行う農作業が決められているというものであり、キリスト教徒が使用するグレゴリオ暦に基づいている。それぞれを区分するのも、すべてキリスト教の祝祭である。これは、ヒジュラ暦が太陰暦で、四季とは対応していないた

図 1　イスラエルのカレンダー例（巻頭口絵 8 ページ目参照）

表2　パレスチナの農耕暦

月日	キリスト教の祝祭	農作業の内容
9月15日〜11月16日	十字架挙栄祭〜リッダ祭	最初の降雨 オリーブとブドウの収穫、圧搾
11月16日〜12月4日〜 12月25日	リッダ祭〜バルバーラ祭〜クリスマス	本格的な雨季の到来 オリーブの収穫修了、畑や果樹園の耕起、耕耘と小麦の播種
12月25日〜1月7日〜 3月下旬、4月上旬	クリスマス〜イエス受礼祭（主のご公現）〜シュロの主日、復活祭	雨季 オリーブやブドウの剪定
3月下旬、4月上旬〜 5月6日	シュロの主日、復活祭〜マール・ジュリエス祭	雨季の終わり
5月6日〜5月下旬、 6月上旬	マール・ジュリエス祭〜聖霊（聖神）降臨祭	小麦の収穫
5月下旬、6月上旬〜 7月20日	聖霊（聖神）降臨祭〜マール・エリヤス祭	乾季の到来、農閑期
7月20日〜9月15日	マール・エリヤス祭〜十字架挙栄祭	乾季、農閑期

注：Surḥān, Nimr, *Mausūʿa al-Fulklūru al-Filasṭīnī*（al-Baidār, 1989）の記述をもとに、筆者作成。

め、農作業の基準とするには適さないためであろう。

　暦の中にある「リッダ祭」とは、11月16日に行われる聖ゲオルギオス殉教祭をさす。初期教会の殉教者の一人とされるゲオルギオス（アラビア語パレスチナ方言でマール・ジュリエス）であるが、パレスチナには彼の母親がパレスチナ人であり、彼自身も幼時をパレスチナで過ごしたという伝承があり、絶大な人気を誇る。彼は古代パレスチナで崇敬された豊穣神がアブラハム一神教に取り込まれた姿とされ、ムスリムもまた、彼をイスラームの不老不死の聖者である「緑の男」アル・ハディルと同一視し、彼の名で祈ればあらゆる病が癒やされ、豊穣の雨に恵まれると信じている。5月6日のマール・ジュリエス祭もまた、彼を記念する聖日であり、リッダ祭は雨季が始まる日、マール・ジュリエス祭が雨季の終わる日とされているのは象徴的である。　　　　　　　　　　　　　　［菅瀬晶子］

イラン・イスラム共和国

　イランは 1979 年 2 月のイラン・イスラーム革命後、現在の国名イラン・イスラム共和国となった。歴史は古く、紀元前 3000 年頃イラン高原にエラム人国家が成立したのが起源だとされ、統一王朝としては起元前 7 世紀のアケメネス朝ペルシャや 7 世紀のサーサーン朝ペルシャなどの王朝が栄え、16 世紀にはサファヴィー朝ペルシャがオスマン・トルコ帝国と勢力を競った。一般にはペルシャで知られるが、1925 年建国したパフラヴィー朝以降、国名がイランとなった。

暦法とカレンダー

イランでは現在、イラン暦、西暦、イスラーム暦の三つが併用されている。ただし日々の暦は太陽暦のイラン暦が基軸となっている。月めくりのカレンダーでは、イラン暦の下に西暦、そのまた下にイスラーム暦というように、同一日が 3 段で書かれている（図 1）。イラン暦は 3 月 21 日が正月の元旦にあたる。イスラーム暦は太陰暦のため毎年 11 日ずれるが、巡礼月、断食月のようなイスラームの年中行事用に使用されている。イラン暦の始まりは、ノールーズ（ペルシャ語で「新しい日」の意味）とよばれ、その起源には諸説ある。イランでは、8 世紀にイスラームがアラビア半島から伝播するまで、紀元前 2500 年頃からゾロアスター教が信奉されていた。ノールーズはゾロアスター教の思想の中にある「光」、すなわち陽光や神を象徴する時期を春の到来ととらえ、春分の日は、善である光の神が勝利したと考えられている。イラン暦が公式暦となったのは 1975 年のことで、アケメネス朝の建国から 2500 周年にあたるこの年を盛大に祝い、イラン暦が正式な暦となった（表 1）。現在のイスラーム国家体制樹立の契機となった 1979 年のイラン・イスラーム革命後も、第一の暦はゾロアスターに起源があるイラン暦である。他方、イスラーム暦は断食や巡礼月のようなイスラームの年中行事を行う際の暦として活用されている。また、西暦

図 1　イランの月めくりカレンダー。左がイラン暦、右上が西暦、右下がイスラーム暦

表1　イラン暦の月名

	月名	由来となった神	該当する西暦
1月	ファルヴァルディーン	フラワシの月	3/21～4/20 （31日）
2月	オルディーベヘシュト	アシャ（ワヒシュタ）	4/21～5/21 （31日）
3月	ホルダード	ハルワタート	5/22～6/21 （31日）
4月	ティール	ティール	6/22～7/22 （31日）
5月	モルダード	アムルタート	7/23～8/22 （31日）
6月	シャフリーヴァル	フシャスラ（ワルヤ）	8/23～9/22 （31日）
7月	メフル	ミトラ	9/23～10/22 （30日）
8月	アーバーン	アナーヒター	10/23～11/21 （30日）
9月	アーザール	アータル	11/22～12/21 （30日）
10月	デイ	アフラ・マズダー	12/22～1/20 （30日）
11月	バフマーン	ウォフ・マナフ	1/21～2/19 （30日）
12月	エスファンド	スプンタ・アールマティー	2/20～3/20 （29日）

は国際基準の暦として参照程度に使われている。新年のカレンダーは、ノールーズが近くなると、文具店、本屋、デパート、街角のキオスクで売られる。日めくりはほとんどみられず、卓上や月めくりのカレンダー、それに1枚に12か月が配置された大判のカレンダーが多い。他方、手帳型のものも人々の間で利用されている。

◈◈◈　**祝祭日と行事・儀礼**　イラン暦の始まりであるノールーズは、いわゆる正月だが、日本の正月に比べ休みが長い。3月21日から10日間ほど休みが続く。ノールーズの前には、「チャハール・シャンベ・スーリー」とよばれる行事がある。家の中の不用品を外で燃やし、外でたいた火の上を子供たちが歌を歌いながら飛ぶ。これは、イラン暦のチャハール・シャンベ（水曜日）の晩に行うが、最近はあまり実施されていない。3月21日の正月がイラン暦では最大の行事であり、春をイメージするもの7品目が正月のお供えものとなっている。

　イランの祭日には、季節の変わり目である春分、秋分、夏至、冬至のほか、イラン革命の指導者であり、革命後樹立された現体制であるイラン・イスラーム共和国の最初の最高指導者ホメイニー師の生誕日や革命記念日、石油国有化デーなどがある。また、イスラーム暦による歳時では、預言者ムハンマドの生誕日や断食月（ラマダーン）明けの犠牲祭が祭日である。他方、イランは、スンニ派と並

んでイスラームの二大宗派の一つであるシーア派イスラームが、サファヴィー朝ペルシャ時代に国教となった。シーア派で最も重要なのは、ムハンマドのいとこであり娘婿であるアリーである。そのため、アリーの生誕日と命日（殉死）や、ムハンマドの娘でありかつアリーの妻であったファーティマの命日なども祭日である。「アーシュラー」とよばれるイスラーム暦上の行事も、シーア派のみが実施する。これは、632年にアリーの第二子のフセインとその一族郎党が、ウマイヤ朝のヤジードが指揮する軍によってカルバラーで惨殺された日を追悼する行事である。「アーシュラー」は、シーア派のみの祭りであり、この惨劇が起こったイスラーム暦のムハッラム月（最初の月）の10日に行われる。

暦と生活文化

イランでは正月（ノールーズ）休暇が人々の間では最も大切な期間になっており、正月のお供え物としては、七つのsが付く品物、すなわちサブゼとよばれる苗、サマヌとよばれるお菓子、センジード（ハスの実）、シーブ（リンゴ）、シール（ニンニク）、ソマックという赤い実、セルケという飲み物が用意される（図2）。これ以外には、春を象徴するチューリップ、ストック、ヒヤシンスなどの花、生きることや躍動感を象徴するとされる金魚なども一緒に供えられる。

　3月21日が近くなると、苗木や金魚やヒヤシンスなどが店頭に並び、人々が仕事帰りに買って帰る光景がみられる。10日間の正月休みには、祖父母の家を訪問して「新年おめでとう」の挨拶をしてから、近所や友人宅を互いに訪問し合い、ごちそうをみんなで食べるのが習慣である。

　イスラーム暦に基づいた祭事で重要なのは、断食月に行われる断食である。日の出から日没まで飲食をしないのが原則だが、子供や老人、妊婦、病人、旅人などは断食を免除される。日没後は家族、親族、近所の人や友人が集まり、深夜まで飲み食いに忙しくなる。なかでも断食明けの祭りはみんなで盛大にお祝いをし、断食をともに分かち合い、1か月間それをはたした者同士のきずながより強くなる日である。断食はスンニ派、シーア派の別は関係なく、イスラーム教徒が実践する。他方、アーシュラーの祭事のときは、男性は広場で輪になり、「シーネ・ザン」という両手を上にあげ

図2　ノールーズの7品目のお供え物　（清水直美撮影）

てから胸をたたく動作を繰り返す。熱
狂的な信者は鎖で自分の体を傷つけて
血を流して、アリーとその子孫が味
わった悲劇的な殉死を追体験する（図
3）。実際にはここまで行うのはごく一
部であり、大多数は行進にすら参加し
ないのが現状である。女性たちは、パ
レードの前方の男性たちに向かって時
おりバラ水をかけたり、バラ水で道を
清めたりする。

図3　アーシュラー時の光景。ゆりかご（殺
害されたアリーの子どもを象徴）の
前で泣く女性たち（清水直美撮影）

 イラン人とカレンダー　イランは革命後、国名もイラン・イスラーム
共和国になったが、それ以前のパフラヴィー
朝時代に正式に制度化されたイラン暦を継続して第一の暦として使用しているの
は興味深い。イラン暦は、イスラーム以前のゾロアスター文化の名残であり、
ノールーズのお祝い文化はイランのみならず、ウズベキスタン、タジキスタン、
アゼルバイジャンなど中央アジアやコーカサス地方にもいまだに残っている。こ
れらの地域は、かつてアケメネス朝やサーサーン朝ペルシャが君臨した帝国版図
の一部であり、イラン暦とはむしろ無関係に文化として残っている。他方イラン
人は、断食はイスラーム暦により実践しているが、国民の休日はシーア派イス
ラームのみに関係する記念日が大半を占める。その意味では、他のアラブ諸国で
活用されているイスラーム暦の年中行事と必ずしも重なる訳ではない。ここにイ
ランのイスラームであるシーア派独自の世界観が反映されている。カレンダーの
図柄としては、イスラーム芸術に独特な飾り文字やモスクの写真なども多いが、
ペルセポリスなどの遺跡や風景画、草木や花などの自然をモティーフにしたもの
など多様である。いずれにしてもデザイン性に優れ、イラン人の美的感性がよく
表現されている。日差しが暖かくなる3月の中旬になると、人々は書店やショッ
ピングモールにカレンダーを探しに出かける。正月前には大掃除をするところは
日本と似ている。正月前になると、イランでは皆いっせいに絨毯を川辺で洗い、
路上や家のベランダに干す。遠くからは、干してある細長い絨毯がカレンダーの
絵や写真のようにも見える。家々の景色が季節の変わり目を告げながら、1年が
始まっていくのである。　　　　　　　　　　　　　　　　　　[中西久枝]

サウジアラビア王国

☾☀ 暦法とカレンダー

イスラームの二大聖地、メッカとメディナを擁するサウジアラビアは、聖典『クルアーン』と預言者ムハンマドの言行（スンナ）を厳格に遵守するイスラーム法学派であるワッハーブ派に基づく王国であり、1932 年の建国以来、暦もイスラームの教えに従ってきた。

　7 世紀にイスラームが広まる以前から、アラビア半島では太陰暦が用いられてきた。月の運行に従うと 1 年は 354 日で、毎年 11 日ずつ太陽暦とずれていく。それを調節するため、およそ 3 年おきに閏月を入れ、13 月の年を設けて太陽暦とのずれを解消し、月と季節が一致するようにしていた。また第十一月から第一月までと第七月は聖月として、戦争が禁じられていた。このため、閏月をいつにするかは、イスラーム以前のアラブ社会では政治的にも重要な問題であり、時には有力部族の都合に合わせて閏月が設けられることもあったという。しかし、「本当にアッラーの御許で、（1 年の）月数は、12 か月である。アッラーが天と地を創造された日（以来の）、彼の書巻のなか（の定め）である。（中略）本当に聖月を延ばすことは、不信心を増長させ、それで不信心者は誤って導かれている。」（『クルアーン』9 章 36〜37 節、『日亜対訳聖クルアーン』日本ムスリム協会より引用）という啓示が下って以後、イスラーム共同体では閏月を設けることが禁じられた。さらに第二代カリフ、ウマル・イブン・ハッターブ（在位 634-644）の時代に、預言者ムハンマドが生まれ故郷のメッカでの迫害を逃れ、メディナに移住した年（西暦 622 年）をこの暦の元年とすると定められた。この移住をアラビア語で「ヒジュラ」ということから、ヒジュラの年を起点とする、閏月を入れない純粋な太陰暦を「ヒジュラ暦」とよぶ。

　月の周期はほぼ 29.5 日のため、ヒジュラ暦の 1 か月は 29 日か 30 日となる。

◈◈ 祝祭日と行事・儀礼

西暦の新年も、ヒジュラ暦のムハッラム（第一月）1 日も祝日ではなく、ごく普通の日として人々は過ごしており、新年を祝う光景はみられない。

　第三月、ラビーウ・アル・アウウル月の12日は預言者ムハンマドの生誕祭とされ、イスラーム圏では盛大に祝う地域や、祝日としている国もあるが、聖典『クルアーン』にも預言者の言行にも依拠していないため、ワッハーブ派を奉じるサウジアラビアではこの日を祝うことは禁じられている。

　最も大切な行事は、第九月、ラマダーン月の断食と、その後の断食明けの祭り（イード・アル・フィトル）、それに第十二月、ズウ・アル・ヒッジャ月の8日から行われる大巡礼と、10日の犠牲祭（イード・アル・アドハー）である。

　ラマダーン月には、夜明け前の礼拝のときから日没まで、一切の飲食が禁じられる。暦が毎年11日ずつずれていくため、厳しい暑さの夏にラマダーン月が巡ってくることもある。サウジアラビアでは、夏の日中は45℃を超えることもしばしばで、水も飲めない断食の行は困難を極める。しかしこのラマダーン月は、聖典『クルアーン』が下された聖なる月とされており、貧しい人々への喜捨が奨励され、夜間の特別礼拝が行われるなど、人々の宗教心が高まる時期でもある。日頃実家を離れて仕事をしている人たちは家に帰ってきて、家族一同そろって日没を待ち、ごちそうを食べたり、親族や友人を訪問し合ったりするという楽しみもある。シャゥワール月第一日目、イード・アル・フィトルとよばれる断食明けの祭りには、午前中にマスジド（イスラームの礼拝所）で礼拝をすませてから、ようやく食べられるようになった昼ご飯を楽しむ。衣服を新調したり、子供にお小遣いを渡す風習もあり、日本のお正月のような光景は新年ではなくこの断食明けの祭りのときに繰り広げられる。

　ズウ・アル・ヒッジャ月は、イスラーム教徒が一生に一度は行かなければならない義務の巡礼、「ハッジ」の行われる月である。世界中からメッカに押し寄せる200万人を超える巡礼者のために、政府は巡礼省を中心に、巡礼地の整備、テントや水など必需品の提供、治安維持や安全・健康管理、巡礼行の補助や指導などを行う。白い巡礼着姿の人々がメッカのカアバ聖殿の周囲を埋め尽くす様子は、この時期ならではの光景である。

　1週間は西暦と同じく7日間だが、イスラームではキリスト教のような安息日はない。金曜日のお昼にはマスジド（礼拝所）で集団礼拝を行うことになっているが、本来は丸1日休む必要はなく、集団礼拝が終われば仕事に戻っていた。しかし近年、西暦で日曜日に休むのに倣って、金曜日を休日とするようになった。サウジアラビアの官公庁は週休2日で、それまで木・金曜日を休みとしていたのを、2013年6月より金・土曜日を週末とするよう変更された。

目視と計算と　　新月の第一日目の月は目視はできない。ヒジュラ暦で
は、預言者ムハンマドがラマダーン月を迎えるのはそ
れぞれの地域で新月が見えたときと述べているのをもとにして、太陽が沈んだ直
後、西の空に低く、うっすらと見える 2 日目以降の新月を肉眼で確認することで
新しい月とする。曇天で月が見えないときは、翌日の夕方から新しい月に入る。
しかし目視で新月を確認するのは難しく、肉眼ではなく天文学的な計算によって
新月を決めるかどうかが、イスラーム諸国では議論の的となっている。

　サウジアラビアでは、KACST（キング・アブドゥルアズィーズ科学技術都市）
により天文学的に計算されたものを公式の暦としている。これはメッカを基点と
しているため、メッカの別称であるウンム・アル・クラー暦とよばれる（ウンム・
アル・クラーとは「すべての町の母」の意）。バーレーン、カタールといったア
ラビア半島の国もこの暦に従っている。

　ウンム・アル・クラー暦の基準は何度か変更が重ねられたが、現在は地球を中
心として、太陽と月が黄道上で「合」になること、日没より後に月の入りになる
ことの二つが新しい月に入る条件となっている。

　カレンダーもウンム・アル・クラー暦で記載されるが、実際には目視による新
月確認も行われている。特にこれが問題になるのは、ラマダーン月の始まりと終
わり、そしてズールヒッジャ月の開始の日である。

　例えば、ある年のラマダーン月 1 日が西暦の 6 月 10 日とカレンダーに記載さ
れていても、実際にそのとおりになるとは限らない。政府は、天文学者やイス
ラーム法学者などからなる新月を公式に確認する委員会を設置しているが、特に
資格のない者が新月を見たと宣言することが禁じられている訳ではないので、新
月確認が早すぎるなどの混乱が生じることもある。

ヒジュラ暦か西暦か　　サウジアラビアに限らず、ヒジュラ暦を用いて
いる国々では西暦も併用されており、新聞やカ
レンダーには、ヒジュラ暦と西暦が併記されていることが多い。ヒジュラ暦を大
切にしているサウジアラビアも、世界最大の産油国の一つとして、国際的なビジ
ネスや外交など多くの分野で西暦を用いざるを得なくなってきている。学校もヒ
ジュラ暦ではなく西暦に従って、西暦の 9 月に新年度が開始される。

　サウジアラビアの建国記念日は、西暦の 9 月 23 日である。1932 年に初代国王
アブドルアズィーズ・イブン・サウドがアラビア半島の主要地域を統一した日を

記念して、2005 年に第六代アブドゥッラー国王により公式の祝日として制定された。これはヒジュラ暦ではなく、西暦で祝われる唯一の祝日である。

　政府機関内でもヒジュラ暦よりも西暦を使うことが多くなってきたため、2012年に公式の場での西暦使用が禁止されるという措置がとられた。内務省の声明によれば、一部の政府機関が是正指示にもかかわらず、不必要に西暦を使っていたという。

　しかし西暦が主流になっている国際社会の一員として、ヒジュラ暦だけで押し通すのはなかなか困難である。前述のように、2013 年に週末をそれまでの木・金曜日から金・土曜日に変更することとなったのも、土・日曜日が週末となっている国際的金融システムと歩調を合わせるためのもので、経済界から見直しが強く要望されていたことによる。ヒジュラ暦と西暦の間を調整する苦肉の策の一つといえよう。

　さらに 2016 年 10 月には、第七代サルマーン国王のもとで、ムハンマド・ビン・サルマーン副皇太子が、公式の暦をヒジュラ暦から西暦に変更すると発表した。2012 年に西暦使用が禁止されてからわずか 4 年しかたっていないため、この発表は驚きをもって受け止められた。すでに公務員給与は西暦で支払われるようになっている。ムハンマド副皇太子は「ビジョン 2030」と名付けられた大がかりな経済改革プランを推し進めており、石油依存型経済から投資、物流、観光、製造業など多角的な経済への転換を図って、国際競争力を高めようとしているため、公式の暦を西暦にするというのも、この改革の一環ではないかともいわれている。

　ヒジュラ暦から西暦への変更が、社会にどのような変化をもたらしていくのか、あるいはまたあっさりと覆されてしまうのか、現時点（2017 年）ではまだ何ともいえない。しかし公式の暦が今後どのようになるにせよ、人々のイスラームへの信仰が消え去らない限り、ヒジュラ暦がサウジアラビアの人々の生活から消えることはないであろう。　　　　　　　　　　　　　　　　　　　　[河田尚子]

📖 参考文献

[1] 医王秀行『預言者ムハンマドとアラブ社会』福村出版，2012
[2] 磯崎定基ほか訳『日訳 サヒーフムスリム』日本ムスリム協会，2001

トルコ共和国

　第一次世界大戦時、1922 年にオスマン帝国が崩壊し、1923 年にトルコ共和国として建国された。アジアとヨーロッパの間に位置し、東西文化の架け橋として歴史的にも重要な役割を担ってきた。国土は日本の約 2 倍で、首都は中央部に位置するアンカラに制定されたが、現在もそれまでの中心であったイスタンブルが経済都市として機能している。人口は約 8000 万人で、多くが都市部に住む。

 暦法とカレンダー　現在の公式の暦法は、共和国建国後の 1926 年に制定されたグレゴリオ暦である。それ以前に使用されてたいイスラーム暦は、国民の多くがイスラーム教徒であることからまだその名残がある。そのほか、トルコでは宗教的にマイノリティとされるアレヴィーとよばれる人々が使用する宗教暦などもわずかにある。

　壁掛けカレンダーや卓上カレンダーが多く使われているほか、日めくりカレンダーも常用されている。カレンダーは書店や大型スーパーなどで販売されているが、日本のように 10 月頃から早々と店頭に並ぶことはなく、多くは 12 月に入ってから販売される。また、企業などが年末の贈答品として配布も行っている。

　さまざまな絵柄のカレンダーがみられるが、なかには初代大統領アタチュルクの功績をたたえるカレンダー（壁掛け）もある。それほどまでに現在まで敬愛されているのだが、これはアタチュルク協会が発行しており、この協会のみが使用できる写真を多用しているため人気がある。また、日めくりカレンダーは特に年齢の高い人々にはなじみがあり、出版社によって個性はあるものの、風景などの写真付きでグレゴリオ暦以外にイスラーム暦、礼拝の時間、月齢、世界の著名人の言葉、教訓、小話、過去のその日の出来事、その日に生まれた子供につけるとよい名前など多くの情報が小さなページの表裏一杯に書かれている。

祝祭日と行事・儀礼　カレンダーにマークされる主要な祝祭日は、元日（1 月 1 日）、国民主権と子供の日（4 月 23 日）、労働と団結の日（5 月 1 日）、アタチュルク記念日および青年とスポーツの日

（5月19日）、戦勝記念日（8月30日）、共和国宣言記念日（10月29日）の12日である。イスラーム歴に関連した祝日として、砂糖祭（計3日）と犠牲祭（計3日）があり、イスラーム歴にもとづき、毎年11日早くなる。また、休日ではないが、初代大統領アタチュルクが逝去した日（11月10日）も重要な日として認識されている。

　現在のグレゴリオ暦に変更され、1月1日が元日に制定された。しかし、日本のように新しい年を盛大に祝うというわけではない。12月31日の午後から1月2日までが休日となる。

　国民主権と子供の日は、1920年のこの日に国民議会が設立されたことを記念して1924年に設定された。第一次世界大戦に敗北し、この地はヨーロッパ諸国によって分割支配されていたが、1919年に後に初代大統領となる M. ケマル（後のアタチュルク）が独立戦争を開始した。その際、今後はそれまでのスルタンではなく国民に主権があるとして、1920年4月23日に各地からの代表者からなる議会を開き、今後すべてをそこで決定することとした。また、子供を常に大切に考えていたアタチュルクは、1929年のこの日を子供の日に制定した。

　労働と団結の日は、労働者がよりよい労働環境を求める機会を与える日である（メーデー）。この休日が制定されるまでには紆余曲折があった。1923年には労働者の日とされていたが、多くの過激なデモが行われたことから1925年に政府に禁止される。その後1935年に再び「春と花の日」として休日とされたが、1977年に再び大規模なデモが行われ、多くの負傷者が出たため1981年に再度廃止された。労働と団結の日とされたのは非常に新しく、2009年のことである。

　アタチュルク記念日および青年とスポーツの日である5月19日は、1919年にケマル（アタチュルク）がイスタンブルからサムスンに到着した日であり、各国に分割支配されていた当地を独立（共和国建国）へと導く第一歩となった戦争が始まった日である。さらにアタチュルクは独立への第一歩となったこの日を、未来を託すことになる青年と、その青年を健全にするスポーツの日と定め、それ以降各地でさまざまなスポーツイベントが開催されるようになった。また、アタチュルク自身がこの日に「私は5月19日に誕生した」と言ったことから、祖国を救い共和国をつくったアタチュルクが誕生した日としてアタチュルク記念日とされた。

　砂糖祭（ラマザン・バイラム）は重要な宗教祭日となっている。30日間のラマザン（断食、アラビア語でラマダーン）明けを祝う祝日で、その名のとおり甘いお菓子が町中にあふれる。3日間休日になり、その間親戚、友人宅などを訪れ子供や訪問客にはキャンディや砂糖菓子などが配られる。このとき年配者の手に

口をあて、敬意を表すとともに、神のご加護を祈ってもらう。

　戦勝記念日である8月30日は、1922年に独立戦争の最後の戦い（ドゥムルプナルの戦い）で、アタチュルク率いるトルコ軍がギリシャ軍に勝利した日である。独立のために最後まで諦めずに戦ったトルコ民族の誇りの日として祝日に制定された。町には大きな国旗が掲げられ、各地でさまざまな式典が開催される。

　犠牲祭（クルバン・バイラム）も砂糖祭と同様に重要な宗教祝日となっている。この祝日には街のあちこちで犠牲となる羊や牛の姿がみられ、地面が赤く染まる。屠った羊や牛は約3分の1を残し、それ以外は貧しい人々などに配る。

　共和国宣言記念日は1923年に、ムスタファ・ケマル（アタチュルク）が「トルコ共和国」を宣言した日である。議会は満場一致でムスタファ・ケマルを初代大統領として選出し、アタチュルク（トルコの父）という名のもとにさまざまな改革を行った。この日は街中がトルコ国旗であふれ、あちこちから《10年目のマーチ》という歌が聞こえてくる。各地で式典が行われるが、いちばん盛大なものは首都アンカラにあるアタチュルク廟での式典で、トルコ大統領が出席する。

暦と生活文化　　トルコではその功績から初代大統領アタチュルクの人気が依然衰えていない。そのため、アタチュルクの画像入りカレンダーが多く店頭に並ぶ。アタチュルクの肖像画を壁に掛けている家庭も多くみられ、それが壁掛けカレンダーであることも多い。

　最近では都市部では行う人も少なくなってきたラマザンであるが、その期間中はテレビでは日没まであと何時間何分などの数字が常に表示されている。そのほか常時クルアーンを朗誦している宗教番組も増える。日没時間（イフタル）になると食事をとることができるため、皆日没を心待ちにしている。この期間の食事は普段よりも豪華になり、レストランでは特別メニューが用意される。このときよく食されるデザートが直径約45cmのライスペーパーを砂糖入りミルクの中に重ねて入れて柔らかくしたギュルラチというお菓子である。これにはザクロの実やバラ水が入っており、このバラ（トルコ語でギュル）が名前の由来になっている。スーパーにもたくさんの工夫を凝らしたギュルラチが売られているが、各家庭でつくることも多い。

　またトルコの小学校では各月が何日からなるか（30日か31日か）を覚えるため、次のような方法を教える。まず、両手握りこぶしを親指同士を内側にしてくっつける。端になる小指の骨のでっぱりの次は薬指との間のくぼみというよう

に親指以外を順に 1 月、2 月と数えて、でっぱった個所にあたる月は 31 日、指同士のくぼんだ部分にあたる月を 30 日（2 月は例外）と覚える。したがって、人差し指の骨部分が並ぶ 7 月と 8 月は 31 日となることがわかる。

　トルコでは、すべての祝日に必ず「○○クトゥル・オルスン」（幸せになりますように）の言葉を付けて挨拶を行う。例えば日本で元旦にいう「明けましておめでとう」は「イェニ・ユルヌズ・クトゥル・オルスン」（あなたの新年が幸せでありますように）となる。

 アレヴィーの暦　　アレヴィーはイスラーム教の影響を強く受けながらも独自の信仰を守り続けてきた人々であるが、当然暦もトルコの人口の多くを占めるイスラーム教スンニ派のイスラーム暦とは異なる部分も多い。

　イスラーム暦と異なるのは、ラマザンの時期である。アレヴィーは、ムハッレム月（アラビア語でムハッラム、イスラーム暦の第 1 月）1 日から 12 日間断食（ムハッレム断食）を行い、翌日アシュレとよばれる 12 種類の食材でつくられたおかゆのような料理をつくり皆で食べる。しかし、最近ではすべての材料を調達することが大変なため、家庭でつくることも少なくなってきており、都市に創設されているアレヴィー文化協会では大釜でつくり、協会員にふるまっている。もう一つ、フズル断食が 2 月の 13〜15 日に行われるが、これは聖者フズルを祝うためのものである。

　またトルコでは、共和国建国以前にイスラーム暦とともに使用されていたローマ暦に基づき祝されていたいくつかの春祭り（フドゥレルレズなど）が一部で行われている。アレヴィーはトルコ民族がイスラーム教を信仰する以前の中央アジアにいた頃の伝統を保持しているといわれているため、その中でも特に、日本の春分の日にあたり、イランや中央アジアで春の始まりの日として広く祝われている 3 月 21 日のネウルーズ（ノールーズ）を重要視する。

　さらにアレヴィーは、伝統的には毎週木曜日の夜から金曜日にかけて、最近の都市部では毎週末に、コミュニティを正しい道へと導くジェム（クスル・ジェム）とよばれる儀礼を行う。ジェム・エヴィ（ジェムの家）とよばれる建物もしくは個人宅の大部屋にコミュニティの成員すべてが集まり、長老の導きのもとに行われる。最近の都市部ではアレヴィー文化協会の大部屋で毎週末に 3〜4 時間に短縮されたジェムが行われており、各地からの参加者の熱気にあふれる。　　[米山知子]

ヨルダン・ハシェミット王国

　ヨルダンは中東の立憲君主制国家で、1921 年に、旧オスマン帝国のシリア州（シャームとよばれる歴史的シリア）南部に建国された。最初は英国の委任統治領であったが、1946 年に統治が終了、現在の国名であるヨルダン・ハーシム王国になったのは、1948 年の第一次中東戦争でヨルダン川西岸地区を占領してからである。首都はアンマンで、現在の人口は、国境を接するイラクやシリアからの大量の難民流入を受けて、1000 万人近くになるといわれている。

　人口の大部分はアラブ人であるが、マイノリティ・グループとして、シャルカス人、シーシャーン人、アルメニア人なども居住する。シャルカス人とシーシャーン人は、1860 年代以降、南カフカースからオスマン帝国へ移民としてやってきた人たちの子孫である。宗教的には、シャルカス人もシーシャーン人もムスリム（イスラーム教徒）であるが、前者がスンニー派の信徒であるのに対し、後者の中にはシーア派に属する者もいる。彼らを含め、ヨルダン人の 90% 以上がこの国の国教であるイスラームを信仰しており、そのほとんどがスンニー派に属しているが、上記のシーア派のほか、シリアとの国境に近い地域には、ドゥルーズ派の信徒も居住する。

　キリスト教徒は、ヨルダンの全人口の数 % にすぎないが、宗派はひじょうに多様で、ギリシャ正教、ギリシャ・カトリック、ローマ・カトリック、プロテスタント、アルメニア正教、アルメニア・カトリック、シリア正教、シリア・カトリック、ネストリウス派などとなっている。数としては、ギリシャ正教の信者がもっとも多い。

☽ 暦法とカレンダー

国の暦法は、基本的には西暦（グレゴリオ暦）であるが、休日は金曜日である。イスラームが国教で、この宗教の創唱者である預言者ムハンマドの直系のハーシム家が統治するヨルダンでは、ヒジュラ暦（イスラーム暦）もきわめて重要な位置を占める。

◈◈ 祝祭日と行事・儀礼

ヨルダンの祝祭日は、非宗教的なものと宗教的なものに大別される。

　非宗教的なものには、西暦の元日（1月1日）、現国王アブドゥッラー2世の誕生日（1月30日）、「労働者の祝日（イード・アル・ウンマール）」と呼ばれるメーデー（5月1日）、独立記念日（5月25日）、アブドゥッラー国王の即位記念日（6月9日）、国軍およびアラブ大革命記念日（6月10日）、フサイン前国王の誕生日（11月14日）がある。

　宗教的なものとしては、国教であるイスラームに関係した祝祭日が多い。ヒジュラ暦は太陰暦なので、西暦では祝祭日は毎年ずれてゆく。ヒジュラ暦の祝祭日には、その中でもとりわけ重要なイード・アル・フィトゥルとイード・アル・アドハーのほか、ヒジュラ暦の元日（ラゥス・アル・サナ・アル・ヒジュリイヤあるいはズィクラー・アル・ヒジュラ・アル・ナバウィイヤ。ヒジュラ暦の1月であるムハッラム月の1日）、預言者ムハンマドの誕生日（アル・マウリド・アル・ナバウィー）、預言者ムハンマドの夜の旅と昇天の日（ズィクラー・アル・イスラー・ワ・アル・ミゥラージュ）、預言者ムハンマドが天使ガブリエルを通じてアッラーの啓示を受けた、御稜威の夜（ライラ・アル・カドゥル）などがある。ヨルダンでは、これらの中の、御稜威の夜以外の祝祭日が休日となる。イード・アル・フィトゥルは、ラマダーン月（ヒジュラ暦の9月）のあいだの断食が終わった翌日、つまりシャッワール月（ヒジュラ暦の10月）の1日を1か月間の断食明けとして祝う祝日であり、イード・アル・アドハーは、イスラーム最大の聖地マッカへの巡礼（ハッジ）の終了にあたり、ズゥ・アル・ヒッジャ月（ヒジュラ暦の12月）の10日に、動物の犠牲を捧げて、巡礼の終了を祝う祝日である。

　ヒジュラ暦の元日は、預言者ムハンマドが彼の教友たちとマッカからイスラーム第2の聖地となるアル・マディーナに移った（＝ヒジュラした）日であり、預言者ムハンマドの誕生日は、ラビィゥ・アル・アッウル月（ヒジュラ暦の3月）の12日である。預言者ムハンマドの夜の旅と昇天の日は、ムハンマドが一夜のうちにマッカからエルサレムの岩のドームへ赴き、そこから天国へ旅をしたとされる日で、ラジャブ月（ヒジュラ暦の7月）の27日となっている。御稜威の夜は、預言者ムハンマドが天使ガブリエルを通じてアッラーの啓示を初めて受けた夜のことで、ラマダーン月の最後の10日間の奇数日の一夜とされる。ヨルダンでは27日の夜となっているが、「27日の夜」といっても、ヒジュラ暦では日没

を1日の始まりとするため、日本でいう「26日の夜」に相当する。

　イスラーム以外の宗教的な祝祭日としては、かつてはキリスト教徒だけを対象にした休日で、現在は国民全体の休日となっている、クリスマス（西暦の12月25日）があげられる。一方、復活祭（イースター）は、ギリシャ正教など東方教会系の暦法に従った移動祝日で、該当する信者のみ休日となる。

暦と生活文化

宗教的なものか非宗教的なものかに関係なく、祝祭日には、新聞にその日がめでたい日である旨が記され、都市部では祝祭日を祝うという内容の横断幕が張られることもある。イスラームに関係した祝祭日には、モスクで集団礼拝が実施され、宗教指導者による祝祭日にちなんだ説教が行われる。テレビでは、国王などが祝祭日を祝ってモスクで礼拝している様子が映し出されるのが恒例である。

　しかし、イード・アル・フィトゥルとイード・アル・アドハー以外の祝日に関しては、人々の生活はふだんとほとんど変わらず、とくに行事のようなものは行われない。休日で、モスクにおいて集団礼拝が行われ、宗教指導者による説教がなされるが、説教の内容が祝祭日にちなんだものになるという以外は、集団礼拝も毎週金曜日に実施されるものと基本的に変わりがない。ところが、イード・アル・フィトゥルとイード・アル・アドハーは、人々にとって特別な機会であり、生活もふだんとはかなり違ったものとなる。

　イード・アル・フィトゥルはラマダーン月のあいだの断食が終了したことを祝う祝祭日であるが、断食月のあいだの人々の生活も日常とはかなり異なる。ヒジュラ暦の月の始まりと終わりは、毎年予測はされているものの、月（天体）が見えない場合、あるいは見えても満ち欠け具合によって、前の月が終わらない（＝次の月が始まらない）こともある。つまり、ラマダーン月に関していうと、予測どおりに断食が始まらなかったり、終わらなかったりすることがあるわけである。断食は日の出から日没までで、その間断食の対象者は一切の飲食が禁じられ、レストランは閉店する。喫煙や性交もできない。人々は、一般に日の出の前にサフールとよばれる食事をとり、日没後は、預言者ムハンマドの慣行に従ってナツメヤシを食べてから、夕食をとる。ラマダーン月のあいだは、親族や友人に対する訪問がふだんよりも頻繁になり、テレビではラマダーン月のための特別な番組が放送される。

　イード・アル・フィトゥルとイード・アル・アドハーのときは、休みも長く、

数日間に及ぶ。儀礼としては、まず初日の早朝に、サラート・アル・イード（イードの礼拝）と呼ばれる特別な集団礼拝がモスクで実施され、イードにちなんだ説教が宗教指導者によって行われる。この礼拝が終わると、人々の中には墓参りをする者もある。墓参りは、死者が出たあとに何度か行われるが、毎年定期的になされるのは、この2つのイードのときだけである。

　この2つのイードに際しては、人々はその数日前から、この祝祭日に食べる、カウク・アル・イードと呼ばれる特別な菓子をつくったり、訪ねてきた客に出すキャンディなどを買い込んだりして準備をする。イードの当日には、女性たちが家でアクラース・アル・イードと呼ばれる特別なパンを焼くこともある。イード・アル・アドハーには、動物の犠牲を捧げる者も見られる。動物の供犠は、本来ハッジに参加した者が現地で行うものであるが、参加していなくても可能な者は行うのが慣例である。供犠にされる動物は羊や山羊が多いが、牛やラクダが供犠にされることもある。動物の供犠を行わない者も、自分で肉を買ったり、供犠を行った者から肉が提供されたりするため、とくにイード・アル・アドハーのときは、ご馳走を食べることが多い。

　この2つのイードのときには、子どもたちはふだんは着ないような良い服を着、父親や訪ねてきた親族などから、「お年玉」をもらう。その金で菓子や玩具を買うのである。一般に休みも長いため、ヨルダンの他の地域に住んでいる家族はもちろんのこと、ときには海外に住んでいる者たちも戻ってくることが少なくない。人々は家族や訪問先の親族、友人と「毎年あなたが健やかでありますように」というような、ふだんとは異なった挨拶を交わす。訪ねてきた人たちには、カウク・アル・イードやアクラース・アル・イード、あるいはアラブ・コーヒー、キャンディ、タバコなどが振る舞われる。アラブ・コーヒーはふだんも飲まない訳ではないが、結婚式や葬式など特別な機会に供されることが多い。ふだん出されるのは、紅茶やトルコ・コーヒーである。また、イードの休暇を利用して婚礼が行われることがあるが、これはヨルダンの内外にいる家族、親族が戻ってきているというのが主たる理由である。　　　　　　　　　　　　［清水芳見］

📖 **参考文献**

[1] 清水芳見「アラブ・ムスリムの祝い事—ヨルダン北部一村落の事例分析」『イスラムの都市性・研究報告』（研究報告編）78, 文部省科学研究費重点領域研究「イスラムの都市性」事務局, pp. 1-28, 1990

コラム　海を渡った日本のカレンダー

　20世紀初頭、横浜の川俣絹布整練（現、川俣精練）は高級シルクで知られる羽二重（はぶたえ）を主力製品とし、欧米に販路を広げていた。天女の羽衣を思わせる薄くてしなやかな羽二重は、貴婦人のストッキングや夜会用手袋として欧米で人気を集めていたからである。絹は当時、日本の輸出産業の花形であり、横浜の港からフランスのリヨンに向け、盛んに輸出されていた。会社の創業者である忽那惟次郎（くつなこれじろう）はさらなる販路拡大をもくろみ、浮世絵カレンダーを商品と商品の間に挟み込み、取引先への広告媒体に仕立てあげたのである。

　川俣絹布整練の外国向けカレンダーは12枚もので、アルファベットの活字を使用していた。そのデザインは木版多色摺りの美人画をメインに、上段と下段にそれぞれ会社の商標と会社名・住所を記載し、空白部分に月ごとの七曜月表を配していた。

図1　右田年英の浮世絵を使ったカレンダー（1909）
　　　［出典：参考文献［1］p.123 より］

その頃の浮世絵版画（錦絵）は下火になりつつあり、カレンダーへのリユースによって一つの活路を見出そうとする試みでもあった。浮世絵師には右田年英、水野年方、池田輝方、河鍋暁翠（きょうすい）が名を連ね、繊細な筆使い、淡い背景、そして摺りの精巧さは外国の取引先を魅了した。1909年のカレンダーでは右田の《美人12姿》、水野の《今様美人》、池田の《江戸の錦》といったシリーズから月ごとにふさわしい美人画を選択している。ちなみに、1912年2月にはゴッホに影響を与えた歌川広重の《亀戸梅屋舗》が選ばれている。

　カレンダー自体は青の1色摺りである。日曜日から始まり土曜日に終わる並びで、「明治四十二年」「一月」のように漢字も使用されている。

　他方、長谷川武次郎の『ちりめん本』は日本の昔噺をヨーロッパ諸語に翻訳した同時期の出版物として知られている。それは浮世絵風の挿絵と相まって海外で人気を博し、そのなかに日本の文化や風俗をテーマにしたカレンダーもあった。

［中牧弘允］

〔参考文献〕
［1］岩切信一郎「明治の大量出版物―暦とカレンダー」『版画藝術』150, pp.118-125, 2010.

6. ヨーロッパ

イタリア共和国

　イタリアは、古代ローマ以降、多くの都市国家などに分かれていたが、1861年にイタリア王国として統一、1946年に共和制に移行した。カトリック教の教皇庁がローマにあるため、その影響が文化・社会的にも強い。人口は約6000万人、約88%がカトリック教徒であるとされている（2015年）。近年では各地からの移民が増え、多文化化が少しずつ進んでいる。

☾☀ 暦法とカレンダー

現在、太陽暦のグレゴリオ暦（紀元暦は西暦）が採用されているが、日常生活においては、古代ローマやカトリック教会による歴史的な影響のもとで多様な暦文化が蓄積し、それらが互いに影響し合って現在にいたっている。

　古代ローマの暦は、月の朔望を基準とした太陰暦であり、農事暦的な性格が強かった。その後、紀元前47年、エジプトの太陽暦の影響によってユリウス暦が制定され、1582年、グレゴリオ暦に改暦された。イタリアでは、こうした為政者や教会による暦法への強い関心によって、G.ガリレイらを輩出するなど、天文学や占星術が発達し、庶民の間でも暦への関心はかつてから高かった。ただしその場合は、農耕などの生業サイクルと深くかかわり、月や星の運行などの太陰暦や占星術的な知識がより重視された。中世には、例えば6月を牧草刈り、9月をブドウ収穫の図で表すように、各月をその月に行われる農作業などでシンボル化する月暦図が教会の柱や扉の模様として描かれたりした。現在のカレンダーでも月の朔望や月齢が表示されることは少なくない。

　また、1年の始まりは、長らく都市国家ごとに違っていたという歴史ももつ。そもそも1月1日が年始となったのはユリウス暦以降で、以前は3月1日であった。その後も、ヴェネツィアでは3月1日、フィレンツェでは3月25日、シチリアやサルデーニャなどでは9月1日とされ、グレゴリオ暦採用後も、その慣習をしばらく続けていた地域が多かった。ファシズム期には、B.ムッソリーニによるクーデター、いわゆる「ローマ進攻」が行われた1922年を元年とするファシスト暦が作成された。

　さらに、教会暦（典礼暦）というカトリック教会が定めた暦もある。これは、グレゴリオ暦を基盤に、キリストの生涯を 1 年にあてはめてつくられたもので、その 1 年は降誕節の準備のための待降節から始まり、キリストの誕生である降誕節、復活を祝う復活祭、聖霊降臨節などを経て、11 月の王たるキリストの日で終わる。ただしここにも、降誕節が古代ローマの冬至祭の日に設定されたように、古代ローマ暦や農事暦との習合（シンクレティズム）が見て取れる。

◆◇◆ 祝祭日と行事・儀礼

　イタリアの主な祝祭は教会暦にのっとっているが、それらは生業や季節のリズムとも密接なかかわりがある。また、歴史的な出来事にちなむ世俗の祝祭も多い。

　1 年のサイクルにそってみると、祝祭が最も集中するのは冬から春にかけてである。まず 12 月 25 日はイエスの誕生を祝う降誕祭だが、古代ローマでは冬至の祭り（太陽の誕生日とされていた）だったように、季節の分かれ目の祭りでもある。イエスの顕現祭（1 月 6 日）までの夜を十二夜とし、その天気で翌年の各月の天候を占うという習慣もある。また、クリスマスツリーよりも、イエスが生まれた馬小屋のミニチュア（プレセピオ）が飾られ、サンタクロースよりも、ヴェファーナという、1 月 6 日に子供たちに贈り物を持ってくる魔女の方がよく知られている。なお、年始の 1 月 1 日は休日だが、宗教的な祝祭ではない。ただし、年明けと同時に花火の打ち上げが行われ、その際、古い不用品を窓から投げ捨てるという慣習もみられる。

　復活祭は、春分の日の次の満月の次の日曜日に行われるが、それに先だつ謝肉祭から、その後の節制期間たる四旬節、四旬節最後 1 週間の聖週間と復活祭を含めた合計数か月間を、冬から春への季節の変わり目の祝祭群としてみることもできる。謝肉祭の最後の日（「脂の火曜日」）に、カーニバルと名付けられた人形を燬く地域もある。これは冬の死を象徴し、復活祭に春が再生することを意味する。復活祭の卵も春の誕生を含意している。イタリアでは、降誕祭が主に家族で過ごす祝祭であるのに対して、復活祭は町や村全体で宗教行列や催し物が行われ、春の到来が祝われる。

　5 月 1 日は現在、労働の日（メーデー）として休日になっているが、かつてはカレンディマッジョ（5 月 1 日の意味）といわれる祭りが行われ、現在も多少日を変更して続けている地域もある。五月柱とよばれる木や、若葉、花を飾ることが共通にみられることからもわかるように、これも春を祝う祭りである。この祭

りはカトリックとの関連はないが、ほぼ同時期の聖霊降臨祭や聖体祭の際に花祭りを行う地域も多い。

　夏には、聖母マリア昇天祭（8月15日）などがあるが、宗教的祝祭は少なくなる。その代わり、中世からの歴史をもつ町々では、競馬などの競技性の高い祝祭が行われることが多い。全国的に有名なシエナの競馬（7月2日と8月16日）のほか、馬上槍試合（ピストイア、アレッツォ）、石弓試合（サンセポルクロ）、レガッタ（ヴェネツィアほか）などがある。これらは、中世の戦いなどの史実にちなんだものが少なくなく、当時の衣装や風俗を再現した行列や催し物が行われる。また8月は、各政党によって集会や娯楽イベントを交えた祭りが各地で大々的に開かれるが、バカンスの時期であることもあって、政治目的を超えた娯楽の一つになっている。

　秋に入ると収穫祭が多くなる。収穫祭はサグラとよばれ、なかでも9月や10月の月暦図にも描かれているブドウの収穫やワインづくりにちなむ祭りは、9月末から10月初頭にかけて全国の町や村で行われる。ほかにも、トマト、クリ、キノコなど、各地の名産やそれを用いた名物料理のサグラがあり、最近では地域興しの目的で観光と結び付けられ、さらに新たなサグラが各地で生まれている。

　そして11月1日は諸聖人の日、翌2日は死者の日である。後者はすべての死者の魂に祈りを捧げる日という意味で、多くの人が花などを持って墓を訪れる。なおここ数年、10月31日のハロウィンが、娯楽イベントとして子供や若者を中心に楽しまれるようになっているが、もともと彼らの暦にあった祝祭ではない。

　また、イタリアではほとんどの町が、その町を守護するという守護聖人をもっているため、その聖人の日に、聖人像の宗教行列をはじめとする守護聖人祭が行われる。なかにはナポリの聖ジェンナーロ祭（9月19日）のように全国的な関心をよぶものもある。また、聖アントニオが豚などの動物の守護聖人、聖バレンタインは恋人の守護聖人であるように、職業や属性などに結び付けられる聖人も少なくなく、その聖人の日にも、当該の職業などにかかわる人々が祭りを行うことがある。

　以上のほかに現在の暦に記載されている祝日としては、イタリア解放記念日（4月25日、1945年第二次世界大戦の終戦日）、共和国建国記念日（6月2日、1946年国民投票によって王制から共和制にすることが決定された日）、聖母マリア無原罪の御宿りの日（12月8日、いわゆる処女懐胎の日）、聖ステファノの日（12月26日、最初の殉教者の殉教日）がある。

暦と生活文化

イタリアの人々の生活は暦と非常に密接にかかわっている。特に教会暦は、ミサや上記のような祝祭をとおして、彼らの1年の生活リズムに深く浸透している。週という単位にもカトリックの影響がみられ、金曜日は、キリストが磔刑に処せられた日として肉を食べない習慣が最近まで残っていた。日曜日は、キリストの復活を祝う主日として労働を休む日とされ、現在でもその習慣はかなり厳格に守られている。

　また、聖人信仰の強いイタリアでは、通常のカレンダーにおいても、各日に、その日を祝日とする聖人の名が書き込まれており、オノマスティコとよばれる習慣もある（英語ではネームデー）。そもそも人々の名前の多くは、聖人からの守護を期待するという意味もあって、聖人名にちなんで付けられている。このため、自分の誕生日のほかに、その名の聖人の日も一種の記念日のようにみなされ、周囲から「オノマスティコおめでとう」と声をかけられたりする。なお、子供に名前を付ける際に、誕生した日の聖人名が選ばれることも多い。

　もう一つ、彼らの生活と暦の密接な関連を示すものとして、アルマナッコというカレンダーがある。これは、日付や曜日だけでなく、農事や生活全般にかかわるさまざまな情報が掲載された暦である。

　アルマナッコは中世、主に農民や漁民たちのため、天文学的・占星術的知識をもとにした天候占いの暦として始まった。このため通常のカレンダーにも表示されている月の朔望に加えて、日の出や日没の時刻、星などの運行、過去の天候の記録や予測、穀物や野菜の種まきや収穫などの農事の時期や豆知識まで記されている。また、祝祭や市（いち）の日程、料理レシピ、健康・薬などにまつわる民間の知識や助言、星占いや数占い、こぼれ話、そして過去の事件の物語などが、各月や季節ごとに記載されているものもある。アルマナッコは、かつては人々が世情を知る簡便なメディアの一つとしても機能していたという。

　形態としては、1枚ものや月めくりだけでなく、冊子体のものもある。現在最も有名なアルマナッコは、「バルバネーラ」（このアルマナッコを始めたとされる天文学者・魔術師の名前）と「スケッゾン・トレヴィザン」（「トレヴィーゾの榎」という意味。トレヴィーゾで人々がこの大木の下に集まって話し合いをしていたという逸話にちなむ）とよばれるもので、ともに18世紀からの歴史をもつ。今でも毎年改訂されつつ出版され、人々は農事の参考にしたり、生活全般におけるちょっとしたアイデア集として使ったりしている。　　　　　[宇田川妙子]

英国（グレートブリテン及び北アイルランド連合王国）

　英国は、イングランド、ウェールズ、スコットランド、北アイルランドの四つの国からなる連合王国である。国土は日本の約3分の2、人口は約2分の1の島国だが、19世紀には大英帝国として世界に植民地を拡大し、1851年には首都ロンドンで世界初の万国博覧会を開催した。

 暦法とカレンダー　公式の暦法は、グレゴリオ暦で、壁掛けカレンダーや卓上カレンダーが普及している。カレンダーは、文具店、郵便局の併設店、土産物屋などで販売される。英国は、人口の半分を超える3400万人（2015年現在）もの観光客が海外から訪れる観光大国であり、土産物として各地で自然景観や建物などの美しい写真が配された壁掛けカレンダーが売られている。贈り物用として封筒付きの場合が多い。

　ヨーロッパの他のキリスト教国同様に、英国にも12月1日からクリスマスまでを待降節としてクリスマス関連の絵が描かれた台紙に24個の小窓が付いたアドヴェント・カレンダーがある。主に子供向けにつくられ、毎日一つずつ小窓を開けると、天使やクリスマスの贈り物の絵が出てくる。小さなおもちゃやチョコレートが入っている菓子メーカー製のアドヴェント・カレンダーも売られている。

祝祭日と行事・儀礼　カレンダーに記される主な祝祭日は、イングランドとウェールズにおいては、元日、聖金曜日（移動祝日）に始まり復活祭（移動祝日）の月曜日に終わる復活祭の週末、メーデーの公休日（5月第一月曜日）と春の公休日（5月最終月曜日）、夏の公休日（8月最終月曜日）、クリスマス（12月25日）、ボクシング・デー（12月26日）の計10日である。公休日は、バンク・ホリデーとよばれ、銀行も休みとなる国民の休日である。スコットランドと北アイルランドも、上記の祝祭日とほぼ同様だが、前者は元日に続いて1月2日も祝祭日で、復活祭の月曜日は祝祭日ではなく、8月第一月曜日に夏の公休日があり8月末にはない。後者には、聖パトリックの日（3月17日）、オレンジマンの祝日（7月12日）がある。

　元日は、真夜中まで行われる除夜のミサ後、教会の鐘を聞きながら旧年を送り新年を迎える。「蛍の光」を歌い、キスや握手をして新年の挨拶を交わす。ロンドンでは花火を打ち上げるなどして盛大に祝う。

　聖金曜日から復活祭の月曜日までの聖週間は、キリストの復活を祝うキリスト教行事最大の祝祭である。伝統的には四旬節が始まる前日（懺悔火曜日）に家庭でパンケーキをつくったり、通りでパンケーキ競争をしたりしていた。聖金曜日（キリストの受難日）にホット・クロス・パンという表面に十字の付いた砂糖衣の菓子パンを食べる習慣は現在も健在である。復活祭には、イースター・エッグやひな鳥だけでなく、豊穣と生命の象徴であり、卵を運んできたとされる野ウサギをかたどったチョコレートや小物も店頭に並ぶ。

　3月17日は、5世紀にアイルランドにキリスト教を布教し、住民をカトリック信仰へ導いたアイルランドの守護聖人、聖パトリックの記念日である。アイルランド全域だけでなく、アイルランド移民の多いバーミンガムや米国では、人々はアイルランドの色である緑のものやクローバーを身に付けて祝う。

　メーデーは、本来「五月祭」の日を意味する。メイポールを立て、春の到来を祝う農村の慣習である。5月1日にモリス・ダンスを早朝から広場で踊ったり、メーデーの公休日に子供たちがメイポール・ダンスを踊ったりする地域もある。

　春の公休日は、五月祭を兼ねて地域に伝わる祭りを開催するところが多い。1951年、第二次世界大戦後の復興と各市町村の活性化のために英国政府が掲げたスローガン「英国祭」によって地方の多くの祭りが復活した。以降、新しい祭りも増え続けている。陽気のよいこの時期に故郷に帰る人々も多い。

　7月12日は、北アイルランドのオレンジマンの祝日である。1690年、プロテスタントのオレンジ公ウィリアムがカトリックのジェームス2世に勝った記念日であり、プロテスタントの人々は、オレンジ色の肩帯を胸のところでV字になるように掛け、首都ベルファストを行進する。

　夏の公休日と前日の日曜日を合わせた週末には、各地でカントリー・フェアや新しい祭り、イベントなどが開催されている。ロンドンでは、毎年200万人が訪れるノッティングヒル・カーニバルが開催される。1950年代にカリブ海地域からの黒人移民が始めた祭りで、現在ではカリブ音楽とダンスが特徴的なヨーロッパ最大のカーニバルになっている。

　クリスマスは、クリスマス・ツリーを飾り、家族が集ってキリストの生誕を祝う日である。家族全員で食べるごちそう（クリスマス・ディナー）は、クリやタ

マネギなどの詰め物が入った七面鳥の丸焼きにクランベリー・ソースをかけ、付け合わせにニンジンやジャガイモなどの温野菜が添えられる。食後のデザートは、干しブドウやフルーツの砂糖漬けの入ったクリスマス・プディングやフルーツの入ったミンス・パイである。

　12月26日は、英国や英連邦、北欧では「ボクシング・デー」として知られる。元来、キリスト教会初の殉教者、聖スティーヴンを祝う日である。ボクシングという言葉は、この日に教会の献金箱（ボックス）を開けて中身を貧しい人々に分け与えたことに由来するという説がある。贈り物もボックスとよばれ、この日に郵便配達や清掃、お手伝いの人に贈り物をして1年の労をねぎらう習慣が地方に残っている。現在では、クリスマス休暇の前日に従業員にプレゼントや金一封を贈るのが一般的である。

 暦と生活文化　英国では、季節の移り変わりと人々の生活文化を示す四季絵や月次絵(つきなみえ)もみられる。19世紀後半の絵本作家K.グリーナウェイの『窓の下で』（1878）は、作者が絵と文を書いた最初の木版刷りの絵本で大人気となったが、その1884年版にはカレンダーが4枚セットで付録として付けられた。そのうちの1枚は月次絵になっていて、女の子が季節折々の服装でその季節のものを手にしており、現在と同様の風俗習慣がみられる（図1）。グリーナウェイの絵本に登場する子供たちの挿絵は、当時の子供服のデザインにも大きな影響を与えた。1月は19世紀に大流行したフランスの防寒具であるマフを首から下げたおしゃれな服装で雪玉を運び、2月は男の子からもらったバレンタイン・カードのような大きな封筒を持っている。英国には「3月の風と4月の雨が5月の花をもたらす」という慣用表現があるが、3月にはマフラーが風にたなびき、4月には傘をさし、5月にはエプロンに5月の花（メイ・フラワー）を入れている。メイ・フラワーは、サンザシ（ホーソンの花）をさす。6月は童謡の「バラの花輪だ、手をつなごうよ」を思わせる、つるバラを手にバラの冠をかぶった女の子が描かれている。7月は皿に季節の果物であるイチゴとチェリー、8月は収穫した小麦の束と麦刈り鎌、9月は洋ナシの入ったバスケット、10月にはブドウの房とグラスを持っている。11月は傘を小脇に抱えて水たまりを避けてスカートをたくし上げ、12月には1月同様にマフを身に付けた暖かい服装で、セイヨウヒイラギのような葉と実が入ったバスケットを運んでいる。英国では、クリスマスに、セイヨウヒイラギを玄関や部屋に飾るが、赤い実はキリ

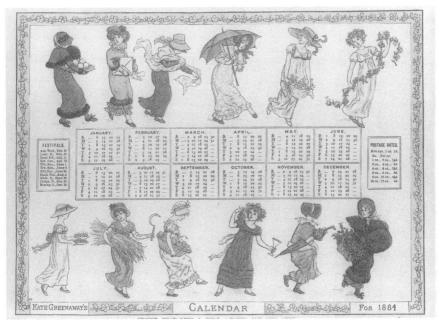

図1　グリーナウェイの 1884 年カレンダー（月次絵）（出典　『復刻　世界の絵本館—オズボーンコレクション』全 34 巻、付録、ほるぷ出版、1983）

ストが流した血を、葉のとげはキリストが十字架に架けられたときのイバラの冠を象徴している。

　季節や年中行事の際に交わされるグリーティング・カードの絵柄にも季節の変化と生活文化がみられる。代表的なのは 12 月に親族や友人など親しい人との間で交わされるクリスマス・カードである。絵柄は、クリスマス・ツリーやサンタクロース、トナカイ以外に、キリスト誕生の場面のような宗教的なものから、カレンダー同様に各地の冬の風景写真や絵、童謡「クリスマスの 12 日」を描いたもの、通称「ロビン」とよばれる赤い胸をしたヨーロッパコマドリまである。「クリスマスの 12 日」は、クリスマスから 1 月 6 日のキリスト顕現日までをさし、その伝承童謡は、洋ナシの木とヤマウズラに始まる 12 種類の珍しい贈り物を繰り返す数え歌として広く知られている。「ロビン」は、新年の魂を宿す鳥とされ、クリスマス・カードに最もよく登場する動物である。

伝統行事のダンスとスポーツ　春の到来を祝う祭りとしての五月祭には、メイポール・ダンスとモリス・ダンスが欠かせない。これらの踊りは、メーデーから夏の終わりまでみられる季節の風物詩でもある。

　五月祭は、本来ケルト人によって始められた異教徒の祭儀だが、中世をとおして英国各地の村々で行われていた。J. フレイザーが述べるように、五月祭は樹木の精霊の恩恵にあずかるために「五月の樹」または「五月柱」（メイポール）を立てて、それを花々で飾って祝うものだった。春の植物生育の精霊を象徴する「五月の女王」（メイ・クイーン）はイングランドでは親しみ深く、五月の女王には、村いちばんの美女が聖霊降臨祭の女王として選ばれ、野に咲く花の冠をかぶって1年間女王として踊りや遊びの集まりをつかさどる役目があった。

　ヴィクトリア朝時代に、五月祭は古きイングランドに対する憧憬と郷愁に似た感情をもつ中産階級によって全国的に復活した。しかし、再開された五月祭は、中世の祭りそのままの再現ではなく、粗野な部分が取り去られ、子供たちのための上品な行事となった。祭りの主役である五月の女王も女子生徒から選ばれ、五月柱のまわりをまわって踊るのは子供たちの役目になった。

　そもそも五月祭において立てる五月柱は、森から切り出され、色とりどりに飾られ、村人がそのまわりで踊るものだった。現在も、メイポール・ダンスは何本もの色付きのテープの下端をそれぞれ手に持って曲に合わせて柱に巻き付けて踊る。踊りながら柱に巻き付ける際にテープを絡ませ、クモの巣のようにして、テープの織りなす模様を楽しむものもある。現在では、小学生が学校でメイポール・ダンスを習い、五月祭や地域の祭りなどで披露する。

　モリス・ダンスは、イングランドにしかみられないフォーク・ダンス（民俗芸能）である。その起源には諸説あり、農村の原始的な宗教儀礼で作物の豊作を祈願したという説、地域によっては顔を黒く塗って踊ることや「モリス」という語からヨーロッパ大陸のムーア人の踊りに由来するという説もある。いずれにせよ、中世には村人が農作業の合間や祭りのときに踊っていたもので、農村社会の数少ない娯楽として各村に受け継がれていた。しかし、19世紀末には、都市への人口移動や近代化による娯楽の多様化によって、モリス・ダンスは消えゆく民俗芸能となっていた。当時、民謡収集家のC. シャープがイングランド南西部のコッツウォルズ地域でこのダンスを偶然目撃し、その曲と踊りの記録を始めたことでモリス・ダンスは再認識された。六人の踊り手と道化役がバイオリンなどの

音楽で踊る。白い長ズボンをは
き、膝下に多くの鈴を付け、二人
ずつ対になって白いハンカチを振
るか、棒を打ち鳴らして踊る（図
2）。現在、イングランド全土に数
百のモリス・ダンスのチームが存
在する。

　英国は、サッカーやラグビー、
クリケット、ゴルフなど多くのス
ポーツの発祥地でもあり、スポー
ツが全国的な行事として季節を彩

図2　モリス・ダンス（コッツウォルズ地域チッ
　　　ピング・カムデン。2009年6月撮影）

り、人々に月日の経過を告げる。4月には、グランド・ナショナルとよばれる競
馬の障害物競走、6月には上流階級の社交場でもあるロイヤル・アスコット競馬
が行われる。7月には、クリケットをはじめ、ヘンリー・ロイヤル・レガッタ
（ボートレース）、ウィンブルドン全英テニス選手権、全英オープン・ゴルフ選手
権が開かれる。オックスフォード大学とケンブリッジ大学の対抗試合として全国
的に知られるスポーツ行事に3月末のボートレースと12月のラグビーがある。
　地方や地域でも季節を告げるスポーツの祭典は多い。コッツウォルズ地域北部
の町チッピング・カムデンでは、春の公休日に「コッツウォルド・オリンピック
競技会」とよばれる歴史的行事が催される。1612年にこの地域に住んでいた法
廷弁護士の R. ドーバーが創始し、競馬、狩猟レース、幅跳び、ハンマー投げ、
棒投げ、すね蹴り、木刀対決などが行われていた。現在は、すね蹴りと木刀対決
のほかに、袋跳び競走や干草運び競走、クロスカントリー競走などがドーバーの
丘の下で行われ、丘の上ではモリス・ダンスや手まわしオルガン、移動式遊園地
などのカントリー・フェアが開催され、多くの観光客が訪れる行事となっている。

〔塩路有子〕

📖 **参考文献**

［1］塩路有子『英国カントリーサイドの民族誌―イングリッシュネスの創造と文化遺産』明石
　　書店，2003
［2］宮北惠子・平林美都子『イギリス祭事カレンダー――歴史の今を歩く』彩流社，2006

エストニア共和国

　18 世紀初頭以来、エストニアは長らくロシア帝国の一部であったが、1918 年に独立を宣言し、1920 年にソヴィエト・ロシアによって独立が認められた。ところが 1940 年に今度はソ連に編入され、約 50 年間その構成共和国であった後、1991 年 8 月に再び独立国となった。面積は九州よりやや大きい程度で、人口は約 120 万人である。2004 年に EU（欧州連合）に加盟した。国教はないが、プロテスタントのルター派（エストニア人）と正教（ロシア人）が主流である。以下では、エストニア人に焦点を絞って紹介する。

 暦法とカレンダー　公式の暦法は、ロシア革命直後の 1918 年 1 月まではユリウス暦であったが、その後はグレゴリオ暦が採用された。通常の壁掛け型以外のカレンダーはあまり普及していない。首都タリンの旧市街の風景を水彩画で描くシリーズのカレンダーが、土産物としても人気がある。

祝祭日と行事・儀礼　カレンダーに記される主要な祝祭日には、国家の祝祭日（休日）、記念日（平日）、旗日（休日と平日がある）の 3 種類があり、数が多い。これは歴史上と宗教上の両方の重要な日が記されるからである。まず、国家の祝祭日は、元日（1 月 1 日）、独立記念日（2 月 24 日）、聖金曜日（移動祝日）、イースター（移動祝日）、春の日（5 月 1 日）、聖霊降臨祭（移動祝日）、勝利の日（6 月 23 日）、夏至祭・聖ヨハネの日（エストニア語ではヤーンの日、6 月 24 日）、独立回復記念日（8 月 20 日）、クリスマス・イヴ（12 月 24 日）、クリスマス（12 月 25 日）、クリスマス翌日（12 月 26 日）の計 12 日である。次に記念日は、三王礼拝の日（1 月 6 日）、タルト講和条約記念日（2 月 2 日）、母語の日（3 月 14 日）、母の日（5 月の第二日曜日）、国旗の日（6 月 4 日）、哀悼の日（6 月 14 日）、共産主義とナチズムの犠牲者哀悼の日（8 月 23 日）、敬老の日（9 月の第二日曜日）、同胞民族の日（10 月の第三土曜日）、抵抗闘争の日（9 月 22 日）、万霊節（11 月 2 日）、父の日（11 月の第

二日曜日）、主権宣言の日（11 月 16 日）の計 13 日である。最後に旗日としては、国家の祝祭日および記念日のうちの宗教に関係しない日に加え、例えば、退役軍人の日（4 月 23 日）、ヨーロッパの日（5 月 9 日）、学問の日（9 月 1 日）などがある。こうしてみると、1991 年のソ連からの独立後に定められた歴史に関連する記念日が多い。ここには、国家の独立と喪失が繰り返されたエストニアの歴史が反映されているのである。

　宗教上の祝祭日は多くのヨーロッパ諸国に共通するので、ここでは、歴史に関連する日を中心に紹介しよう。2 月 24 日の独立記念日は、1918 年の独立宣言を祝う日であり、8 月 20 日の独立回復記念日は、1991 年にソ連からの独立回復を決議した日である。このうち、軍隊パレードや大統領主催のレセプションなど盛大な行事が行われるのは 2 月である。8 月の方は 1998 年になって制定された比較的新しい祝祭日である。

　5 月 9 日のヨーロッパの日と 8 月 23 日の共産主義とナチズムの犠牲者哀悼の日は、いずれもヨーロッパ全体で記念（祈念）する日である。前者は 1950 年にフランスの R. シューマン外相が、ヨーロッパ統合の基礎となった欧州石炭鉄鋼共同体の創設につながるシューマン宣言を行った日であり、ヨーロッパ・アイデンティティを醸成するために定められた。したがって、1945 年のナチス・ドイツに対するソ連の勝利（ロシアの戦勝記念日）とは何の関連もないのだが、偶然にも同じ日をヨーロッパとロシアが祝うことに、エストニア人としては複雑な気持ちを抱くだろう。一方、犠牲者哀悼の日は、独ソ不可侵条約（モロトフ・リッベントロップ条約）締結の日である。この日がヨーロッパ全体にとって重要な日として認定されたことは、エストニアをはじめとする東欧諸国の歴史もヨーロッパの歴史の一部となったことを明示している。

　6 月 14 日の哀悼の日は、1941 年の大量強制移送の犠牲者を悼む日である。また、9 月 22 日の抵抗闘争の日は、独ソ戦のさなかの 1944 年に、エストニア人が独立を取り戻すための最後の試みを行った日である。

　5 月 9 日のヨーロッパの日を除き、以上のすべてがロシアないしソ連と関係している。しかし実際には、ドイツ人との関係の方が長いことは覚えておいてよい。そのドイツ人に関連する唯一の祝祭日が 6 月 23 日の勝利の日で、1919 年のバルト・ドイツ人部隊に対する勝利を祝う日である。13 世紀以来、長らくドイツ人に支配されてきたエストニア人が、ようやく積年の恨みを晴らしたのがこの戦いであるが、現在では、そうした歴史的意味合いは薄れ、夏至祭との連休とし

て皆が楽しみにしている。この連休から長い休みに入る人が多いため、田舎に帰ったり、地方で過ごしたりする人も多い。夏至祭はエストニア人に最も愛される祝祭日である。6月は、北ヨーロッパの自然が特に美しく、いつまでも明るい夜を堪能できる。夜を徹して大きなたき火を囲んで歌ったり踊ったりするのが昔からの習慣である。かつては、火の輝きと煙が邪悪なものや不運を遠ざけ、豊かな収穫をもたらすと信じられていた。時間がたってたき火の火が弱まってきたら、これを跳び越える。これには浄化の意味もあったが、今では度胸試しの楽しみである。今一つ夏至祭になくてはならないのが、大型の木のブランコで、この日は大人も子供もブランコこぎを楽しむ。大人にとってはブランコ以外にサウナと酒も必需品である。

 **暦と生活文化**　国によって定められた祝祭日とは別に、エストニアには伝統的な民間暦がある。ドイツ人領主に仕える農民であったエストニア人にとって、単調で楽しみの少ない日々の農作業の繰り返しの中で、暮らしに彩りを添える民間暦は、記録に残っていないほど昔から重要なものであった。エストニア語で書かれた（農民はエストニア語を使い、領主層や商人はドイツ語を使用していた）最初の暦は、1720年に出された。活字化された暦が使われるようになるのは19世紀頃のことである。現在に残る祭日の名称はキリスト教の聖人に由来しているが、キリスト教の到来以前にさかのぼる風習もある。

　民間暦であるから、人々の暮らしに応じて変化する。その中で昔からの祭日で現在も残っているもの、近年新たに加わったものについて紹介しよう。

　冬の重要な日が、イースターの6週間ほど前の火曜日に祝われるヴァストラの日である。この日にはそり滑りをするのが習わしであるが、それは亜麻の生育祈念と結び付いている。坂や丘から滑り降りた距離が長ければ長いほど、亜麻がよく育つとされているのである。坂も丘もないところでは、かつては、馬にそりを引かせて居酒屋をはしごした。これもまた、遠くの居酒屋まで行けば、それだけ亜麻の良好な成育につながるといういわれのためである。また、ヴァストラの日が新月にあたることから、女性がこの日に髪を切ったりとかしたりすると、美しい髪になることが期待できるとされた。この日はまた「肉断ちの日」ともいわれる。断食が始まるためだが、昔の風習とも結び付いている。すぐ後で述べるマルトの日やクリスマスに豚をつぶし、その後、それを少しずつ食べていき、ヴァス

トラの日になる頃にはもう足しか残っておらず、豚足を煮て食べてしまった後は、イースターまで肉はお預けとなる（そのため、エストニア語でイースターの別名は「肉食の日」）。もちろん、現在ではそのような習慣はなく、名称のみが残っているのである。

秋の祭日で現在まで続いているのが、マルトの日（11月10日）とカトリの日（11月25日）である。マルトもカトリもエストニアの一般的な名前で、マルトの日には男性（マルト乞食）が、カトリの日には女性（カトリ乞食）が、家々を練り歩くのであるが、男性は、ぼろを着てすすけた顔で現れるのに対し、女性は美しい白い衣装で登場する。どちらも踊ったり歌ったり楽器を演奏したりしながら家々を訪れ、仕事の出来不出来を確認し、子供たちに本を読ませる。マルトは豊作を祈念し、カトリは家畜、特に羊の豊かな成育を願う。家にやってきたら、マルトには食べ物を、カトリには装飾品や衣服を与えなければいけない。それを惜しむと、豊穣も繁殖も期待できなくなる。現在ではこれらの日は、子供たちが仮装して家々をまわり、お菓子などをもらう祭りとなっている。

新たに加わったものとしては、バレンタインデー（2月14日）や教師の日（10月5日）がある。バレンタインデーは、ペレストロイカで社会が自由化に向かっていた1980年代末にフィンランド経由で入ってきた。この日には、友人同士で贈り物を交換し合ったり、メッセージを送り合ったりする。教師の日は、それより少し早く、1960年代には定着していた。この日、教師は出校しないが、生徒は登校する。生徒の中で年長者や優秀な者が教師の代わりに授業を行うのである。ソ連時代にはまじめに授業が行われていたようだが、現在では、むしろレクリエーション的な色彩が濃い。1日の終わりには、教師にお茶やコーヒーをふるまい、花を贈る。教師に対する尊敬の気持ちを表す日である。

 民間暦とIT　エストニアは発達したIT技術を生活にうまく取り入れている国である。日本でも、マイナンバーカード導入の際、その先駆者として紹介された。民間暦についても、もはや紙媒体の時代ではないのかもしれない。現在、BERTAというプロジェクトが、民間暦に関するデータベースを公開している。とはいえ、長らく続いている習慣は、そうした伝達手段なしでも、形を変えつつ受け継がれているようである。　　　［小森宏美］

オーストリア共和国

　オーストリア共和国は、面積 8 万 3870 km² の、ヨーロッパの中央に位置する小国である。人口は 840 万人（2016 年）で、主にドイツ系、少数のスロベニア系とクロアチア系で構成されているが、近年はトルコ系移民および中近東難民も増加している。公用語はオーストリアドイツ語、地域によってはスロベニア語、クロアチア語も混在している。宗教分布はカトリックが多く（70%）、プロテスタント（4%）、イスラーム（6%）とユダヤ教、ギリシャ正教、古カトリック派が各少数となっている。

暦法とカレンダー

1582 年の教皇グレゴリオ（グレゴリウス）13 世による発布以来、グレゴリオ暦がオーストリアおよび南ドイツのカトリック地域で導入された。神聖ローマ帝国全体では 1700 年から使用されたが、改良帝国暦と名称を変えた。1 年のすべての日を聖者の祝日とし、洗礼名と同じ聖者の日を聖名祝日として、誕生日と同じように祝う。

　移動祝日を含む多数の祝祭日があるため、目的、地方別に多種類のカレンダーが必要となっている。通常の卓上型や壁掛け型の日めくり暦は月・日・曜日に加え、その日の聖者の名前、また月齢（新月、上弦、満月、下弦）を記している。手帳型は予定表が付され、壁掛け型は景色などの大型のカラー写真が付くものが多い。

祝祭日と行事・儀礼

オーストリアには年間計 13 日の祝祭日がある。国定祭日は、正月元日（1 月 1 日、1582 年より）、メーデー（5 月 1 日、1919 年より）、建国記念日（10 月 26 日、1955 年より）の 3 日、宗教祭日は三聖王祭（公現祭）（1 月 6 日）、復活祭（移動祝日）、キリストの昇天祭（移動祝日）、聖霊降臨祭（移動祝日）、聖体節（移動祝日）、聖母の被昇天祭（8 月 15 日）、万聖節（11 月 1 日）、聖母受胎日（12 月 8 日）、クリスマス（12 月 25 日）、聖シュテファンの祝日（12 月 26 日）の 10 日である。

　キリスト教や民間信仰が混じり合う宗教と関連する年中行事は生活と深く結び

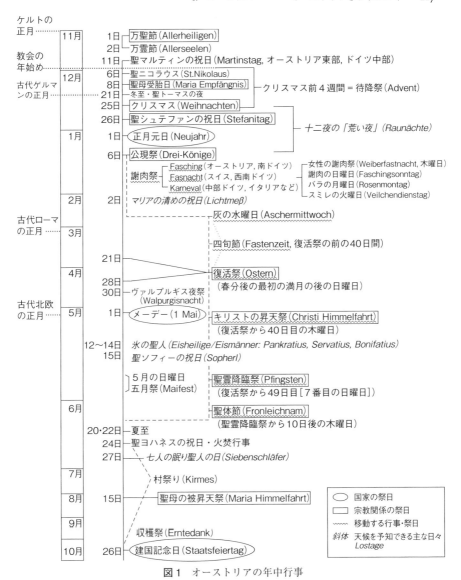

ケルトの
正月………
教会の
年始め………
古代ゲルマ
ンの正月………
古代ローマ
の正月………
古代北欧
の正月………

11月	1日	万聖節（Allerheiligen）
	2日	万霊節（Allerseelen）
	11日	聖マルティンの祝日（Martinstag, オーストリア東部, ドイツ中部）
12月	6日	聖ニコラウス（St.Nikolaus）
	8日	聖母受胎日（Maria Empfängnis） ┐クリスマス前4週間 = 待降祭（Advent）
	21日	冬至・聖トーマスの夜
	25日	クリスマス（Weihnachten）
	26日	聖シュテファンの祝日（Stefanitag）
1月	1日	正月元日（Neujahr） ┐十二夜の「荒い夜」（Raunächte）
	6日	公現祭（Drei-Könige）

謝肉祭 ┌ Fasching（オーストリア, 南ドイツ）　┌ 女性の謝肉祭（Weiberfastnacht, 木曜日）
　　　├ Fasnacht（スイス, 西南ドイツ）　　├ 謝肉の日曜日（Faschingssonntag）
　　　└ Karneval（中部ドイツ, イタリアなど）├ バラの月曜日（Rosenmontag）
　　　　　　　　　　　　　　　　　　　　　└ スミレの火曜日（Veilchendienstag）

2月	2日	マリアの清めの祝日（Lichtmeß）
3月		灰の水曜日（Aschermittwoch）
		四旬節（Fastenzeit, 復活祭の前の40日間）
	21日	
4月	28日	復活祭（Ostern）
	30日	（春分後の最初の満月の後の日曜日）
		ヴァルプルギス夜祭（Walpurgisnacht）
5月	1日	メーデー（1 Mai）
		キリストの昇天祭（Christi Himmelfahrt）
		（復活祭から40日目の木曜日）
	12〜14日	氷の聖人（Eisheilige/Eismänner: Pankratius, Servatius, Bonifatius）
	15日	聖ソフィーの祝日（Sopherl）
		5月の日曜日
		五月祭（Maifest）
		聖霊降臨祭（Pfingsten）
		（復活祭から49日目［7番目の日曜日］）
6月		聖体節（Fronleichnam）
		（聖霊降臨祭から10日後の木曜日）
	20・22日	夏至
	24日	聖ヨハネスの祝日・火焚行事
	27日	七人の眠り聖人の日（Siebenschläfer）
7月		村祭り（Kirmes）
8月	15日	聖母の被昇天祭（Maria Himmelfahrt）
9月		収穫祭（Erntedank）
10月	26日	建国記念日（Staatsfeiertag）

◯ 国家の祭日
▭ 宗教関係の祭日
〜〜〜 移動する行事・祭日
斜体 天候を予知できる主な日々 Lostage

図1　オーストリアの年中行事

付いている（図1）。1年の祝祭日は11月の万聖節（11月1日）と万霊節（11月2日）から始まる。11月が死者の月であることにちなんで祖先の霊を慰め、墓参りをする日である。この日に子どもたちは家々をまわって菓子をもらう。ウィー

ンのオペラではモーツァルトの《ドン・ジョヴァンニ》が、またブルク劇場では《ハムレット》などの亡霊が現れる作品が上演される。11 月 11 日は聖マルティンの祝日で、農民の年末にあたる。使用人への支払い・解約などを行い、ガチョウの料理をふるまうほか、クリスマス用の豚肉の準備を始める。フランケン部族の地域では、子どもの提灯行列や火たきが盛んである。

　12 月は古代ローマとゲルマンの年の変わり目である。教会は両者の伝統の流れをくんで「教会の 1 年」の始まりを遂行し、クリスマスにキリストの誕生を祝う。クリスマスの 4 週間前から始まる待降祭（アドヴェント）は心の準備期間であり、町にクリスマス市が立ってツリーが売られ、家庭ではアドヴェントクランツというモミの飾り輪に 4 本のロウソクを立て、日曜日ごとに 1 本ずつ火をともしてキリストの誕生を待つ。6 日は聖ニコラウスの日で、聖者と鬼に仮装した男たちが子どもたちを脅かしながら、小さなプレゼントを配る（図 2）。8 日はオーストリアの守護神として崇拝されている聖母マリアの受胎日（聖母受胎日）の祝日である。

　24 日のクリスマスイブにはクリスマスツリーを飾るが、これは 19 世紀初めにアルザス地方からウィーンに伝わり、第一次世界大戦頃ドイツ語圏に広まったものである。子どもたちはクリストキンド（幼児キリスト）からプレゼントをもらって夜のミサに参列する。1 月 6 日の公現祭では東方の三賢人の行列が演じられる（図 3）。20 世紀半ばからは子どもたちが家々をまわって発展途上国への募金を集める活動が普及した。クリスマスから公現祭までの十二夜は「荒い夜」とよばれ、亡霊やゲルマン神話の神々が山と村を

図 2　聖ニコラウスの日の様子

図 3　1 月 6 日の公現祭の様子

通って災いをもたらすので、戸外の仕事を控えることになっている。

　公現祭からは謝肉祭が始まり、四旬節の灰の水曜日まで舞踏会が続く。四旬節は移動的であるため謝肉祭の期間は毎年変わるが、最後の木曜日の女性の謝肉祭（ウィーンでオペラ舞踏会が催される）と最後のバラの月曜日（ウィーン・フィルの舞踏会）でピークを迎える。

　2月から6月にかけては復活祭を中心に移動祝日が続く。復活祭は春分後の最初の満月の後の日曜日で、3月21日から4月28日までの間で移動する（日・月曜日の2日間が祭日）。その前の40日間は四旬節（断食期間）、その後の7番目の日曜日は聖霊降臨祭（日・月曜日の2日間が祭日）。キリストの昇天祭（最近は父の日でもある）と聖体節はいずれも木曜日である。

　聖母の被昇天祭はチロルで特に盛大に祝われる。子どもと女性は民族衣装で着飾り、山野に咲き乱れる色鮮やかな花束を手にマリアの教会にお参りをして花を清めてもらう。

　この祭日と並んで、民間ではいわゆるロースターゲ（宿命の日、天候を予知できる日）が大きな意味をもっている。特に重要なものは、クリスマスから公現祭までの12日間（翌年の天候を占う）と、2月8日のマリア清めの祝日（聖燭祭）、5月12日から14日にかけてのいわゆる氷の聖人（冬がもう一度逆戻りする）、それに続く聖ソフィーの祝日（雨が降ったら6週間続く）、そして6月27日の七人の眠り聖人の日である。また、シュベンドターゲ（むだをする日）は不幸を招く日で、仕事を始めない方がよいといわれる。その日付は地方や年によって多少異なるが、よく知られているのは冬至の聖トーマスの夜と大晦日の夜である。いずれも自分の将来を予見する夜であり、危険を伴う。大晦日には教会の鐘を鳴らし、花火をあげて魔除けをする。

 暦と生活文化　　特徴的なカレンダーとしては3種類のものがある。ドイツ語圏地域の農村部では「百年カレンダー」が今でも愛用されている。シトー会の大修道院長 M. クナウアーが1652年から58年までの7年間の天候を細かく記録し、天候は7年ごとに繰り返すとの仮説をもとにつくったものであり、1700年から出版され続けている。オーストリアのシュタイアーマルク州で百年カレンダーよりも愛用されているのが「古い農民暦」（図4）である。A5判ほどの冊子に、各月に1ページがあてられ、3段に分かれて10日ずつ日付と記号が並んでいる（黒三角＝仕事日、赤半円＝日曜日、赤三角

図 4　「古い農民暦 2013 年版」、表紙と 11 月のページ（Leykam Alpha 社、
　　　2012 年、巻頭口絵 3 ページ目参照）

＝祭日）。その上には天気予報と月齢を示す記号があり、さらに上の行には祝祭
の聖者の上半身の絵と名前が記載されており、この絵柄からマンデルルカレン
ダー（Manderlkalender、Manderl は方言で小さい男の意味）ともよばれている。
各ページの下部には月齢と天気予報と格言が記され、128 ページの冊子の終わり
には記号の解説、十二支、日の出と日の入りの表、料理、健康などの記事が掲載
されている。この暦は 1706 年から現在にいたるまでグラーツの出版社から毎年
30 万部が発行されるヨーロッパ最古の「暦」である。1892 年から 1948 年までは
「『新しい』農民暦」と称されたが、その後は伝統を重んじて現在の名称に変更さ
れた。
　子どもたちにクリスマスの意味と喜びを教えるために用いられるのが、待降祭
の 12 月 1 日から 24 日まで使用されるアドヴェントカレンダーである。19 世紀
半ばから北ドイツのプロテスタント地域で使われ始めたが、当初は A4 判の紙に

24 の小さな扉があり、それをめくると天使などの絵が見える手づくりのもので
あった。1920 年代からはハンブルクの本屋で販売され、戦後、全ドイツ語圏に
広まった。今は、扉の中に菓子などを入れるものが主流で、大人にも人気がある。

 歴史を映す暦　　アルプス山脈は有史以前よりケルト民族文化の本拠地
の一つとなっており、紀元前後、ローマ帝国に編入さ
れ、地中海文化の影響を受けた。民族大移動によりゲルマン系のフランク人、バ
イエルン人、アレマン人がこの地域に定住した。4〜5 世紀頃のキリスト教化で
ローマ、スコットランド、アイルランドから再びラテン文化とケルト文化が流入
した。

　中世より神聖ローマ帝国の一部となり、近世以降はハプスブルク家の統治下で
ウィーンを首都としたが、ナポレオン以降はオー
ストリア帝国となって、1866 年からオーストリ
ア゠ハンガリー二重帝国として中部・東南ヨー
ロッパの広い地域を支配した。

　1918 年の二重帝国解体に伴い、第一共和国と
して独立したが、1938 年から 45 年までナチス・
ドイツに併合された。第二次世界大戦後は連合国
軍による占領が 1955 年まで続き、その後、永世
中立の連邦共和国となった。1995 年から欧州連
合に加盟している。

　こうした歴史の流れによる民族・文化交流は
オーストリア基層文化の形成に反映されており、
その影響は民間レベルでの年中行事、祭祀や暦に
見受けられる。他方、周辺隣国の暦や文化にも
オーストリアと多くの共通性が認められる。

［ヨーゼフ・クライナー］

図 5　家族一人ひとりのス
ケジュールに対応す
る「家族カレンダー」。
近年増加傾向にある
新しいタイプ。

オランダ王国

　オランダは、オランダ語で Het Koninkrijk der Nederlanden とよばれる王国である。九州とほぼ同じ面積の国土に人口約 1700 万人が住む。言語は低地ドイツ語に属するオランダ語、北部のフリースランドなどではやはり低地ドイツ語の一派であるフリジア語が使われている。

　Nederland は「低い地」を意味する。オランダという日本語の名称は、オランダの成立期に中心的役割を担った西部の南北ホランド州ホランド州に由来する。ちなみに、Holland は「木のある土地」という意味であった。

　ローマ帝国はライン川をその版図の境界としたが、ライン川はオランダの南端に位置し、現在のオランダの大部分は、直接にはローマ帝国の支配を受けなかった。この地域の先住民はゲルマン民族の一派であるバタウィ族であり、やはり、ゲルマン民族に属するフリース人も古くから居住していた。

　8〜10 世紀にかけて、オランダの南部はフランク王国（カトリック）の支配を受けたが、北部にはフリース王国が存在していた。10 世紀に入ると神聖ローマ帝国の支配下に入り、その後、ブルゴーニュ公国、ハプスブルク家（スペイン）の支配を受けた。15 世紀の宗教改革後、多くのプロテスタント信者がオランダに流入し、カトリックを奉じるスペインが弾圧を強めると、反乱が起こるようになった。スペインからの独立を英仏が認めた 1596 年が共和国の成立とされる。

　19 世紀のナポレオンによる支配後、ネーデルラント連合王国の成立、ベルギーの独立（1830 年）などを経て、現在にいたる。長崎の出島を通じて、鎖国日本の唯一の通商国であったため、日本では世界への窓口としてのオランダのイメージは良好であるが、かたやオランダでは、植民地であった東インド（現インドネシア）に侵攻し、居住していたオランダ人を強制収容したことから、日本に対する負のイメージの方が鮮明である。

　オランダは 1970 年代以降、積極的にトルコやモロッコから移民労働力を受け入れてきたが、2010 年代になると移民の排斥運動も活発化するようになった。人口のうち 1 割強は外国生まれであるが、2 世、3 世などを含めると、2 割弱に達すると思われる。

　現在のように移民が増えるまで、オランダはおおむねプロテスタント、カトリック、無宗教が人口の3分の1ずつを占めるといわれてきた。これらの宗教、そしてホワイトカラーや労働者といった階層が、互いにあまり交わることなく、それぞれのメディアや学校などをもつという「柱状化」の現象がみられた。

 暦法とカレンダー　基本的には他のヨーロッパ諸国と同様であり、グレゴリオ暦が用いられている。グレゴリオ暦を基軸として、キリスト教にまつわる祝祭とキリスト教以前の習俗が混じり合った祝祭がみられる。

 祝祭日と行事・儀礼　法の定める休日は表1のとおりである。
　表1のほか、休日とはならない祝日には表2のようなものがある。

 暦と生活文化　キリスト教にかかわる祝祭などは、主としてカトリック教徒の多い南部で祝われる。謝肉祭などはマーストリヒトのものが有名である。キリスト教以前の習俗である五月祭なども、プロテスタントが強い北部・西部よりも南部に多く残っている。

表1　法の定める休日

新年（Nieuwjaarsdag）	1月1日
聖金曜日（Goede vrijdag）	復活祭の前の金曜日
復活祭（Pasen）	3月ないし4月、春分の日の後の最初の満月の次の日曜日
復活祭の月曜日（Paasmaandag）	復活祭の翌日
国王誕生日（Koningsdag）	4月27日（日曜日にあたる場合は、前日に前倒し）
解放記念日（Bevrijdingsdag）	5月5日、前夜には終戦記念式典
キリスト昇天祭（Hemelvaartsdag）	復活祭から数えて6回目の日曜日の後の木曜日
聖霊降臨（Pinksteren）	復活祭から数えて7週目の日曜日（翌日の月曜日も祝日）
クリスマス（Kerst）	12月25日（翌日も祝日）
クリスマス第二日（Tweede Kerstdag）	クリスマスの翌日

表2　休日とはならない祝日

公現祭（Driekoningen）	1月6日、幼子イエスへの東方の三博士の訪問と礼拝を記念
謝肉祭（Carnaval, Vastenavond）	復活祭の46日前までの3日間程度（南部）
聖枝祭（Palmzondag）	受難週の初日、復活祭の1週間前
五月祭（Meifeest）	5月1日（南部）
ルイラック（Luilak）	聖霊降臨の直前の土曜日（西フリースランド）
移動遊園地（kermis）	12月を除き各地で通年開催
聖マルティヌス祭（Sint-Maarten, Maartendag）	11月11日
聖ニコラス祭（Sinterklaas）	12月5日（前夜祭）、12月6日（聖ニコラスの日）

　宗教にかかわりなく祝われる祭りは聖ニコラス祭である。オランダではシンタクラースとよばれる聖ニコラスは、4世紀小アジアのミラの司教で、困窮した人々の家に夜ひそかに金銭を投げ込んだり、無実の罪に苦しむ人々を助けたりしたといわれる。東方教会では学問や商業、海運の守護聖人としても知られており、オランダでは14世紀頃から祝う習慣が定着したといわれる。後に米国で一般化したサンタクロースの原型の一つともいわれる。聖人を認めないプロテスタントの信者も、宗教行事ではなく伝統的な習俗であると解釈し、シンタクラースを祝う。

　12月6日が近付くと、オランダ各地でシンタクラースが出現する。出立ちはサンタクロースと異なり、赤い衣と司教冠をまとい、司教杖をもった白髪白髭の老人姿で、なぜかスペインから蒸気船に乗ってオランダにやってくることになっている。上陸後は白馬にまたがり、従者を従えて行進する。よい子にはプレゼントを渡し、悪い子は従者のズヴァルト・ピートがもつ袋に入れられて運び去られるといわれていたが、現在では後者の罰の側面は希薄になっている。前夜は各家庭で、成長した子供や大人たちは、それぞれくじ引きで決まった相手に贈り物を用意し、相手を風刺する詩を添えて渡すのがオランダ流である。定番の菓子は、スペキュラースやクラウドノーテン（いずれも香料入りクッキー）、マルサペイン（マジパン）、ショコラーデレター（文字型のチョコレート）、ターイターイ（人型のクッキー）である。

　なお、ズヴァルト・ピートは「黒いピーター」の名のとおり、顔を黒く塗っている。罰を与える役割を担っていることから推測されるように、おそらくは「悪」

の側面を体現する、キリスト教に帰依した「未開人」を表象したもので、人種差別、偏見の象徴であるとの批判が絶えない。

シンタクラースとは対照的に、オランダのクリスマスは基本的には宗教行事であり、近年商業化されてきてはいるが、礼拝や家族での食事が主体である。

ルイラックは、朝寝坊をする者を起こしてまわる、宗教とは関係ない行事だが、起源は不明で、ごく限られた地域に限定される。聖マルティヌス祭は、夜子供たちがランタンに火をともして、歌を歌いながら家々をまわり、お菓子をもらう行事だが、ユトレヒトを除き、オランダの人口密集地帯である西部の都市部ではみられない。

この他、オランダ人が季節感を感じる行事としては、チューリップで有名なキューケンホフの開園（3月下旬）、アルクマールのチーズ市（4月上旬〜9月）、6月の塩漬けニシンの解禁などがある。大晦日には揚げドーナッツを食べたり、時計の針が12時をまわる頃にあちこちで花火を打ち上げたりするが、これはここ数十年の行事である。また、国会開会式に臨む国王の行進の日（9月第三火曜日）は、観光イベントとしても有名である。この他、特にライデンで祝われる行事として、スペインによる支配からの解放を祝う10月3日祭があり、肉とジャガイモ、ニンジンを煮た料理、白パンと塩漬けニシンが用意される。

さまざまな祝祭や開催地の行事などに合わせ、3〜5日程度の期間限定で移動式の遊園地と縁日の屋台を合わせたようなケルミスは、オランダ各地1000個所以上で順次開かれ、子供ばかりでなく大人も楽しむ。

なお、オランダは樺太とほぼ同緯度であり、夏と冬で日照時間の差が大きい。夏は日照時間が長く、ほぼ4〜9月の間は時間を1時間進めるサマータイムが導入されるため、夕方以降の屋外での活動も活発である。

また商店などの営業時間は日本よりも短く、日曜日は基本的に閉店する。コンビニなども存在しないため、日本の都市生活に慣れた人は不便を感じることが多いが、週に1日は「買い物の夜」と称して、夜8時頃まで商店が営業する。

オランダ人の生活は、長期休暇を主体に組み立てられるといっても過言ではない。夏、復活祭、クリスマスのまとまった休暇には、国外（主として暖かい地域）に滞在型の旅行に出かける。特に夏の休暇は数週間とられ、7〜8月はオフィスも閉鎖され、開いているところでも人影はまばらである。　　　　　　［宮崎恒二］

ギリシャ共和国

　ギリシャが 1830 年にオスマン帝国から独立した際の領土はアッティカとペロポネソスが中心であった。その後、周辺諸国と競い合いながら領土拡大を続け、今日の形になったのは 1947 年である。国民の 95% 以上がギリシャ正教会に属しギリシャ語を話すギリシャ民族であり、憲法で東方正教が「優勢な」宗教と規定されている。EC（EU）加盟は 1981 年、人口は約 1080 万人である。

 暦法とカレンダー　ギリシャが公式の暦として、東方正教世界の暦であるユリウス暦をやめグレゴリオ暦を採用したのは、東方正教を信奉する主だった国々の中では最も遅い 1923 年の 2 月である。この年の 5 月にはコンスタンティノープル総主教の呼びかけで、ユリウス暦のもつ問題点をグレゴリオ暦で補う修正ユリウス暦を東方正教会の暦として採用する件についての公会がもたれ、ギリシャ正教会も翌年から修正ユリウス暦を採用した。修正ユリウス暦では、固定祝祭日はグレゴリオ暦によって定めるためユリウス暦より 13 日早まるが、復活大祭とそれを中心とする移動祝祭日はユリウス暦で数えるため、ユリウス暦を続けている教会と同じ日付になる。修正ユリウス暦を採用したギリシャ正教会に反発している人々は、ユリウス暦に従う自分たちの教会をつくっており、ギリシャ旧暦派とよばれている。なおギリシャ北東部にあるアトス山の修道院では、修正ユリウス暦を採用しているコンスタンティノープル総主教庁の管轄下にあるにもかかわらずユリウス暦を用いている。

　カレンダーは多種多様で、近年では紙や印刷の質もよいおしゃれなものが多く出まわっている。しかし、経済危機で都市部の個人商店は厳しく、かつてのようには顧客に無料のカレンダー（手帳型など）を配れなくなっている。それでも地元の

図 1　地元サッカーチーム支援
　　　カレンダー

サッカーチーム支援のためのカレンダー（1部5ユーロ）に広告を出して協力するなど頑張っている（図1）。

◈◈　**祝祭日と行事・儀礼**　カレンダーに記されている主要な祝祭日は、元日、神現祭（1月6日）、聖灰月曜日（移動祝日、基本的に3月）、独立記念日（3月25日）、受難週間の聖大金曜日、聖大土曜日、復活大祭、翌月曜日（以上4日とも移動祝日、基本的に4月）、メーデー（5月1日）、聖神降臨祭翌月曜日（移動祝日、基本的に6月）、生神女就寝祭（8月15日）、参戦記念日（10月28日）、主の降誕祭（12月25日）、翌月曜日の14日である。このうち、教会暦の祝祭日と直接、関係のない日はわずか2日、すなわちメーデーと参戦記念日である。前者は、近年の緊縮経済への反発から大規模なデモが各地でなされるが、一方で花を使ったリースを飾るなど春を祝うさまざまな風習がある。それに対し後者は、1940年にイタリアから突き付けられた最後通牒の受け入れを拒否し第二次世界大戦に参戦したことを記念する日で、3月25日の独立記念日と並ぶ重要な国家記念日であり、両日とも各地でさまざまなパレードが展開される。なお独立記念日の方は、正教会の主要な祭りの一つである生神女福音祭でもあり、1821年のこの日にギリシャはオスマン帝国からの独立を宣言、独立戦争に突入した。

　ギリシャの主要な祝祭日は、そのほとんどが冬から春の季節に集中しており、諸行事が冬と夏、闇と光、屋内と屋外、絶食と飽食といった対比の形で表現されている。そのような一連の祝祭日の皮切りとなっているのが、主の降誕祭前日から始まり神現祭で終わる、いわゆるクリスマスの十二夜とよばれる期間である。近年、クリスマスツリーをはじめ西欧のクリスマスの風習がすっかり定着しているが、サンタクロースにあたるものは、元日を聖人の日とする聖ヴァシリオスとされる。主の降誕祭や元日が基本的に家の中で家族と特別の食事をすることに力点がおかれているのに対し、神現祭では地域の人々が屋外に集まって水を清める儀礼を祝う。とりわけ海辺の地域では、司祭が海に投げ入れる十字架を拾おうと若者たちが我先にと海に飛び込む光景がみられる。

　神現祭が終わってしばらくすると、3週にわたって続くいわゆるカーニバルシーズンに入る。本来は大斎のために第二週で肉を断ち第三週で乳製品を断つ準備期間だが、大半の人々にとって第三週の最終日曜日は肉を中心に飽食を楽しむ日となっている。第三週を中心にカーニバル期間中、各地でばか騒ぎや仮装を

する風習がある。

　大斎初日にあたる聖灰月曜日は、家族や友人たちと野外に出、凧揚げをしたり食事をしたりする。正教会では肉や卵、乳製品、魚などを断つ斎^{ものいみ}が重視されるが、復活大祭のための大斎は主の降誕祭や生神女就寝祭の斎とは比べ物にならないほど多くの人々が守っている。

　受難週間が本格的に始まるのは聖大木曜日からで、この日の日中に卵を赤く染め、夜はキリストが十字架に架けられる奉神礼に参列するため多くの人が教会へと足を運ぶ。翌聖大金曜日は朝から弔いの鐘が鳴り響く中、教会内にしつらえたエピタフィオス（キリストの棺を模したもの）の下を老若男女がよつんばいになって潜り抜けていく。夜になると花々や電飾で彩られたエピタフィオスは神輿のように担がれ、大勢の人々に付き添われて地域の中を練り歩く。翌聖大土曜日の夜中、人々はこの日のための特別なロウソクを手に教会へと集まる。そしてキリストが復活する夜中の12時ちょうどにすべての明かりが消されて真っ暗闇になると、至聖所から火をともしたロウソクを手にした司祭が出現、すぐそばに控えていた子供たちがその火を自分のロウソクに移し、それがまわりへと次々に広がる中、すべての電灯もともり、教会内はまぶしいほどの光にあふれていく。その後人々は外に出、司祭がキリストの復活を宣言する中、互いに「キリストは復活された」「誠に復活された」と挨拶しながら家路につく。復活大祭当日である翌日曜日は、田舎を中心に朝から多くの家で羊やヤギの丸焼きを準備する。

　復活大祭後は、正教会としては重要な祭日がいくつもあるものの一般の人々の関心は薄い。しかし、聖神降臨祭は、キリストの復活とともに地上に出てきた死者の魂が再び地下に戻る日でもあり、各地でいろいろな行事がみられ、教会参列者も増える。生神女就寝祭では生神女に捧げられた教会はどこも人で一杯になるが、なかでも1821年（独立宣言の年）に地中から発見された奇跡のイコンで有名なエーゲ海のティノス島の教会は非常に多くの巡礼者を集めている。この祭りは夏の終わりを告げるものであり、人々は互いに「よき冬を」と挨拶する。

暦と生活文化　ギリシャではネームデーが誕生日よりも重視されている。親族、友人、同僚などのネームデーには電話を入れるなど何らかのお祝いの気持ちを伝えることが求められるため、聖人暦は欠かせない。ネームデーの大半は固定暦で定まっているが、いくつかは復活大祭に関連するため毎年移動する。手帳などには聖人暦がたいてい載っているし、最近で

はネット上で名前から聖人の日とその由来を調べられるサイトも多数あり便利である。名前のほとんどは聖人由来だが、古代ギリシャの神々に由来するような名前も聖人と結び付けられネームデーを祝うことができる。また、聖人暦に載っていない名前の場合、ネームデーを祝いたいなら諸聖人の日（聖神降臨祭後の日曜日）を選ぶことになる。

 ギリシャ人とムスリム　　オスマン帝国支配下では正教徒のほか、ムスリムやユダヤ人、アルメニア人、カトリック教徒などがそれぞれミッレト（宗教共同体）をつくり、宗教ごとの暦に従った生活を営みつつ共生していた。ギリシャ移行後は、宗教上のマイノリティは全人口の2〜5%程度、その大半をローザンヌ条約でトルコとの強制的な住民交換の対象にならなかった西トラキア地方のムスリムが占めてきた。彼らはローザンヌ条約の規定によりムスリムとしての生活を保障されてきたが、実際にはトルコやブルガリアとの政治的緊張から政府による抑圧を受けてきた。西トラキアの町クサンシでは、カーニバルを組織する団体が主体となって、古い家々が残る街区での祭り（9月第一週）を1991年から行っているが、そこの主な住民であるムスリムとの交流はあまり進んでおらず、祭りを主催する正教徒側からはムスリムの「閉鎖性」を問題視する声があがったりもする。

　1990年代に入るとギリシャへの移民が急増していくが、その中にアルバニア人をはじめとする多くのムスリムがいた。その後もムスリムの流入は続き、近年ではシリアからの難民流入が世界中で報じられるにいたっている。結果、身近にムスリムが暮らす状況がつくられ、さまざまなメディアがラマダーンなどイスラームの行事を報じるようになった。最近でもシーア派ムスリムがアーシュラーの行事のため何百人もピレウスに集まって体を鎖で鞭打つ光景が大々的に報じられている。

　ギリシャ人の中にはイスラームに改宗しギリシャのムスリムの状況改善にかかわる人々もいるが、保守層を中心に多くのギリシャ人にとっては、今でもムスリムはトルコ人と同義であり正教徒の敵でもある。彼らの不満は、マイノリティの人権や経済問題で介入してくるEU（欧州連合）にも向けられ、極右勢力への支持が高まっている。そこでは、修正ユリウス暦を採用したギリシャ正教会をヨーロッパの圧力に屈したとして批判し、正教徒としてのギリシャ人のアイデンティティを強調してきた旧暦派の教会と結び付く動きもみられる。　　［内山明子］

スウェーデン王国

　スウェーデンの国土面積は約 45 万 km² で日本のおよそ 1.2 倍、人口は約 990 万人で日本の全人口の 8% にも満たない。ヨーロッパの北部にあり、首都ストックホルムの緯度をそのまま極東へ移動させると、カムチャツカ半島のほぼ付け根に相当する。

 暦法とカレンダー　スウェーデンで現在使用されているカレンダーは1753 年に導入されたグレゴリオ暦であるが、スウェーデンで生活する際には日本から持参したカレンダーは用をなさない。祝祭日が異なるのは当然であるが、スウェーデンのカレンダーには各週に正月から数えて何週目にあたるのかを示す数字の記載がある。これがないと、よくあることなのだが、例えば学校などで、「授業は第 35 週目の水曜から始めます」と言われたときにそれが何月何日であるのかまったく見当がつかないからである。1 年は全部で 52 週だが、第一週目は 1 月の最初の週に 4 日以上ないと第一週とはならず、前年の最後の 52 週に組み入れられてしまう。また、スウェーデンの暦は、日本のものと違って、週は月曜日から始まる。

　カレンダーには毎月●、◐、○、◑の月齢期の印が記されている。この印が記載されている理由は月齢期によって祝祭日が移動する、いわゆる移動祝祭日などもあるからである。復活祭や夏至祭などはその典型的な例で、一方ナショナルデー（6 月 6 日）などは毎年固定されている。

　暦には月齢期の印のほかに、スウェーデンの国旗のマークも記されている。祭日として記載されているのだが、祭日でなくてもこのマークがあるときは、国王をはじめとする王室のどなたかの誕生日を表している。ただし、10 月 24 日と 12 月 10 日はそれぞれ国連デーとノーベル賞授与式の日である。国旗の印が付されている日は公共機関はもちろん一般市民の庭にも国旗が掲揚される。

 祝祭日と行事・儀礼　主な祝祭日のみを時系列でみていく。新年 1 日の静かな祝日の後、12 月 25 日から数えて 13 日

目にあたる「第十三日目の日」（1月6日）はクリスマスが正式に終了する日なのだが、実際にはクニュートとよばれる聖人の日（1月13日）まで延長された。この日は「ツリーの追いはぎ」がある。子供たちはツリーの飾りをはずし、ダンスなどを楽しみ、お菓子をもらう。その後、ツリーを窓から放り投げるのが習わしなのだが、今では所定の場所に廃棄される。

　復活祭の46日前に四旬節（fastlag）がある。キリストが砂漠で40日間断食をしたことから、fast（断食）という言葉が使われている（ちなみに英語のfast「断食」は古い北欧語からの借用語。したがってbreak*fast*の原義は「（前の晩から続いている）断食を破る食事」のこと）。人々もイエスの試練に倣ってこの期間中は肉類を避けていたのであるが、こうした制限のある食事に備えて、前日においしいものなどを摂取した。そうした食べ物の名残の一つが、この時期、ちまたで売られている、マジパンと生クリームのたっぷり入った菓子パンのセムラである。

　3月の最初の日曜日にはヴァーサ・ロッペットとよばれる世界で最長の距離を競うスキー大会がダーラナ地方で催される。これは1521年にグスタヴ・ヴァーサ（在位1523-1560）がノルウェー逃避行を行ったとされていることにちなんで1922年に始められた。セーレンからモーラまでの90kmを、早ければ4時間程度で完走する。

　3月末から4月には復活祭がある。春分（3月21日）後の最初の満月の後の日曜日がそれにあたる。この頃街でよく目にするのは、広場などで売られている鮮やかに彩られた羽の付いたシラカバの枝である。また復活の象徴でもある卵に子供たちは色を塗ったりもする。小さな女の子たちは手にほうきをもち、顔にお化粧をして復活祭の魔女の格好をして近所をまわり、「よき復活祭を！」と挨拶してお菓子や小銭をもらう。

　4月30日はヴァールボリスメッサの晩である。ドイツの「ヴァルプルギスの夜祭り」の行事が14世紀頃に入ってきたのだが、スウェーデンではもっぱら春の訪れを告げる行事に変容した。大きなたき火を囲み、春の歌を合唱する。たき火は放牧や種まきが始まるこの時期に、出没するオオカミなどを追い払うためである。一方、ウップサーラ大学では丘の上にある大学図書館の前に白い学生帽をかぶった数千人の学生たちが集合する。総長が図書館のバルコニーから「春がきた！」と告げると、彼らはいっせいに坂を駆け下りる。その後は爆竹あり、飲酒ありのカオス状態となるが、これも春の風物詩である。一転して翌5月1日は

メーデーで、労働者たちの整然としたデモ行進が行われる。

心地よい夏の初めの 6 月 6 日はスウェーデンのナショナルデーである。1523 年のこの日にグスタヴ・ヴァーサがスウェーデン王となり、さらに 1809 年には憲法が発布された日でもあることからこの日が選ばれた。

夏の祭日の佳境ともいえる夏至祭は 6 月 24 日前後の土曜日と定められている。したがって 20〜26 日の間で毎年移動する。その土曜日にシラカバの若葉で飾り付けられたメイポールを各地域の住民が協力して立て、そのまわりをバイオリンや民族楽器などで奏でる音楽に合わせて、フォークダンスが踊られる。この日に娘たちは野原で 7 種（地方によっては 9 種）の花を摘み、それを枕もとにおいて眠ると、夢に将来の夫が現れるといわれている。ただし、花を集めている間は話しかけられても無言を通さなくてはならない。夏至まっただなかの行事とはいえ、この日以降、日がだんだん短くなってゆくことへの一抹のわびしさも漂う。

8 月は祝日こそないが、人々が心待ちにしている食文化の伝統行事がある。真っ赤にゆでたザリガニを戸外で食すパーティーと、もう一つは北スウェーデン特産のシューシュトゥルンミングとよばれる発酵させたニシンの缶詰を開け、ジャガイモや薄手のパンと一緒に食べるパーティーである。この缶詰は開けると鼻も曲がるほどの強烈な臭いが広がり、それをネタに皆で盛り上がる。こうして短い夏が過ぎていく。

10 月 31 日から 11 月 6 日の間の土曜日が万聖節である。元来は聖人たちを追悼する日だが、今では家族のお墓にお参りをする日となっていて、日本のお盆と相通じるものがある。墓石に花輪を捧げロウソクがともされる。夕暮れともなると、晩秋の薄暗い墓地にその明かりがゆれ動くさまはまさに幽玄の世界である。

12 月は行事が多く、10 日にノーベル賞授与式（正しい発音は「ノベッル」）が行われる。この時期は 1 年でいちばん日が短い。朝まだ暗い 13 日には光の復活を願うルシーア祭がある。職場や学校などで選ばれた「ルシーア嬢」を先頭に「サンタルチア」の曲にスウェーデン語の歌詞をのせて歌いながら厳かに行進する。ルシーアは白装束に赤い帯を締め、頭にはキャンドルの付いた冠を載せて合掌し、その後にお付きの少女たちもキャンドルを手にして続く。さらにその後、星を先端に付けた棒を手にし、とんがり帽をかぶった少年たちが続く。この日はジンジャークッキーと温められたグルッグ（赤ワインにアーモンド、レーズン、香料が入った飲み物）がふるまわれる。子供たちにはココアが用意される。ルッセカットとよばれるサフラン入りの菓子パンも食される。そして 24 日がクリス

マスイブ、25 日がクリスマス（jul、英語 yule）である。その 1 か月前に街では子供たちのためにテレビ番組と連動させたクリスマスカレンダーが売り出される。ばらばらに散らばっている 1 日から 24 日までの日付の紙片の下に絵が隠されていて、クリスマスを待ちわびながら毎朝それをはがすのが子供たちの楽しみなのである。クリスマスは実家に帰省し、家でゆったり過ごすときである。日本のお正月の過ごし方とさほど変わらない。24 日は午後 3 時から 1 時間ほどテレビで恒例のディズニーのアニメ番組が放映される。1960 年に始まってから毎年ほぼ同じ内容にもかかわらず、大人も子供も楽しみにしている。ちょうど日本の紅白歌合戦のようで、これを見ないとクリスマスを迎えた気がしないとスウェーデン人は言う。イブは豪勢な夕食となるが、なかでもクリスマスのハムは欠かせない。食後はプレゼントの配布である。親から直接渡されるが、今ではサンタクロースの出番も多い。翌 25 日の早朝はまだ暗い中、最寄りの教会のクリスマスミサに出かける。日本の初詣に行く感じに似ていないでもない。

 暦と生活文化　　スウェーデンの暦には、いくつかの祝祭日を除くと各日に名前が付されている。これは聖人たちの殉教日である。そこに記されている自分の名と一致する日を名前の誕生日として祝うこともあるが、今では実際の誕生日を祝う方が一般的である。誕生日を祝うという習慣が根付き始めたのは 19 世紀になってからで、その対象はもっぱら大人であった。しかも毎年などではなく、切りのよい年齢のときのみであった。スウェーデンでは今でも、特に人生の節目の 50 歳の誕生日は親戚や友人が祝福してくれる特別な日である。その重みは日本の還暦に匹敵する。毎年のように子供の誕生日を祝う習慣が広まったのはその後のことである。ちなみに、日曜日生まれの子供は運に恵まれるといわれるが、自分の誕生日が何曜日なのかを即座に答えられる日本人はどのくらいいるであろうか。

 24 時間を表す独特な語　　北ヨーロッパには「日」とは別に「昼夜」というきっかり 24 時間を表す独特の語がある。スウェーデン語が dygn、デンマーク語・ノルウェー語が døgn、フィンランド語が vuorokausi、サーミ語が jándur、ロシア語が sutki である。夏と冬では昼と夜の長さが極端に異なる北方に住む民族には不可欠な尺度なのかもしれない。　　　　　　　　　　　　　　　　　　　　　　　　　　　　　　［清水育男］

スペイン王国

スペインはヨーロッパの南西部に位置し、イベリア半島の大部分を占める。国土は日本の約 1.3 倍、人口は約 4600 万人。国王を元首とするが、あくまでも象徴的な位置付けであり、国を動かすのは国民に選ばれた二院制の議会である。憲法によって地方自治が保障されており、スペイン語以外にカタルーニャ語、バスク語、ガリシア語、バレンシア語などが公用語として認められている。

暦法とカレンダー

スペイン人ではおよそ 75% がカトリック教徒といわれ、一般的にはグレゴリオ暦で、日付の下に聖人名が記されたカレンダーが使われている（図 1）。以前はさまざまな企業や商店、金融機関などが一般の顧客にもカレンダーを配ることもあったが、近年の経済危機で、極端に少なくなった。販売されているカレンダーを購入する層も減少している。

一部の大手銀行では、上客への無料サービスとして、オンラインでカレンダーを注文できるようになっている。仕事より家族を第一に考える国民性らしく、家族の誕生日や記念日などを入れられるサービスもある。リビングなどにカレンダーを飾る家庭はほとんどなく、台所や書斎などに飾られることが多い。玄関に小さなカレンダーを置く家庭もあるが、トイレに飾る家はないといってよいだろう。

都市部のデパートなどで販売されているカレンダーは、宗教色を全面に出したものよりも、有名サッカークラブや選手、A. ガウディの建築物、世界遺産といった写真を使ったものが目立ち、観光客にも人気がある。

祝祭日と行事・儀礼

主要な祝祭日は、キリスト教に根ざしており、年によって異なる移動祝祭日もある。まず日付が決まっている全国的な祝日について見ていこう。新年（1 月 1 日）、主顕節（1 月 6 日）、メーデー（5 月 1 日）、聖母被昇天祭（8 月 15 日）、イスパニアデー（10 月 12 日）、万聖節（諸聖人の日、11 月 1 日）、憲法記念日（12 月 6 日）、聖母受

胎日（無原罪聖母日、12月8日）、クリスマス（12月25日）である。

　主顕節は『新訳聖書』に出てくる東方の三博士（三賢者）が、幼いイエスのもとを訪れたことを祝う日で、スペインでは「子どもの日」になっている。バルセロナなどの目抜き通りでは、子どもたちを喜ばせるために、東方の三博士に扮した大人たちが、パレードの車から子どもたちにアメをばらまく。大人や観光客を巻き込んでの賑やかな一大行事となっている。

　聖母マリアが天に召された日の聖母被昇天祭、イエスを身ごもった日である聖母受胎日は、世界中のカトリック教国で祝われる日である。

　万聖節はすべての聖人と殉教者を記念する祝日で、翌11月2日は「死者の記念日」とされ、日本のお盆のように先祖のお墓参りをする習慣がある。

　宗教にかかわりのない祝日は、メーデー、イスパニアデー、憲法記念日である。メーデーは労働者による祭典が開催されるが、春の訪れを祝う日でもある。スペインでは5月の第一日曜日が「母の日」となっているため、2016年はメーデーと重なった。イスパニアデーは、1492年、C. コロンブスがアメリカ大陸を発見した記念日であり、首都のマドリードでは大々的に軍事パレードが行われる。

　憲法記念日はF. フランコの独裁政権崩壊後、スペインの民主化によって、1978年に憲法が制定されたことを記念する祝日である。この日を境に国民が自由に生きられるようになっただけに、各地で祝いの行事が催され、国会議事堂内は誰でも自由に見学することができる。

　マドリード市ではこのほか、サン・ホセの日（3月19日）、聖木曜日（※4月13日）、マドリード自治州の日（5月2日）、聖イシドロの日（5月15日）、聖体祭（※6月15日）、サン・ティアゴの日（7月25日）、聖母アルムデナの日（11月9日）が祝日に加わる。サン・ホセはイエス・キリストの父「聖ヨセフ」のスペイン語読みで、この日は「父の日」にもなっている。

　聖母アルムデナと聖イシドロは市の守護聖人であることから、これらの祝日にはミサをはじめ、パレード、コンサート、ダンス、闘牛祭など、華やかなイベントが次々と行われる。

　一方、スペイン第二の都市であり、国の経済を牽引するバルセロナ（カタルーニャ州）では、復活祭の翌日（イースター・マンデー、※4月17日）、第二復活祭（※6月5日）、サン・フアンの日（6月24日）、カタルーニャ自治州の日（9月11日）、聖母メルセの日（9月24日）、サン・エステバンの日（12月26日）が祝日となっている（※印は2017年の場合）。

　第二復活祭はイエス・キリストが昇天した後、弟子たちの上に聖霊が君臨したとする聖書の話をもとにした祝日である。

　カタルーニャ自治州の日は、1714年、スペイン継承戦争で、ブルボン家国王フェリペ5世の軍隊が、オーストリアのハプスブルク家側に立ったカタルーニャを攻撃し、バルセロナを陥落させた日である。伝統的な政治制度が廃止された過去の屈辱を忘れないという意味から、同自治州の記念日となっている。

　聖母メルセの日にはバルセロナの守護聖人である聖女メルセを祝う盛大な「メルセ祭」が開催される。旧市街から新市街まで、各所で伝統的な巨人人形のパレードや「人間の塔」、コンサート、演劇、美術展、花火大会など催し物が目白押しで、数日間にわたり市内が高揚感に包まれる。

　サン・エステバンの日は、カネロネス（前日のクリスマスに残った肉料理などを具にして、パスタ生地で巻いて焼いたもの）を食べる慣習がある。

暦と生活文化　年ごとに日付が変わる復活祭（イースター）はキリストの復活を祝うとともに、重苦しく長い冬がようやく終わり、よみがえった大自然の生命力を喜び、わかち合う日でもある。復活祭は春分の後、「最初の満月を迎えた日の次にくる日曜日」である。実際には前日の土曜日の夕方から始まり、3日前の聖木曜日から特別な典礼や礼拝が行われる。復活祭のことをスペインでは、聖週間（セマナサンタ）とよび、カタルーニャ以外でも、バスク、ナバラ、バレンシアでは、復活祭後の月曜日（イースター・マンデー）が祝日となっている。

図1　カタルーニャ語表記のカレンダー

　復活祭における卵にまつわる風習はヨーロッパ各地でみられるが、カタルーニャが生んだ画家 S. ダリは、卵を作品のモティーフとして多用した。「誕生」や「永遠の生」として、カタルーニャの豊かな自然と大胆にコラージュさせた奇想天外な作品を次々と発表し、世界中で名声を得た。

　バルセロナのキオスクや書店

などでは、日付の下に聖人名が記されたカレンダーが売られている（図1右）。ユニークなカレンダーのひとつに「農業カレンダー」がある。月の満ち欠けを示し、土地をいつ耕し、いつ種をまくかなどその季節ならではの農作業について解説している。刊行されてからすでに156年もの歴史があるのは、自然に則した有機農業が盛んな国ならではといえよう（図1左）。また全国誌にはカレンダーが付録として付いているものも多い。月刊の某映画雑誌には月ごとのカレンダーが入っており、愛読者から重宝がられている。

 ## カタルーニャ人の強い民族意識とプライド

スペインは地域ごとの伝統的な文化や風習が強く残っている国である。歴史的に中央政府によって国民統合がなされてきたが、カタルーニャ州では、特に近年、独立運動が活発化している。この気運に真っ向から反対しているスペイン政府に対して、カタルーニャ人の独立願望は高まるばかりで、カタルーニャ州とスペイン政府の対立は先鋭化している。

　スペインにとってはようやく経済的危機から立ち直り始めたこともあり、カタルーニャ州が独立すれば、国にとっては決定的な経済的打撃となると推測されている。スペイン憲法には独立に関する規定がないこともあり、今後の展開からはしばらく目が離せない状況である。

　以前からカタルーニャ人の大半は「スペイン人」とよばれるのを嫌がり、みずからを「カタルーニャ人」であると主張してきた。彼らのプライドは、中央政府に迎合しなかった歴史を土台に形成されており、ゆるぎない反骨精神が息づいているからだ。

　そうした対抗意識は国民的スポーツであるサッカーの試合で露骨に表れる。「レアル・マドリード」と「FCバルセロナ」の試合は通称「クラシコ」とよばれ、彼らの「絶対負けられない」感情が炸裂する。バル（住民が集う日常的な飲食店）では、試合中継を食い入るように観戦する人たちの熱狂する声が飛び交う。

　カタルーニャ人はカレンダーもスペイン語表記ではなくカタルーニャ表記のものを購入する率が圧倒的に高い。バルセロナ最大の祭りである「メルセ祭」においても、ガイドブックやパンフレットはスペイン語版とカタルーニャ語版、さらに英語版のものがあるが、カタルーニャ語表記のものが催し物の説明が詳細で圧倒的に分厚い。彼らの強い民族意識がこうしたところにもはっきりと投影されている。　　　　　　　　　　　　　　　　　　　　　　　　　　　［中村設子］

ドイツ連邦共和国

　ヨーロッパ中部に位置するドイツ連邦共和国は、国土面積が 35 万 7000 km²（日本の約 94%）、人口 8177 万人（2015 年現在）であり、自治権をもつ 16 州から構成される連邦制国家である。ドイツは第二次世界大戦後の 1949 年に、ドイツ民主共和国（5 州と東ベルリンの 11 区、通称東ドイツ）とドイツ連邦共和国（都市州を含む 11 州、通称西ドイツ）に分断された。それから約 40 年後の 1990 年 10 月、東ドイツが西ドイツに併合されるかたちで統一をはたす。首都は統一後に西ドイツの首都ボンから首都機能を移転し、ベルリンである。国勢調査（2011 年）によると全人口の 30.8% がキリスト教カトリック、30.3% がキリスト教プロテスタント、38.8% が他宗派・他宗教・無宗教・無回答である。

暦法とカレンダー

　ドイツで用いられている暦法はグレゴリオ暦である。カレンダーには、曜日、公休日、各週が 1 年の中で第何週にあたるのかをさし示す数字、公休日以外の祝祭日、学校の休暇が記されていることが多い。ドイツ語圏であるオーストリアの公休日や祝祭日が併記されたカレンダーや、月齢、日の出・日の入り時刻を記したカレンダーもある。住民の文化的背景や信仰が多様な地域には、ドイツの公休日とそれ以外の祝祭日、イスラーム教、ユダヤ教、太陰太陽暦の祝祭日を併記したカレンダーも存在する。

　カレンダー上の週の始まりは月曜日である。したがって 1 行 1 週記載のカレンダーの場合、曜日の並び順は、左端から月、火、水、木、金、土、日の順となっている。

　カレンダー販売は年末年始に書店でされる。企業などで配布用に作成するカレンダーや、新聞折り込みのカレンダーも存在する。

　形状は、壁掛け、卓上、手帳の 3 タイプに大別できる。

　壁掛けタイプのカレンダーは月めくりのものが多い。また、スケジュールを記入できるタイプとそうでないタイプがある。前者には、単にスペースが設けられているもののほか、複数人のスケジュールを分けて記載できるもの、年金生活者

向けと銘打ったもの、誕生日の記録に特化した「誕生日カレンダー」などがある。

　後者には、暦のみが配されたカレンダーと、暦と絵や写真などがレイアウトされたカレンダーがある。暦のみのカレンダーは、ひと月１枚、週単位の記載で、当月を含む３か月分ないし４か月分の暦が掲示可能となっていて、スライド式の赤枠で当日を明示できるタイプのものが多い。企業など、公共の場で一般に使用されているのはこのタイプである。

　一方、暦と絵や写真がレイアウトされたカレンダーでは、暦は控えめに配されていることが多い。絵や写真のモティーフは、ドイツ国内外の風景（世界遺産、世界自然遺産など）、C. モネや G. クリムトなどの絵画、動物、植物、ディズニーやハリーポッターなどの映画作品のキャラクターや登場人物、有名女優の顔写真、サッカー選手、著名な詩人の詩などである。なかには過去の月のカレンダーの風景写真部分を切り取り、絵はがきとして使用可能なものもある。

　壁掛けタイプにはこのほか、暦が印刷されていて、半分程度のスペースが白紙となっており、購入者が自由に絵を描いたり、写真などを貼ったりしてオリジナル・カレンダーをつくることができるものもある。

　卓上タイプは、スケジュール管理を主な用途としたノート形式のものが多い。長辺をリングで結束していて、開いた状態で A4 サイズ（長辺が上下）程度、１週１ページで、各日各時間で予定を記入できるようになっている。持ち歩きには適さないサイズなので、特定の場所において使用する。このほか卓上日めくりカレンダーもある。日にちのほかに、教訓や外国語（英語・仏語・スペイン語など）のフレーズが書かれている。

　手帳タイプのものはスケジュール管理を目的としていて、携帯可能なサイズである。ただし、これにはカレンダーという語は用いられていない。直訳すると「アポイントメント・メモ」を意味する語があてられている。サイズやレイアウトは多様で、用途や好みによる選択が可能である。

◈◈ 祝祭日と行事・儀礼

ドイツのカレンダーに記載されている公休日は計 17 日（うち２日は毎年日曜日）で、このうち 10 日は固定の祝日、残りの７日は移動祝日である。年始から順番にあげると、元日（１月１日）、三王来朝（１月６日）、聖金曜日（移動祝日、復活祭前の金曜日）、復活祭（移動祝日、春分の日の後の最初の満月から数えて最初の日曜日）、復活祭月曜日（移動祝日）、労働の日（５月１日）、キリスト昇天祭（移動祝日、復活

祭から 40 日目、復活祭後の 5 番目の日曜日に続く木曜日）、聖霊降臨祭（移動祝日、復活祭から 50 日目）、聖霊降臨祭月曜日（移動祝日）、聖体の祝日（移動祝日、三位一体祭［聖霊降臨祭後最初の日曜日］後最初の木曜日）、聖母マリアの被昇天（8 月 15 日）、ドイツ統一記念日（10 月 3 日）、宗教改革記念日（10 月 31 日）、万聖節（11 月 1 日）、悔い改めと祈願の日（11 月 22 日）、クリスマス第一日（12 月 25 日）、クリスマス第二日（12 月 26 日）となる。

　これら 17 の公休日のうち国家が定めた休日はドイツ統一記念日の 1 日だけである。これ以外の 16 日は、各州によって定められた休日である。

　この 16 日の公休日のうち全州が休日なのは、元日、聖金曜日、復活祭、復活祭月曜日、労働の日、キリスト昇天祭、聖霊降臨祭、聖霊降臨祭月曜日、クリスマス第一日、クリスマス第二日の 10 日である。したがって、全国的に休日となる日数は計 11 日（含む日曜日）である。残りの 6 日は一部の州のみが公休日と定めている。三王来朝は 3 州（バーデン・ヴュルテンベルク［BW］、バイエルン［BY］、ザクセン・アンハルト［ST］）、聖体の祝日は 8 州（BW、BY、ヘッセン［HE］、ノルトライン・ヴェストファーレン［NW］、ラインラント・プファルツ［R］、ザールラント［SL］、ザクセン［SN］、テューリンゲン［TH］）、聖母マリアの被昇天は 2 州（BY, SL）、宗教改革記念日は 5 州（ブランデンブルク［BB］、メクレンブルク・フォアポンメルン［MV］、SN、ST、TH）、万聖節も 5 州（BW、BY、NW、RP、SL）、そして悔い改めと祈願の日は 1 州（SN）である。

　ドイツではこのように一部の州に限定した公休日が存在するため、年間の公的休日数も州ごとに異なる。最多は 15 日で 1 州（BY）、続いて 3 州（BW、SL、SN）が 14 日、NW、RP、ST、TH の 4 州は 13 日、BB、HE、MV の 3 州は 12 日、そして残り 5 州（ベルリン、ブレーメン、ハンブルク、ニーダーザクセン、シュレスヴィヒ・ホルシュタイン）は 11 日である。

　17 の公休日の多くは宗教（キリスト教）に関連する祝祭日である。一方，宗教と関連しないのは、以下で触れる元日、労働の日、統一記念日の 3 日である。

　ドイツでは大晦日の晩は、花火を打ち上げたり、シャンパンを飲みながら、にぎやかに過ごすのが一般的である。対して、翌日の元日はにぎやかに過ごすことも、何か特別な習俗や風習をとり行うこともない。公共機関や企業は翌 2 日から平常業務に戻る。州によっては、学校のクリスマス休暇も元日で終わる。

　労働の日はいわゆるメーデーである。この日は政治集会やデモ行進が各地で行われる。また、この頃は、厳しい冬の時期を終えて暖かい（時には暑い）晴天の

日が続く。1年のなかで最も過ごしやすい時期であることから、この日に春の到来を祝う祭りを行う地域もある。例えば南部のバイエルン州では、鮮やかに塗装され、飾りつけられたマイバウムとよばれる30 m近い樹木の立て替えを集落の中心で行い、民族衣装を身にまとった地元の未婚の男女がペアになってダンスを披露する。

　統一記念日は東西ドイツ統一後に制定された休日で、記念式典がとり行われる。

　以上三つの公休日以外の14の公休日は、キリスト教カトリックもしくはキリスト教プロテスタントに関連する祝祭日である。なかでも復活祭とクリスマスは、宗派にかかわりなく、また信仰の篤さに関係なく、ドイツにおいて重要視されている祝祭日である。信仰の篤い人々は教会を訪れてミサに参列し、キリストの復活やキリストの誕生を祝福するが、両祝祭日は同時に、家族で過ごす日という認識が強い。企業、官公庁、学校、ほとんどの店舗はいっせいに休みとなる。

　クリスマスの祝祭日は12月25日と26日の2日であるが、その準備はおよそ1か月前の待降節の初日から始まる。待降節は、12月25日に最も近い日曜日（25日が日曜の場合はその前の日曜日）を待降節第四日曜日と数え、そこから三つ前の日曜日（待降節第一日曜日）から始まる。待降節の期間中でもある12月6日は聖ニコラウスの日である。1年間よい子にしていると、この日に聖ニコラウス（＝サンタクロース）からのプレゼントが届き、よい子にしていないと、お供のループレヒトから罰を与えられるとされている。

　カトリックにおいては、聖体の祝日も重要な祝日の一つに位置付けられている。元来信徒の多かった地域ではこの日、教会（屋外の場合もある）でミサがとり行われ、教区内を行列が練り歩く。

　万聖節もカトリックの祝日で、殉職した全聖人の祝日である。その翌日万霊節はすべての祖先を敬う日である。この日に合わせて各家では墓に出向き、墓石やその周囲を掃除し、花などで装飾を施す。

　公休日ではないが、カーニバルも見逃すことのできない祝日である。これは復活祭までの40日間に及ぶ精進の期間である四旬節の初日（灰の水曜日）の前日のことである。カーニバルの季節は前年の11月11日11時11分に始まるとされていて、クライマックスは「灰の水曜日」までの1週間である。ドイツ西部のラインラント地方と元来カトリックの信仰が篤い地域では仮装パーティーが行われる。マインツ、ケルン、ボン、デュッセルドルフは、カーニバルとその前日（バ

ラの月曜日）の盛大な仮装行列で有名である。

　オクトーバーフェストは、ドイツ南部バイエルン州の首都ミュンヘンで、10月第一日曜日を最終日とする 16 日間にわたって開催される祭りである。直訳すると「10 月祭り」だが、実際、期間の半分以上は 9 月である。世界最大規模のビール祭りとして日本でも知名度が高いこの祭りは、1810 年 10 月のバイエルン王国王太子ルートヴィヒの結婚の際に、緑地（現会場）で競馬が開催されたのが始まりとされている。

　ドイツではサマータイム制度が採用されている。開始は 3 月最終日曜日の午前 2 時で、時計の針を 1 時間進める。終わりは 11 月最終日曜日の午前 3 時で、1 時間時計の針を遅らせる。

暦と生活文化

　ドイツでは文化や習慣、元来の主だった信仰が地域によって異なっている。そのため、歳時記や年中行事にも地域性が色濃く反映されており、一様にとらえることは困難といえる。しかしながら、「祝祭日と行事・儀礼」の項でも述べたようにクリスマスは、宗教的祭日ではありながら、家族で過ごす祝祭日として認識されていることもあるため、その習慣を比較的一般化してとらえやすい。クリスマスは多くの人々にとって、1 年の区切りの時期のようである。

　先述のとおり、ドイツではクリスマスの準備が待降節から始まる。待降節になると、町の中心部にはクリスマスマーケットが立つ。市ではクリスマス用の装飾品やお菓子、クリスマスツリー、グリューワインやソーセージやパン、揚げ物のファーストフードなどの風物詩の飲食物が販売される。家庭では待降節のしつらえとクリスマスのため準備が進められる。モミの枝でつくったリースに 4 本のロウソクを飾ったアドヴェンツクランツ（図 1）は、リビングのテーブルなどにおかれ、待降節の日曜日ごとに 1 本ずつ新しいロウソクに火がともされる。待降節第四日曜日には 4 本すべてに火がともる。待降節になると、アドヴェントカレンダーという待降節の間、1 日一つ、お菓子の入った扉や小袋を開けていくカレンダーも家庭に飾られる。クリスマスツリーも待降節の間にしつらえられる。生のモ

図 1　アドヴェンツクランツ（Yuka Fröhling 撮影）

ミの木を使用するのが一般的で、枝にはわら細工や星形の装飾品が飾り付けられる。クリスマス・プレゼントはツリーの下に集めておいて、25日の夜に開封する。待降節には、クリスマスに食べる焼き菓子（シュトーレン）や、待降節の間に食べるクッキー（シュペクラチウス、バニラギップフェルなど）の準備もする。また室内には、木製の人型の置物で、中にお香をおくと口から煙を噴き出すロイヒャーメンシェン、ロウソクの熱で羽がまわるピラミーデ、クリスマス用の燭台なども飾られる。

　ドイツには暦に合わせて食される飲食物がある。例えば、ドイツ国内では四旬節の頃にアルコール度数の高いビールが出まわるが、これは質素な食生活が課せられる四旬節の間の栄養源として修道院でつくられるようになったのが発端とされている。復活祭のときにはイースターエッグ（殻に絵を描いたゆで卵や、卵形のチョコレート）を庭先などに隠し、皆で探して、探し当てたものを食べる習慣がある。また、ホワイトアスパラガスは春から初夏の頃、各地で好んで食されるが、食べ納めは6月24日の洗礼者ヨハネの日とされている。

　学校の長期休暇は州ごとに定められている。日数、時期、休暇の種類は州によって多少相違がある。多くの州で設けられている休暇は、冬休み、復活祭休暇兼春休み、聖霊降臨祭の休暇、夏休み、秋休み、クリスマス休暇である。このうち夏休みは開始時期が州によって大きく異なり、1か月程度前後することもある。

 旧東ドイツの祝祭日　旧東ドイツでは、公休日と、記念日ならびに顕彰の日が定められていた。ベルリンの壁崩壊前年の1988年時点の公休日は、元日、聖金曜日、復活祭、平和と社会主義のための労働者による闘争と自由の日（5月1日）、聖霊降臨祭、聖霊降臨祭月曜日、共和国の日（10月7日）、クリスマス第一日、クリスマス第二日の9日であった。一方、記念日は東ドイツゆかりの偉人の生誕日や逝去日、東ドイツ史にゆかりのある出来事の起こった日で、30以上の日が指定されていた。功績や善行をたたえる日である顕彰の日は、「世界」の冠が付く日（国際女性の日［3月8日］、世界通信の日［5月17日］）や、特定の職業人の日（金属工の日［4月13日］、教師の日［6月12日］）など、40ほどの日が指定されていた。　　　　［山田香織］

フランス共和国

暦法とカレンダー　　フランスで使われている暦法はグレゴリオ暦である。1582 年 10 月、ローマ教皇グレゴリウス 13 世によってカトリック諸国にすすめられた暦で、紀元前 1 世紀にローマ帝国で制定されたユリウス暦を改めるものであった。フランスではその 2 か月後、1582 年 12 月に導入された。

カレンダーは日本と同様、さまざまなタイプのものがあり、壁掛け型、卓上型、日めくり、手帳などが販売されている。文房具店では年末を待たず、秋に入ると販売が始まるが、学校の新学期が 9 月なので、学年暦に合わせて、9 月始まりのカレンダーや手帳も夏休みには店頭に並ぶ。学年暦が特に販売の対象になるのは、学校休暇が記されているからである。9 月の新学期から、10 月末からの万聖節の休暇（10 日間）、クリスマス休暇（12 月 20 日頃から 2 週間）、冬休み（2 月半ばから 2 週間）、春休み（復活祭休暇、4 月半ばから 2 週間）、夏休み（7 月初めか

図 1　店頭に並ぶカレンダー
（パリ、2017 年）

ら 8 月末まで）と、ほぼ 6 週間ごとに休暇があり、冬と春の休みについては、全国を 3 ゾーンに分けた地域ごとで数日ずつずらしてあるので、それを知るためにこうしたカレンダーが必要になるのである。

聖人名を日ごとに記したカレンダーも大変需要がある。キリスト教、特にカトリックでは個人名に聖人名をとるのが普通で、聖人の誕生日が第二の誕生日とされるからである。ブルターニュなど海岸に近い地方では、潮汐を詳細に記す、地域ごとのカレンダーも需要が大きい。

3 月最終日曜日から 10 月最終日曜日までサマータイムが実施される。標準時では日本より 8 時間遅いが、サマータイムだと時差は 7 時間になる。

歴史的に考えると、フランスの暦（アルマナ）は最も早い時期からあった定期的発行物であり、王位の継承順位、宮廷の官職、さらには市の立つ日などの生活

の必要事項を記した、18世紀の「王の暦」（アルマナ・ロワイヤル）はその代表である。

　フランス革命期の1792年から1806年にかけては、グレゴリオ暦を刷新する「共和暦」（フランス革命暦）が用いられた。王政廃止の翌日、1792年9月22日をもって共和暦第一年の開始とされたが、実際に実施されたのは、1793年10月6日（共和暦第二年葡萄月15日）であり、新年は秋の秋分の日とされた。

　共和暦は十進法を基本とする暦であり、1年は12か月だが、葡萄月（バンデミエール、最初の月だが9月から10月に相当）、霜月（ブリュメール）などすべての月名を改め、1月は30日で従来の7曜は10日ごとのデカード（旬）に変更された。12か月の後、余った5日（閏年は6日）は年末において休日とした（「サンキュロットの休日」とよばれた）。共和暦では時間も十進法に改められ、1週間は10日、1日は10時間、1時間は100分、1分は100秒となった。こうした変革は不評で、七曜制が1802年に復活し、1806年1月1日には共和暦そのものが廃止された（1871年のパリ・コミューンの官報においてのみ、15日間だけだが、共和暦79年として復活した）。

　メートル法も実はこの共和暦の制定に合わせて実施された十進法制度だが、これだけは現在に生き残った。

　郵便局カレンダーもフランス革命前の旧体制（アンシャンレジーム）下からの歴史があるが、19世紀には最も人気のあるカレンダーとなった。現在では毎年1800万部も印刷されるという。年末に郵便局員が各家を訪問する際に届けるが、日本のように景品ではなく、なにがしかのチップを払う必要がある。こうした各戸巡回配布募金型カレンダーは、消防団、清掃局など地元の公的団体も作成している。

◆◆◆　祝祭日と行事・儀礼　　国定祝祭日は、元日、復活祭とその翌日の月曜日（移動祝日、3月下旬から4月下旬）、メーデー（5月1日）、第二次世界大戦戦勝記念日（5月8日）、キリスト昇天祭（移動祝日、4月末から6月はじめ）、聖霊降臨祭とその翌日の月曜日（移動祝日、5月中旬から6月中旬）、フランス国民祭（7月14日）、聖母被昇天祭（8月15日）、万聖節（11月1日）、第一次世界大戦休戦記念日（11月11日）、クリスマス（12月25日）の計13日（うち日曜日2日）である。

　キリスト教の祝祭日が過半数の8日（うち日曜日2日）を占めているのは、フ

ランスが基本的にキリスト教国であることを示している。とはいえ、近年の推計では国民の 3〜4 割が無宗教を表明しており、公立学校でのイスラームの「ブルカ」が問題視されたように、フランスでは公的場面で宗教性を明示する行為は禁じられてもいる（したがって、宗教帰属の公的調査はなく、社会学的推計のみである）。また、500 万〜600 万人にのぼるイスラーム系住民のうち、200 万人ほどはイスラーム教信者といわれ、ラマダーンの実践者も多いが、イスラーム暦が一般の文房具店で販売されることは少ない。60 万〜70 万人と推計される中国系の人々は、特にパリの 13 区など都会に集住しており、春節（旧正月）の行事はパリの人々にもなじみがある。

　年の始まりが 1 月 1 日になったのは、フランスでは 1564 年、シャルル 9 世の治世下であった。それまでは、クリスマスであったり、3 月 25 日の受胎告知の日であったり、地方によってもまちまちであった。

　一般的にいえば、クリスマスイブは家族で過ごし、年越しの「聖シルベストルの夜の祝い」には友人同士のパーティーが行われる。フランスでも「クリスマス・ケーキ」（「クリスマスの薪」ビュッシュ・ド・ノエル）を食べる。なぜ薪なのかについては、冬至に薪を燃やして神に捧げたという、キリスト教以前のゲルマンの習慣（「ユール」という冬至の祭り）に基づく古い伝統という説もあるが、ケーキになったのはフランス中部では 19 世紀、全国に広まったのは第二次世界大戦後のようだ。

　頻繁に出会うことのない友人間では、クリスマス・カードや年賀カードが封書で送られる。フランス語で「新年おめでとう」を「よき幸福の年」（ボン・エ・アールーザネ）と現代ではいうが、20 世紀初めまでは「ヤドリギに新年」（オ・ギ・ラン・ヌフ）という表現があった。古代ケルト人の祭司（ドルイド）が冬至の儀礼などに用いたのがヤドリギであり、そのあたりが起源と考えられるが、その表現の記録は中世以降になる。

　クリスマスから新年にかけての「十二日節」はそれぞれの日がひと月ごとの作物の成長などを占うとされるが、この節を締めくくるのが、1 月 6 日の「公現祭」である。東方の三博士がキリストを祝福した日とされる。この日には豆や木の実 1 粒（現代では小さな陶製人形）を入れた「王のケーキ」（ガレット・ド・ロワ）を食べ、1 粒にあたった人が紙製の王冠をかぶるなどして祝福を受ける。この行事は、古代ローマの農耕神の祭りに由来するという説がある。

　ニース（フランス南部地中海沿岸）のカーニバルは有名だが、19 世紀末から

観光化されて、期間が2月下旬の2週間（3週末）に固定され、毎年40万～50万人の観光客を集める。ブルターニュで最も盛大なドゥアルヌネ（フィニステール県南西部）のカーニバルは2月中旬の週末を含む5日間に固定されている。カーニバルは移動祝祭日だが、このように日にちが固定化され、観光の対象となる場合が多い。

　復活祭はキリスト教では最重要の日であり、この日の礼拝に参加して聖体拝領を受けることが、信者としての社会学的な認定に用いられる指標だが、一般には卵形やウサギ形のチョコレートが菓子店に並ぶ日である。

　キリスト昇天祭は復活祭から40日目の木曜日だが、金曜日を休みにして4連休とする会社が多く、春の大型連休といった感のある日々である。フランスでは祝日と休日が飛び石になる場合、「橋をかける」（フェール・ル・ポン）といって3連休にする習慣がある。この習慣は第二帝政期（19世紀半ば）には始まっており、この表現もその頃からのようだ。

　メーデーはフランス革命期の「労働祭」（ただし「サンキュロットの休日」の3日目で9月下旬）に由来するが、5月1日になったのは、米国における8時間制労働要求ストライキ決行日（1886年）が起源であり、1948年に祝日として制定された。それまでこの日は「五月の木」（五月柱）の日であり、豊穣祈願の木を植える（柱を立てる）日であった。この伝統は古代ゲルマンにさかのぼるとされる。この日はまた、革命前の旧体制下の貴族階層では、「五月のスズラン」の日であった。16世紀の王シャルル9世が宮廷の婦人たちに幸福祈願のために贈ったのが最初とされる。フランス革命期にこの「スズランの日」は「共和国の日」（4月26日）に結び付けられたが、19世紀末以降は、労働者の日であると同時に、幸せをもたらすスズランを友人たちで送り合うことが習慣化した。

　第二次世界大戦戦勝記念日は、1945年のドイツに対する連合国の勝利を記念する日である。1953年に祝日となったが、1959年、C.ドゴール大統領により、仏独友好の立場から祝日が取り消され、1975年には戦勝式典も中止となった。だが、1981年、F.ミッテラン大統領により祝日が復活し、現在にいたっている。

　聖霊降臨祭は、復活祭50日後の祝日であり、フランスの教会では、聖書の記述（激しい風の音が聞こえ、天から炎のような舌が人々に降りかかるという『使徒言行録』の一節）から、トランペットを鳴らした礼拝が行われる。

　2003年の夏、猛暑により1万5000人もの人が亡くなるという悲劇が起きた。その過半数が85歳以上の高齢者だったため、2004年6月、「高齢者のための連

帯日」が制定された。連帯のための資金を捻出する無償労働日が、この聖霊降臨祭翌日の月曜日の祝日に指定された。これは給与労働者のみを対象とする法律で、その適応範囲については現在でも論争が続いているが、これ以降、この月曜日は祝日だが多くの人にとっては休日ではない日ということになった（ただし2008 年以降は、この日は再び休日となり、「連帯日」をいつにするかは各企業の判断に任されている）。

　フランス国民祭は、フランス革命の発端となったバスチーユ襲撃の日を記念するお祭りで、軍事パレードや花火の打ち上げがある。日本では「パリ祭」として在日フランス人の間で祝われるが、この言い方は、ルネ・クレールの映画《7 月14 日》（1933 年公開）を《巴里祭》と翻訳して公開したことに由来する。

　聖母が天に召されたという記述は聖書にはないが、中世初期からの伝承として存在し、フランスでは 17 世紀前半のルイ 13 世のときから、この祭りを聖母被昇天祭として 8 月 15 日に行うことが定式化したようだ。マリア像を担いで、聖堂区内を一周する「引きまわし」（プロセシオン）が行われ、パリではセーヌ川での船による引きまわしがある。

　万聖節はすべての聖人の記念日だが、翌 11 月 2 日の万霊節と混同され、菊などの花束・鉢植えを持ってお墓参りをする日となっている（図 1、祝日なので墓参がしやすいこともある）。2000 年代に入って、日本でもなじみになりつつある「ハロウィン」（英語と同じつづりで「アロウィーン」と発音）が 10 月 30 日の夜に行われるようになったが、ケルト文化圏であるブルターニュでも米国起源が意識されていて、古くからある祭りとはみなされていない。

　第一次世界大戦休戦記念日は、第一次世界大戦の戦闘停止を記念する日である。

図2　万霊節の墓地の花飾り（ブルターニュ地方、2011 年）

1922 年に「戦没者追悼記念日」として祝日となった。1975 年に「第二次世界大戦戦勝記念日」の式典が廃止されたとき、この 11 月 11 日が「欧州の日」として、すべての戦争犠牲者を追悼する日とされた。だが、1981年にミッテランによって再び祝日とされた。2012 年には、N. サルコジ大統領により、「第一次世界大戦を記念し、フランスのために身を捧げたすべての

戦死者のための日」となり、米国の「メモリアルデー」に倣うかたちで、近年の戦争での犠牲者をも追悼する日となっている。

 暦と生活文化　「バレンタインデー」（2 月 14 日）は、フランスでは恋人や夫婦の日であり、男性が女性に花束を贈ったりする。「エイプリルフール」（4 月 1 日）は「4 月の魚」（ポワソン・ダブリル）といい、家族や友人の間で冗談を言い合い、またメディアでも虚報を流す習慣がある。なぜ「魚」なのかについては、黄道 12 星座の魚座に関係するというもの、復活祭の前の禁欲節制期間である四旬節の断食を象徴する魚（カトリックの断食は肉食を断つことであり、魚を食べることを禁じない）と関係するというもの、16世紀の新年の改定に関係するというもの（それを知らない人に対する警告）、受胎告知の日に贈り物をする習慣の延長線上だとするものなど諸説がある。

　5 月最終の日曜日（聖霊降臨祭と重なる場合はその翌週の日曜日）は「母の日」であり、母親にカーネーションなどの花を贈る。20 世紀になって米国から入った習慣である。6 月の第三日曜日は「父の日」だが、これも第二次世界大戦後に米国から導入された歳事である。

　洗礼者ヨハネの祝日である 6 月 24 日の前夜祭は「サン・ジャンの火祭り」であり、夏至の祭りとして、地方ではたき火をたく習慣が残っている。キリスト教以前のケルトないしゲルマンの習俗の残存とされる。だが 1982 年以降、6 月 21日が「音楽の日」としてフランス各地の街路で音楽演奏が行われるようになり、夏至の祭りとしては、今ではこちらがメインになった。近年の調査では、フランス人の 80% がここ 25 年間に一度はこうした音楽に触れ、10 人に一人が演奏家や歌い手として参加したという。

　9 月第三週の週末は「文化遺産の日」であり、普段は一般に公開されていないエリゼ宮（大統領官邸）など国家の重要施設、歴史的建造物が無料で一般公開される。1984 年に始まり、1990 年代にヨーロッパ全域に広がり、2000 年には「欧州文化遺産の日」と改められた。国中で 1 万 5000 件の施設が公開され、1000 万人を超える人々が見学に訪れる大イベントとなっている。　　　　　　［原　聖］

ブルガリア共和国

　ブルガリアはヨーロッパの南東部バルカン半島に位置し、人口約 715 万人の小国である。1878 年にオスマン帝国から自治権を獲得し、独立を宣言した 1908 年にブルガリア王国が成立した。第二次世界大戦後、「ブルガリア人民共和国」となり、ソ連の傘下に入る。社会主義に終止符が打たれた 1989 年以降、民主化への道をたどるようになり、2007 年には EU（欧州連合）の加盟国となった。

☾ 暦法とカレンダー

　公式の暦法はグレゴリオ暦であるが、国家宗教とされる正教会の行事ではユリウス暦が用いられる。オスマン帝国時代にトルコ人が持ち込んだイスラーム暦やユダヤ暦など、他の暦法もわずかに使用される。壁掛けカレンダーは家庭の装飾品として庶民の間では絶大な人気があるが、カード型カレンダーも社会主義時代から浸透しており、趣味として収集する人もいる。1989 年以降、グローバル企業の参入とともに卓上カレンダーや手帳型カレンダーも普及してきており、もはや珍しくない。

　カレンダーは、民間企業や公共機関などの広報宣伝活動の一環として重要な位置を占めており、基本的にカレンダーに対して「商品」よりも「年末年始の贈答品」という認識がある。一般家庭で購入されるカレンダーの大半は、ブルガリア正教会が発行するカレンダーである。そこには宗教上の行事や聖人の祝日（ネームデー）、断食の日や聖句などが記載される。壁掛けカレンダーはブルガリアの景色や人気の観光スポット、19 世紀の民族復興期の街並み、民族衣装、歴史的なモティーフなど、ブルガリアの自然や文化を取り上げたものが多い。それ以外にも、ペットや野生動物、車、スポーツ、子ども、食べ物などが定番である。

◇◇ 祝祭日と行事・儀礼

　カレンダーに記される主要な祝祭日は元日、オスマン帝国から自治権を確保した解放記念日（3 月 3 日）、復活祭（移動祝日）、メーデー（5 月 1 日）、聖ゲオルギ兼ブルガリア軍の日（5 月 6 日）、キリル文字とスラブ文化の日（5 月 24 日）、統一記念日（9

月6日）、独立記念日（9月22日）、民族復興運動指導者の日（11月1日）、クリスマス（12月24・25日）の計10日である。

元日は幸福な生活、健康と成功を祝う日であり、聖大ヴァシーリーの記念日でもある。早朝、子供たちはドライフルーツやポップコーンなどで飾られたドリャンというミズキ類の枝をもって祖父母や親戚の家を訪問し、人々の肩をたたきながら、1年の幸運と健康を祈る。昼食後には、「ヴァシル」に由来する名前の友人や親戚の家に押しかけ、ごちそうになる。

1878年3月3日の露土戦争の講和条約によって自治国として認められたブルガリアの独立を祝う解放記念日には、オスマン帝国との戦いで命を落とした人々をしのぶ。首都ソフィアでは軍事パレードが行われるほか、各地において花火が打ち上げられるなど盛大に祝される。

復活祭は正教徒にとって最も重要な宗教的祭日となっている。復活祭の前の聖大木曜日に各家庭でゆで卵を染めてイースター・エッグをつくる習慣がある。復活祭当日は友人や親戚、近所の人とイースター・エッグを交換したり、卵同士をぶつけ合う「卵相撲」を行ったりする。

復活祭と前後して、二つの祝日がある。一つはメーデーであり、もう一つは聖ゲオルギ兼ブルガリア軍の日である。メーデー（労働の日）は社会主義体制時に公休日として定められた。その当時は、共産党のシナリオに従って各地域でパレードを開催するなど大々的に祝われていたが、現在では長い休日を楽しむ機会としての意味合いが強い。

ブルガリア正教会はユリウス暦を用いるため、聖ゲオルギの日はカトリックの世界とは異なり5月6日に祝される。聖ゲオルギは羊飼いの守護聖人であり、勇気の化身でもあるため、1880年にその日は「ブルガリア軍の日」としてブルガリア公国のアレクサンダル1世によって制定された。しかし、社会主義期においてこの祝日がイデオロギー上の理由から廃止され、その代わりに共産党が政権を握った日を記念してブルガリア軍の日が9月9日に移動となった。1993年の政府の条例で聖ゲオルギの日はブルガリア軍の日として復活し、軍事パレードやブルガリア総主教による全戦没者慰霊祭などが行われる。

キリル文字とスラブ文化の日は、855年にスラブ文語を創設した聖キリルと聖メソディウス兄弟の多大な貢献を記念して、1851年以降、教育機関を中心に祝される。現在、大きなパレードやオーケストラの演奏などで盛り上がり、春を彩る祝日になっている。

　9月には二つの重要な祝日がある。一つは、1878年7月のベルリン条約により
ブルガリア公国と東ルーメリアの二つに分割されていたブルガリアが、1885年9
月6日に「統一宣言」した日を記念する祝日である。もう一つは、1908年、オ
スマン帝国からの独立を宣言し、ブルガリア王国が成立した独立記念日である。
前者は1998年2月18日に、後者は1998年9月10日に国会で制定された。

　グレゴリオ暦の11月1日に該当する正教会の聖イヴァン・リルスキの記念日
が民族復興運動指導者の日として1922年に制定され、1947年に社会主義体制に
なるまで祝日であった。社会主義の崩壊後、その復活が1992年の国会で可決さ
れ、現在まで教育機関を中心として祝されている。

　クリスマスはブルガリア正教会では修正ユリウス暦の12月25日に行われる。
宗教弾圧が強かった社会主義体制では表向き祝されることはなかったが、社会主
義の崩壊以降は公休日となり、クリスマスツリーが飾られたり、サンタクロース
に相当するコレダじいさんが訪れたりして大々的に祝されるようになった。クリ
スマスの前夜に家族全員が集まり、食卓にはカボチャのパイやドライフルーツの
甘いスープ、ご飯をブドウの葉で巻いたサルミなど7〜11の奇数の種類の料理が
並べられる。

暦と生活文化

　民主化以降の宗教復興の影響もあり、多くのカレン
ダーには宗教的な祭日や聖人名などの記載がみられる。
さらに、それにまつわるしきたりや伝統料理などを紹介するカレンダーも存在
し、有益な情報源として使用される。聖人名の記載が一般的に普及しているの
は、聖人に由来する名前をお祝いする習慣が深く根付いているからである。いわ
ゆるネームデーの誕生祝いは、グリーティング・カードやプレゼントを贈られた
り、職場でチョコレートなどを配ったり、ホームパーティーを開いたりして誕生
日と同じように盛大に祝される。ネームデーが年間約120日もあるため、いつ誰
の日であるのかを確認するうえでは、カレンダーは重要な存在である。例えば、
ニクルデン（12月6日）にニコライ、ニコラ、ネノ、ネンカ、ニコリナ、ニコレッ
タなど聖ニコライに由来する名前の人々はお祝いする。また聖ニコライが漁師の
守護聖人でもあるため、その日に魚を食べる習慣があり、このような情報を記載
するカレンダーも珍しくない。

　多くのカレンダーには月齢の記号（新月、上弦、満月、下弦）が付いている。
月が満ちる時期は、結婚や旅行、ビジネスなど新しいことを始めたり、貯蓄計画

を立てたりするのによいとされる。他方、月が欠けていく時期は別れや閉店などにふさわしく、またダイエットをすると効果的といわれる。

 ### 新たなシンボルとしてのブルガール暦

最近、ブルガリアを代表するお土産として脚光を浴びているのは、ブルガリアの祖先とされるプロト・ブルガリア人（ブルガール族）の暦をモティーフとしたマグネットやキーホルダー、掛け時計などのグッズである（図1）。遊牧民族であったプロト・ブルガリア人が中央アジアから興り、バルカン半島に定着していた農耕民族のスラブ族を征服し、681年に第一次ブルガリア王国を建国した。彼らがもたらしたブルガール暦は、14世紀の終わり頃、ブルガリアがオスマン帝国によって征服されるまで使用されていた。中国暦とよく似ている太陽暦であるが、紀元前5505年に完成された、世界で最も古いカレンダーの一つで、グレゴリオ暦に匹敵するほど正確であるとされている。しかし、社会主義期において新ソ連路線のもとで、国民形成におけるスラブ文化の重要性が強調される一方、プロト・ブルガリア人の生活文化については後進的であるという見方が支配的であったため、注目されることはほとんどなかった。

　プロト・ブルガリア人の重要な文化遺産としてブルガール暦が表舞台に出たのは、社会主義の崩壊以降のことである。プロト・ブルガリア人が信仰していた最高位の神タングラの名前を冠したブルガリア基金は、1998年以降、毎年「ブルガリア人の永久のカレンダー」を発行し、その文化的発展や歴史をテーマごとに12枚の月表でたどっている。そこにはプロト・ブルガリア人の優れた戦術と組織づくり、記念建造物と聖地、天文観測とカレンダー、精神的な指導者や政治的団結などについて取り上げられており、東洋と西洋の懸け橋としてのブルガリアのヨーロッパ文明への貢献が主張されている。社会主義期において支配的であったシンボルが失墜し、国民文化やブルガリア人像の再定義が必要とされた状況の中で、ブルガール暦をはじめとするプロト・ブルガリア人の文化が新たな自己像の構築に貢献しているのである。　　　　　　［マリア・ヨトヴァ］

図1　ブルガール族の暦をモティーフとした掛け時計

ボスニア・ヘルツェゴビナ

　ボスニア・ヘルツェゴビナの首都サラエボといえば、第一次世界大戦の引き金となった 1914 年のオーストリア皇太子夫妻暗殺と、開かれた社会主義国家での平和の祭典としての 1984 年の冬季オリンピックが連想される。その意味で、歴史的なサラエボは戦争と平和の記憶が混じり合う。だが、現代のサラエボには、三つの民族の共存が無残にも破壊されたボスニア内戦の記憶が加わる。

　1989 年のベルリンの壁の開放後、社会主義諸国の体制は雪崩を打って崩壊し始めた。その一つ旧ユーゴスラヴィア連邦（以下、旧ユーゴ連邦）は、セルビア、クロアチア、スロベニア、ボスニア・ヘルツェゴビナ、モンテネグロ、マケドニアの 6 共和国、ヴォイヴォディナとコソボの 2 自治州から成り立っていた。連邦制度は、セルビアとクロアチアの歴史的確執、南北間の経済的格差、民族間の対立感情などが存在する不安定な状況にもかかわらず、ファシストから民族を解放した指導者チトーのカリスマ性と社会主義の理想主義によって維持されてきた。

　しかし、スロベニアが旧ユーゴ連邦からの独立を宣言し、クロアチアがそれに続くと、国際社会の危惧する中、ボスニア・ヘルツェゴビナ（以下、ボスニア）も独立を宣言した。その結果、クロアチア人、セルビア人、および中世オスマン帝国支配下でムスリムに改宗した南スラヴ人であるムスリム人（ボスニア人、ボシュニヤク人とも称される）が、激しい戦闘を交えることとなった。3 年半に及ぶ内戦の末に、クロアチア人とムスリム人によるボスニア連邦と、スルプスカ共和国（セルビア人共和国）からなる国家連合が成立し、現在にいたっている。

暦法とカレンダー

　歴史的に、サラエボは多民族共住の象徴的存在として知られていた。旧市街には、モスク、カトリック教会、セルビア正教会、シナゴーグなど四つの宗教の聖所が、わずか 400 m 四方の中に固まって混在している。そして、ムスリムはイスラーム暦（ヒジュラ暦）、カトリック教徒はグレゴリオ暦、セルビア正教徒はユリウス暦、ユダヤ教徒はユダヤ教暦というように、異なる宗教を信仰する人々が異なるカレンダーを用いながらともに生活していた。人々は四つの異なるカレンダーとともに生き

ていたのである。

　ユダヤ教暦は、太陰暦を太陽暦によって調整した太陰太陽暦で、『旧約聖書』のいう天地創造を紀元として年号を数える。したがって西暦紀元から3761年先立ち、2017年はユダヤ教暦5768年となる。ちなみにサラエボのユダヤ人は、1492年のレコンキスタによってスペインを追い出されたスファルディームの末裔である。

　他方でムスリム人が使用するイスラーム暦（ヒジュラ暦）は、第二代のウマル・イブン・ハッターブによって定められた純粋な太陰暦で、イスラームの創始者ムハンマドがメディナに到着したユリウス暦622年を「ヒジュラの年」、ヒジュラ暦元年とした。ヒジュラ暦は太陰暦で、約29.5日である朔望月に合わせて、1か月が29日の小の月と30日の大の月という大小月をおおむね交互に繰り返す。したがって1年はおおむね354暦日となるので、1年ごとに11日ほど太陽暦とずれる。しかし、ヒジュラ暦は純粋太陰暦なので、日本の旧暦のような太陰太陽暦と異なり、閏月をおかず、季節ないし太陽暦と合わせることをしない。

　セルビア正教会をはじめ、多くの正教会で用いられるユリウス暦は、西暦前46年にローマ皇帝カエサルによってつくられた太陽暦に基づく。ローマ帝国が隆盛を極めた時代には、ロムルス暦やヌマ暦といった太陰暦が用いられていたが、実に不完全なものであったので、エジプトの太陽暦に基づいて1年を365日とするユリウス暦が導入された。カトリック教会で使用するグレゴリオ暦は、復活祭の日付起算の基礎になる春分を正しい暦日に固定するために、4年間で44分の誤差が生じてしまうユリウス暦を教皇グレゴリウスが改革したといわれるものである。これは、西暦年が4で割り切れる年を閏年とし、さらに西暦年が100で割り切れても400で割り切れない年は平年とする。

◇◆◇　祝祭日と行事・儀礼

四つの異なるカレンダーとともに生きるうえで浮かび上がる問題は、旧ユーゴ連邦崩壊後の新国家ボスニアの祝日の制定の難しさである。その難しさは、意外にも宗教ごとに異なる祭日が存在するということではない。それよりも、歴史的な出来事への評価が各民族の立場で異なることからくるのである。

　ボスニアで重要とされる歴史的出来事をいくつかあげるとすると、旧ユーゴ連邦の成立および旧連邦からの独立、和平協定となったデイトン合意などをめぐるものである。だが、各民族の記念日は、それぞれの歴史とその解釈をもとにして

異なっている。

　クロアチア人は、5月31日を全クロアチア人の日、11月18日をヘルツェグ・ボスナ・クロアチア人自治州樹立記念日とする。ムスリム人の間では、3月1日がボスニア独立記念日、7月11日はスレブレニツァおよびすべての戦争犠牲者を悼む日、そして11月25日がボスニア国家の日である。他方、セルビア人にとっては、1月9日がスルプスカ共和国の日、1月27日が聖サヴァ（セルビアの守護聖人）の日、2月14日はオスマントルコに対するセルビア人初蜂起の日、4月4日は（スルプスカ共和国）内務省の日、5月12日が（スルプスカ共和国）軍の日である。

暦と生活文化

　ボスニア・ヘルツェゴビナに暮らすセルビア人、クロアチア人、ムスリム人、ユダヤ人は、日常生活の中では、そう違った生活を送っている訳ではない。ただし、イスラームを奉じるムスリム人が豚を食しないのはあたりまえであり、また犠牲祭に羊を屠(ほふ)るのが特徴である。一方、セルビア人、クロアチア人などバルカンのスラブ的慣習を保った人たちは、年の暮れになると豚を屠る。

　ただし、サラエボの路上で目立つのが、ムスリム人女性たちの色鮮やかなヒジャブである。商店街にもヒジャブ専門店があり、女性たちが品定めをしている。そこには、伝統的な習慣が現代に適応した姿がある。これを保守的な人たちは非難するかもしれないが、観光客にとってはヨーロッパのムスリムを実感できる光景である。

　またセルビア人の大切な祝日としてはスラヴァがある。家族の守護聖人をたたえる正教会の習慣であるが、これが実に楽しい。スラヴァは父から息子へ受け継がれるが、それぞれの家族が一堂に集まってスラヴァを祝う。スラヴァの前の1週間は、スラヴァの日に領聖（聖体拝領）するため、家族で断食をすることもある。スラヴァのための豪華な食事には、スラヴスキ・コラチュとコリヴォがある。スラヴスキ・コラチュは、文字どおりにはスラヴァ・ケーキを意味するが、ケーキというよりはパンに近い感じがする。スラヴスキ・コラチュの上には十字と平和のハト、そして一家の聖人に関係のあるシンボルを描く。コリヴォはジトともよばれ、ゆでた小麦でつくられ、クルミが入っていたり、香辛料や蜂蜜で味付けされたりする。

　スラヴァの当日には、正教会用語でいう奉神礼（聖体礼儀、カトリック用語で

はミサ）に家族全員が参祷（参列）し、領聖する。教会での奉神礼終了後、教区の聖職者が各家庭を訪れる。訪れた聖職者はスラヴスキ・コラチュやコリヴォに祝福を与え、スラヴァのロウソクに火をともし、その家族の聖人についての話をした後、奉神礼を行う。また、必ず行う訳ではないが、家に祝福を与え、その家の亡くなった親族に対して追悼をすることも一般的である。

 暦と歴史認識　　さてカレンダーを集めるためには、街へ出かけて博物館や教会へ行き、サラエボのさまざまな家庭を訪れなくてはならない。カレンダーをめぐる生活について町の人たちに質問するのだが、いつしか話題が内戦へと及ぶこともある。

　すでに述べたようにボスニアでは、祝日を制定することはできない。特定の日を全民族の祝日にしようというのが、どだい無理な話なのかもしれない。民族が違う、宗教が違う、基礎になる暦が違うといっても、政治的な意図が含まれた歴史認識ほど人々を分裂させるものはない。それは昨今の日韓、日中関係をみればわかることだ。これほどまでに紛糾する歴史上の事件と最近の内戦の記憶によって、共通する祝祭日を規定する法律が制定される日がくるのはまだまだ先のようである。

　歴史認識は、旧東欧のいずこでも大きな問題となっている。ハンガリー人コミュニティがあるルーマニアのトランシルヴァニア地方、ギリシャとブルガリアとセルビアが歴史的な権利を主張するマケドニア、セルビア人とアルバニア人の対立するコソボ、ポーランドとドイツの間で問題となってきたシレジアなど、多くの地域に関してどの民族が先住していたか、あるいはどちらの民族が事件の責任を負うべきかなど、いずれの民族も自分たちに都合のいい「解釈」を「事実」とみなす傾向がある。

　多民族共存国家ボスニアにおいては、歴史をめぐる相互の立場と解釈の違いが国民として共通の祝日を制定することの難しさとなって表れている。たかが祝日といえども、実のところ権力が強烈に行使される場ともなり得る。建国記念日などと称される日も、国家が祝日を定めることのいかがわしさを示している一例だろう。

[新免光比呂]

ポルトガル共和国

　ポルトガルはユーラシア大陸の最西端に位置する。大航海時代にアジア、新大陸方面に勢力を広げ、日本とも 16 世紀以降交流があった。この大航海時代の影響でポルトガル語は母語話者人口別ランキングの 7 位（約 2 億 5000 万人）で、ブラジル、アフリカの数か国で公用語として話されている。現在のポルトガルの人口は約 1046 万人、その大半はカトリック教徒であるため、教会暦が現在もカレンダーに影響を与えている。

暦法とカレンダー

　公式の暦法はグレゴリオ暦である。カレンダーそのものはほとんど販売されず、カード状の携帯式のものが書店などに無料でおいてある。また、壁掛け式や卓上型のカレンダーは教会の売店などで販売されることもあるが、一般の書店や文具店ではほとんどみられない。

祝祭日と行事・儀礼

　主な祝祭日は元日（1 月 1 日）、カーニバル（移動祝日）、聖金曜日（移動祝日）、復活祭（移動祝日）、解放記念日（4 月 25 日）、メーデー（5 月 1 日）、ポルトガルの日（6 月10 日）、聖体の祝日（復活祭）、聖母被昇天の日（8 月 15 日）、共和国樹立記念日（10 月 5 日）、諸聖人の日（11 月 1 日）、独立回復記念日（12 月 1 日）、無原罪の聖母の日（12 月 8 日）、クリスマス（12 月 25 日）の計 14 日である。さらに各都市の守護聖人の祝日が教会暦に基づいて存在し、例えば首都リスボンでは聖アントニオの日（6 月 13 日）、ポルトやブラガなどの北部の主要都市では、聖ヨハネ（ジョアン）の日（6 月 24 日）が祝日である。

　元日は、前年のクリスマスに始まる休暇週間の最終日であり、翌日 2 日から商店や会社の営業、役所などが通常の状態に戻る。都市の中心部では、大晦日のカウントダウンが野外コンサートや打ち上げ花火などを伴って盛大に祝われる。

　最も伝統的なスタイルを残すといわれるラザリン（北部）のカーニバルでは、木彫りの鬼の面を付けた男たちが町を練り歩く。この習慣はケルト系の伝統であ

ると考えられている。

　カーニバル同様に、盛大な祭りが行われるのは、都市の守護聖人の記念日である。この日は、盛大なパレードが行われ、大通りに露店が立ち並び、路地の飾り付けなどが華やかに施される。リスボンでは守護聖人パドヴァの聖アントニオの祭りを盛大に祝う。アントニオは 13 世紀にリスボンで生まれ、アッシジのフランチェスコの清貧運動に共鳴し、イタリアで福音活動を続け、パドヴァで没した人物である。彼の生誕地リスボンでは、守護聖人として、町をあげての盛大な祭りが行われ、リスボン旧市街のエリアごとの出し物（パレード）や全国からダンスチームなどが集まり、大通りを練り歩く。またアントニオは縁結びの聖人でもあり、その日リスボンの大聖堂では、集団結婚式が無料で行われる。この日の典型的な食事はイワシの炭焼きであり、町中がその煙の匂いに包まれる。

　宗教とは関係なく、国家の歴史と直結する記念日として、独立回復記念日、共和国樹立記念日、解放記念日がある。1578 年、北アフリカでポルトガル国王セバスチャンが未婚のまま戦死した後、王座が空位となり、1580 年にポルトガル王女を母にもつスペイン国王フェリペ 2 世がポルトガル国王を兼任することになった。その後、フェリペ 2 世の息子や孫の代にもスペイン・ポルトガル同君統治（実質的には併合）の時代が続く。英国、低地諸国、カタルーニャなどとの戦争によるスペイン国力の衰退を機に、ポルトガルの貴族たちもスペインからの独立を画策し、旧王家の流れをくむブラガンサ公爵を擁立、ポルトガル独自の王政回復を実現した（1640 年）。これを記念したのが、独立回復記念日である。

　この近代まで続く王朝はブラガンサ王朝とよばれるが、初代王ジョアン 4 世は娘カタリーナをイングランド王チャールズ 2 世に嫁がせるなど、スペイン以外の国との関係強化を図った。しかし 19 世紀のナポレオン戦争の期間、ポルトガル王家はブラジルに逃避を迫られるなどして、王権は徐々に衰退していく。遂には 1908 年に過激派の共和主義者によって国王カルロス 1 世と王太子 L. フィリペが暗殺され、1910 年に王制廃止、共和制へと移行した。その記念日が共和国樹立記念日である。

　さまざまな問題を抱えた第一次共和制政府が 1926 年のクーデターで崩壊すると、政治経済学者であった A. サラザールが台頭し、1930 年頃から独裁体制を敷いた。サラザールは巧みな政治感覚で第二次世界大戦などの国際的な危機を乗り越え、国内情勢を安定させたが、秘密警察などを使って、反体制主義者には激しい弾圧を加えた。しかし 1960 年代以降はアフリカにおける独立戦争に伴う軍事

出費により国家財政は圧迫されていった。サラザールが1970年に没すると後継勢力がサラザール体制を維持しようとしたが、1974年に若い将校らを中心とした無血革命がリスボンで起こり、サラザール体制は終焉を迎えた。この将校らのクーデターは、閉塞感が蔓延していた一般社会から熱狂的な支持を得て、兵士たちの胸を飾ったカーネーションから、「カーネーション革命」ともいわれる。このクーデターは4月25日のことであったが、この日は解放記念日として祝日になる一方、首都リスボンと対岸のアルマダを結ぶ、かつて「サラザール橋」とよばれていたテージョ川上のおよそ2 kmにわたる吊り橋（1966年完成）が、「4月25日橋」という名に変更された。

　国家の歴史とは直接関係はないが、ポルトガル固有の祝日として、「ポルトガルの日」がある。第一次共和制時代に、すでに大航海時代の詩人L. カモンエス（『ウズ・ルジアダス』の作者）を、世界に広がるポルトガル文化の象徴とする文化運動がみられたが、サラザール政権のもとで正式にカモンエスが没した6月10日（1580年）を祝日とすることが決められた。サラザール政権時代、この日は「民族の日」とよばれた。カーネーション革命後、第三次共和政府はこの日を「ポルトガル、カモンエス、ポルトガル語圏共同体の日」（略して「ポルトガルの日」）と名付けた。「ポルトガルの日」の特徴は、ポルトガル国内のみならず、海外のポルトガル人の入植地、移民などによる小規模な共同体でも祝われることである。例えば、日本在住のポルトガル人の数は約500名程度といわれるが、「ポルトガルの日」には大使館に登録されているポルトガル人全員に大使公邸でのパーティーの招待状が届く。ポルトガルからの移民が多い、カナダ、英国、ブラジル（近現代の移住者）などでは、ポルトガル系住民が多く暮らす街区の中心部で祭りが開催される。「ポルトガルの日」は、ポルトガル国内の祝日であるのにとどまらず、国外におけるポルトガル人コミュニティのきずなを深める日であるのが特徴的である。

 暦と生活文化　第一次共和制政府が図った政教分離政策によって、ポルトガルの生活文化に深く浸透してきたカトリック・カレンダーに基づく生活習慣の維持が困難となった。例えば共和制政府下で既存のカトリック・カレンダーの祝祭日の代わりに考案されたのは、「人類みな兄弟の日」（元日）、「ポルトの革命未遂記念日」（1月31日）、「共和国の英雄の日」（10月5日）、「独立記念日」（12月1日）、「旗の日」（12月25日）であった。

　第一次共和制政府の崩壊要因の一つには、これまでの宗教を中心にした生活習慣の一変を促された国民の不満が、クーデターを後押ししたことがあるといわれる。これに対しサラザールはみずからの護教的思想に基づき、カトリック教会の復権を試み、その結果としてかつての習慣である教会暦に基づく祝祭日を復活させたのである。それゆえ、現在のポルトガルの祝祭日は、共和制時代の「国家としての記念日」と宗教的な祝祭日が共存する、ポルトガルの歴史をおおいに反映したものであるといえよう。

 ## グレゴリウス 13 世と天正少年遣欧使節

ユリウス暦から新暦へと改定した責任者として知られるローマ教皇グレゴリウス 13 世は、実は日本とも関係の深い人物である。グレゴリウス 13 世の名で知られる U. ブオンコンパーニが教皇に就任したのは、1572 年のことであった。当時、ヨーロッパのカトリック教会はプロテスタントの普及と絶対王政の萌芽に脅かされ、ローマ教皇の権威も失墜気味であった。グレゴリウス 13 世には、カトリック教会の刷新が期待されており、その手始めとして改暦事業があったのである。1582 年 10 月にユリウス暦からグレゴリオ暦への改定がカトリック諸国で採用されたが、当初プロテスタント諸国や正教の国々では、「カトリックの暦」であるとして受容されなかった。現在でもロシア正教などの教会行事は、旧暦で行われている。

　グレゴリウス 13 世は、教会の内部刷新のため、新興修道会であったイエズス会を重用し、フランシスコ会などの他の修道会を牽制して、日本布教の優先権をイエズス会に保証した。イエズス会の東インド巡察師 A. ヴァリニャーノは、日本における布教成果の披露と布教資金援助の促進を主目的に、キリシタン大名の使節として、四人の日本人の少年たちをローマへ派遣した。彼らは 1582 年 2 月に日本を出発、アジアのポルトガル通商ネットワークを通って 1584 年 8 月にリスボンに着岸、1585 年 3 月にローマにおいてグレゴリウス 13 世の謁見を得た。教皇は、遠方から到来した少年たちの聡明さに感動し、感涙にむせんだといわれるが、その謁見からまもない翌月に没した。　　　　　　　　　　　［岡　美穂子］

参考文献

[1] 野々山真輝帆『リスボンの春―ポルトガル現代史』朝日選書．1992

ルーマニア

　吸血鬼ドラキュラの故郷として知られるルーマニアは、北東部のモルドバ地方、南東部のワラキア（ムンテニアとオルテニア）地方、ほぼ中央のトランシルヴァニア地方、黒海沿岸地域のドブロジャ地方、南西部のバナト地方、北西部のマラムレシュ地方などの諸地方からなる。

　歴史上、周辺の他民族からのたえざる干渉が特徴となっており、モルドバ地方は、外に向かって開かれた地形のためにステップ草原の遊牧民の移動路となり、他の地方も北東のスラヴ人、西から東カルパチア山脈を越えてくるセーケイやドイツ人、南方からの侵略者であるオスマン帝国などの侵入を受けてきた。近代に入ると周辺の三大帝国、すなわち地中海への進出をはかるロシア帝国、バルカンへの進出を望むオーストリア帝国、そしてバルカンでの権益を守ろうとするオスマン帝国がルーマニアを支配した。現在では、北方にウクライナ、スロヴァキア、西にハンガリー、南にセルビア、ブルガリアと国境を接している。公用語のルーマニア語は、イタリア語やスペイン語、フランス語と同じラテン言語である。

☾✵☀ 暦法とカレンダー

　ルーマニアの暦法は、現代世界で広く用いられている、いわゆるグレゴリオ暦である。ローマ帝国において導入されたユリウス暦では、4 年間で 44 分の誤差が生じる。そこで復活祭の日付起算の基礎になる春分を正しい暦日に固定するという宗教的な動機から、教皇グレゴリウスの名のもとに新たな暦がつくられたとされる。教皇はヨーロッパのすべてのキリスト教徒に新しい暦の採用を求めたが、その普及には数世紀の時間を要した。

　グレゴリオ暦の普及に最後まで反対してきたのが、東ヨーロッパの国々の教会である。同じ東ヨーロッパでも、ポーランドやチェコなどのカトリック諸国やルーマニアでは、西ヨーロッパと同じ暦を用いているが、ロシア正教会、ブルガリア正教会、セルビア正教会などの正教圏では、現在でも宗教的な祭日はユリウス暦に基づいている。

　その代表格であるロシア正教会についていうと、ロシアではビザンチンからキ

リスト教を採用した 10 世紀末にユリウス暦を導入した。ビザンチンの伝統にのっとり、紀年法は「天地創造の年」から起算することになった。これを西暦に変更したのがピョートル大帝で、同時に新年を 1 月 1 日から始めることとした。19 世紀に入ると知識層からグレゴリオ暦の採用が主張されたが、ロシア正教会の強い反対で見送られた。最終的に国としてグレゴリオ暦が採用されたのは、ロシア革命後の 1918 年であった。ちなみにルーマニアで、グレゴリオ暦は 1919 年に公式に受け入れられ、ルーマニア正教会が受け入れたのは、1924 年であった。

✦✦ 祝祭日と行事・儀礼

ルーマニア正教会暦によると、聖母（生神女^{しょうしんじょ}）マリアと幼子イエスのイコンのもとに、獣肉の食事が禁止される精進の時期と結婚が禁止された時期とが記されている（写真参照）。精進の時期は、復活祭前、ペテロとパウロの日の前、聖母被昇天（正教会では生神女就寝祭という）の日の前、クリスマス（降誕祭）の前となっている。結婚が禁止されるのは、1 年を通して水曜日と金曜日、精進の時期、クリスマスから公現祭にかけての時期である。

図1　ルーマニア正教会のカレンダー（国立民族学博物館所蔵）

教会暦では、それぞれの日に聖人や祝祭日が割り当てられる。これを見ると実にたくさんの聖人の日があることがわかる。重要な祝祭日は赤字で記され、毎日曜日も主日として赤字で記され、その下にはミサで朗読されるべき聖書の箇所が示される。

📅 暦と生活文化

春の訪れを告げる復活祭（イースター）は、救世主イエスの復活を祝うキリスト教最大の行事であり、春分を過ぎた最初の満月後にくる最初の日曜日に行われる移動祭日である。キリストの復活は、春を迎えた自然の復活イメージと重なり合う。村人は、子羊を屠^{ほふ}ってごちそうを用意し、家の中をはき清め、前日には体を洗って祭日に備える。また町ではさまざまに彩色された卵（イースターエッグ）が市場に並べられ、村では植物の葉を卵に巻いてストッキングで包み、別の植物とともに煮出して色を付け

る。卵はもともと生命とその再生を表す象徴として広く世界で用いられる。復活祭の卵は、ユダヤ教徒が過ぎ越しの祭りの際に復活と来世を示す卵を食べたことがキリスト教徒に伝えられたものである。特に復活祭には色を塗った卵を贈り合うことが習慣となり、後には子供の遊びになった。

復活祭の1週間前の日曜日は「枝の主日」とよばれ、教会でミサが行われ、村人は聖別されたネコヤナギの枝を家に持ち帰る。この枝は家族の健康を守るとされ、台所の隅におかれる。復活祭当日には、夜が明けやらぬ頃から教会でミサが行われ、村人は司祭から祝福を授けてもらい、この日のために用意した食物を家庭で食する。

復活祭が終われば、4月23日の聖ギョルゲ（ゲオルギオス）祭が農耕の季節の始まりを告げる。この日を境として耕作と播種が行われるようになり、羊たちはそれぞれの家から1個所に集められ、夏の放牧地へと出かけていく。特に大規模移牧が盛んな山岳地域では、羊群を冬営地から夏営地へと移動を始める日とされる。

8月15日の生神女就寝祭は、カトリックでいうところの聖母被昇天の祭日である。ルーマニア中で聖母を守護者とする教会へ人々が巡礼する。トランシルヴァニア地方の有名なニクラ修道院では、周辺の村々から数千人の人々が集まる。

秋では、10月26日の聖ドゥミトル（デメトリオス）祭が重要である。バルカン地方では夏営地の羊群が冬営地へと戻ってくる目安となっていた。10月末には教会の「死者の日」があるが、村によって日は異なる。人々は教会に集まり、ミサに参加し、それぞれの近親者の墓にロウソクを供えて故人の魂の平安を願う。

12月に入るといっそう冬と祝祭の訪れを意識する。まず12月8日は聖ニコラエ（ニコラウス）の日で、子供たちは贈り物を楽しみに眠りにつく。ゲルマン系の諸国では、この聖ニコラウスの信仰がクリスマスに結び付いて、サンタクロースのイメージが生み出された。この時期、どこの家でも豚の屠殺が行われる。この季節のために各家で飼ってきた豚を屠って解体し、ソーセージなどに加工するのである。解体は男の仕事で、女たちは補助的な仕事を行う。

12月25日の降誕祭（クリスマス）は、イエス・キリストの誕生を祝う祭日である。この日から1月6日の公現祭までは大晦日と新年を挟んで特別な時期になる。子供たちは「コリンダ」（クリスマス・キャロル）を歌いながら村の中を門付けしてまわる。この名称はスラブ圏でも共通で、コリャダー、コレンダ、コレ

ダなどとよばれ、キリストの生誕のほかに新しい年の農耕、牧畜、家庭生活などにかかわる予祝を行う。

　1月6日は「主の公現祭」である。これはイエスが洗礼者ヨハネにヨルダン川で洗礼を受けたことを記念する行事である。村の司祭が一軒一軒信者の家を祝福してまわる。信者はごちそうと、果実を蒸留してつくったお酒であるツイカを用意して司祭を迎える。そして2日目にはイエスが受けた洗礼に倣って川へ行き、記念のミサを行う。

 ### 西欧化とルーマニア性

正教会の暦によって人々が暮らすルーマニアの国民文化は、ワラキア地方、モルドバ地方、トランシルヴァニア地方という別個に発展した三大地方を基礎にしている。ワラキアおよびモルドバの文化的特徴には、ユリウス暦にみられるようなバルカン地域に共通するビザンチン文化の影響が強くみられる。そもそも大多数のルーマニア人の宗教も、ロシア正教会、ギリシャ正教会などと並んで東方正教会の諸教会に属するルーマニア正教会であり、イコン崇敬と壮麗な儀式を特徴とする。その影響は、モルドバ北方の修道院建築やその外壁などを彩るイコンの中に現在でも見ることができる。一方、トランシルヴァニアの文化はハンガリー人とドイツ人が主体となって西欧から導入した文化の刺激を受けた。カルパチア山脈に抱かれた都市ブラショフにある黒の教会はヨーロッパ最東端にあるバロック様式の教会といわれ、西欧文化の影響を示す象徴的存在である。

　西欧からの影響は東欧バルカン諸国のいずれにおいても大きいのだが、ルーマニアの場合は、ラテン系言語という言語的共通性によって相互浸透が容易であった。その言語的共通性からルーマニア人の西欧起源神話を形成したのが、ギリシャ・カトリックとよばれるキリスト教である。ギリシャ・カトリック教会は、1698年から1700年にかけてハプスブルク帝国支配下のトランシルヴァニアで正教徒が集団改宗して成立した東方典礼カトリック教会である。改宗したルーマニア人民衆に宗教的意識や宗教的実践上の大きな変化はなかったが、エリートとして選ばれた聖職者がウィーンやローマへの留学を通じて啓蒙主義など西欧からの思想的影響をこうむり、さらに言語的共通性をきっかけとして先住ダチア人と占領ローマ軍団との混血によりルーマニア人が生じたという起源神話を発見した。こうしてギリシャ・カトリックは直接的にトランシルヴァニアにおける西欧文化の担い手となったのである。　　　　　　　　　　　　　　　　［新免光比呂］

コラム　ネブラ天穹盤

　直径約 31 cm、重さ約 2 kg の円盤には、青緑の夜空に輝く三日月と満月、それに星空が金箔で造形されている（図 1）。また 20 cm ほどの曲線が 2 本、金箔で縁にあしらわれている。子細にみると、金箔は剥げているが、もう 1 本の曲線もあったことがうかがえる。いうならば、造形美を備えた古代の芸術作品である。

図 1　ネブラ天穹盤（ザクセン・アンハルト州立先史博物館所蔵。写真は博物館が所蔵品をモティーフにしてつくったマウスパッド）

　ドイツで発掘され、愛知万博でも展示された青銅器時代の暦であるが、暦とはいっても日付を知るためのものではない。考古学者や天文学者が出土地や成分分析、また往時の天文現象を調べた結果、およそ次のようなことがわかった（異説もある）。製作年代は前 1600 年頃、銅はオーストリアの東アルプスの鉱山から、金は英国南西端、コーンウォールから産出したものである。星の数は 32、そのうち七つの星は「昴」（プレアデス星団）と考えられる。当時、3 月の三日月の頃、夕空に姿を隠し、10 月の満月の頃、朝空に再び現れ、互いに近接して輝いていたとのこと。

　古代バビロニアの前 7 世紀から 6 世紀にかけてのくさび形文字板には、「春の月に昴の近くに三日月（新月から数日目の月）しか現れなかったら閏月を入れよ」という、閏月についての最古の記録がある。確かに天穹盤の月は昴に隣接し、まさに三日目頃の月である。

　他方、左右対称に縁どられた金箔の曲線は右側が日の出、左側（剥落）が日の入りの方角を示している。下端が冬至、上端が夏至の日の出、日の入りの方角で、対角線の角度がちょうど夏至と冬至に対応するからである。まさに携帯用の暦として使用されていたことがわかる。

　さらに驚くべきことに、下方の金箔の曲線は「太陽の舟」とみられている。これは天文観測ではなく、宗教的な観念に基づくものである。ネブラ天穹盤は何段階かの年代をへて加工されているが、太陽の舟は最後に加えられた。つまり天体現象の表象が先で、宗教的観念は後ということになる。

　古代の人々は天体観測を通して季節の移り変わりを認識していたが、北ヨーロッパは一般に "野蛮" であったとみられている。この天穹盤の発見後、北ヨーロッパの文化が決して辺境のものではない、という認識が高まった。暦研究のうえでも間違いなく第一級の資料である。　　　　　　　　　　　　　　　　　［中牧弘允］

7. アフリカ

アルジェリア民主人民共和国

　アルジェリアは、西アラブ（マグリブ）とよばれる北アフリカのほぼ中央に位置する国であり、地中海からサハラ砂漠にいたる238万 km² のアフリカ最大の国土をもつが、その約8割は砂漠地帯である。人口は3967万人（2015年）で、石油と天然ガス資源が豊富である。マグリブ諸国はすべてアラビア語を国語とし、イスラームを国教としている。

　紀元前数千年前より生活する先住民族の後に、フェニキア、ローマ、ヴァンダル、ビザンツ、アラブ、トルコの諸王国・帝国が侵略を繰り返してきた。現在の民族構成は、7世紀に侵入したアラブ人と先住民族のアマジグ人とからなる。後者はモロッコの人口の約40%、アルジェリアの20%、チュニジアの1～2%である。19世紀のフランスによる植民地化以降フランス語が公用語であった。独立後はアラビア語が国語で、フランス語とともに公用語となったが、アマジグ人の多いモロッコとアルジェリアでは最近、アマジグ語も国語と公用語となった。

 暦法とカレンダー　19世紀の植民地化以降、西暦（グレゴリオ暦）が正式な暦法となったが、独立（1962年）後は、ヒジュラ暦（預言者ムハンマドがメッカでの迫害を逃れてメディナにヒジュラ（移住）した日、西暦622年7月16日を紀元とする太陰暦、イスラーム暦）を正規の暦とする。

　そのため、国民の日常生活のリズムはおおむねヒジュラ暦に従い、官公庁や企業の休日は、礼拝日の金曜日と土曜日で、学校も休みである。正式には1日は日没後の新月を目視することで始まるが、最近は天文学的な計算で1年の暦が決定され、特別なラマダーン月と巡礼月だけ、伝統的な方法で決めている。西暦も現在まで併用されてきた。ヒジュラ暦は太陰暦なので、1年に11日ずつずれていく。

　カレンダーは、景色、抽象画などの絵柄のヒジュラ暦や西暦あるいは併用の壁掛け型や卓上型のカレンダーのほか、日めくりカレンダーもある。1年を通した大判のヒジュラ暦・西暦併用のものや、ヒジュラ暦の月ごとの暦が縁を取り囲み、中央にアッラーをたたえる言葉が大きく書かれている布製のものなどもある。

祝祭日と行事・儀礼　国民の祝日は、西暦の1月1日、5月1日のメーデー、7月5日の独立記念日、11月1日の革命記念日である。しかしムスリム（イスラーム教徒）としての1年の生活のリズムは、ヒジュラ暦の四大祭礼によって、大きく特徴付けられる。第一月（ムハッラム）10日のアーシューラーの祭日は、同じムスリムでも、スンニ派とシーア派では、意味が違う。マグリブのようなスンニ派では、ヒジュラの後にムハンマドが、ユダヤ教徒の 贖罪の日 （ヨーム・キッブール）を模倣してこの日を断食の日と定めたが、ユダヤ教と決別して以来強制的ではない。シーア派では三代目イマーム・フサインがこの日にカルバラーの闘いで虐殺された殉教の日として悼む盛大な行事となっている。第三月12日のムールード（マウリド）は、預言者ムハンマドの生誕祭である。地域ごとの聖者祭が行われたり、古い地中海地域の儀礼が入ったりと多義的な祭りになっている。

　第九月ラマダーン（断食月）中は日の出から日の入りまで飲食はもとより、喫煙も厳禁だが、幼児や妊婦、高齢者、病人、旅人は免除される。官庁や企業の仕事は、朝7時から始まり午後1時までで終わる。日没後は皆、家に帰って夕食を食べるので、街から人影が消える。夜の街にはイルミネーションが輝き、9時過ぎから家族連れで親族を訪問し合う人々で夜中頃までにぎわう。ラマダーンの直前には、スーパーの棚はほとんど空になる。特別の料理や菓子類をつくり、訪問時に持ち寄る。断食月というのは、夜の間に普段よりかなりぜいたくなものをたくさん飲食する月であることを筆者は現地で知った。夜明け前の祈りの頃に断食前最後の食事をする。それでも水も飲めない夏のラマダーンはかなり厳しい。そのためラマダーン明けの知らせの朗誦がモスクやテレビなどから流れると、人々は歓声をあげて街に繰り出して喜びを表す。そして晴れ着に着替えて親族を訪ねたりする。それが 小 祭（アイド・ル・フィトル）である。

　第十二月巡礼月（ハッジュ）の 大 祭（アイド・ル・ケビール）は、祝祭の中でも中心的なものである。この犠牲祭は、ムスリムたちの最古の先祖のイブラヒーム（アブラハム）が一人息子のイスマーイールを神の命に従って犠牲に捧げようとした故事により、10日に羊を犠牲にする。現地にいる頃、隣家でそのようすを見たが、火鉢に眠り薬のようなものを入れ、その上で羊の頭を燻してもうろうとしたところで頸動脈を切って殺すので、あまり凄惨な感じはしなかった。30年くらい前からメッカに向けたチャーター便も出て、国ごとの巡礼者数が新聞に載ったり、メッカの巡礼地のテレビ中継や、大統領や閣僚たちの大モスクでの礼拝なども中継される。

📅 **暦と生活文化** 　マグリブ地域は、前2世紀から4世紀までローマの支配下にあり、今でもアラブの侵入以前からアマジグ人の住む諸地域で、ユリウス暦の影響が残っている。ローマの遺跡も数多く残っている。アルジェリア中央のテル・アトラス山脈のジュルジュラ山脈を中心とするカビリー地方（アマジグ人人口の5分の4が集住）には、ローマ時代以来のユリウス暦が農事暦と結び付いて最近まで残ってきた。ユリウス暦はローマ皇帝ユリウス・カエサルによって制定され、前45年より実施された太陽暦であり、法令により閏年を4年に1回規定した最初の暦法で、平年を365日とした。

🌑 **カビリー地方の農事暦** 　かつてのカビリーの農民は、季節の移り変わりに結び付く農事暦と、それと深くかかわる儀礼の暦により決まるリズムで生活していた。1年の農作業は、「秋・冬の雨季：穀物の耕作期」と「春・夏の乾季：収穫期」の二つの時期に大きく区分される。

　1年の始まり「年の門」は秋、ユリウス暦から8月15日〜9月1日頃とされ、年の始まりと同時に、湿った時期への入口である。この日家族は畑で雄鶏を犠牲にし、地主と小作は耕作契約を更新する。マグリブでは5分の1小作（ハメス）が慣例で、土地所有者が土地、耕作具、種、肥料を提供し、耕作者は賃金をもらう。耕作期の開始に先立って必ず行われるのが、ティムシュレットという古い農耕儀礼である。これは村全体、住区や氏族単位で行われた。カビリー地方の伝統的社会組織は、部族連合→部族→村→住区→氏族→系族→小系族→拡大家族という単位に分節される構造であり、村は各家族の長と全成人男子が参加する民主的な評議会をもち、全員の合意で村長を選んだ。ティムシュレットは牛の供儀とその肉の共食による耕作の開始と厄払いの儀礼であり、豊穣祈願と雨乞いの儀礼でもあった。儀礼の日が評議会で決められると、用意されていた牛が畑に連れ出される。イスラーム化以降はイスラーム的な要素も取り入れ、村人たちは村の祈禱師の先導で、クルアーンの序章を唱え、穀物の豊作を神に祈願した後、牛の頸動脈を切って犠牲に捧げる。灰色か黒色の牛が選ばれ、その色が雨をもたらし、牛のいななきが雷を呼び、牛の血が畑を浄化すると信じられている。牛の肉は村の全員（赤ん坊も）に等しく分配され、女たちは総出でその肉を入れたクスクス（粗びきの小麦粉でつくる粒状のパスタ、マグリブの常食）をつくり皆で食べる。その共食の場には祖先の霊も呼び出され、彼らの加護を祈ってクスクスを供えるが、その中には豊穣の印であるそら豆と魂の隠れ場である骨を入れる。

祖先の霊は、あの世のよそ者として招かれ、決してその名をよんではならない。
ティムシュレットがすみ耕地が十分に湿り気を帯びると、すぐに耕作と播種が始
まる。つがいの牛に引かせたすきで耕作するが、助産婦が香をたいたり、村のマ
ラブー（聖者）に頼んでクルアーンの章句を書いたものを牛の頭に貼り付けたり、
角の根もとに結婚式や祭りのときに女性たちが手や足を染めるヘンナの赤い粉で
円を書いたりした後、牛を畑に連れていき、結婚式の燭台に明かりをともす。天
と地の結婚が豊穣をもたらすとされるからである。牛にすきを付けるときには、
メッカの方向に向けて行う。耕作者たちは、アッラーへの豊穣の恵みの祈りを叫ぶ。
　耕作は12月頃まで続けられるが、11月半ばから12月初めに冬が始まる。1月
（エナイエル、今でもユリウス暦と同じ名）1日は更新の禁忌日である。1月はオ
リーブの収穫と採油が行われる。女性もオリーブの実を拾ったり、採油を手伝っ
たりする。1月31日は40日間続く真冬リヤリ（夜）の最後の日でタフスト（春）
の第1日、2月から3月半ばにかけては、タムガルト（老女）などとよばれ、不
吉なよくない季節とされる。春分の日は雨季から乾季への移行儀礼（タルリト・
ワザル）が行われる。冬から春への過渡期で
あり、それが過ぎると家畜が冬の寒さを乗り
越えたとみて離乳を始める。緑と幼児期の祭
りを経て、離乳の後は4月の剪毛期となる。
4月は恵み深き楽の月である。穀物畑での重
要な草取りが始まる前に行われるのが「マ
タ」とよばれる、アンザール（雨）という男
神の許嫁の儀礼である。マタは大きな木じゃ
くしに女性の衣装を着せたカカシで、とりわ
け春に麦の穂が実をつけるための雨が降るよ

図1　マタ、雨の花嫁の人形

うにマタをつくって歌を歌いながら村を練り歩き、畑に着くとマタを水でぬらす
が、動物を犠牲にすることもある（図1）。これは地中海地域やマグリブに広く
知られる雨乞い儀礼で、天と地の結婚を意味し、万物に恵みをもたらすという。
　春から夏への変わり目の時期にもさまざまな儀礼がある。5月17日はアネブ
ドゥ（夏）の始まりで、収穫・麦刈りなどが始まるが、インスラ（夏至）6月24
日頃までに終わる。脱穀ともみ分けの最後にスマイム（真夏）の40日が始まる。
このような季節ごとの儀礼や禁忌があり、人々の生活にリズムを与えている。

［宮治美江子］

エジプト・アラブ共和国

　1952 年に革命によって王制を打倒して成立したのが現在のエジプト・アラブ共和国である。国土は約 100 万 km² と日本の 2.6 倍ほどの広さがあるが、大部分が砂漠で、9000 万を超える人口のほとんどは、ナイル川の流域に暮らしている。国民の多くはムスリム（イスラーム教徒）だが、キリスト教徒も総人口の 5〜15%（公式の統計はない）を占める。

 暦法とカレンダー　日本に遅れること 2 年、エジプトは 1875 年にグレゴリオ暦を導入した。しかし、国民の多くがムスリムであるため、宗教生活上ではヒジュラ暦（イスラーム暦）も重要である。クルアーン（コーラン）の章句などを美しい書体で記した図柄の月めくりには、グレゴリオ暦に加えて、ヒジュラ暦の日付が示される。同じように、エジプト特有の教会であり、エジプトのキリスト教の多数派であるコプト教会の信徒に向けてつくられた月めくりでは、聖母子像などが図柄とされ、コプト暦とよばれる独自の暦法での日付が付される。イスラームの宗教団体やキリスト教の教会が発行するカレンダーには、それぞれの宗教の暦日を主として、グレゴリオ暦の日付を付記して示すものもある。

　あまり見かけなくなったが、厚手の台紙に葉書大の薄紙を重ねた昔ながらの日めくりでは、グレゴリオ暦、ヒジュラ暦、コプト暦の日付があわせて示されることが多い（図 1）。近年では日めくりの代わりにスマートフォンやタブレットのカレンダー・アプリがよく使われており、

図 1　グレゴリオ暦、ヒジュラ暦、コプト暦を示したエジプトの日めくり

日めくりと同じように複数の暦に対応し、選択のできるアプリもある。

◈ 祝祭日と行事・儀礼

エジプトにも多くの祝祭日や記念日があり、それらは共和国の歴史にかかわるもの、イスラームとキリスト教の両宗教にかかわるもの、それ以外のものに大別できる。

　共和国の歴史にかかわる祝祭日としては、「シナイ解放記念日」（4月25日。1967年の第三次中東戦争でイスラエルに占領された半島が1982年に全面返還されたことを祝う）、「7月23日革命記念日」（1952年の王制打倒革命を祝う）、「戦勝記念日」（10月6日。1973年の同日に開戦した第四次中東戦争の勝利を祝う）に、最近になって2011年のアラブの春の「1月25日革命記念日」、2013年のムルスィー政権打倒を記念した「6月30日革命記念日」が加わった。大統領の記念演説などはあるが、国民が広く参加するかたちの行事はない。

　イスラームにかかわる行事は多数にのぼる。これらは、1年が354日（ないし355日）の純粋太陰暦であるヒジュラ暦に従って祝われるため、グレゴリオ暦からみると同じ祭日が年ごとに11日ほど早くやってくる勘定になる。国民の祝日になっているのは、元日、預言者生誕祭（ヒジュラ暦3月12日）、断食明けの大祭（同10月1日）、犠牲の大祭（同12月10日）の四つである。ヒジュラ暦の元日には目立った行事はないが、ムハンマドの生誕を祝う預言者生誕祭は12世紀のカイロを起源に国内外のムスリムの間に広まったとされ、今でもエジプト各地で盛んに祝われる。宗教書や数珠、花嫁や騎士をかたどった砂糖人形が売られ、クルアーンや民衆説話が朗誦される小屋掛け、射的やくじ引きの屋台が軒を連ね、最終日にはスーフィー（神秘主義の修行者）を先頭に人々が列をなして通りを練り歩くなど、祝祭的雰囲気があふれる。断食明けの大祭と犠牲の大祭は、ムスリムがはたすべき五つの義務のうちの二つであるラマダーン月（9月）の断食と巡礼月（12月）のメッカ巡礼の完了を祝う行事であり、夜明けの礼拝にあわせて特別な大祭の礼拝を捧げ、羊などを供犠し、貧者には施しを与え、身内や友人と食事をともにしてきずなを確かめ合うなど、落ち着いた雰囲気に包まれている。

　ラマダーン月の1か月も、エジプトでの1年の暮らしを語るうえでは見逃せない。この間、幼年・老齢、妊娠・授乳中、旅行中などの理由で免除されなければ、人々は夜明けから日没まで一切の飲食を絶つ。国営の酒販店は1か月間店を閉め、食堂は営業時間を大幅に変え、宗教関連施設がにぎわう。厳粛な気持ちでひと月のうちにクルアーンを通しで読了しようとする者がいるかと思えば、日没後

に街に繰り出して買い物をしたり映画を見たりと、祭礼の浮き立った雰囲気を楽しむ者もいて、敬虔さと華やかさが同居する。

　キリスト教にかかわる行事のうち、国民の祝日とされているのは復活祭と降誕祭（クリスマス）である。両祭とも暦法と祭日計算方法の違いから、日どりが西方教会と一致することはあまりない。復活祭はグレゴリオ暦の4月ないし5月のいずれかの日曜日、降誕祭については同暦の1月7日が、コプト教会（およびユリウス暦使用の諸教会）の降誕祭の日となる。復活祭も降誕祭も、イスラームの大祭と同様に、当日には盛大な礼拝の後、和やかな共食の機会がもたれる。復活祭に先立つ大斎（カトリックの四旬節に相当する）では40日以上に及ぶ肉類やアルコールの断食が行われ、ムスリムが行うラマダーン月の断食に似た雰囲気がある。なお、グレゴリオ暦や修正ユリウス暦を採用している教会の信徒も一定数にのぼり、それらの教会では12月25日にキリスト降誕が祝われる。

　以外の祝祭日としては、元日やメーデーがあるが、特に大きな行事はない。むしろ注目されるのはシャンム・アンナスィーム（そよ風を嗅ぐこと）というエジプト独自の祭礼による祝日である。日どりが復活祭の翌日と説明されるために、キリスト教の祭礼とみなされがちだが、起源はキリスト教以前にさかのぼり、ムスリムもキリスト教徒も区別なくこれを祝い、家族や友人が連れ立って野遊びを楽しむ。

暦と生活文化

エジプトで暮らすのに、今目の前にしている相手の宗教を知っておくことは重要である。直接尋ねるのはぶしつけであるから、何らかの方法で察しなくてはならない。その場合、男性が手にもつ数珠はムスリムの印だし、手首の内側に十字架の刺青があればすぐにキリスト教徒だとわかる。車のダッシュボードにおかれた『クルアーン』や『聖書』、バックミラーにぶら下げられた飾りなども持ち主の信仰を明らかにしてくれる。そして、オフィスや店舗の壁に掛けられたカレンダーもそうした宗教の別を教えてくれる重要な小道具である。日本人には意外かもしれないが、カレンダーの図柄は宗教的であるのが通常で、世俗的な図柄を使っている場合にこそ、宗教を明かさないという持ち主の積極的な意図を感じてしまうことがある。

　そのように宗教の別を知ることが大切であっても、互いの宗教の違いを意識しながらともに生きてきた歴史が今のエジプトをつくってきた。例えば、イスラームにもキリスト教にも、人々の崇敬を集める男女の聖者（聖人）がエジプトの各

地におり、それらの聖者を記念して行われる聖者祭（マウリド）はエジプトの歳時記の重要な部分をなす。それら聖者祭には宗教を超えた共通の雰囲気があり、実際に類似した催しも行われる。ムスリムがコプトの聖人の聖者祭に、キリスト教徒がムスリムのそれに参加することも、時としてみられる。

 古代とのつながり　エジプトで、イスラームとキリスト教をつなぐ暦のあり方は、さらに時代をさかのぼって古代エジプトからの伝統につながることも多い。例えば、コプト暦は教会暦として、正教会の標準的な暦法であるユリウス暦と同期している一方で、起源は古代エジプトの暦にたどられる。古代エジプト暦はナイル川の水位の増減に対応する太陽暦だが（正確にはシリウスの観測による恒星暦の側面ももつ）、この国に伝統の氾濫原農業に適しており、エジプト人の多くがキリスト教に改宗した時代にも、月名などを引き継いで農事暦として機能した。イスラームが広がった後にも、1年が354日のヒジュラ暦が農業には向かないこともあり、ムスリムとなったエジプト人たちも農作業にはコプト暦を使い続けた。今でも農村地帯では、播種や収穫の時期を表すのに、コプト暦の月名が使われることがある。

　また、前述のシャンム・アンナスィームでは塩漬けのボラ、燻製のニシン、薄切りにした生の玉ネギ、ゆで玉子などを食す。これはコプト教会の復活祭の食事に供される食品と共通である。復活祭にその起源を求める説を唱える者もいるが、キリスト教以前にシェム（古代エジプトで収穫期をさす）の祭礼ですでにそれらを食していたとの記録があり、むしろ復活祭こそが春を告げる祭りとしてのシャンム・アンナスィームを起源とするとの説も根強い。明らかなのは、復活祭とシャンム・アンナスィームのどちらが先かということより、ムスリムかキリスト教徒かの別のない、エジプト古代からの伝統の継続がそこには見出されるということである。

　このように、古代からの伝統を引き継ぎつつ、イスラームの暦とキリスト教の暦がそれぞれの宗教の信徒に、そして時には宗教を横断して利用されているのが、エジプトの暦文化といえるだろう。　　　　　　　　　　　　　［赤堀雅幸］

参考文献
[1] 赤堀雅幸「今も昔も祭りは楽しみ」鈴木恵美編『現代エジプトを知るための60章』明石書店，pp. 234-249, 2012

エチオピア連邦民主共和国

暦法とカレンダー

エチオピアには、多種多様な民族文化とともに、複数の複雑な暦が存在する。ここでは同国において最も広く使用される主要な暦法であるエチオピア暦を紹介する。エチオピア暦は、キリスト教エチオピア正教会の祭日や儀礼を主軸とする暦で、コプト正教会で使用されてきた古代エジプトの太陽暦の流れをくむ。エチオピア正教会は非カルケドン派に属し、その起源は4世紀にまでさかのぼる。エチオピア正教会はエチオピア帝国時代においては国教とされていたが、現在もエチオピア北部を中心に人口の半分近くの信者がいるといわれ、庶民の生活や思考様式にきわめて大きな影響力をもっている。各教会にはタボットとよばれる『旧約聖書』に登場する十戒が刻み込まれた聖櫃の木製レプリカが存在する。

エチオピア暦はイエス・キリストの降誕について、グレゴリオ暦とは異なる解釈をもつため、紀元に関してはグレゴリオ暦のそれより7〜8年遅れる。7年、もしくは8年の差が生まれるのは、エチオピア暦の新年が9月にスタートするためである。9月以前は8年ずれることになり、また9月以降は7年の差ということになる。

エチオピアには13の月が存在する。4年の周期で閏年がやってきて、1日追加されることになる。4年でひとまとまりの周期とされ、それぞれの年は、マタイ、マルコ、ルカ、ヨハネの四つの福音書の名に分けられる。このうちルカの年が閏年である。より詳しく説明すると、新年はグレゴリオ暦の9月11日にあたる（閏年では12日）。1月は合計30日であり、最後に5〜6日間のみの月がある。13か月の月は、新年のマスカラム（グレゴリオ暦の9〜10月に相当）に始まり、トゥカムトゥ（10〜11月）、ヒダル（11〜12月）、タサス（12〜1月）、タール（1〜2月）、ヤカティトゥ（2〜3月）、マガビットゥ（3〜4月）、ミャージャ（4〜5月）、グンボット（5〜6月）、サニ（6〜7月）、ハムレ（7〜8月）、ナハセ（8〜9月）と続き、そして最後にいちばん短い月であるパグメがやってくる。

●ツォムの習慣　エチオピア正教会の信者は数多くの祭日とツォムとよばれる精進期間を守ることが求められる。ツォムは通常、各週の水曜日と金曜日である。

通常行うツォムと同時に、短期間、長期間、合わせて7種類の公式なツォムが存
在し、エチオピア正教会は、トータルすると年間約180日のツォムを信者に守る
ことを求めている。当然のことながら、教会に属する聖職者たちには、より厳し
く長いツォムの日数（年間約250日）が課せられる。通常信者は、ツォムにおい
て、バターや肉類など、動物性のタンパク質の摂取を避け、菜食を中心とした食
生活に切り替える。また酒類や歌や踊りなどの娯楽を避ける。さらに、日の出か
ら午後の15時までは食事どころか水分をいっさいとらない信者もいる。しかし
ながらこの精進期間の実践の具体的な内容に関しては、大きな個人差がある。特
に、ツォムの期間に魚を食べてよいか食べないか、に関しては信者間で意見が分
かれやすい。いずれにせよ、ツォムの意義は、みずからの身を弱めることによっ
て、自己中心的になりがちな生活態度を改め、「マタイ伝」4章にあるように「人
はパンだけで生きるものではなく、神の口から出る一つ一つの 言 で生きるもの
である」ことを確かめることにある [2]。一般庶民にとって、最も重要で長いツォ
ムは、アルバツォムである。このツォムは、グレゴリオ暦でいう2月下旬から4
月中旬にいたる実に2か月弱の長期間に及び、禁欲的な生活の厳しさのため、数
kgやせる者もいる。このツォムは、キリストの復活を祝う祭日ファシカととも
に終わる。日付が変わりファシカを迎える瞬間、町々は歓声に包まれる。翌日か
らは牛の生肉を食べ、タッジ（蜂蜜酒）を飲み祝う。上記の精進期間に誤って肉
を食べてしまうなど、何らかの過ちを犯した者は、教会に赴き、懺悔を行い、神
の許しを乞うヌスハとよばれるプロセスを経る必要があるとされる。

◇◆◇　**祝祭日と行事・儀礼**　　エチオピア暦においてさらに重要な点は、聖人
　　　　　　　　　　　　　　　を祭る祝日の存在である。すべての日が聖人の
名を冠しているのである。聖職者の礼拝、儀礼を軸とする暦はより複雑かつ細か
いが、一般的には以下が人々の生活になじみが深い（表1）。
　エチオピア正教会に属するそれぞれの教会は、表1中のいずれかの聖人の名を
冠している。週末や祭日など、信者は通常、家の近所の教会に定期的に赴き参拝
をする。場合によっては、自分が気に入っている他の教会に赴く場合もある。月
によってどの聖人の日が盛大に祝われるかが異なっている。例えば、リデタ（聖
マリア誕生の日）が最も盛大に祝われる月はグンボット月である。また、ミカエ
ル（聖ミカエルの日）を最も盛大に祝う月は二つ存在し、一つはサニ、そしても
う一つはヒダルである。こうした特定の月日には、それぞれの聖人の名を冠した

表1　聖人の日

1日	リデタ（聖マリア誕生の日）
2日	タダウォス（聖タダイの日）
3日	バアタ（聖マリア、神の家入室の日）
4日	ヨハネス・ウォルドゥ・ナグワドゥグワドゥ（雷の子、聖ヨハネスの日）
5日	アッブンナ・ゲブレ・メンフェス・ケドゥス（聖アッボーの日）
6日	イェスス（イエス・キリストの日）
7日	セッラシエ（聖三位一体の日）
8日	アッバ・キロス（聖キロスの日）
9日	トマス（聖トマスの日）
10日	マスカル（十字架発見の日）
11日	ハナ（聖ハンナの日）
12日	ミカエル（聖ミカエルの日）
13日	ザラー・ブルク（聖アッボーの使者の日）
14日	アッブンナ・アラガウィ（聖アラガウィの日）
15日	キルコス（聖キルコスの日）
16日	キダヌ・マヘラートゥ（聖マリア慈愛の契りの日）
17日	エスティファノス（聖ステパノの日）
18日	イウォスタテウォス（聖イウォスタテウォスの日）
19日	ガブリエル（聖ガブリエルの日）
20日	ハンサタ・ベタ・クリスティヤン・ベスマ（聖マリア教会建立の日）
21日	エグザトゥナ・マリアム（聖マリア就眠の日）
22日	ダクサヨス（聖ダクサヨスの日）
23日	ギオルギス（聖ギオルギスの日）
24日	アッブンナ・テクラ・ハイマノトゥ（聖テクラ・ハイマノトゥの日）
25日	マルコレウォス（聖マルコレウォスの日）
26日	アッバ・サラマ（聖サラマの日）
27日	マダニィアラム（救世主の日）
28日	アマヌエル（聖アマヌエルの日）
29日	バラ・イグザール（父なる神の日）
30日	マルコス（聖マルコスの日）

教会に多くの人が参集する。人々は、身を清めるとされるガビやナタラとよばれるコットン製の白い布をまとって教会に赴く。教会に続く沿道には人々からの施しを求める物乞いが多く並ぶ。また、教会に供えるロウソクや聖人をモティーフにした色とりどりのポスターやカードが販売され、教会のまわりは大変にぎやかになる。特に聖マリア、神の家入室の日、聖アッボーの日、聖ミカエルの日、聖アラガウィの日、聖マリア就眠の日、聖ギオルギスの日、救世主の日は、多くの信者が教会に礼拝する、人気のある聖人の日である[1]。しかしながら、一般の人々が、表中に記したすべての日を事細かく認識しているわけではない。また祝日といっても、平日に学校や職場が休みになるわけではない。

　3か月近くにわたる長い雨季が終わった後、元日のケデス・ヨハネス（グレゴリオ暦の9月11日、もしくは12日）を迎える。屠殺され、各家庭で食される予定の羊が元日の数日前から、市場や道路にあふれかえる。ワゼマ（大晦日）には、人々は体を洗い清め、夜半には、子供たちがたいまつを掲げて、町を駆けまわり、いわゆるお年玉に相当するチップを求めて、家々を訪ね歩きながら、新年を迎える喜びを表現する。またその1週間ほど後のマスカラム17日（グレゴリオ暦の9月27日、もしくは28日）には十字架発見の祭り、マスカル祭が各地で盛大に開催される（マスカルは十字架を意味する）。4世紀にコンスタンティヌス1世の母ヘレナ（聖ヘレナ）がゴルゴダに巡礼に赴き、キリストがはりつけにされた十字架を発見したことを祝して始まったお祭りであるとされている。また、タサス28日または29日（グレゴリオ暦の1月7日あたり）に行われるガンナとよばれるクリスマスや、タール10日（グレゴリオ暦の1月19日）から3日間に行われるティムカット祭などがエチオピア正教会のお祭りとして国内外によく知られている。ティムカット祭は、キリストの洗礼祝いの祭りである。

　これらの代表的な祭事をはじめエチオピア正教会に関するさまざまな行事がエチオピア北部の人々の生活に節目を刻み、彩りを与えている。　　　　［川瀬　慈］

📖 参考文献

[1] Fritsch, E. and Zenetti, U., "Calendar", Uhlig, S. ed., *Encyclopaedia Aethiopica*, 1, Harrassowitz Verlag, pp. 668-672, 2003
[2] 鈴木秀夫『高地民族の国エチオピア』古今書院，1969

ガーナ共和国（アシャンティ族）

　ガーナは1957年3月6日に英連邦内で独立し、1960年7月1日に国民投票により共和制に移行しガーナ共和国となった。初代大統領はクワメ・ンクルマである。国名は、サハラ砂漠西部の南縁に、おそらく8世紀以前に成立したガーナ王国の名にちなむものである。ガーナは赤道から約750 km、グリニッジ標準時線上に位置する。日本との時差はマイナス9時間、サマータイムはない。人口は約2500万人（2011年現在）、首都はアクラである。

暦法とカレンダー

公式の暦法はグレゴリオ暦である。北部ではイスラーム暦も使用される。また、南部ではアカン諸民族（アシャンティ、ファンテ、アクワペンなど）が使用するアカン暦がある。

祝祭日と行事・儀礼

カレンダーに記される主要な祝祭日は元日、独立記念日（3月6日）、聖金曜日（移動祝日）、復活祭（移動祝日）、復活祭月曜日（復活祭の翌日の月曜日、移動祝日）、メーデー（5月1日）、アフリカ連合の日（5月25日）、共和国建国記念日（7月1日）、建国の父の日（9月21日）、農民の日（12月第一金曜日、移動祝日）、クリスマス（12月25日）、ボクシング・デー（クリスマスの贈物の日、12月25日）などである。イスラーム暦による断食明け大祭（イード・アル・フィトル）、犠牲祭（イード・アル・アドハー）という祝祭日もある。

暦と生活文化

アシャンティの農耕民にとっての1年は、オホリスオ（「雨をよぶ」の意）の月から始まっている。それは、太陽暦の4月であるから、雨季の到来を予報するひと月か、ふた月前の2月から3月に農作業が始まる。乾季は11月から1月まで、雨季は2月から10月までの季節であるが、アシャンティの農耕民は生態系を参照体系とした農耕の季節を読み取る日読み（暦）をもっている。

　オペポン（「ハーマタン」（アフリカ西海岸の砂混じりの熱風）の季節、1月）、

オジェフエ（「農耕民が長い乾季に耐えて、待ち遠しいのは畑だ」、2月）、オベネム（「ヤシが熟す」、3月）、オホリスオ（「雨をよぶ」、4月）、オコトニマ（「膝が疲れる」、5月）、アイェウォホムモ（「激しくひっきりなしの雨が農耕民を悩ませる」、6月）、クタウォンテ（「雑草をとる絶え間ない仕事で農耕民の手は重くひりひりと痛む」、7月）、オサナー（「食糧が貯蔵される収穫の最盛期」、8月）、エボ（「カエル」の意。露が滴りもやがたちこめる季節。植物の植え替えに適した季節、9月）、アヒネメ（10月）、オブブオ（「収穫する」の意。この時期になると収穫も終わりに近づく、11月）、オペニマ（「小さい乾季」。オペポンとの対比で小乾季、12月）。

 王権と暦　●**アカン暦**　アカン暦はアダドゥアナンと称する6日の「週」と7日の「週」とを組み合わせたものである。アダドゥアナンは語源的には「ダ」と「アドゥアナン」からなる語で、ダは「日」を、アドゥアナンは「40」をさし、したがって、アダドゥアナンは「40日」を意味する。これが、アカン暦が通称40日をサイクルとする暦とよばれるゆえんである。アカン暦は、伝統暦の6日の「週」と、サバンナ地帯からの交易商人が森林地帯にもたらした7日の「週」を組み合わせたものである。

　6日の「週」は、フォ（fo）、ンウォナ（nwona）、ンチェ（nkyi）、クル（kuru）、クワ（kwa）、モノ（mono）からなり、7日の「週」は、ドゥオ（dwo、月曜日）、ベナ（bena、火曜日）、ウクオ（wukuo、水曜日）、ヤオ（yawo、木曜日）、フィエ（fie、金曜日）、メメネ（memene、土曜日）、クワシエ（kwasie、日曜日）からなる。6日の「週」と7日の「週」という二つの暦にみられる個別的な曜日にはそれぞれ次のような意味内容があるとされている。6日の「週」の曜日に関する意味内容は次のとおりである。

[1]　フォ（fo）：評議会の日（判決を下す）、裁判の日
[2]　ンウォナ（nwona）：休眠（死）の日、葬式の日、遮断された日
[3]　ンチェ（nkyi）：嫌悪（敵対）の日、破壊の日
[4]　クル（kuru）：マチの日、政治の日、王族の日
[5]　クワ（kwa）：何もない日、自由で拘束されない日、召使の日
[6]　モノ（mono）：新しい日、始まりの日
　一方、7日の「週」の曜日に関する意味内容は次のとおりである。
[1]　ドゥオ（dwo）月曜日（dwoda）：平穏な日、静寂

[2]　ベナ（bena）火曜日（benada）：海の誕生日、熱、沸騰、料理

[3]　ウクオ（wukuo）水曜日（wukuoda）：クモの誕生日、神の裏返し

[4]　ヤオ（yawo）木曜日（yawoda）：大地の誕生日（女性）、力

[5]　フィエ（fie）金曜日（fieda）：豊穣（ファンテでは大地の誕生日）

[6]　メメネ（memene）土曜日（memeneda）：神の誕生日（男性）、大空の神

[7]　クワシエ（kwasie）日曜日（kwasida）：太陽の下で

　これらの6日の「週」と7日の「週」とを組み合わせた42日をサイクルとするアカン暦は次のとおりである。

[1]	nwonawukuo	[15]	kuruwukuo	[29]	monowukuo
[2]	nkyiyawo	[16]	kwayawo	[30]	foyawo
[3]	kurufie	[17]	monofie	[31]	nwonafie
[4]	kwamemene	[18]	fomemene	[32]	nkyimemene
[5]	monokwasie	[19]	nwonakwasie	[33]	kurukwasie
[6]	fodwo	[20]	nkyidwo	[34]	kwadwo
[7]	nwonabena	[21]	kurubena	[35]	monobena
[8]	nkyiwukuo	[22]	kwawukuo	[36]	fowukuo
[9]	kuruyawo	[23]	monoyawo	[37]	nwonayawo
[10]	kwafie	[24]	fofie	[38]	nkyifie
[11]	monomemene	[25]	nwonamemene	[39]	kurumemene
[12]	fokwasie	[26]	nkyikwasie	[40]	kwakwasie
[13]	nwonadwo	[27]	kurudwo	[41]	monodwo
[14]	nkyibena	[28]	kwabena	[42]	fobena

　6日の「週」と7日の「週」との組合せの中で、特定の組合せは特定の意味をもつ。例えば、ダボネ（dabone）は、ダ（da）とボネ（bone）からなる語で、daは「日」、boneは「悪い」をさし、したがって、daboneは「悪い日」を意味する。「悪い日」とよばれる特定の日は、42日をサイクルとするアカン暦には4日ある。「悪い日」の中の2日はアダエ（adae）儀礼が行われる。adaeはdaとeyeからなる語で、daは「眠る」、eyeは「よく」をさし、したがって、adaeは祖霊が安らかに眠ることを意味する。6日の「週」のクルと7日の「週」のウクオと重なるクル・ウクオ（[15] kuruwukuo）と、6日の「週」のクルと7日の「週」のクワシエと重なるクル・クワシエ（[33] kurukwasie）には、アウクダエ（awukudae または wukuo-adae）とアクワシダエ（akwasidae または akwasi-

adae）という王権（または首長権）と結び付いたアダエ儀礼が行われる。アダ
エ儀礼では葬式は行われず、死の知らせも王には伝えられない。また、アダエ儀
礼に先行する日は吉日（dapa）とよばれる。

　「悪い日」のほかの2日は、6日の週のフォ（fo）と7日の週のドゥオ（dwo）
と重なるフォ・ドゥオ（[6] fodwo）と、6日の週のフォと7日の週のフィエ（fie）
と重なるフォ・フィエ（[24] fofie）で、この日には河や湖や洞窟に住む精霊を
清める儀礼が行われる。

　このように6日の週の特定の日と7日の週の特定の日との組合せは42日に一
度くる訳である。さらに、42日を周期とするアカン暦には、ンウォナ・ウクオ
（nwonawukuo）で始まり、6日のフォ・ドゥオ（fodwo）、15日のクル・ウクオ
（kuruwukuo）、24日のフォ・フィエ（fofie）、33日のクル・クワシエ（kuruk-
wasie）、42日のフォ・ベナ（fobena）というようにアシャンティの王権の儀礼
と結び付いた特定の日がある。すなわち、アシャンティの暦は、王権をめぐる儀
礼（特にアダエ儀礼）を中心として、42日のサイクルの組合せからなり、反復的、
周期的な性格を備えている。

●オジュラ儀礼　　王権をめぐる儀礼には、42日ごとのアダエ儀礼（アウクダエ）
と、42日を9倍した1年の周期がめぐってきたときに行われるオジュラ儀礼が
ある。第十三代の王アジェマン・プレンペー1世が1896年にセーシェル諸島に
国外追放になって以来、オジュラ儀礼は1985年まで実に約90年間にわたって実
施されることはなかった。王の幽閉は1896年から1931年まで35年間続いたが、
クマシに戻りアシャンティ王として王位を取り戻したのは1935年のことである。
この王制復古50周年を記念して1985年にオジュラ儀礼が再現されたのである。
オジュラ（odwira）という言葉には、「清潔にする」「みそぎをする」という意
味があり、とりもなおさず、オジュラ儀礼は「国家」を再生するための儀礼であ
る。オジュラ儀礼が行われる前の約40日間は、あらゆる騒々しさ、歌謡、太鼓
を鳴らすこと、踊りや葬式などが禁止されている。これらの行為が「アダエを転
倒させる」（adaebutuw）とされているからである。　　　　　　[阿久津昌三]

📖 参考文献

[1] 阿久津昌三『アフリカの王権と祭祀─統治と権力の民族学』世界思想社，2007

カメルーン共和国（ドゥル族）

　カメルーンは、アフリカ大陸中央部、ギニア湾が大きく湾曲した最奥部に位置する共和国である。国土面積は日本の1.3倍で、人口は推定約1500万人とされる。公用語はフランス語と英語で、公式の暦はグレゴリオ暦である。

　カメルーンは、北緯2度から北緯13度にかけての南北に細長い国土をもつ。ギニア湾に面したその位置とこの緯度の広がりが、カメルーンの自然と人々の生活や文化に多様性をもたらしている。最南部は赤道直下の熱帯降雨林であり、最北部はサハラ砂漠である。その多様性は、そのままアフリカ大陸の多様性を顕現している。これが、カメルーンがアフリカの縮図といわれるゆえんである。

　南北に長く伸びたカメルーンのほぼ中央部をアダマワ高地が東西に走り、この高地の北は、最北のチャド湖にまでいたる大平原で、乾燥したサバンナの自然が続く。ドゥル族の人々は、このアダマワ高地の北麓から平原部にかけてのサバンナに住む焼畑農耕民である。

　人々はサバンナの疎林を伐採・開墾して、焼畑を行う。主作物は雑穀の代表ともいえるアフリカが原産のモロコシ（ソルガム類）で、トウモロコシや豆類、ウリ類、オクラといった果菜類などを混植する。家族だけによる労働が基本であり、広い面積の開墾は不可能なので、数戸からせいぜい十数戸の小さな集落がサバンナ疎林の中に点在する。

　また焼畑は、常畑のように毎年、耕作を続けることができないので、1年ごとに畑地を移動する。数年もたつと自然に畑地が集落から遠くなるので、ドゥルの人たちは農作業に便利なように出作小屋をつくる。何軒かの出作小屋が隣接すると小さな集落のようになる。母村と出作集落という、典型的な焼畑様式である。

　ドゥル農民の住居には必ず土でつくられた穀物倉があるが、住居では農作業はほとんど行われない。住居での作業といえば、オクラなどの果菜をムシロの上で乾燥させたり、すり臼やつき臼による製粉や精穀をしたりするなど、食用に向けての調整作業だけである。収穫期のモロコシの脱穀作業など大勢の人手が必要な労働は、出作小屋集落で行っている。出作小屋集落は互助的な共同労働の場に転化する。

暦法と農耕カレンダー　　　このような焼畑農耕民ドゥル族が住む地域の
気候環境は、典型的なサバンナ気候である。

　ほぼ半年で雨季（4月から9月）と乾季（10月から3月）が交替する。雨季と
いっても一日中雨が降る訳ではなく、日の出からの日照により上昇した気流が午
後遅くには1時間ほどの降雨をもたらす。雨季はその繰り返しの毎日である。そ
して乾季となるとまったく雨が降らない。乾季には毎日高温が続き、木々の枝葉
は枯れ、すべてが乾燥し、空気はもやがかかったように曇ってくる。同時に、日
中と夜間との気温差が大きくなり、乾季には死者が出やすいと人々は言う。その
点、雨季は、毎日決まったように降雨があるので、空気は澄み、日中の気温も下
がるので過ごしやすく、人々は雨季を好む傾向がある。

　当然のことながら、人々は雨季を待ち望む。乾季の間に木々を伐採し乾燥さ
せ、十分に乾燥したところで火入れをして焼き尽くす。そして雨を待つ。3月も
中旬頃になると雲が出始め、人々は雨が近いと色めきたつ。ドゥルの人々は降雨
を待って焼畑に種をまく。そしてドゥルの人々の新しい1年が始まる。

　焼畑農耕は農法としては粗放的であるが、その労働は厳しい。特に熱帯地方で
は播種用の穴をうがち、そこに種をまくだけなので、雑草の除去が収穫の決め手
となる。ドゥルの人々も収穫までに二度の除草作業は欠かせないという。その作
業に入ると、人々は出作小屋に寝泊まりする。トウモロコシは生育が早く雨季の
間に収穫できるという。

　モロコシの収穫は乾季に入ってからとなる。雨季が終わり、雨が降らなくなる
と、人々はまず次の新しい焼畑地の伐採を始める。次の年の焼畑地の準備をして
おいてから、新米ならぬ新モロコシの収穫を始めるのである。主食となるモロコ
シの収穫も基本的には家族だけで行う。モロコシは丈がかなり高くなるので、茎
を倒し、穂の根もとで刈り取る。いわゆる穂刈法である。刈り取った穂を大きな
ザルを使って運び、出作小屋の近くにつくられた共同の乾燥場に積み上げる。大
きく積み上げられたモロコシの山の上部に、同じモロコシの小さな山がつくられ
る。形としてはちょうど二段重ねの鏡餅のようになる。

　こうしてモロコシは、1か月ばかりサバンナ林の中の乾燥場におかれる。十分
にモロコシが乾燥した頃を見はからって、脱穀が始まる。これは家族だけでは不
可能な作業なので、村人に声をかけての共同労働となる。脱穀が始まる前に、上
部におかれた小さなモロコシの山を取りよける。これは翌年の播種用に保存され
る。脱穀作業そのものは単純で、ここでは一人ひとりが長い棒を振り上げてモロ

コシの山をたたくだけである。十分にたたき終わると、あとは家族の者が穂の軸
をよけてモロコシ粒だけを集め、穀物倉に収蔵する。

　このような作業が順次行われるので、この時期は毎日のようにどこかで脱穀が
行われる。母村では村人の姿を見ることが少なく、人々は新しいモロコシからつ
くったモロコシ酒を飲みながら、重労働に明け暮れる日々を送るのである。

　このようなドゥルの農耕暦は、サバンナ気候の循環に見事に適応していること
がわかる。それは同時に、気候の循環の中に潜む時節を明確に認識していること
を示しているともいえる。

 暦と生活文化　　すでに触れたように、ドゥルの人々は雨季の訪れとと
　　　　　　　　　　もに新しい1年が始まるという。

　そして彼らは表1に示したように、ほぼひと月ごと（単位）の時節の移り変わ
りを認識している。例えば新しい1年の始まりの時節は「ドゥグ・ドゥグ」と表
現されているが、その意味は「木の葉、草の葉」で、雨季の訪れとともに木々の
葉が芽を吹く自然が読み取られている。この時節は、農耕暦ではまさに焼畑に播
種する時期である。

　ドゥルの人々の1年を構成する12の時節の意味を検討してみると、そこには
三つの視座があることがわかる。その一つは、サバンナ環境の自然の変化を認識
したものである。1年の始まりとする「ドゥグ・ドゥグ」、続く「ウワート」の
時節、そして「バンゴワ」の時節などは自然現象を概念化したものである。乾季
の後半の4時節も、この概念に含まれるといってもよい。すでに述べたように、
乾季に入ると日中と夜間の気温の差が大きくなるが、はじめはその変化も小さい
が徐々に大きくなり、乾季がさらに深まると暑さが際立ってくるようになる。乾
季では気温の寒暖の変化が人々の認識の基点になる。

　二つ目の視座は、やはり農耕暦である。「ワーバブ」や「ナー」、そして「ズン
プイ」という時節概念では、出作小屋の手入れ、除草、新しいモロコシが実る、
という農耕暦の中でも重要度の最も高いものが取り上げられている。

　三つ目は、「ナグ・ブンニ」と「ジエドン」の時節概念である。前者の意味は、
「すり臼が白くない」である。ドゥルの人々のすり臼は、大小の石をすり合わせ
るだけの簡単なもので、主食のモロコシなどを製粉するときに使う。そのすり臼
が白くないというのであるから、使われていないことを意味する。つまり、前年
のモロコシの蓄えが尽きて、端境期に入っていることを象徴している。

表1　カメルーン・ドゥル族の一年暦

ドゥル語の時節名	グレゴリオ暦	ドゥル語の時節名の意味	主な農耕暦
雨季 — ドゥグ・ドゥグ	4月	木の葉、草の葉	モロコシ、トウモロコシ、ウリ類などの播種
ウワート	5月	地中に住む虫の名前	除草（1回目）
ワーバブ	6月	畑の出作小屋	畑の出作小屋の手入れ
バンゴワ	7月	雨がたくさん降る	トウモロコシの収穫
ナグ・ブンニ	8月	すり臼が白くない	（ヤムイモの収穫）
ナー	9月	除草	除草（2回目）
乾季 — ジエドン	10月	雨が降ってくると、火を屋内に移す	（ヤムイモ用畑の造成）
ズンプイ	11月	新モロコシが実る	新畑の伐採
ホム・ワー	12月	小寒	モロコシ、他の作物の収穫
ホム・ナア	1月	大寒	モロコシの脱穀
ズム・ワー	2月	小暑	（ヤムイモの植え付け）
ズム・ナア	3月	大暑	焼畑造成（火入れ）

注：各時節の期間は一定とは考えられていないが、現代の人々はほぼひと月ぐらいの期間と認識しており、グレゴリオ暦とは半月ほどのずれがある。例えば1年の始まりの「ドゥグ・ドゥグ」は、4月の中頃からと考えられている。

　また後者の方は、人々は乾季になると囲炉裏の火を屋外に移すのだが、この時期はまだ思い出したように雨が降るので、あわてて囲炉裏の火を屋内に移すという、その光景を写生している。これらから人々がみずからの生活のありさまを細かく見つめていることがわかる。

　ドゥルの一年暦は、暦法に基づいた暦からみれば、日付もないし、各時節の日数も決まってはいないので、とても暦とはいえないかもしれないが、自然の循環やそれに適応した農耕暦、そしてみずからの生活を写生する目をもつ、豊かな知性と感性を示しているといえる。　　　　　　　　　　　　　　　　［端　信行］

📖 **参考文献**

[1] 端信行「暦と自然観」『月刊みんぱく』2(3)．pp.15-17，1978
[2] 端信行『サバンナの農民—アフリカ文化史への序章』中公新書，1981

カメルーン共和国（ピグミー）

　世界第二の森林面積を誇るアフリカ中部のコンゴ盆地には、「ピグミー」と総称される複数の狩猟採集民が居住している。カメルーン東南部の熱帯雨林では、バカとよばれるピグミー集団（バカ・ピグミー）が野生ヤムや果実などの季節性のある産物を求めて遊動し、森林に依存した生活を送ってきた。彼らはカレンダーにはあまり依存しない独自の暦法をもっているが、本項目ではカメルーンの一般的な暦事情と、バカ・ピグミーの暦事情のそれぞれについて記してみたい。

暦法とカレンダー

●カメルーン　多様な自然環境や 250 を超える民族集団が存在することから「アフリカの縮図」とよばれるカメルーン共和国は、北部のサバンナに多いムスリムと南部熱帯雨林のクリスチャンという宗教的な分断に加え、英国とフランスによる分割統治と再統合の経緯から英語圏とフランス語圏に分かれている。この国の暦法はグレゴリオ暦であるが、ムスリムはイスラーム暦も用いる（図1）。

　カメルーンではカレンダーが商品として販売されることはなく、企業や国際機関などの宣伝用に配られる年間カレンダーが広く利用されている（図2）。ただし熱帯雨林地域に居住する住民で、こうした年間カレンダーを持ち合わせている者は少ない。

●バカ・ピグミー　ゴリラやチンパンジーなどの希少動物が生息する熱帯雨

図1　カメルーンのイスラーム暦カレンダー

図2　宣伝用の年間カレンダー

図3　バカ・ピグミーのカレンダー。写真は月曜日を示している（筆者撮影）

林には、肘から拳までの長さを表すギリシャ語にちなんで「ピグミー」と名付けられた小柄な狩猟採集民が古くから暮してきた。アフリカのピグミー系集団は10を超え、それぞれ異なる民族名称をもっている。バカ・ピグミーもその一つで、カメルーン共和国、コンゴ共和国、ガボン共和国、中央アフリカ共和国の国境周辺に分布している。そのうち、カメルーンが最も人口が多く、約3万人が居住している。ピグミー集団の多くは年間を通したカレンダーにはあまり依存しない生活を営んでいる。例えば、バカ・ピグミーが使うのは、木に七つの穴を開けた手製のカレンダーである（図3）。日曜日のキリスト教のミサなど、曜日を覚えておくために用いる。毎朝、穴を一つずらして曜日を合わせておくのだが、彼らは忘れてしまうのか、曜日の合っていないカレンダーをよく目にする。

◆◇◇ 祝祭日と行事・儀礼

●カメルーン　ムスリムとクリスチャンが混住するカメルーン共和国では、双方の祝祭日がある。毎年日にちの変わらない元日、独立記念日（1月1日）、青年の日（2月11日）、メーデー（5月1日）、カメルーン統一記念日（5月20日）と、キリスト教の祭日である聖金曜日（移動祝日）、復活祭（移動祝日）、キリスト昇天祭（移動祝日）、聖霊降臨祭（移動祝日）、聖母被昇天祭（8月15日）、クリス

図4　国際女性の日の様子（首都ヤウン
デ市、2009年3月8日）

マス（12月25日）、そしてイスラーム
の祭日であるラマダーン（断食）明け休
日（移動祝日）と犠牲祭（移動祝日）の
計12日である。また祝日ではないが、3
月8日の国際女性の日には、「女性の日」
と印刷された布で仕立てた衣装で着飾っ
た女性が街中を行進する（図4）。

●**バカ・ピグミー**　バカの人々には、ク
リスマスや正月を除いて祝祭日など固定
した日はほとんどない。

暦と生活文化

●**カメルーン**　カメルーンの学校は旧宗主国のフランスと同じ3学期制（9月
〜12月中旬、1月〜3月中旬、4月〜6月）で、学校休業日としてキリスト教復
活祭の休みと、日本の夏休みにあたる長期休暇（7〜8月）、クリスマス休みの3
回の長期休暇がある。

●**バカ・ピグミー**　バカの人々は乾季の12月から2月にかけては森に入ること
が多く、その時期には学校に通うバカの子供たちが減少する。こうした事態を受
けて、カトリックミッションが設立したバカの子供たちのための私立小学校で
は、彼らの生活習慣と学校との間の一種の妥協策として、狩猟採集に適した乾季
には休暇が設けられるようになったという事例もある[1]。そこで自然条件に合わ
せたバカの人々の暦事情とその生活文化を次に紹介する。

バカ・ピグミーの住んでいるカメルーン東南部雨林の平均気温は年間を通して
25℃程度、年間降水量が1500 mm程度で、12月から2月にかけて月間降水量が
60 mmを下まわる、バカ語でヤカとよばれる乾季と、それ以外のバカ語でソコ・
マとよばれる雨季がある。彼らにとって重要なのは、カレンダーどおりの暦では
なく、降水量によって変わる季節区分と、それによる植物の活動の変化にある。

バカの人々の食べ物の多くが、森で手に入れる野生動物の肉や蜂蜜、野生ヤム
などのイモ類や木の実である。彼らもまた道路沿いの集落に定住化が進んでいる
とはいえ、乾季になると、最小限の家財道具をもって集落から森のキャンプへと
移動し、木や葉を組み合わせて簡素な小屋をつくり、狩猟や採集、漁労を中心と

した遊動的な生活を営む。

　こうした遊動生活を支えるものに、ヤマノイモ科の食用植物である野生ヤムがある。毎年つるをつけかえる一年型ヤムは森の中で群生しており、収穫期（11月から4月までの約半年）には大量のイモを収穫できる。4月になって雨季が本格化してくると、一年型ヤムはイモの養分を使ってつるを伸ばし始める。そうなるとイモは繊維質になり、味が苦くなって食べられなくなる（参考文献[2]）。それに代わって、雨季になると、数多くの果実や種子を利用できるようになる。蜜源となる植物の花もたくさん咲くので、蜂蜜の量も増える。

　6月中旬から8月中旬にかけては、年によっては降水量が少なくなり、小乾季とよばれることもある。この時期はさまざまな有用果実が実る季節でもあり、バカの人々は村の集落を離れて森で採集活動に従事する。なかでも、バカ語で「ペケ」とよばれるイルヴィンギア科の樹木になる野生果実が大量に収穫できるので、しばしばバカたちはこの季節を「ペケの季節」とよぶ。ペケのナッツは脂肪分を多く含み、油脂調味料として利用される。そして交易品にもなり、彼らの現金獲得源の一つとなっている。

　8月中旬から11月にかけては、1年で最も雨が降る時期である。降雨によって川の水位があがると漁労や森林内での狩猟・採集活動が困難になるため、9月以降は村で農耕民の手伝いなどに多くの時間を割くようになる。農耕民は換金作物であるカカオの栽培を盛んに行っており、9月から12月にかけてのカカオ収穫期には季節労働として近隣のバカの人々を雇用する。

　現在では、バカの人々も定住集落において近隣農耕民と隣り合って暮らしており、バカの子供の多くが村の小学校に通うようになっている。ただし、1年の一定期間を遊動して生活する彼らにとっては、学校とは集落に滞在しているときにのみかかわりのあるものなのであろう。定住化したとはいえ、バカの人々は時に野生ヤムや蜂蜜、野生果実などの季節性のある産物を求めて遊動的な生活を送り、森の活動に柔軟に対応した暮らしを維持しているのである。　　[戸田美佳子]

📖 **参考文献**

[1] 亀井伸孝『森の小さな〈ハンター〉たち―狩猟採集民の子どもの民族誌』京都大学学術出版会，2010
[2] 安岡宏和『バカ・ピグミーの生態人類学―アフリカ熱帯雨林の狩猟採集生活の再検討』松香堂書店，2011

ケニア共和国

　アフリカ大陸の東部にケニアという国がある。面積は日本の約1.5倍の58.3万km²、人口は日本の半分以下の4725万人で、1963年に英国からの独立を勝ち取り、2010年には世界で最も進歩的で民主的と評された新憲法を制定した。「野生の王国」としても日本にもなじみの深いケニアだが、そのインド洋に面した「コースト地方」を中心に、ユニークな文明を育んできた。それがスワヒリ文明であり、その担い手がスワヒリ人である。

●**スワヒリ世界**　スワヒリ文明の起源は、今から2000年以上前、紀元前後にさかのぼる。当時、アラビア半島のイエメンやオマーン、ペルシャ湾に面するシラジ地方から大勢の商人や船乗りたちがモンスーンに乗って東アフリカ沿岸部にやってきた。彼らは、11月から翌年の3月まで吹き続ける北東の季節風を利用して三角帆を立てたダウ船で香辛料や乳香などをアフリカに運び込み、4月から10月にかけては、象牙、金、奴隷などを満載した帆船が南西の季節風に乗って、西アジアの母港に帰っていった。この海の一大幹線を通して、8世紀にはイスラームが東アフリカに到達し、西アジアのアラブ、ペルシャ文化と、アフリカ内陸部のバンツー文化が融合・混血し、独特のアフロ・アジア的混合文明である、スワヒリ文明が誕生したのである。

　スワヒリ文明について、文化人類学者の日野舜也は五つの特徴を指摘している。第一は、その人種・民族的な混淆（ハイブリッド）性である。アジア・アラブ系の父とアフリカ系の母の結合によってスワヒリ人が誕生した。第二の特徴は、都市性である。スワヒリ人は農耕をしない。基本的には商人であり職人である。そのような生業環境を保証する空間が都市だった。第三は、イスラーム教である。それは宗教生活だけでなく、法や政治、経済や価値意識にいたるまで深く影響を与えている。第四には、生活様式である。スワヒリ的とよばれる生活様式は、イスラームとアラブ・ペルシャ的な衣食住の慣習、技術、方法とアフリカ的なものとの混淆と住み分けを特徴としている。例えば男性がコフィアやカンズを身にまとい、女性はカンガを巻きながら、バンツー系農耕民の主食であるウガリ（モロコシやキャッサバなどの粉を湯で練りあげたもの）や米料理を好んで食べ

る。住居も周囲のバンツー系の人々がつくる丸壁のものではなく、長方形の壁を好んで建設する（スワヒリ・ハウス）。そして最後の第五の特徴は、スワヒリ語という独特な言語である。それはバンツー系諸語に共通する文法構造を基礎にしながら、多くのアラビア語彙を借用している。スワヒリ語は、今日、ケニアの国民語、タンザニアでは公用語として、東アフリカを中心にウガンダ、ブルンディ・ルワンダ、コンゴ東部一帯で流通する地域共通語となっている。

☾☀ 暦法とカレンダー

スワヒリ文明が編み出し使用してきたのがスワヒリ暦である。先述したように、スワヒリ人は基本的に都市民であり商人だったので、農耕に必要な暦を発達させてこなかった。今日では、スワヒリ暦は日常生活において使用されることはなくなったが、19 世紀までは、二つの暦がスワヒリ社会では用いられてきた。一つは、最も古くから使われてきたもので、ペルシャに起源をもつ太陽暦である。それは、10 日を 1 単位とする 36 の季節に 1 年を区分し、最後に 5 日間を付加するものだ。ペルシャ語でナウルーズ、スワヒリ語でムワカという 1 年の最初に行われる新年祭では、雄牛の群れを引き連れて町を時計まわりに歩き、1 頭だけは反時計まわりに連れまわし、その雄牛を屠ってその肉を住民全員で共食した。

　このペルシャ起源の暦は、19 世紀に入ると衰退していき、それまで併存していたもう一つの暦がスワヒリの民から支持されるようになった。それは 8 世紀のイスラーム化とともに伝播したイスラーム（ヒジュラ）暦をベースにしたスワヒリ暦である。それは基本的には太陰暦であり、暦法や呼称が重複するなどイスラーム暦にきわめて近いものだが、いくつかの点で異なっている。例えば、12 の月の名前のうち、九つの月名はスワヒリ暦独自のものであり三つはイスラーム暦からの借用だ。しかし、借用した三つの月の順番は異なっている。例えば、イスラーム暦で重要な儀礼月の三つ、ラジャブ、シャバーニ、ラマダーニは、イスラーム暦ではそれぞれ、1 年のうちの第 7 番目、8 番目、9 番目の月にあたるのだが、スワヒリ暦においてそれらはそれぞれ、10、11、12 番目の月になる。最も聖なる月であるラマダーニは、スワヒリ暦では 1 年の最後の月となり、その終了とともに新年が始まる。またイスラーム暦では、1 週間のうち最も聖なる曜日は土曜日であり、金曜日は週のうちの第 6 番目の曜日となるが、スワヒリ暦においては、金曜日が最も聖なる曜日であり、1 週間の最終日となる。

●**スワヒリ時間**　スワヒリ世界の 1 日は、日没とともに始まる。私たちの時間で

いう夕方7時が、スワヒリでは1時となる。真夜中の0時は6時であり、早朝6時が12時にあたる。1日の区分としては、朝（アスブヒ）は1〜6時（午前7時〜正午）、昼（ムチャーナ）は、6〜9時（正午〜午後3時）、昼過ぎ（アラシーリ）は9〜10時（午後3〜4時）、夕方（ジオーニ）は10〜12時（午後4〜6時）、夜（ウシク）は1〜10時（午後7時〜午前4時）、夜明け前（アルファジーリ）は10〜11時（午前4〜5時）が一般的である。スワヒリ時間は、月（ムウェジ）、年（ムワカ）、季節（マジラ）など大きな単位は独自の語彙をもっているが、時・分・秒といった小さな単位はアラビア語から借用していることからわかるように、時間の細分化への志向はきわめて弱い。1年の季節区分としては、小雨期（ヴリ）、豪雨期（マシカ）、暑期・乾期（キアンガジ）、寒期（キプウェ）などがある。

◆◆◆ **祝祭日と行事・儀礼**　　2010年の新憲法下での国民の祝日は11日ある。2017年を例にとって、まず1月から紹介しよう。1月1日は新年の休日（2017年は1日が日曜日だったため1月2日も休日となった）である。続いて4月14日がキリスト教の復活祭イースター（春分の日の後の最初の満月から数えて最初の日曜日）にかかわるグッド・フライデー（キリストが十字架にかけられ処刑された日）、4月17日がイースター・マンデーだ。5月1日は労働の日、6月1日は1963年にケニアが英国から独立し自治権を勝ち取ったマダラカ・デー（マダラカはスワヒリ語で「責任」を意味する）である。断食月ラマダーンの終わりの日は、この年は6月26日であり、国民の祝日である。同じく、9月1日、メッカ巡礼の最終日を祝うイード・アル・アドハーも祝日となっている。10月20日はマシュジャア・デー（マシュジャアはスワヒリ語で「英雄」）である。この日は、英国からの独立運動を指導し、後に初代大統領になるジョモ・ケニヤッタをはじめ6人の独立運動の闘士が英国によって逮捕されカペングリア刑務所に収容された日であり、その日を記念して独立のために戦った英雄を顕彰する祝日として定められた。12月12日は、ケニアが英国からの完全独立をはたした独立記念日であるジャムフリ・デーだ。ジャムフリとは共和国のことであり、1963年6月1日に英国女王を元首とする自治領として首相制度のもとで独立したケニアが、半年後には大統領を国家元首とする共和国として完全な独立を達成したことを記念する。最も政治的に重要な意味をもつ祝日でもある。続いて12月25日はクリスマスの祝日、翌26日のボクシング・デーも休みであり、クリスマスは2連休となっている。

祝日をめぐる政治学

どのような日を国民の祝日とするかについては、独立以降、いくつかの変化がみられる。大きな変化は2点である。一つは、新憲法以降、大統領への個人崇拝を強調する傾向が排除されたことだ。新憲法以前の時代、とりわけ1970年代から90年代初頭にかけてのケニアは、実質的な一党独裁体制を強化していき、大統領批判は国家に対する反逆として厳しく罰せられた。この時代は、例えば今日マシュジャア・デーとされている10月20日は、初代大統領を記念して「ケニヤッタ・デー」とされていた。また第二代大統領のD.モイが就任した10月10日は「モイ・デー」として祝日に指定されていた。しかし、今日、「ケニヤッタ・デー」は「英雄たちの日」と変更され、「モイ・デー」は廃止された。

　もう一つの変化は、イスラームの宗教的祝祭日を国民の祝日にしたことである。独立当初は大統領はじめ有力政治家がキリスト教徒だったこともあり、イースターやクリスマスなどのキリスト教の祝祭日が祝日化されていたが、今日ではイスラームの人々の祝祭日を2日、祝日に定めている。今日、ケニアにおいても「イスラム原理主義」問題は深刻化の一途をたどっている。アルカイダ系の組織アルシャバーブが支配していた隣国ソマリアに対して、ケニアはウガンダ、ブルンジ、エチオピアなどとともにアフリカ連合平和維持部隊に自国軍を派遣しており（ケニアが最大派遣国となっている）、戦闘状態が継続している。

　そのため、アルシャバーブは、ケニアに対する攻撃を繰り返しており、2013年にはナイロビのショッピングモールで銃を乱射し67名を殺害、2015年にはガリッサ大学構内で銃を乱射、160名近くが犠牲になった。また2016年9月12日のイード・アル・アドハーの祝日の前日には、3人の女性がモンバサの警察署を自爆攻撃しようとして射殺されている。こうした攻撃によって、イスラーム教徒とキリスト教徒との間の軋轢が拡大することを回避するためにも、イスラームの祝祭日を宗教的違いを超えて国民全員で祝う行事が重要な意味をもちつつある。

[松田素二]

📖 **参考文献**

[1] 日野舜也「東アフリカにおけるスワヒリについて」『アジア経済』10(2), pp. 4-28, 1969
[2] Middleton, J., *African Merchants of the Indian Ocean : Swahili of the East African Coast*, Waveland Press, 2004

スーダン共和国

　スーダン共和国は、アフリカ北東部に位置する。1885 年にスーダン・マフ
ディー国家が樹立されたが、1898 年からは英国・エジプト共同統治下におかれ、
1956 年に独立をはたした。アフリカ大陸最大の国土面積を誇っていたが、2011
年に南スーダンが独立した。宗教はイスラーム教スンニ派が 97% と圧倒的大多
数を占めるが、コプト正教会（エジプトに起源する単性論派キリスト教会）など
キリスト教の信徒もいる。100 程度の言語集団を内包する多民族国家であるため
多彩な生活文化があるものの、イスラームに基づく行事・儀礼の共通性は高い。

暦法とカレンダー

　　　　　　　　　　　　　　公式の暦法・紀元法はキリスト紀元のグレゴリオ
　　　　　　　　　　　　　　暦であるが、ヒジュラ紀元のヒジュラ暦（イス
ラーム暦）が併用されているのは、多くのイスラーム諸国と同じである。そのた
めカレンダーはグレゴリオ暦とヒジュラ暦が英語とアラビア語で併記されている
ものが一般に使用され、金・土曜日が休日として色分けされている場合もあるが
そうでない場合も多い。壁掛けカレンダー、卓上カレンダー、日めくりカレン
ダーは、企業や大学などが作成して関係者に無料配布しているが、国内で生産販
売されているものは見られない。B5 判のカレンダー付き日記帳は文具店で購入
することができ、付録ページに主な政府関連機関の電話番号などが掲載されてい
るスーダン製のものもあるが、公休日は明記されていない。ほとんどがエジプトや
マレーシアといったイスラーム圏の他国
から輸入されており、これらと共通性の
高いヒジュラ暦の祝祭日が掲載されてい
るものもあるが、スーダンの公休日とす
べて同一ではない。なおコプト正教会の
信徒はコプト暦（古代エジプトの暦とア
ンワー暦を融合した農事暦）を併用して
おり、一覧表の形で祝祭日のグレゴリオ
暦との対応がコプト語とアラビア語で明

図1　卓上カレンダー

記されている A3 判の壁掛けカレンダーをエジプトから取り寄せて使用している。

◆◆◆ **祝祭日と行事・儀礼**　祝祭日・公休日は 2017 年現在、独立記念日（グレゴリオ暦 1 月 1 日）、預言者生誕祭（ヒジュラ暦 3 月 12 日）、イード・アル・フィトル（ヒジュラ暦 10 月 1 日から 3～4 日間）、イード・アル・アドハー（ヒジュラ暦 12 月 10 日から 4～5 日間）の計 9～11 日である。グレゴリオ暦 12 月の年末に、翌年の公休日が政府により発表される。イード・アル・フィトルとイード・アル・アドハーは、週末とのかねあいからイードと金・土曜日との間の中日を休日とすることもあるため、実質的には 1 週間弱の休日期間となることが多い。

　独立記念日には、午前中に大統領府で式典が開催され、官庁や企業などが大小の国旗を掲げる。新聞各紙では独立から現在にいたるまでの政治、経済、芸術などの歩みが紹介される。また各家庭では室内で卓上に国旗をおき、新年の祝いの意味もこめてキャンドルをともす場合もある。大晦日には国家の公式行事会場となることが多い首都ハルトゥームの「緑の広場」で花火が打ち上げられ、あちこちで有名歌手による歌謡ショーが開催される。1 年で唯一 23 時以降の一般集会が許可される機会であるため、深夜から朝方にかけて若い世代を中心に街頭に繰り出す人が多い。場合によっては水袋や小麦粉を投げ付けたりすることも無礼講として許される。そして元旦の夕方には、ナイル河岸はお茶や食事を楽しむ家族連れを中心とした老若男女でにぎわう。

　預言者生誕祭としては、預言者ムハンマドが生まれたヒジュラ暦 3 月（ラビーウ・アウワル）12 日が公休日となるが、ヒジュラ暦 3 月に入ると大都市においては広場などの特定の場所に何十ものスーフィー教団が集まりテントをかまえて、シャイフ（スーフィーの導師）がイスラームの教えや預言者の逸話などの説教をする。同時に打楽器などを交えて預言者賛美の歌を披露したり、神の名や信仰告白を唱え続けたりしながら踊る修行により神との合一を目指すズィクルを繰り広げる。特定のスーフィー教団に属さない一般市民も会場に足を運び、最終日 12 日にはいちばんのにぎわいを見せて明け方までズィクルが続く。

図 2　独立記念日に通りで国旗を売る男たち

　イード・アル・フィトルとは、断食月ラマダーン（ヒジュラ暦9月）が明けた
シャウワール月（ヒジュラ暦10月）の1日から3日まで行われる「断食月明け
の祭り」である。イード礼拝を行った後、両親、親族、隣人、友人や知人また職
場の同僚などをお互いに訪ねて、祝いの挨拶を交わして共食し談笑する。新調し
た服をおろすのは主にこの機会である。

　イード・アル・アドハーとは、巡礼月ズー・アルヒッジャ（ヒジュラ暦12月）
の10日から13日の4日間続く「犠牲祭」である。イード礼拝を行って親族や知
人を往来する点はイード・アル・フィトルと同じであるが、羊など家畜を屠って、
飢えた貧者に肉を施しとして分け与えることが求められ、その残りを家族で共食
する。都会に暮らす人の大多数も故郷に戻って家族や親族とともに祝う。

　南スーダンが独立をはたした2011年まで公休日であったのは、ヒジュラ暦元
日（ヒジュラ暦1月1日）と1989年に軍事クーデターにより樹立された現O.バ
シール政権樹立を記念する革命記念日（グレゴリオ暦6月30日）である。また
2005年の南北包括和平合意署名を記念して制定された記念日（グレゴリオ暦1
月9日）は、2006年から2011年までの期間に限定されていた。なおクリスマス
（コプト正教会の信徒はユリウス暦12月25日、すなわちグレゴリオ暦1月7日、
その他のキリスト教徒はグレゴリオ暦12月25日）とイースター（グレゴリオ暦
3月から4月の間の日曜日）の2日は公官庁で働くキリスト教徒には休日が保証
されており、初等・中等教育機関では休みのところもある。

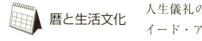 **暦と生活文化**　人生儀礼のうち、結婚式が行われることが多いのは、
イード・アル・アドハーの後半の期間である。故郷に
戻っている人が多いのがその理由である。一方、イード・アル・フィトルとイー
ド・アル・アドハーの間の期間に結婚式
を行うのはよくないと考える人もいる。
親族の誰かが亡くなった場合や近所に亡
くなった人がいる場合には結婚式が延期
されることもままある。契約式は結婚式
に先立ちヒジュラ暦7月のラジャブ月に
執り行われることがほとんどである。ま
た男子・女子の成人式にあたる割礼式
（ハフル・タフール）も、同じくイード・

図3　スーフィー教団による聖者死没祭

アル・アドハーの後半に行われることが多い。名付け式（シマーヤ）は生後7日〜2週間の間に羊を屠って祝う。

　ほかにもヒジュラ暦に基づき毎年開催される行事として聖者死没祭（ハウリーヤ）がある。それぞれのスーフィー教団の祖、その血筋を引く聖者、もしくは所縁が深い聖者の命日にその墓前に集まって祈念する。イスラームの教えと並んで聖者の偉業や歴史を振り返る説教の後、預言者生誕祭のときと同じく、明け方までズィクルを行う。

 ## 行事・儀礼と食生活

行事や儀礼のときに限って供される食べ物や飲み物の中には、同じイスラーム圏の他国と比較してスーダンに特徴的なものがいくつかある。

　断食月ラマダーンに日没のお祈りの後に初めて食べる食事イフタールとして、食べ物ではアスィーダ、飲み物ではフルムールが好まれる。アスィーダとは、モロコシやトウジンビエの塊を大皿の中央におき、加熱した牛の乳や天日干ししたオクラを粉砕した粉を煮込んだソースなどをかけて食べる主食（常食）である。フルムールとはモロコシの実生からできており、ラマダーン期間中のイフタールに限って飲む特別な飲み物である。

　イード・アル・フィトルでは各家庭はホームメイドのクッキーやケーキなどを用意して客人をもてなす。イード・アル・アドハーでは羊の肉を満喫するが、肉の消化を助けるといわれている飲み物シャルブートが欠かせない。ナツメヤシの実を煮込んで静置して数日後が飲み頃であるが、1週間もすると発酵が進むため、ほろ酔い気分を味わうこともできる。

　赤ん坊が最初に口にする食べ物をナツメヤシの実とする慣習は、預言者ムハンマドの言行を記録した「ハディース」に基づいており、多くのイスラーム教徒の間で今でも実践されているが、名付け式ではナツメヤシの実を煮込んでペースト状にしたものにバターを混ぜ込んだバルブールがふるまわれることが多い。

　預言者生誕祭の出店で売られる特別なお菓子として、男の子用の砂糖菓子として「生誕祭の馬」を意味するフサーン・アルムーリドと、女の子用の砂糖菓子として「生誕祭の花嫁」を意味するアルース・アルムーリドがある。ゴマ菓子のシムシミーヤ、マメ菓子のフーリーヤやカブカビーヤ、やわらかい食感の砂糖菓子ハラーワ・ラクームなども並ぶ。また軽食としてヒヨコマメやキマメの煮込みバリーラの店なども建ち、家族連れで賑わう。　　　　　　　　　　　　　［縄田浩志］

セネガル共和国

　セネガルは15世紀以降のヨーロッパ列強による進出と奴隷貿易、植民地支配を経て、1960年にフランスから独立した。フランスとの関係は深く、第二次世界大戦後、多くのセネガル人がフランスの経済復興のために労働移民として移動した。首都はダカールで、2016年の人口は推定1513万人（2015年、世界銀行調べ）であり、宗教はムスリムが94%、カトリックが5%、伝統宗教が1%となっている。ムスリムにはムリッドとティジャニーヤをはじめとする教団があり、それぞれの指導者は政治や経済において力をもっているが、国家としては大統領を擁する、政治的に安定した共和国である。近年のイスラーム過激派の動きとは一線を画している。

 暦法とカレンダー　祝祭日はグレゴリオ暦によって定められているが、イスラームとカトリック関連、双方の祭日があるのが特徴である。カレンダーは12か月を1面に、あるいは6か月を裏表に記したものが一般的であり、イスラーム暦が重ねてあったり、学校の休日や試験期間、銀行の休日、サッカーの試合予定や宝くじの当選発表などの予定が書き込まれていたりする（図1）。カレンダー上の1年の始まりは、1月からのものと、学校年度に合わせて8月や9月からのものがある。カレンダーは企業や宗教団体の名前を入れて宣伝用に使われることが多いが、最近ではインターネットからダウンロードして自分で加工する人々もいる。

祝祭日と行事・儀礼　祝日には国家あるいは国際的な記念日以外に、宗教的な祭日がある。国家の祝日としてあげられるのは、独立記念日（4月4日）とセネガル狙撃兵の日（8月23日）である。1960年の独立に際しては、「一つの国民、一つの目標、一つの信念」のスローガンが掲げられ、共和国の成立にいたった。セネガル狙撃兵の日は、狙撃兵が第二次世界大戦末期にフランスのプロヴァンスから帰還した日を記念して、狙撃兵であった父をもつ当時の大統領A.ジュフによって2004年に定められた。セネガル

兵は 1857 年にフランスの植民地支配のもとに組織され、二つの世界大戦および第一次インドシナ戦争などにフランス兵として参戦した。記念日には、フランス軍に忠実に仕えたセネガル兵への敬意を示すとともに、ドイツの捕虜となり強制労働に従事したセネガル兵が、補償を与えられないことに抗議し、ダカール近郊の陣営で蜂起したために殺されたことへの追悼の行事が行われる。その他に、国際的な祝日として、国際女性デー（3 月 8 日）とメーデー（5 月 1 日）が制定されている。

図1 セネガルのカレンダー（国立民族学博物館所蔵）

　新年（1 月 1 日）は世俗的な祝日として設定されている。都会の若者にとっては 12 月 31 日の夜から踊り明かす馬鹿騒ぎが許される日であるが、翌日は平常の生活に戻る。

　宗教的な祭日としては、イスラームとカトリックの祭日がそれぞれ計 6 日ずつ設定されている。この平等な配慮には、ムスリムが大多数を占めるにもかかわらず、宗教や民族の対立を避け、「一つの国民」を目指した独立政府の理念を見てとることができる。

　ムスリムにとって、1 年の最大の行事はイスラーム暦の第九月に行われるラマダーン（断食月）である。この期間は日の出から日の入りまでは飲食を断つのがムスリムの義務とされ、乾季の暑い時期にあたると肉体的に非常につらい行となる。子供や病人、妊娠中などの女性は免除されるものの、ラマダーンの初日と最終日となるコリテが祭日となる以外、基本的には仕事や学校は通常どおり行う。ラマダーン期間中は日中の断食が終わると、家族が集まってごちそうを食べるのが人々の楽しみでもある。そして最終日のコリテの日は、いたるところで太鼓が鳴り響き、人々が踊って、ラマダーンの終わりを祝う。

　イスラーム暦の第十二月 10 日には犠牲祭がある。神がアブラハムに信仰の証として息子の命を捧げようとしたことを記念するもので、メッカ巡礼の最終日に

もあたる。動物をいけにえとして捧げることから、羊祭りともよばれるが、西・中央アフリカではタバスキという。人々は正装してモスクにお祈りに行き、各家庭では羊などの動物を屠る。肉は貧しい人にも分け与えられ、残りは家族でお祝いの食事として食べる。また人々は親戚や知人などを訪問して挨拶を交わす。農村ではほとんどの家に家畜がいるが、都市部では1匹の値段が4万円以上になることもあり、一人あたりの年間所得が約2200ドル（2013年）の家計には苦しい出費である。屠殺は男性の役割であり、そのやり方は大人になるまでに見様見真似で覚えてゆく。驚くのは、砂の上で肉を切り分けても、毛皮が血で汚れたり、肉に砂が混じったりしないことである。

タムハリットはイスラーム暦の新年から10日目の祭日である。イスラームでは自主性に任されている断食日であるが、セネガルでは1年の過ちを互いに許し合い、牛を屠殺してクスクスという料理を食べる。これをたくさん食べた者は、神の恩恵を受け、1年を通じてひもじい思いをしないといわれる。料理は知人や隣人にも分け与えられる。

セネガルのタムハリットは宗教的な行事というよりも、民族文化として受け継がれてきた伝統の一部が一般化し独特な習慣となった。例えば、料理の入っていた器を使って願い事をしたり、クスクスの残りを水に混ぜて感染症予防のために目を洗ったりする。全国的に一般化したのは、クスクスを食べ終わった子供たちが、男子は女子に、女子は男子に仮装して、近所の家を訪れ、米やお金をもらい歩くタジャボンという習慣である。本来は、修行中の信徒が施しを受ける行為だったが、世代の移り変わりによって子供の楽しみになった。

二大教団の一つムリッドでは聖都トゥバへの巡礼がある。創始者のシェール・アハマドゥ・バンバが1895年にフランスによってガボンへ追放された日を記念している。このグラン・マガル（イスラーム暦第二月の18日）には国内外から200万人を超える信者が集まるといわれる。2013年から国の祝日に指定された。

スーフィ教団のティジャニーヤは、預言者ムハンマドの生誕の日を記念して、セネガルにおける聖地チヴァワンへの巡礼を行う。イスラーム世界では預言者生誕祭として祝されるこの日は、セネガルではガム（イスラーム暦第三月の12日）といい、現カリフへの聖者崇拝の性格が強い。

カトリックの祭日には、聖母被昇天祭（8月15日）、万聖節（11月1日）、キリスト降誕祭（12月25日）、移動祝日の復活祭と聖霊降臨祭、キリスト昇天祭がある。セネガルでは黒人聖母を祀ったポパンギンが1887年以来、ピカルダ司

教によって聖地に指定され、信者は復活祭後の第七日曜日にあたる聖霊降臨祭に首都ダカールからおよそ 60 km の距離を歩く。多くの若者がこの巡礼に参加するが、信者数の少ないカトリックの祭日は教会でのミサ以外に大きな行事はない。ただ、アフリカ諸国では、教会での聖歌が現地の民族音楽を取り入れた独特の様式で歌われるのが特徴である。復活祭では、ムスリムの祭日で親戚や知人に食事をふるまうのと同様に、羊の肉を使ったガラッというクスクス料理が準備される。ムスリムの若者にとっては世俗的な娯楽の日となっている。

 暦と生活文化　　国民の祝日とされるのは、宗教的な祭日と、国家や国際的な記念日の計 14 日である。これに週末の休日を加えると、年間およそ 118 日間が非労働日ということになる。もっとも祭日の翌日は事実上の休日となる場合が多く、この数字は若干少なめに見積もっている。日本と比べて指定された休日が多すぎるということにはならないが、フランスよりは多く、国の発展のためにはもっと働くべきだという声もある。このような声の背景には、イスラームの祭日が教団によって異なるという事実がある。月の満ち欠けを基準にした太陰暦を用いるイスラームでは、各教団の長老が月を見て祭日を決定する。これが 1 日ずれることが多く、結果的に 2 日間の休業状態となる。一方、連休を導入して、祭日のための移動日を正規の休日にすべきという意見もある。

　セネガルの労働日が多いか少ないかは別として、国家の祝日が休日として意味をもつのは、給与所得者か、学校に通う生徒などだけである。農業、牧畜、水産などの第一次産業に携わっているほとんどの国民には、宗教的な祭日以外の休日は労働の有無には関与しない。

　暦は本来、時間の流れを体系付けたものである。イスラームの宗教カレンダーはマグレブ諸国などアラブ圏から導入され、人々の宗教生活を規定している。一方、グレゴリオ暦は国家の運営と人々の生活の基準である。役所や学校の休み、あるいはサッカーや宝くじの日程などが書き込まれた暦は、予定表という性格が強い。セネガルの人々の意識にある時の流れは何を軸にしているのか、どのような時の概念をもっているのか、太陽暦と太陰暦が混合しているというだけではない時の感覚があるにちがいない。　　　　　　　　　　　　　[三島禎子]

タンザニア連合共和国

　大陸部のタンガニーカは 1961 年に、島嶼部のザンジバル王国は 1963 年に英国から独立した。1964 年にザンジバル革命を経て、タンガニーカ・ザンジバル連合共和国が成立、後にタンザニア連合共和国に改称される。独立後、独自の社会主義体制をしいていたが、1980 年代半ばに経済を自由化した。公用語はスワヒリ語、首都はドドマ市だが、経済の中心はダルエスサラーム市にある。統計局が推定した 2016 年人口は 5014 万 2938 人である。

 暦法とカレンダー　公式の暦はグレゴリオ暦であるが、キリスト教とともにイスラーム教も普及しており、ヒジュラ太陰暦も用いられる。若者の間ではサッカー選手のカレンダーが人気である。また聖書やクルアーンの一節が入った宗教的なデザインのカレンダーも広く用いられている。政府系機関が発行するカレンダーには、各省庁高官の顔が載ったものや、「賄賂は権利の敵」といった標語が掲載されたものもある。その他、観光客向けにキリマンジャロ山や野生動物などの絵柄のカレンダーも販売されている。

祝祭日と行事・儀礼　カレンダーに記載される公式の祝祭日は、元日（1 月 1 日）、ザンジバル革命記念日（1 月 12日）、カルメ記念日（4 月 7 日）、グッド・フライデー（移動祝日）、イースター・サンデー（移動祝日）、イースター・マンデー（移動祝日）、ユニオン・デー（4月 26 日）、メーデー（5 月 1 日）、イード・アル・フィトル（移動祝日）、サバサバ・デー（7 月 7 日）、ナネナネ・デー（8 月 8 日）、イード・アル・ハッジ（移動祝日）、ムワリム・ニエレレ記念日（10 月 14 日）、マウリディ（移動祝日）、タンガニーカ独立記念日（12 月 9 日）、クリスマス（12 月 25 日）、ボクシング・デー（12月 26 日）の 17 日である。

　元日には、友人や親族に新年の挨拶をしてまわり、ハレの日の食事をとる。これ以外は、①タンザニアの歴史的イベントを記念する祝日、②イスラーム教徒の祝祭日、③キリスト教徒の祝祭日、④農民や労働者の祝祭日の四つに大別される。

　1961 年に大陸部のタンガニーカは、英国植民地から平和的に独立した。タンガニーカ独立記念日には、ナショナル・スタジアムで式典が開かれ、大統領や政府高官によるスピーチをはじめ、軍隊パフォーマンス、子供たちによるマスゲーム、各地域のンゴマ（太鼓に合わせた歌や踊り）が披露される。タンガニーカが独立した 2 年後の 1963 年、ザンジバル王国も英国からの独立をはたす。翌 1964年 1 月 12 日にザンジバル革命が起き、アラブ系・インド系住民の虐殺・排斥を経て、ザンジバル人民共和国が成立する。この出来事をしるすザンジバル革命記念日には、ウングジャ島のアマーン・スタジアムとペンバ島のゴムバニ・スタジアムで式典が開かれる。ザンジバルの初代大統領であり、タンザニアの初代副大統領となった A. カルメは 7 年間の統治の後に 1972 年 4 月 7 日に暗殺される。カルメ記念日には、彼の偉大な業績をたたえ、アマーン・スタジアムにて式典が開かれる。1964 年 4 月 26 日、タンガニーカ・ザンジバル連合共和国が成立し、後にタンザニア連合共和国に改称される。この連合を記念するユニオン・デーには、本土とザンジバルで交互に記念式典が開かれ、主要道路でパレードが行われる。タンザニア独立後にウジャマー（家族的連帯）に基づく独自の社会主義体制をしいた初代大統領 J. ニエレレは、1999 年 10 月 14 日に逝去した。ムワリム・ニエレレ記念日にも同様に式典やパレードが開かれる。

　イスラーム教徒の祝祭日は次の三つである。イード・アル・フィトルは、ヒジュラ太陰暦の第九月（ラマダーン）に実施される断食が明けた日の祭りである。モスクで祈禱した後に友人や親族の家を訪問し合う。各家庭ではお菓子や紅茶、コーヒーなどを用意して訪問客をもてなし、子供にはお小遣いを渡すこともある。イード・アル・ハッジにはイスマエルが進んで息子のイブラヒムをアッラーに捧げようとしたことを記念し、経済的に余裕のある家庭ではヤギや羊などの家畜が供物として捧げられる。供物は家族、隣人や親族・友人、そして貧しい人々に分け与えられることになっている。マウリディは預言者ムハンマドの生誕祭である。イスラーム暦では日の入りから 1 日が始まると考えられており、前日の夜から祝祭は始まる。当日の朝食は、隣人や友人のほかに貧者を招くことが奨励され、経済的に余裕がある者はヤギや牛を屠り、近隣住民や貧者に配る。ザンジバル政府主催の生誕祭ではザンジバル大統領やイスラーム法裁判官らも出席し、預言者の伝記の朗読、演説、預言者を賛美する詩の朗誦などがなされる。

　タンザニアには、ローマ・カトリック教会やプロテスタントのルーテル福音派、ペンテコステ派、セブンスデー・アドベンチストなど各宗派の教会がある。グッ

ド・フライデーは、イエス・キリストが十字架にかけられて処刑された日であり、この日、キリスト教徒はあらゆる種類の肉を食べない。イースター・サンデーはキリストが復活した日であり、翌日のイースター・マンデーも祝祭が続く。クリスマスは、キリスト教徒にとって最も重要な祝日である。多くの家庭ではクリスマスやイースターには、前日までに家族全員の新しい衣服を購入し、朝にはおろしたての衣服を着てそれぞれの教会に行く。教会では祈りを捧げたり、聖歌を斉唱したりする。都市の若者たちは、バーやディスコに出かけて楽しむことも多い。クリスマス翌日のボクシング・デーには、教会や市民団体が貧しい子供たちにプレゼントを配る光景がみられる。

　メーデーは労働者の日である。サバサバ・デーとナネナネ・デーは元々はどちらも、経済に重要な貢献をしている農民に感謝する日であった。サバはスワヒリ語で数字の「7」、ナネは「8」を意味する。かつては7月7日に農民の日が設けられていたが、1993年に8月8日に改められた。しかし混乱が生じたため、ダルエスサラーム市では7月7日、それ以外の地域は8月8日に祝祭が開かれることとなった。そして首座都市の経済活動を反映し、サバサバ・デーは産業や労働者の日となった。サバサバ・デーにはダルエスサラーム国際商業祭が開催され、国内外から1500社を超える企業が参加し、多様な商品が展示される。ナネナネ・デーには毎年異なる都市で農産物や農業技術の展示会が1週間ほど開催される。

暦と生活文化

インド洋に面した東アフリカ沿岸部では、古くからアラブ系商人による交易がなされてきた。アラブ・ペルシャ文化と土着のバントゥー語諸族の農耕文化とが融合して築かれたのが、スワヒリ文化である。スワヒリ文化圏には夜と昼の時間があり、日の入り後の夜19時を1時、20時を2時として数えていき、朝6時に12時を迎える。そして日の出後の朝7時から1時と始まり、日の入りの夕方6時に12時を迎えることとなる。植民地支配に伴いキリスト教も内陸部に深く浸透するが、スワヒリ文化も19世紀以降に内陸部へと拡大する。

　農耕を中心とした世界において時間はゆったりと流れている。「～はお変わりありませんか」という挨拶を本人から始まり、家族、友人、仕事先の人へと延々と続けていく世界の人々にとって祝日は、平穏に流れる時間の節目であり、同じ時が帰ってくることを喜ぶ日であった。しかし、都市化が急激に進展し、グローバル資本主義経済に組み込まれる中で、そうした時間の感覚も変化しつつある。

企業が発行するカレンダーには工場労働やオフィスワークのようすが紹介され、男女同権や時間利用の効率性がうたわれるようになった（図1）。

分かち合いと祝祭

タンザニアの国民の多くはいまだ貧しい。ハレの日に食べることの多いピラウは、炒めた米と肉、ジャガイモ、玉ネギ、ピーマンなどをたっぷりの香辛料で煮込んだ料理である。タンザニアの代表的な主食ウガリの材料であるメイズ粉よりも米の方が高価であり、牛や鶏、ヤギなどの肉類は、毎日食卓に上るものではない。また子供たちは玩具などのプレゼントはなくても、祝日に新しい衣服を買ってもらえることを楽しみにしている。そのため、祝日の数週間前になると貧しい家庭の大黒柱は皆祝日の費用をいかに捻出するかに頭を悩ませる。

祝日の当日、人々は互いに隣人や友人に食べ物を分け与える。タンザニアには、イスラーム教徒とキリスト教徒が混住しており、都市では隣人どうしが異なる宗教であることも珍しくない。それぞれの祝日において料理したピラウや肉は、異なる宗教の隣人にもお裾分けされる。宗教や宗派は違っても、祝日には貧しい人々を歓待することが望まれている（図2）。このような分かち合いにより、みずからが生きる社会への信頼を確認することこそが祝祭の醍醐味だろう。　　　　　　　　　　　　　　　　　　　　　　［小川さやか］

図1　タンザニアのアルコール会社の広告

図2　隣人へのお裾分けは長屋の子供たちの仕事

参考文献

[1]　藤井千晶「ザンジバルにおける預言者誕生祭」『アフリカ研究』72, pp. 43-54, 2008

チュニジア共和国

　アフリカ大陸北部中央に位置するチュニジア共和国は、先住民アマジグの基層文化の上に、ユダヤ教やキリスト教の文化、さらに7世紀からのアラブ・イスラーム文化、オスマン帝国のトルコ文化、またフランスによる植民地支配の影響など、多様な文化・文明が重層的に堆積してきた土地柄である。現在は、人口1098万人（2014年統計）、そのほとんどがイスラーム教徒である。

図1　チュニジアの日めくりの暦。左上に西暦2016年1月14日、右上にヒジュラ暦1437年第四月ラビーゥ・アルサーニー月の4日、右下にアジャミー暦1431年の新年ヤナーイル月1日、左下に5回の礼拝と日の出時刻の六つが記されている。そしていちばん下には、チュニジア革命記念日を示す「民衆革命」とある

 暦法とカレンダー　時を刻む暦法としては、①太陽暦グレゴリオ暦の西暦、②太陽暦より1年が11日短い太陰暦のイスラーム暦（ヒジュラ暦）、③太陽暦の中でもユリウス暦に由来するとされるアジャミー暦（非アラブの暦）、そして④農事暦の四つが併用されている。①の西暦は官暦として、また9月が新学期の学年暦にも使用されている。②のヒジュラ暦は、ムスリムの信仰や宗教儀礼と結び付いた暦で、③のアジャミー暦は、先住民アマジグ文化と関連した季節を表す語彙が特徴的な暦で、新年が西暦よりも14日遅れて始まる（表1、2）。④の農事暦は、穀物や柑橘類、オリーブやナツメヤシなど各地の生業とかかわる暦で、もっぱら口承と慣習に基づく。市販のカレンダーには一般的に①と②が併記され、時には③も記されている（図1）。壁掛け型や卓上カレンダーの図柄はクル

アーンの聖句のアラビア文字文様、カアバ神殿、モスクやミナレットなどの宗教的図柄、観光の宣伝を兼ねた名所旧跡や民芸品、風景や絵画などが一般的である。日めくりには1日5回の礼拝時刻が付記されていることも多い。

図2　上部に「アジャミー暦の新年、おめでとう」、下部に「白い夜の始まり」とある

◆◇◆ 祝祭日と行事・儀礼

公の祝祭日は、西暦とヒジュラ暦に従ったものとに大別される。西暦に従った国民の祝日には、万国共通の「新年」や「メーデー」のほかに、チュニジアの歴史的出来事と関連した、2011年のチュニジア民主化革命を記念した「革命と若者の日」(1月14

表1　太陽暦アジャミー暦の月名

1月	ヤナーイル（31日）
2月	フェラーイル（29日）
3月	マルス（31日）
4月	アブリル（30日）
5月	マイユ（31日）
6月	ユンヨ（30日）
7月	ユリユ（31日）
8月	アグシュト（31日）
9月	シェタンバル（30日）
10月	オクトーブル（30日）
11月	ヌンブル（30日）
12月	ディジャンブル（31日）

表2　アジャミー暦の語彙と西暦（2016年）との対応月日

アジャミー暦の語彙	西暦の対応月日（2016年）
新年	1月14日
黒い夜	1月14日（20日間続く）
イザーラ	2月3日
ヤギの寒さ	2月14日
風の温み	2月20日
水の温み	2月27日
春の訪れ	2月28日
土の温み	3月6日
ハスーム	3月10日（8日間続く）
春分	3月16日
夏の訪れ	5月30日
アウッスー	7月25日（40日間続く）
秋の訪れ	8月30日
秋分	9月12日
昼夜等分の日	9月27日
冬の訪れ	11月29日
白い夜	12月25日（20日間続く）

日）、1956 年のフランスからの独立を記念した「独立記念日」（3 月 20 日）、1938
年の独立運動過程での犠牲者を追悼する「殉教者の日」（4 月 9 日）、独立後の君
主制から共和国制への移行を記念する「共和国宣言記念日」（7 月 25 日）、また
女性の地位と権利を大きく向上させた 1956 年の個人地位法制定日を記念した
「女性の日」（8 月 13 日）がある。また 2011 年の革命以前は初代 H. ブルギバ大
統領から Z. ベンアリー大統領への政変を記念した「大統領就任記念日」（11 月 7
日）も祝日であった。しかし、革命後はこの日に代えて、1963 年のフランス軍
の最終撤退を記念する「撤兵の日」（10 月 15 日）が新たな祝日となり、国民の
祝日の変更にも歴史政治的な影響を読み取ることができる。

　ヒジュラ暦に基づく公の祝祭日は、「ヒジュラ暦元日」（1 月［ムハッラム月］
1 日、西暦 2016 年の場合は 10 月 3 日）、預言者の生誕祭「マウリド」（3 月［ラ
ビーゥ・アルアッワル月］10 日）、日の出から日の入りまで一切の飲食を断つ断
食月のラマダーン月明けの祭り「イード・アルフィトル」（10 月［シャッワール
月］1〜3 日）と、そしてメッカ巡礼（ハッジ、12 月［ズー・アルヒッジャ月］
7〜10 日）後に家畜を供犠する犠牲祭「イード・アルアドハー」（同月 10〜11 日）
の四つである。このうちの後者二つは小祭、大祭ともよばれ、イスラームの二大
祭である。この他、シーア派では重要な祭礼である、預言者ムハンマドの孫フサ
インのカルバラーでの殉教を追悼するアーシューラー（1 月［ムハッラム月］10
日）は、スンナ派が大多数のチュニジアでは国民の祝日とはされていないが、こ
の日には墓参をするほか、地方色豊かな土着的行事が行われる。

📅 暦と生活文化　日本にも節句ごとの特別な料理があるように、チュニ
ジアでも特にヒジュラ暦の行事のおりにはそれぞれ特
別な料理をつくって祝う習慣がある。ヒジュラ暦の元日には、ムルヒーヤ（モロ
ヘイヤ）の乾燥パウダーにオリーブ油を入れ、羊肉または牛肉を入れて煮込んだ
シチューをつくる。緑色の食材には、新年の繁栄や豊作を願う意味がこめられて
いる。これに対して、ヒジュラ暦 1 月 10 日のアーシューラーには、鶏肉の料理
がつくられる。羊肉や牛肉が赤肉であるとすれば、鶏肉は白肉であり、死者追悼
とかかわるこの日には赤色を忌避する慣行があるためである。また預言者の生誕
祭マウリドには、預言者の母が出産のおりに食したとされる料理アシーダという
プディング状の甘いお菓子がつくられる。そのうえにナッツやドライフルーツの
飾り付けをし、隣近所などにお裾分けをする習慣もある。また断食月のラマダー

ン月には、日没後は普段以上に豪華な料理がたくさんつくられることから、断食をしない子供たちには楽しみな月である。日没後には、預言者のスンナ（言行）に倣い、まず奇数のナツメヤシの実と白い飲み物（発酵乳やミルク）を口にし、スープやサラダなど軽めの食事から始める。豪華な重い食事はその後、夜遅くになってからとり、日の出前にもスフールという食事と水分を大量に摂取し、日の出後の断食に備える。また犠牲祭にはほとんどの家族が、メッカ巡礼のおりに合わせて羊を供犠するが、その肉は一度に消費せず、貧者などに分け与えるほか、残りはカディードとよばれる干肉にし、大晦日にそれを食する慣わしとなっている。こうして、一つひとつの料理が、時の節目と結び付いている。

　アジャミー暦では、盛夏を表す「アウッスー」（7月25日から40日間）と厳寒期を表す「白い夜」（12月25日から20日間）と「黒い夜」（1月14日から20日間）とが40日ずつ対照的に配置されている（表2）。アウッスーに海水浴や水浴びをすると、冬も病気をしないとされている。また同暦の5月1日には、南部の地方では農作物の生長と豊作を願い、ブランコ遊びをしたり、女性が長い髪を解いて泉で水浴びをしたり、ナツメヤシの枝で大地をたたき、7種類の野菜でクスクスの料理をつくるなど、J. フレーザーの『金枝篇』に描かれているヨーロッパ各地の「五月祭」「五月の樹」「五月の枝」にも似た行事がみられる。

 観光産業と地域の祭り　暦を彩る地方色豊かな年中行事が観光産業と結び付いて国際化したり、また新たな行事が創造されたりするという現象もみられる。毎年12月下旬に開催される南部の町ドゥーズでの「サハラ祭り」は、今日最も知られる国際フェスティバルの一つであるが、もともとは地方のラクダ・レースを起源としており、トズールの「国際オアシス祭り」もナツメヤシの収穫祭から発展したものである。夏季のカルタゴの国際音楽祭、タバルカの国際ジャズ祭、エルジェムの古代ローマ円形劇場での国際シンフォニー・フェスティバルなども観光産業と結び付き、この国の歳時記に加わるようになり、現在では世界中の人々が集う機会ともなっている。

[鷹木恵子]

📖 **参考文献**

[1] 鷹木恵子「村の生活リズムと四つの暦」『北アフリカのイスラーム聖者信仰―チュニジア・セダダ村の歴史民俗誌』刀水書房，pp. 154-165, 2000

ナイジェリア連邦共和国（ヨルバ）

　ナイジェリアは 1960 年に英国から独立し、1963 年に独自の連邦共和国憲法を定めた西アフリカの国である。アフリカ最大の約 1 億 8200 万人（2015 年、世界銀行調べ）の人口を抱え、日本の約 2.5 倍の面積をもつ。英国による植民地支配は 19 世紀末から 20 世紀初頭にかけて始まった。それ以前は、ハウサ、イボ、ヨルバの三大民族をはじめとする 250 以上の民族が独自の政治体制を築いていた。ギニア湾に面した国内最大の商業都市ラゴスを含むナイジェリア南西部はヨルバランドとよばれ、ヨルバの人々が中心となって居住している。

暦法とカレンダー

　ナイジェリアでは、公式の暦法としてグレゴリオ暦が用いられる。ただし、国民のおよそ半数を占めるムスリムの人々はイスラーム暦も使い、同じヨルバでも、農村に住む人々は農事暦を使うこともあるように、民族やその下位グループ、地方や宗教などによって独自の暦を併用することがある。

　ヨルバの人々が公に使うグレゴリオ暦は、少なくとも曜日の呼び名のうえでは、伝統宗教やそれに関する口頭伝承と重ねられている。ヨルバ語の日曜日は「死が避けられる日」とよばれ、ヨルバの伝統宗教の最高神オロドゥマレの使いとしてやってきた神々が、だましの神エシュの意に反して死ななかった日とされる。月曜日は「市場の日」とよばれ、神々はオロドゥマレに与えられた仕事を開始する。「勝利の日」の火曜日には、オロドゥマレの使いの神々が死や病気の神々との戦いに勝利する。「混乱の日」の水曜日には、神々がエシュのワナにはまって混乱に陥る。「回復の日」の木曜日には、前日の混乱がエシュの企みであることに神々が気付き、落ち着きを取り戻す。「不可能の日」の金曜日には、エシュの仕業で神々が何をやってもどうにもならない。「不屈の日」の土曜日には、オロドゥマレの加護により神々がエシュの誘惑に打ち勝つ。こうして、エシュの意に反して神々が死ななかったという日曜日が再びやってくる。

　グレゴリオ暦が到来する以前のヨルバランドでは 1 年を 13 か月とする太陰暦が用いられていた。このヨルバの旧暦では、新年から数えて何か月前であるかと

いうのが各月の基本的な呼び名となる。ヨルバランドでは、日本でいうところの
「1か月前」を、現在の月を1と数えて「2か月前」として数えるため、「新年」
の直前の月は、「新年の2か月前」、新年の直後の月は「新年の13か月前」とよ
ばれる。

　ナイジェリアの人々の多くは、必ずしも前年の末までにカレンダーを入手する
訳ではない。今日が何日なのかは、新聞やラジオ、テレビのニュース番組などで
確認することができるし、携帯電話でカレンダーを表示させることもできる。と
はいえ、カレンダーは、家庭の居間やオフィスの壁や机の上でよく見かける一般
的なものでもある。冠婚葬祭、政治活動や宗教活動の場で無料で配られるからで
ある。カレンダーには、宗教指導者、政治家、一般人の一人もしくは夫婦の正装
した写真が、名前や記念日の名称、歓喜や慰めの言葉とともに印刷されている。
企業の宣伝、タレントの写真やイラスト、風景画や風景写真が載っているものは、
一般的な家庭ではほとんどみられない。

◆※◆　祝祭日と行事・儀礼

　　　　　　　　　　　　　　ナイジェリアの祝祭日は元日（1月1日）、メー
デー（5月1日）、子どもの日（5月27日、中
等教育以下の学校が休校）、民主制記念日（5月29日）、独立記念日（10月1日）
である。さらに、イスラームの祝日であるラマダーン明けの日、犠牲祭、預言者
ムハンマド生誕の日（いずれもイスラーム暦上の移動祝日）、キリスト教の祝日
である復活祭（移動祝日）、聖金曜日（復活祭直前の金曜日）、クリスマス（12
月25日）、ボクシング・デー（12月26日）も国民の祝日となっている。

　いずれの祝祭日も、役所や銀行が閉まり学校が休みになるという点は共通して
いるが、農業やインフォーマルセクターでの仕事に従事する人々が多いため、必
ずしも国民的な休日になるとは限らない。祝祭日とは関係なく明確に街の様子が
変わるのは、むしろ毎週金曜日と日曜日である。金曜日はモスクがムスリムの
人々で、日曜日は教会がクリスチャンの人々であふれる。クリスチャンは基本的
に日曜日は仕事をせず教会へ行くため、多くの店舗が閉店し、人通りも少なくな
る地域もある。ナイジェリアでは、職業に関係なく宗教活動に規則正しく参加す
る人が多い。

　ヨルバの伝統宗教には数百の神々が存在するといわれ、かつては毎日、いずれ
かの神の祭儀が行われていたともいわれる。現在では地方ごとに20～30程度の
神々に対する祭儀が行われているが、具体的な日付は地方によって異なる。伝統

宗教では、神々への信仰だけではなく、祖先崇拝も行われる。例えば、オシュン州のいくつかの地域では、7月から8月にかけてエグングンとよばれる祖先崇拝の祭儀が行われる。この時期になると、王宮の敷地内や住宅地で、全身を古布で覆った人々が祖先になりかわり、アクロバティックな踊りを披露する。クリスチャンやムスリムの中にはこのような祭儀を敬遠する人も多い。しかし、信仰する宗教にかかわらず、地域の慣習として、またエンターテインメントとしてエグングンを楽しむ人たちもいる。

暦と生活文化

ヨルバの人々の生活文化は、月の名称からもうかがい知ることができる。ヨルバの旧暦の「新年の13か月前」「新年の12か月前」「新年の11か月前」は、グレゴリオ暦の12月頃から2月頃にあたる。この時期は雨がほとんど降らないため農作物をあまり収穫できない。ヨルバランドでは、グレゴリオ暦のおおよそ10月から3月までが乾季、4月から9月までが雨季となる。2学期制の大学では、前期・後期や1学期・2学期ではなく、乾季学期と雨季学期という名称が付けられることもある。オヨ地方では、「新年の13か月前」はベーレという草の名前でもよばれる。この時期収穫され、雨季に備えた屋根づくりに使われていた草である。「新年の12か月前」は、この時期に花を咲かせるポンポラというアオイ科の熱帯樹木（マワタ）の名でもよばれる。「新年の11か月前」は、オヨ地方では、ワナを使う狩猟を意味するイベ・ディデともよばれる。1年で最も乾燥するこの時期は草木が生い茂らず、狩猟がしやすいからである。

オヨ地方では、「新年の10か月前」には、この月に祭儀が行われるアギダンまたはモレというローカルな神の名も付けられている。「新年の9か月前」は、落葉を意味するイラウェの名でもよばれる。グレゴリオ暦の4月頃にあたるこの時期、人々は乾季の間に落ちた葉をすべて集めて燃やしたり、雨季の種まき時の肥料にしたりする。グレゴリオ暦の5月頃にあたる「新年の8か月前」は、「新しいヤムイモの収穫前のひもじい月」ともよばれる。ヨルバランドの主食の一つ、ヤムイモは7月以降に収穫される。特にナイジェリア南部では、ヤムイモは主食の中でもごちそうであるため、この時期はヤムイモが待ち遠しい。野菜が収穫できるのも6月以降であり、前年の蓄え以外の新鮮な農作物はほとんどない月である。「新年の7か月前」から新年にかけては、ヤムイモをはじめたくさんの農作物が収穫されることもあり、神々の名やその祭儀が各月の別名となっている。た

だし、これらの詳細については、ヨルバランド各地のバリエーションがいまだ明確になっていないため、地方によっては月ごとに異なる祭儀や慣習があることや、旧暦の各月にはさらに異なる名称があることが考えられる。

　人々の生活は、曜日とも密接に関係している。ヨルバランドには曜日で決まる「定期市の日」がある。露店で埋め尽くされた市場は、普段手に入らないものを探したり、より安く商品を手に入れようとしたりする客でにぎわう。開催日の詳細は町や都市によって異なるが、2週間おきの水曜日と木曜日というように、等間隔の決まった曜日に定められている。農村部では、4日ごとに開かれる定期市のサイクルに合わせて1週間を4日制としている人たちもおり、これがグレゴリオ暦導入以前のヨルバランドの1週間であるともいわれている。

 ## カレンダーをつくる人

結婚式や葬式の参列者に配られるカレンダーは、家族が手配する。こうしたカレンダーはすべてオーダーメイドだが、それを受注し、制作するのはアーティストである。アーティストは、「アート」や「アート・広告」、「アーティスト」といった看板を掲げ、靴屋や仕立屋、雑貨屋や携帯電話屋などが軒を連ねた商店街に店をもつ。家族はアーティストに新郎新婦や死者の写真を渡し、名前や一文（「結婚おめでとう」「愛にあふれた人生でした」など）、印刷枚数などを伝えてカレンダーを注文する。アーティストは客の希望を聞きながらデザインとレイアウトを決め、印刷専門店で印刷して注文主に納品する。

　カレンダーだけではなく、ハンカチやTシャツ、マグカップやメモ帳などさまざまなアイテムにも、同じようにオーダーメイドで写真や文字を入れる。これらは日本でいうところの引き出物や香典返しとして、人々の間で贈ったり贈られたりする。こうした複製可能なアイテムのほか、アーティストは、記念日を迎えた人の肖像画、彼らへのメッセージを入れたカードや飾り板など、唯一無二の作品も制作する。カレンダーをつくるヨルバランドのアーティストは、人々の日常生活や人生の節目において欠かせない存在である。　　　　　　　[緒方しらべ]

📖 参考文献

[1]　島田周平「ナイジェリア—ヨルバ社会の暦」小島麗逸・大岩川嫩編『「こよみ」と「くらし」—第三世界の労働リズム』アジア経済研究所，pp. 196-202, 1987
[2]　Ladele, T.A.A. et al., À̀kójopò̩ Ìwádìí Ìjìnlè̩ Àṣà Yorùbá, Macmillan Nigeria, 1986

ボツワナ共和国（サン）

　アフリカ南部のボツワナ、ナミビア、南アフリカ、アンゴラにまたがる地域には、カラハリ砂漠が広がっている。ここは、日本の約2倍の面積があるほぼ平坦な土地であり、高さ数十cmのイネ科の草や1mを超える灌木で覆われている。また、一部の地域には高さ数mの樹木が密集する林もみられる。このため、カラハリ砂漠という地名が付けられてはいるが、実際はカラハリのサバンナという表現が正しいであろう。ただ、1年の間の雨季の一部を除いて地表水がほとんど得られないという点が、世界的に見てカラハリ砂漠の自然的特性としてあげられる。ここでは、降雨は年に3〜4か月の雨季の間に、パンと呼ばれる窪地に水のたまる場所が一時的にできる程度である。

　この地域には、サン（ブッシュマン）とよばれる人々が暮らしてきた。彼らは、狩猟や採集を生計手段としてカラハリ砂漠の自然に強く依存してきた「砂漠の民」である[3]。カラハリ砂漠の降雨量は、年によっての変動量が大きいことで知られている。降雨量の少ない年は200〜300mm、多い年では600〜700mmに達することもあるが、平均すると年降水量は約500mmである。彼らは、数世帯の核家族から構成されるキャンプをつくって、採集地や一時的に生まれる水場を求めて移動生活を送ってきた。しかしながら、今から35年前に始まるボツワナ政府による定住化政策が浸透したことで、現在では、井戸の周囲に定住生活を送る人が多い。

　ボツワナの中心部に位置する中央カラハリ動物保護区内には、1987年当初、カデ集落があった。そこには、井戸の他に小学校やクリニックに加えて雑貨屋もみられた。当時、小学校に一度は入学してもドロップする子供が多かった。政府からのトウモロコシの粉のような食糧援助がみられたが、伝統的な狩猟や採集に加えて、一部の人は農耕やヤギ飼育にも従事していた。その後1997年には、中央カラハリ動物保護区内に暮らす人々に対する政府の移住政策によって、カデ集落は完全な廃村になった[1]。ここでは、1987年の時点においておよそ600人の人々が暮らしていたカデ集落の状況を紹介する。

サンの人々の１日

サンの人々は、いわゆる時計をもつことはない。集落内を歩いている際にも、その日の太陽の位置を見て、１日の時刻を示すのが普通である。人々は片手で太陽の位置を示しながら、太陽があのあたりになると狩猟を始めるという表現をする。それが、朝の７時頃であることはわかるのだが、正確な時刻を期待している場合は戸惑ってしまうことが多かった。それでは、太陽の出ない日はどうするのであろうか。確かに、雨季の間には一日中、曇りの日があるのだが、その比率はきわめて低いものだった。

　朝の何時何分にキャンプで起きて、何時何分に狩猟を始めてから、どのくらいの間歩いたのか、何時に就寝したのかを記録することで、現地での参与観察の方法が行われてきた。しかしそれにより、サンの行動特性とは対照的に、朝から晩まで時間に縛られた暮らしをしていたことに改めて気が付いた。私たちは、時計なしでは、生きていくことはできない。

 ## サンの季節感と暮らし

サンの人々は、舌打ちの音をもつことで知られるサン語を話して、お互いのコミュニケーションをはかっている。しかしながら、日本語のように言葉を示す文字をもたない。例えば、数字の１、２、３にはサン語の語彙はあるが、４以上の数字は多数という語彙で表現され、また、それぞれに対応する数字や文字はみられない。このため、１～12か月で示すようなカレンダーは存在しない。むしろ、彼らの伝統的な暮らしの中では、12か月からなる暦は必要がないといってよいのかもしれない。

　まず、サンの人々は、彼らの日常生活の中では１年間を以下のような時期に分けている。「ナオシカ」「バラシカ」「シャオシカ」「コウシカ」の４区分である。筆者は、現地に滞在中に何度となく、今はナオシカであるとか、今はバラシカであるとかいうのを耳にしたが、その季節の境を十分に理解していなかった。彼らは、あたりの景観の変化をみるなどして、総合的に季節の変わり目を認識しているようにみえた。このため、年による降雨の開始時期などの違いから、四つの言葉がさす時期が年によって異なっているのである。

　４区分は、１年間を雨季（バラシカ）と乾季とに分けていて、少量の降雨や気温の高低に応じて乾季の中を三つに分けているともみなすことができる。「ナオシカ」は、10月頃からわずかではあるがその年の初めての降雨がみられた期間を示す（図１）。カラハリ砂漠の雨は気まぐれである。ある一定の範囲でみると

図1　ナオシカにおけるカラハリ砂漠の降雨

図2　バラシカ（雨季）における水の獲得

図3　シャオシカ（冬）の野生スイカ採集

図4　コウシカ（夏）のカラハリ砂漠

安定した降雨量ではあるが、一つの定点でみると年変動が大きい。その時期に現地に滞在していると、遠くの空に黒い雲のかたまりがみえ、強い風が吹いてくることがある。その後、その雲は雨をもたらし、雲の移動とともに雨は終わる。短いときには降雨は数分のときもある。ただ、一度降雨があると、カラハリ砂漠の大部分を占めるイネ科の草が芽吹いて、あたりの景観は黄色から緑に変わっていく。また、農耕の中の耕起は、この時期、降雨の直後に行われることが多い。

「バラシカ」は、雨季の時期を示し、おおよそ12〜3月にあたる。この時期には、毎日、降雨がある訳ではないが、降雨の後に、コウシと呼ばれる下が石でできた窪地には、降水が地下に浸透しないため、短期間ではあるが水たまりができる（図2）。この場所には、必ずサン語による地名が付与されていて、サンの人々にとっては大切なキャンプ地であった。この時期は、コムの実、野生スイカの果実のほか多くの植物を採集するにはよい時期である。農耕を行っているサンの人々は、栽培スイカや豆のような農作物がよく育つように雑草採りを行っている。

「シャオシカ」は、いわゆる冬の時期を示す。この時期になると、朝晩の冷え込みが厳しくなる。気温が、10℃を下まわり数℃という日もみられる。この時期には、毛布は欠かせない。一方で、この時期には寒さのために上述したイネ科の草本は枯れてしまう。一年草である野生スイカのつるも同様であるので採集される（図3）。畑に残されたスイカもまた、すべてが収穫されて貯蔵される。

「コウシカ」は、夏の時期を示す。降水は、まった

くみられない。1年の中で最も暑い日が続く時期で、水の入手が制限されるカラハリ砂漠では、最も厳しい生活環境となる（図4）。

 ## 変わりつつある季節観

近年、ボツワナのサンの人々の暮らしが変わるにつれて、サンの時間感覚は変わっていった。特に、導入部で述べたように、1980年代になって定住地カデ集落に暮らすようになると、その変化が始まった[1]。まず、小学校の開設である。ここでは、ボツワナ政府の教育政策のもとに、国の大多数を占めるツワナ人の言葉が話され、英語の授業も行われた。小学校にいる間は、サンの言葉の使用が認められなかった点に注意しよう。学校の先生には、ほとんどサン語の話者がいない点からして、サン語の社会的地位が低いこともわかるだろう。

ツワナ語は、春、夏、秋、冬、雨季と乾季を示す独自の用語をもち、1月、2月、3月のように、英語の単語が導入されることで、英語でいう12か月をそれぞれ示す言葉を見出すことができるようになった。

一方で、時計をもつサンもみられるようになってきた。当時、道路工事への従事や民芸品販売の仕事によって現金を入手することができるようになり、近隣の町にて時計を購入する人が現れた[1]。なかには、時計が壊れてもそのまま身に着けている人がいて、時計をもつことが社会的なステータスを示しているようにもみえた。また、道路工事は日曜日が休みであったので、1週間が7日間という曜日観が生まれてきた。

現在のサンの社会では、年配者は伝統的な季節観に基づいて四つの季節に分けてはいるが、若者世代は学校教育の影響を少しずつ受けてきており、12か月から1年が構成されるということが浸透してきた。サンにとっては、狩猟や採集の時代には、季節による自然景観の変化が生活に強い影響を与えていた。近代化が浸透して社会の変化が進むにつれて、人々の季節観も変わりつつある。

[池谷和信]

参考文献

[1] 池谷和信『国家のなかでの狩猟採集民―カラハリ・サンにおける生業活動の歴史民族誌』，国立民族学博物館，2002
[2] 池谷和信『人間にとってスイカとは何か―カラハリ狩猟民と考える』臨川書店，2014
[3] 田中二郎『砂漠の狩人―人類始源の姿を求めて』中公新書，1978

マダガスカル共和国

　アフリカ大陸の東に位置するマダガスカル島は、最近でこそテレビなどで知られるようになったが、どこの国の領土かと聞く人が今でもまれにいる。改めて書いておくと、マダガスカル島全体が、マダガスカル共和国という一つの国の領土である。この国には、マダガスカル島以外にも小さな属島がいくつかあるが、マダガスカル島だけで領土のほとんどを占め、その広さは本州の2倍ほどで、日本の領土全体より大きい。

 暦法とカレンダー　　この国で一般的に使われる暦法は、日本と同じく、太陽暦をもとにしたグレゴリオ暦である。後に述べるように、国民の祝日もほとんどがキリスト教の祝祭日に重なっており、暦やカレンダーをみる限りでは、19世紀に本格的に導入された西ヨーロッパ文化（とりわけ英国文化とフランス文化）の影響が強い。ただし、暦に記されている曜日の呼び方はアラビア語に由来しており、1週間をサイクルとする暦法はもっと古くから用いられていたと考えられる。古い暦法については詳しくわかっていないが、現在では四季の名称にそのなごりが見出される。中央高地部では、雨が降り始める10〜11月頃をルハタオナ（年の頭）とよび、3月頃までの雨季をファハヴァラチャ（雷の時期）、5月の稲刈りの頃までをファララヌ（水の後）、9月頃までの寒い時期をリリニナ（語源は不明）と名付けている。海岸部では、サンスクリット語起源の語で四季をよんでいる。なお、古い暦にはカレンダーがない。
　現在使われるカレンダーにはいろいろあるが、日めくりのような形式のものを筆者は見たことがない。各月ごとに、日曜日から土曜日までのそれぞれに対応する日が縦に並んでいるのが一般的だ。
　その他には、曜日に従った整理をせず、1月なら1月の日付を順に縦一列に並べているものもある。筆者がよく見かけたのはカトリック教会が発行したものだが、これには日付の横に聖人の名が記されている。日本では聖バレンタインくらいしか知られていないが、1年366日すべてに、対応する聖人が決まっているのだ。中牧弘允によると、この形式のカレンダーはフランスでも使われていて、自

分と同じ名の聖人の日には誕生日と同じようにお祝いをするという。つまり、一人の人が年に2回、誕生祝いをすることになる。

　マダガスカルではカレンダーの使い方がフランスとは少し違っていて、新しく生まれた子供の名を付けるときにこの聖人表を参考にすると聞いた。そのようにカレンダーを使った場合には、自分の誕生日は同じ名の聖人の日と一致することになり、フランスのように年に2回お祝いをするようなことにはならない。

◈◈ 祝祭日と行事・儀礼

国民の祝日は年に9回ある（2016年末現在）。新年祭（1月1日）、解放闘争記念日（3月29日、1947年の蜂起を記念）、復活祭月曜日（3月から4月にかけての月曜日、イースターマンデー）、メーデー（5月1日）、キリスト昇天祭（復活祭から40日後の木曜日）、独立記念日（6月26日、1960年の独立を記念）、聖母被昇天祭（8月15日）、万聖節（11月1日）、聖誕祭（12月25日、クリスマス）である。

　一目して、キリスト教の祝祭日が多いのが理解できよう。無関係なのは、建国の歴史にかかわる解放闘争記念日と独立記念日、宗主国のフランスから引き継いだメーデー、そして太陽暦の節目となる新年祭だけで、半数に満たない。もう一つ気づくのは、日本の「こどもの日」（端午の節句）のように、年中行事にかかわった祝祭日がないことだろう。マダガスカルではそもそも、決まった日に毎年行われるような年中行事がほとんどなくて、それこそ上記の祝祭日をにぎやかに過ごすくらいのものである。考えてみればおもしろい現象だ。1年の区切りにこだわらないのは、低緯度にあって四季の変化が顕著でないためだろうか。

　民衆の生活を律するのは、1週間サイクルの曜日と、人の一生を1サイクルとする人生儀礼である。重要な人生儀礼は、多数の参加者が集まり費用もかかるため、農閑期である6〜9月にかけて行われることが多く、結果として1年の区切りになっている。しかし、毎年必ず行う訳でなく、行う日も家族によってまちまちであるため、日本の年中行事とは異なる。曜日と人生儀礼については、「暦と生活文化」の項で詳しく述べよう。

　民衆の祭りとは別に、王が祭司となって執り行う王国儀礼もマダガスカルにはみられる。王国儀礼とは、植民地時代に王統が絶えなかった地域において、王の主導で行われる儀礼のことだ。現在の王国儀礼で最も盛大なのは、サカラヴァ人が中西海岸部に築いた旧メナベ王国で5年ごとに行われるフィタンプハだろう。フィタンプハでは、王家に伝わる聖遺物（王の遺骨）を海で清め、クライマック

スを迎える。かつては 10 年に一度の開催だったが、観光による経済活性化の効果が期待されたため、近年は 5 年に一度となった。

　同じくサカラヴァ人が北西海岸に築いた旧ブイナ王国では、毎年 7 月頃にファヌンプアンベ（崇敬の大礼）が行われる。憑依信仰が盛んなこの地域では、歴代の主要な王や王族の霊が現代の霊媒に降りてさまざまな助言や予言を与えると信じられており、地域内の霊媒たちは年に一度の機会に集まっていっせいに降霊を行う。この儀礼は数日にわたり、霊媒だけでなく王の力を信奉する「臣民」も多数集まる。限られた地域の祭りではあるが、日本でいう年中行事に最も近い。ただし、太陽暦だけでなく月齢も考慮して日が決められる点で、農耕にかかわることが多い日本の年中行事と異なる。

暦と生活文化

●週サイクル　日本ならば、1 週間の節目となるのは土曜日や日曜日であり、マダガスカルの都市部でもこれは同じだ。しかし村落部では、土・日曜日が休みとは限らない。むしろ日曜日以外の日に立つことの多い、週市（しゅういち）の日に農作業を休むのが普通である。日曜日に週市が立つこともあるが、キリスト教の勢力が強いこの国では、政治家が働きかけて日を変えてしまうことがある。それでも、何か月かたつとまた日曜日に人が集まり始めるそうだ。人々の習慣の前では政治は限られた効力しかもたない。逆にいえば、曜日を基準とした 1 週間の生活サイクルは、それほど深く人々に浸透しているといえる。

　週市に集まる人たちのほとんどは、近隣の農村から歩いてやってくる人たちだ。なかには、何時間もかけてくる人たちもいる。畑でとれた作物や、自作の工芸品を運び込む人も少なくない。ただし、売るものがなくとも週市に集まるという人たちも多い。週市に集まった人たちと顔を合わせることで、結果的にさまざまな情報を仕入れることになるからだ。週市の日には、村中の大人たちが村の外へ出てしまうために、火の不始末で村が全焼してしまったという話も聞く。繰り返しになるが、それくらい週市の動員力は大きく、人々の生活に根ざしている。

　1 週間のリズムを生み出す要素としては、週市のほか、キリスト教会で行う日曜日のお祈りがある。また地域によっては、特定の曜日が禁忌となっており、田畑での労働を休むこともある。広域に住む人々全員が特定の曜日を禁忌とする場合は、その日に週市が立つ。しかし曜日の禁忌は、家族ごとに守られたり、呪医の見立てによって新しく定められたりするので、週市やお祈りの日とは別に、禁

忌の日が1週間の節目を刻むことがある。

●**人生のサイクル**　マダガスカルの多くの地域では、出生時に生えていた髪はよくないものと考えられており、生後数か月すると切ってしまう。地域によっては、この断髪を行うときに親族や客を招き、子供の成長を披露するところがある。これは、日本でいえば子供がお食い初めを迎えるくらいの頃に行われる。

　だがそれ以上に盛大なのは、男児が割礼を受けるときの儀礼だろう。現代では、病院で包皮の切除手術だけを行って儀礼を行わないことも多いが、とりわけ村落部では遠い親族にまで呼びかけて遠方から人を集め、数日にわたる祝祭を行う。割礼を受けるのは10歳未満の男児が多いが、もう少し大きい子供もいる。南東部に多く居住するアンタイムルの人々は、7年に一度しか割礼儀礼を行わないかわり、割礼の日どりを統一し、地域の人たちがいっせいに男児の割礼を祝う。その結果、地域全体が祝祭空間に変貌してしまう。他の地域では規模が小さいが、成人男子と成人女子が互いに小ぜり合いを演じて年長者らに見せるなど、非日常的な雰囲気は十分感じ取れる。楽団が生演奏を行って雰囲気を盛り上げることもしばしばだ。

　結婚の儀式にも祝祭的な要素があるが、縁組みする両家の家族行事としての側面が強く、遠方から親族を招く場合でも規模がやや小さい。キリスト教に基づいて神父や牧師が儀式をとりもつ場合と、年長者の主導によって各地域独自のやり方で行われる場合とがある。また、規模がそれほど大きくないことから、農閑期以外の時期に行われることも多い。

　葬儀も地域が一体となって行われるが、人の死は予測できないので、暦とはあまり関係がない。一方、一部地域では、葬儀の数年後に死者のための法要を盛大に行う。最も有名なのは中央高地のファマディハナ（改葬儀礼）だ。農閑期の土曜日や日曜日を選んで行われる。この日には、コンクリートづくりの墓所から、布にくるまれた遺体が取り出される。にぎやかな音楽や踊りを楽しみながら、生者と死者が時間を共有するのが目的だ。多数の人が集まっていてにぎやかなので、国道を走る車からでもそのようすがうかがえるほどである。　　　　［飯田　卓］

📖 **参考文献**

［1］飯田卓他編『マダガスカルを知るための62章』明石書店，2013
［2］森山工『墓を生きる人々—マダガスカル，シハナカにおける社会的実践』東京大学出版会，1996

マリ共和国

　マリという国名は、14世紀を最盛期にかつてこの地に栄えたマリ王国からとられている。19世紀末からフランスの植民地支配を受け、1960年に独立をはたした。北部はサハラ砂漠に覆われ、中部は乾燥サバンナ、南部は湿潤サバンナ気候である。人口は2016年現在の推計でおよそ1800万人、10以上の民族からなる国家であり、人々は公用語のフランス語以外にも、各民族の言語を用いている。人口増加率およそ3%、2005〜2014年の間の経済成長率7.2%といずれも高く、とりわけ人口の1割以上が集中する首都バマコの生活は急速に変化しつつある。

暦法とカレンダー

　人々が日常的に用いる暦は大きく分けて2種類ある。テレビニュースや新聞の報道、企業、学校、政府の行事などではグレゴリオ暦が用いられ、公用語のフランス語で発音・表記される。一方、国民の9割がムスリムであるマリでは、イスラーム暦も重要な暦である。企業や商店が宣伝用に顧客に配布するカレンダーには、これら二つの暦が併記してある場合が多い。二つの暦にはずれが生じるため、月ごとのカレンダーよりも、両方の暦の12か月分が1枚に収まったタイプのものが一般的である。

　家庭や店舗では、実用的な目的というよりも、インテリアの一つとしてカレンダーが飾られている。丈夫な厚紙に壮麗なモスクや近代的な銀行のビルなどの写真が印刷された暦が、タペストリーや家族写真と並置されているのをよく見かける。壁掛けカレンダーに予定を書き込むことも、書き込める高さに飾られていることもまれだ。曜日や予定を尋ねられた際に人々が確認するのは、装飾品としてのカレンダーではなく、もっぱら手もとの携帯電話である。日本と同様、携帯電話を時計・カレンダー代わりにしている人も少なくない。中学生も携帯電話をもっていることが珍しくない都市部はいうまでもなく、電気が通っていない村の住民も小型のソーラーパネルや自動車のバッテリーなどで充電しながら携帯電話を利用している。各家庭にカレンダーが浸透するよりも先に携帯電話が普及したため、今や携帯電話のカレンダー機能が、実用的なカレンダーの役割を担っている。

祝祭日と行事・儀礼

日付が固定した祝日は、元日（1月1日）、マリ軍の日（1月20日）、殉教者の日（3月26日）、復活祭（4月17日）、メーデー（5月1日）、アフリカの日（5月25日）、独立記念日（9月22日）、クリスマス（12月25日）である。それに加え、イスラーム暦に従った移動祝祭、マウリド（預言者ムハンマド生誕とその1週間後の洗礼）、イスラームの新年、コリテとよばれる断食月ラマダーン明けの祝祭、タバスキとよばれる犠牲祭などがある。

暦と生活文化

元日はとても静かに過ぎる。若者がちょっとしたパーティーを開いたり新年の挨拶を SNS で送り合ったりはするものの、大多数のマリ人にとって新年といえばイスラーム暦における新年である。そちらの方が暦の節目として重要なためだ。

1月20日のマリ軍の日には、軍隊のパレードが催され、功績をあげた軍人に対する表彰などが行われる。この祝日はマリの独立と深いかかわりをもつ。マリは1960年6月に「スーダン共和国」として現在のセネガルとともに「マリ連邦」を形成し、フランスの植民地支配から独立した。しかし、マリ連邦内でイデオロギーの対立が顕在化し、わずか2か月後にセネガルとマリはたもとを分かつことになる。セネガルとマリが分離した要因の一つは、親仏路線をとるセネガルの指導者 L. サンゴールと旧宗主国のくさびから完全に脱したいマリの指導者 M. ケイタの間の対立にあった。その後スーダン共和国は国名を現在のマリ共和国とし、1960年9月に改めて独立した。翌1961年1月20日、マリの初代大統領ケイタが、マリに駐留していたフランス軍に対し退去を要求したことにより、年内にフランスの部隊はマリから完全撤退し、翌1962年1月20日にマリの国軍が創設された。隣国セネガルとの方針の違いを明確にし、独立後も自国の領土に駐留する旧宗主国に拒否の意を突き付け、自前の軍隊を設立した日であるという点で、マリ軍の日は国民にとってのもう一つの独立記念日でもある。

3月26日の殉教者の日は、マリにおける多党制に基づく民主主義の誕生を祝し、その実現のために亡くなった人々を追悼する日である。1991年のこの日、当時の国家元首であった M. トラオレの一党独裁政権が、将校 A. トゥーレ（通称 ATT）のクーデターによって終焉した。1960年に独立したマリは、ケイタ初代大統領のもとで、古典的な社会主義とは異なる「アフリカ社会主義」に基づく国づくりを目指した。しかし経済は軌道に乗らず、かつては独立の英雄であった

ケイタの施策に対する国民の不満が高まっていた。この不満を背景に、1968 年に当時将校であったトラオレがクーデターを起こした。トラオレは自身の政党 UDPM（Union Démocratique du Peuple Malien、マリ人民民主同盟）以外の政党を弾圧し、その後 23 年間続く一党独裁政権を確立した。しかし、トラオレ時代にマリは度重なる大干魃に襲われ、計画経済にも失敗し、人々の生活が著しく困窮した。1988 年頃からは、民主化を求める学生運動とそれへの暴力的弾圧も激化していた。この独裁政権を終わらせたトゥーレはクーデター後に政権をとることはせず、多党制に移行して大統領選挙を実施した点でも、同じくクーデターを起こした将校であったトラオレと対比される。1991 年 3 月 26 日という日付や殉教者の記憶は、国立競技場や首都を貫くニジェール川にかかる橋の名などに冠されている。

　4 月 17 日の復活祭（イースター、マリでは公用語のフランス語に倣ってパックとよばれる）や 12 月 25 日のクリスマスは、マリの国是の一つを体現した祝日であろう。マリは独立以降、一貫してライシテ（世俗主義）を掲げている。このフランス語は本来、政治や教育といった公の場から宗教を切り離す姿勢を表すものであるが、マリのライシテは日本における政教分離やフランスにおけるライシテと異なり、「あらゆる宗教への寛容」「異なる信仰をもつ人々との共生」といった意味合いでとらえられる傾向が強い。国民の大多数が信仰するイスラームと 1 割に満たない少数が信仰するキリスト教、いずれの祝祭も国民の祝日として祝うことに、マリ独自のライシテのとらえ方が現れている。実際、多くのマリ人は異なる信仰をもつ人々に寛容であり、キリスト教徒の友人にクリスマスカードを贈るムスリムや、イスラームの祝祭に招かれて参加するクリスチャンもよく見かける。

　5 月 1 日のメーデーには、世界各地のメーデーと同様、労働者団体によるデモや決起集会などが行われる。マリでこの日に目を引くのは、そろいの柄のアフリカン・プリント布である。マリの人々は男女ともに、カラフルなろうけつ染めの布で仕立てた衣服を日常的に着用している。メーデーや 3 月 8 日の世界女性の日といった、人々が集まって催し事を行う前には、記念日の日付や各団体のスローガン、ロゴ、創設者の顔写真などがプリントされた布を発注して共同購入し、それぞれの行きつけのテーラーで好みのデザインに仕立ててもらう。共同購入する際の布の代金は均一ではなく、余裕のある者は団体の活動資金への寄付も兼ねて、余分に代金を支払ったりもする。マリの人々の衣装ダンスには、メーデーを

はじめさまざまな日付が記された布が収められている。

　マリをはじめ、5 月 25 日のアフリカの日を祝日に制定しているアフリカの国は多い。アフリカの日は、現在のアフリカ連合（AU, African Union）の前身であるアフリカ統一機構（OAU, Organization of African Unity）が発足した 1963 年 5 月 25 日を記念している。1958 年 4 月に、ガーナ大統領 K. ンクルマ（Nkrumah）の呼びかけにより、アクラで最初のアフリカ独立諸国会議が開かれた。植民地支配を受けなかった国や当時すでに植民地支配から独立をはたしていたアフリカ諸国計 8 か国の首脳が集まり、「アフリカ合衆国」の構想と、アフリカ全体の独立を呼びかけた。その 2 年後、「アフリカの年」とよばれる 1960 年には一気に 17 か国が独立をはたし、アフリカ全体の脱植民地化が前進した。これらの国を含め、計 31 か国が参加して開かれた 1963 年のアフリカ諸国首脳会議で、アフリカ統一機構憲章への調印が行われた。音楽の盛んなマリでは、祝日にテレビ局が大規模な音楽番組を放送し、老若男女が国民的歌手のステージに熱狂しているが、アフリカの日のステージではとりわけ、偉人の褒め歌を得意とするジェリ（グリオ）とよばれる歌手たちが活躍する。彼らや彼女らは歌中で、ンクルマ、S. トゥーレ、H. セラシエ、J. ニエレレといった、自国マリだけではないアフリカ各国の独立の父、建国の英雄たちの名をあげ、観客はそれぞれの名に喝采をおくる。

　9 月 22 日の独立記念日は、マリの国家・国民にとって最も重要な祝日で、首都だけでなく、各地で盛大に式典や祝祭が開かれる。まだ他の祝日の日付を覚えていない小さな子供も、独立記念日だけはすんなり言える。独立から半世紀たった 2010 年の 9 月 11 日は、とりわけ盛大な式典が開かれた。数か月前から、首都のいたるところに 50 周年の文字をかたどった電飾が飾られ、緑・黄・赤のマリ国旗の 3 色で点灯し、新聞やテレビ、ラジオでは連日、独立 50 周年に関する特集が組まれていた。マリは全人口の 7 割弱が 25 歳以下の非常に若い国家であり、1960 年の独立時を直接知る世代は現在では数 % しかいない。しかし、植民地支配からの独立を勝ち取った記憶は、この日の盛大な式典や祝祭を通じてマリの人々に脈々と受け継がれている。　　　　　　　　　　　　　　　　　［伊東未来］

南アフリカ共和国

　南アフリカは、1994 年にアパルトヘイトを完全撤廃して民主化が進み、アフリカ大陸有数の政治・経済大国となった。国土面積は日本の約 3.2 倍、産業構成は第三次産業の比率が高いが、貿易面では金、ダイヤモンドなどの鉱物輸出額の割合が大きい。人口はおよそ 5500 万人、アフリカ系が約 8 割、ヨーロッパ系が約 1 割を占めている。ヨーロッパ系の英語とアフリカーンス語のほか、アフリカ系 9 言語が公用語となっている。

 暦法とカレンダー　暦はオランダや英国が統治していた時代を通じて、グレゴリオ暦が通用している。風景や有名人の写真が入った大きな壁掛け型の年間カレンダーは、暦としての役割ばかりでなく、家庭や職場の装飾としても好まれている。また職場の自分の机の上に A2 判の月めくりのカレンダーをおき、予定を書き込む習慣をもつ人が多くいる。図 1 は、知り合いの学芸員のデスクまわりを撮影したものであるが、壁に年間カレンダーを貼り、机上に月めくりのカレンダーをおいていた。

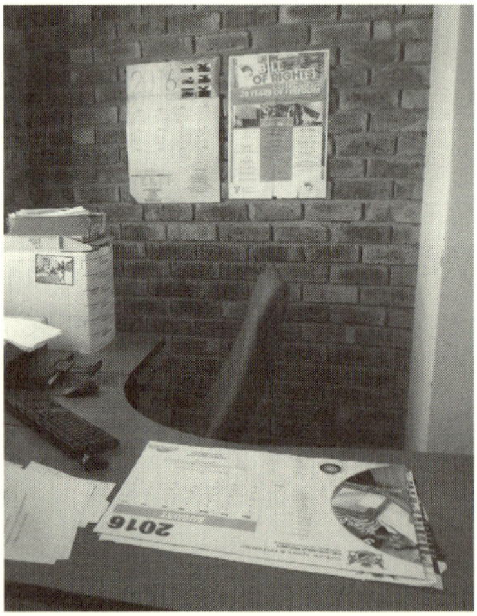

　カレンダーは 1 月始まりが基本である。12 月になると本屋や文房具店にいろいろな大きさ、形、図柄のものが陳列される。毎年同じ本屋で、気に入っている同じスタイルのカレンダーを買うという人もいる。家庭で用いるカレンダーは、一般に、雑貨屋、家具屋、精肉店、車修理工場などの商店で配られるものが多い。ただし、12 月初めに欲しいと言ってもまだ印刷中と言われることが多く、年が明けてから配り始める店も少なくない。なお南アフリカの会計年度は政府も

図 1　学芸員のデスクまわり

民間も 4 月に改まるが、4 月始まりのカレンダーを見ることはない。

◇◆◇ 祝祭日と行事・儀礼　　カレンダーに記される祝祭日は、元日（1 月 1 日）、人権の日（3 月 21 日）、聖金曜日（移動祝日）、家族の日（移動祝日）、自由の日（4 月 27 日）、メーデー（5 月 1 日）、青年の日（6 月 16 日）、女性の日（8 月 9 日）、伝統文化継承の日（9 月 24 日）、和解の日（12 月 16 日）、クリスマス（12 月 25 日）、親善の日（12 月 26 日）の 12 日である。祝祭日が日曜日の場合、翌月曜日が振替休日となる。英国自治領の南アフリカ連邦が成立した 1910 年と、全人種参加総選挙後に N. マンデラ政権ができた 1994 年に制定された祝祭日が多い。

　大晦日、穏やかな夏の夜を楽しみながらカウントダウンして、花火を打ち上げ、新しい年を迎え、元日を祝う。

　人権の日は、パス法（1952 年制定、18 歳以上のアフリカ系住民に身分証携帯を義務付けたアパルトヘイトの象徴的な法律）に抗議する人々を警察官が虐殺したシャープビル事件（1960 年 3 月 21 日）にちなみ、南アフリカの自由、人権尊重のための戦いを行った日として 1990 年に制定された。

　キリスト教の復活祭（イースター）は、春分の日の後の最初の満月の次の日曜日に祝うものである。聖金曜日は、復活祭直前の金曜日と指定されており、毎年日付の変わる移動祝日となっている。家族の日は、もともとイースター・マンデーとよばれていた祝日を 1995 年に改称したものであるが、復活祭後の月曜日という指定に変更はなく、移動祝日である点も変わりはない。

　自由の日は、1994 年 4 月 27 日に行われた南アフリカ初の全人種参加総選挙を記念して、同年に制定された。

　メーデーは、国際労働者の日として世界各地で労働者が統一して権利要求と国際連帯の活動を行う日である。

　青年の日は、1976 年 6 月 16 日のソウェト蜂起を記憶するため 1994 年に定められた。アパルトヘイト下の南アフリカ政府が、「白人支配の象徴」であるアフリカーンス語を学校教育で強制しようとしたことに反対するアフリカ系学生による抗議集会とデモ行進が、警察隊との対峙の中で暴動と化し、その結果、多くの生徒・学生が殺された。そのうちの一人、13 歳の少年の名を冠したヘクター・ピーターソン博物館が、2002 年に蜂起の現場であるソウェトに開館している。

　女性の日は、パス法施行に反対する 2 万人の女性によるプレトリアでのデモ

（1956 年 8 月 9 日）を記念したものである。1994 年に制定された。

　伝統文化継承の日も 1994 年制定の新しい祝日で、南アフリカの各民族が、それぞれの多様な価値観、文化、伝統を披露し合うイベントを開催し、祝っている。またこの日は、南アフリカ最大の人口（約 23%）を擁するズールーが、民族英雄シャカ（Shaka）王の偉功をたたえるために 1994 年以前からシャカの日としていた日でもある。

　和解の日は、かつてヨーロッパ系市民のアフリカーナーがブラッドリバーの戦い（1838 年）でズールーに勝利したことを記念した誓いの日を 1994 年に改称し、アフリカ系とヨーロッパ系双方の融和を図るために設定された祝日である。

　12 月、イエス・キリストの生誕を祝い、街のショッピング・モールは真夏のクリスマスの装いとなる。12 月 25 日は家族一緒にごちそうを楽しみ、翌日は親善の日となる。1994 年に、それまでボクシング・デーと呼び慣わされていた日を改称したものである。

暦と生活文化

　祝祭日ではないが、7 月 18 日はとても重要な日である。マンデラ元大統領の誕生日で、マンデラの日とよばれている。南アフリカでは 6 月を若者の月、8 月を女性の月、9 月を伝統文化の月と祝日に関連付けて各月を表現するが、7 月はマンデラの月といわれている。7 月 18 日を南アフリカの祝日にしようという動きもある。

　2009 年、国連は 7 月 18 日をマンデラの日と公式に定め、この日には「67 分間社会奉仕をしよう」と呼びかける。これは、人権と社会的正義のために 67 年間戦い続けたマンデラの偉大な功績をたたえ、人のため社会のためになることを 67 分間だけしようという活動である。

　9 月 1 日、南半球にある南アフリカではこの日から春になるという感覚があり、春の日とよばれている。子供たちは互いに水を掛け合って、乾季から雨季となって草木が芽吹き始める季節が到来したうれしさを表現する。

　南アフリカでは、屋外で牛肉やブルボスという極太で長いソーセージや野菜を焼くバーベキューのことをブライといい、友人同士、近所同士が集まる週末の社交の場となっている。9 月 1 日はブライの日ともよばれ、春の日のすぐ後の週末には、家族や仲間と一緒にブライを楽しむ習わしがある。都会に住む人もこぞって帰省するため、日曜日の夕方になると、幹線道路が都会へ戻る車で大渋滞となるほどである。

年間カレンダーには祝祭日の一覧のほかに、学校暦が掲載されていることが多い。日本ではみられないものである。学校暦は公立の小学校、中学校、高校が対象で、政府が定め、州単位で若干の違いを認めている。南アフリカでは毎年ずい

SCHOOL TERMS 2016
Free State, Gauteng, Limpopo, Mpumalanga,
North West, Eastern Cape, Kwazulu-Natal,
Northern Cape and Western Cape
1st Term: 13 January - 18 March
2nd Term: 5 April - 24 June
3rd Term: 18 July - 30 September
4th Term: 10 October - 7 December

図2　2016年の学校暦

ぶん日付が変わるため、カレンダーの学校暦は、保護者が子供たちのスケジュールを把握するための重要な情報源となっている。1年は4学期制で、1月、4月、7月、10月に各学期が始まる。10月からの第4学期は短めで、その分クリスマスを挟んだ夏休みが長くなっている。

 ## 人気のあるカレンダー

ンデベレ社会では、政府系FMラジオ局イクェクェジ（ンデベレ語で「星」を意味する）が発行するカレンダーが最も人気があるという。ンデベレは、その母語が南アフリカ公用語となっている主要民族だが、人口は全体の2%ほど（約100万人）しかいない少数民族でもある。多くのテレビやラジオは、人口比率の高い英語、アフリカーンス語、ズールー語、コーサ語で放送し、ンデベレ語で放送するのはこのFMラジオ局のみである。そのためンデベレでの聴取率は非常に高く、ラジオパーソナリティはこの地域の超有名人であり、そのカレンダーの人気が高くなっている。

次に人気のカレンダーは、南アフリカ政府首脳、大統領や大臣らの顔写真入りのものである。こちらは役所や企業などのオフィスの定番となっている。

3番目に人気があるのは、家族写真入りカレンダーである。お気に入りの家族の写真をインターネット・ショップに持ち込み、店員が顧客の要望を聞き取ってコンピュータ・ソフト上で既成のカレンダーに貼り付け、プリントアウトするものである。携帯電話の普及率はこの10年間で飛躍的に伸び、カメラ機能付きのスマートフォンもかなり一般的で、多くの人が写真を日常的に撮っている。ンデベレの家庭を訪問すると、小学校、中学校の卒業式でドレスアップした子供や孫たちの写真を入れたカレンダーが壁に掛かっていることがよくある。家族の記念写真と暦という、一挙両得の優れたアイデア商品である。しかし、カレンダーの年が数年前のこともよくあるので、気を付けなければいけない。　　［亀井哲也］

コラム　新たな祭の創成競争─アフリカ、ザンビアにおける伝統の創造

●**民族単位の祭りの創造**　南部アフリカのザンビアでは、1980年代、主要民族が、「伝統を始めよう」をスローガンに、競って民族単位の新たな祭りを生み出していった。

　もともと、ザンビアには、民族をあげて行うような祭りはほとんど存在しなかった。20世紀初頭以来続けられてきた祭りとして、わずかに北西部州ルンダ王国のウムトンボコや、西部州のロジ王国の王宮を移動するために行われる祭クオンボカが知られるだけであった。

　こうした比較的古い祭礼と対抗するため、1980年に東部州の民族ンゴニの人々がンチュワラという祭りを再興する（図1）。ンチュワラは、その年の最初の収穫物を王に奉納する、いわゆる初穂の祭りである。以後、1984年にその隣のチェワ人の祭クランバ（収穫祭）、1988年にンセンガ人の祭りトゥインバ（雨乞いの祭り）など、数々の祭りが創出されていった。

●**伝統を始めよう**　筆者は、1984年の第1回のクランバに立ち会った。「伝統を始めよう」をスローガンに、本来は葬儀の際に踊られる仮面舞踊と、女性の成人儀礼の際に踊られる女たちの踊りを、それぞれの地域のチーフが王ガワ・ウンディに奉納するという、新たな祭りがつくりあげられた。そのおり、あと50年もして人類学者がやってきたら、きっとこの祭りがチェワの伝統的な祭りだと思い込むだろうなと、村人たちと笑いながら語り合ったものである。それから二十数年、すでにクランバは「チェワ伝統の祭りクランバ」と称されて、定着するにいたっている。

　これに対して、チェワの隣に住むンセンガの人々がつくり出した祭りトゥインバは、当時の王カリンダ・ワロが自分で調査チームを立ち上げ、雨乞いについて古老から歌や伝承を集めて、みずから式次第を考え出した、まったく新しい祭りである。

●**差異化への志向**　興味深いのは、こうした新たな祭りが、その時期と意味合いをそれぞれ別々のものになるように相互に差異化されている点である。時期をたがえるのは、そうしないと、テレビで大きく報道されない、また、大統領や関係の大臣の臨席が仰げず、重要な陳情の機会を逃すといった事情らきている。政府も、大統領・大臣の臨席をはかり、近隣の王、チーフたちの相互訪問のための交通手段を提供するといったかたちで、その動きを支援していく。結果として、現在ではザンビアに73あるといわれる民族集団のほぼすべてが独自の祭りをもつようになり、1年を通じた祭りの暦ができあがっている。

[吉田憲司]

図1　ンゴニ人の祭り「ンチュワラ」（1999年、ザンビアのムテングレニ村にて）

8. アメリカ

アメリカ合衆国（一般）

　アメリカ合衆国は 1783 年に独立が承認された北米の連邦共和国である。1492
年、「ネイティブ・アメリカン」とよばれる先住民族たちが暮らす土地に C. コロ
ンブスが到達したことを機にヨーロッパからの入植が始まり、1776 年に東部 13
の植民地が大英帝国からの独立を宣言した。今日、3 億人以上の人口と日本の約
25 倍の国土面積をもち、移民大国としても知られる。首都はワシントンである。

 暦法とカレンダー　公式の暦法はグレゴリオ暦であるが、中国農暦や
　　　　　　　　　　　　　　　　　　　　ベトナム暦、ペルシャ暦、ヒンドゥー暦など、世
界各地からの移民によって持ち込まれたさまざまな暦法が使われている。
　カレンダーは日曜日始まりが一般的で、壁掛け用、卓上用など、日本で目にす
るものと同じような形態がみられる。紙製のカレンダーに加えて、近年はスマー
トフォンやパソコンの中に入っているデジタル化されたカレンダーを使用する
人々も多い。
　カレンダーの入手先については、書店や文具店、ショッピングモールの特設会
場、ミュージアムショップなどで有料販売されるほか、銀行や商店、コミュニ
ティセンターなどで無料頒布されるものもある。また、米国では民間非営利組織
による慈善事業や公益活動が活発で、寄付文化が根付いていることから、宗教団
体や NPO（nonprofit organization）が年末、寄付をしてくれた人にカレンダー
を贈るというケースもみられる。さらに、インターネット上でダウンロードでき
る有料あるいは無償のソフトを利用して、カレンダーを手に入れる人も増えてい
る。

　祝祭日と行事・儀礼　連邦政府が定めた以下の公休日を基準として、
　　　　　　　　　　　　　　州や市・区の行政がその人口構成や地域性に応
じたかたちで独自に祝祭日を定めている。連邦政府が定めた公休日は次の計 10
日である。元日、キング牧師誕生日（1 月第三月曜日）、大統領の日・ワシント
ン誕生日（2 月第三月曜日）、戦没将兵追悼記念日（5 月最終月曜日）、独立記念

日（7月4日）、勤労感謝の日（9月第一月曜日）、コロンブス記念日（10月第二月曜日）、退役軍人の日（11月11日）、感謝祭（11月第四木曜日）、クリスマス（12月25日）。こうした公休日は日本の「国民の祝日」とは意味合いが異なり、政府機関や郵便局、銀行は休業するものの、一般企業や学校がいっせいに休業するとは限らない。キング牧師誕生日や大統領の日、コロンブス記念日、退役軍人の日は平常どおりに業務が行われているところも多い。また、4年ごとに行われる大統領就任式の当日（1月20日）は、連邦政府が定める公休日となっている。さらに、法的に定められた休日ではなくても、例えば、復活祭（イースター）、感謝祭（サンクス・ギビング）、クリスマスの前後日など、社会慣習上、多くの企業や学校が休みにしている祝日もある。

　また、同一地域内においても、宗教や国籍、使用している暦の違いなどによって家庭や個人ごとに祝日や休日が異なることも珍しくないため、官公庁や企業の多くは「フローティング・ホリデイ」（Floating Holiday）とよばれる特別有給休暇制度を採用している。この制度を利用すれば、従業員は1年あたり1日から4日ほど、各自、希望する祝祭日を選択して休むことができる。ただし、通常の有給休暇制度と異なり、次年度への繰越しはない。例えば、元日といっても、公休日とされている1月1日以外にも、1月か2月に春節を祝う中国暦、日本の立春にあたる3月下旬に新年を祝うペルシャ暦（イラン暦）、10月か11月にディワリとよばれる光の祭りで新年を祝うヒンドゥー暦など、使用する暦によって一年中異なる日に新年が祝されている現実があるため、こうした社会的多様性に対応する制度であるといえる。

　日本のように新年の三が日を親族とともに祝うという風習は米国にはなく、12月31日の深夜0時に花火とともににぎやかにカウントダウンを行った後、元日のみ休んで、翌2日からは通常どおりの生活に戻る。一方、前年の26日から1月1日までの間は、近年、クワンザとよばれるアフリカ系米国人コミュニティ独自の民族的行事も盛んに行われつつある。

　復活祭（イースター）は、ヨーロッパなどと異なり、連邦政府の定める公休日とはなっていないが、州法により祝日に定める州もあり、キリスト教の典暦ではクリスマスよりも重要な意味をもつとされる祝祭日である。イエス・キリストが十字架にかけられて死んだ日をグッドフライデー（聖金曜日）とよび、その3日後、イエス・キリストが復活した日曜日をイースターサンデー（復活祭）という。この日は、春分の日以降の最初の満月の日からすぐ後の日曜日とされており、毎

年3月下旬から4月下旬にかけて日が変動する。復活祭翌日のイースターマンデーを含めて4日間、イエス・キリストの復活の象徴である卵を食べ、ペインティングした卵を贈り合ったり、卵探しのゲームをしたりして盛大に祝う。

　独立記念日はフォース・オブ・ジュライとよばれ、1776年7月4日の米国の英国からの独立宣言を祝す記念日である。各地でパレードや国家斉唱などのイベントが行われ、花火が打ち上げられる。

　コロンブス記念日は、コロンブスによるアメリカ大陸の発見を記念する日として知られ、コロンブスがイタリア人であったことから、各地のイタリア系米国人コミュニティにおいて出身国の祝事として祝されるようになったのが始まりだといわれている。しかし、アラスカ州、オレゴン州など一部の州では、アメリカ先住民の存在に敬意を払う意味合いから、州法上は休日とも記念日とも認めていないところもある。サウスダコタ州では同じ日を「ネイティヴ・アメリカンの日」と称して州の公式な祝日としている。

　感謝祭は、1620年代に英国からメイフラワー号に乗ってやってきた初期の移住者が初収穫を神に感謝したことから始まったといわれる。11月の第四木曜日から始まる週末を家族や親戚と一緒に集まって過ごし、クランベリーソースのかかった七面鳥の丸焼きやカボチャのパイを食べる。感謝祭の翌日の金曜日は、街中の店がクリスマス商戦の始まりを告げる大セールを行う日として知られ、日本の正月の初売りのように朝から長い行列ができる。

　イエス・キリストの生誕を祝う日であるクリスマスは、連邦政府が定めた10日ある祝日の中でも唯一、宗教行事に由来するものであり、米国がキリスト教国家であることを公的に示すあかしともなっている。しかしながら、ニューヨークなど、多様な文化的背景をもつ人々が行き交う都市では、同時期に「ハヌカ」を祝うユダヤ教徒をはじめ、クリスマスを祝わない人々も少なくないため、「ハッピー・ホリデイズ！」という年の瀬の挨拶が、従来の「メリー・クリスマス！」に代わって頻繁に聞かれるようにもなっている。

暦と生活文化

子育て世代に話を聞くと、子供のスケジュール管理のために、カレンダーを使用しているという声もよく聞かれる。とりわけ車社会の米国では安全上の問題などから、親が学校や習い事、また行事参加や友達の家へ遊びに行く際まで、すべて送り迎えの手配をする必要があるため、何時に誰をどこに送り届け、そしてまた迎えにいけばいいのか、カ

レンダーに書き出してスケジュール管理をし、一目でわかるようにしておくこと
が欠かせない。

　また、米国は「デイライト・セイビング・タイム」とよばれる夏時間を採用し
ており、2007年以降は3月の第二日曜日から11月の第一日曜日まで、太陽の出
ている時間帯を有効に利用する目的で、時計を1時間進める。夏時間開始で時計
を1時間早める3月には、勘違いしたり時計を早めるのを忘れたりして、遅刻者
が続出するともいわれるため、夏時間の実施日と終了日がカレンダーに記されて
いることも多い。ただし、低緯度のハワイ州では、夏時間の実施は行われていな
い。

 ヘリテージ・マンス　　米国では行事や儀礼を1日から数日単位で行う
通常の祝祭日のみならず、月単位で、記念行事
やイベントを行い、米国社会を構成する多様性について啓発を行う「ヘリテー
ジ・マンス」（Heritage Month）が数多くあり、浸透している。次にそのいくつ
かの例をあげる。

　1970年代から2月に行われている黒人史を記念する「ブラック・ヒストリー・
マンス」については、俳優の M. フリーマン（Freeman）が、黒人史そのものが
米国史であるという認識のもと、白人史月間はないのに黒人史のみを取り上げて
1か月にその歴史を凝縮させることに対して異議を唱えたことでも知られる。一
方、3月には「ウィミンズ・ヒストリー・マンス」とよばれる女性史月間があり、
4月にはアラブ系米国人のための「アラブ・アメリカン・ヘリテージ・マンス」、
5月はアジア太平洋諸島系米国人の文化遺産継承月間としての「アジアン・パシ
フィック・アメリカン・ヘリテージ・マンス」がある。6月には、1969年6月に
ニューヨークで起こった暴動が「LGBT」と総称される性的少数者集団の権利獲
得運動に発展した経緯から、「LGBT プライド・マンス」が行われている。また
9月15日から10月15日の1か月には、スペイン、メキシコ、カリビアン諸島
および中南米出身の祖先をもつ米国市民の文化継承を記念する「ヒスパニック・
ヘリテージ・マンス」が、さらに10月には「LGBT ヒストリー・マンス」、11
月にはアメリカ先住民にスポットライトをあてる「ネイティブ・アメリカン・ヘ
リテージ・マンス」がある。　　　　　　　　　　　　　　　　　　　［河上幸子］

アメリカ合衆国 （アジア系移民）

　アジアから米国への移民は、早くは 16 世紀に当時スペインの植民地であった
フィリピンからの入植者があったといわれるが、19 世紀半ばのゴールドラッシュ
以降、本格化した。その頃、米国では黒人奴隷制度が廃止されたため、それに代
わる労働力として、主に中国大陸南部の広東省や福建省の出身者が太平洋を渡
り、鉱山採掘や大陸横断鉄道の建設に従事した。またハワイにおいても、中国、
日本、朝鮮半島、フィリピンなどから集められた出稼ぎ労働者が、プランテー
ション農業の担い手となった。

　地元労働者による排斥運動が引き金となり、1882 年に中国人労働者の移住を
禁ずる中国人排斥法が制定されると、中国に代わり日本からの出稼ぎ労働者が米
国社会での中国人の役割を担うようになった。しかし、その後も米国国内でのア
ジア系移民に対する風あたりは強く、ついに 1924 年の移民法により、日本をは
じめとするアジア全土からの移民が禁止された。

　再びアジアからの移民の流入が本格化したのは、非ヨーロッパ諸国からの移民
に対する国別人数制限が解除された 1965 年の移民法以降である。これ以降、米
国国内のアジア系人口は急増し、その数は今日 2000 万人に到達する勢いを見せ
る。2010 年に行われた米国国勢調査の結果によると、最多は中国系で、その後
にフィリピン系、インド系、ベトナム系、朝鮮半島系、日系の順に続く。一方、
初期の移民の子孫は 5 世、6 世となり、米国の主流白人層との婚姻も進む中、文
化継承に対する意識の希薄化もみられる。

　🌙☀️　**暦法とカレンダー**　　アジア系移民の多くは、米国の公式暦法であるグ
　　　　　　　　　　　　　　　　　レゴリオ暦に基づいて社会生活を行っているが、
アジア系移民が集住する地域では、この限りではない。とりわけ月の満ち欠けと
二十四節気が組み合わさった中国農暦が影響力をもっている。例えば、ニュー
ヨーク市の公立学校では、サンフランシスコ市に続いて、2015 年度からイスラー
ム教の祭日とともに、アジア系移民の間で広く祝される旧正月を休校日とした。
この旧正月の休校日指定について、地元メディアは中国系および朝鮮半島系の議

員をはじめ地域のアジア系政治家が10年の歳月をかけて働きかけた結果、ようやく実現したと報じた。ベトナム国外で最大かつ全米でも最多のベトナム系人口をもつカリフォルニア州のサンノゼ市でも、旧正月をベトナム暦でテトと称して祝う新移民が多く、地方自治体が助成する地域のイベントなども開催されている。

図1　サンフランシスコのチャイナタウンで販売されているカレンダー

　カレンダーは、販売されているものもあるが、レストランや銀行、スーパーマーケット、教会、医院、旅行会社、ベーカリー、クリーニング屋などで年末や旧正月に近くなると顧客に無料頒布されるものが多い。つまり、カレンダーはアジア系移民ビジネスの広告媒体としても機能している。

　カレンダーのスタイルや図柄は、エスニック・コミュニティごとに特色がみられる。例えば、チャイナタウンなどで販売されているカレンダーは、赤色を基調にしたものが圧倒的に多い。そして、図柄の定番は、「福」や「寿」といった漢字、年画とよばれる旧正月用のおめでたい絵柄、赤いドレスを着た女性モデルなどである（図1、2）。また、ベトナ

図2　赤いドレスを着た女性モデルのカレンダー

ムの民族衣装アオザイを着た女性モデルの壁掛けカレンダーも、ベトナム系レストランでよく見かける。

　一方、近年、朝鮮半島系のコミュニティで無料配布されるカレンダーは、白色を基調としたシンプルなデザインのものが多く見受けられる。図柄については、風景の絵や写真、アート作品などが中心となっている（図3）。

図3　朝鮮半島系の教会や医院、ビジネス関係が顧客に
　　　無料頒布していたカレンダー

◆◇◆　祝祭日と行事・儀礼

母国の祝祭日や季節行事を米国でも行うケースがみられるが、同じ国や地域を出身地としていても、戦前からの移民子弟と米国滞在歴の浅い新移民とは、ライフスタイルも文化的価値観も一様ではない。一般に、新移民は母国との結び付きが強く、儀礼についても母国のスタイルを継承する傾向がみられる。また近年は、経済および観光振興という観点から、地域ぐるみで文化的行事や慣習を復活させたり、母国で流行している文化的アイコンを逆輸入したりする動きもみられる。一方、米国生まれの世代を中心に、米国人としての権利や社会参画という観点から、集合的意識を生み出すために、エスニックなイベントを企てる人々もいる。

　さらに、出身地や民族性に加えて、どんな宗教を信仰しているかによっても行事や儀礼は大きく異なる。例えば、在日韓国・朝鮮人の場合は、母国でも行われているチェサとよばれる儒教式の祖先祭祀が今日でも執り行われることがあるというが、同じ朝鮮半島出身者でもクリスチャンの多い米国在住者間では、ほとんど継承されていない。

暦と生活文化

米国のアジア系移民の中には、家族、親戚、友人が母国以外の他の国に住んでいるケースが珍しくない。こうした複数の国家に連なるトランスナショナルな生活圏は、カレンダーの表記にも表れている。

　図4は華僑、華人向けに販売されているカレンダーであるが、紙面の端に中国、香港、米国、そしてフィリピンの旗のマークが記され、それぞれの公式休暇日がカレンダー上に示されていることがわかる。香港が独立して記載されている背景に

図4　四つの国や地域の祝日が記載されたカレンダー

図5　六つの国や地域の祝日が記載されたカレンダー

は、米国社会には中国本土よりも香港出身の華人が多いことがあると考えられる。

　同様に、図5のカレンダーでは、1月1日の元日に米国、英国、カナダ、オーストラリア、中国、香港の旗のマークが入っており、世界に広がる華僑・華人ネットワークが想像できる。

 ## ステレオタイプにあらがう装置としてのカレンダー

米国社会ではエキゾチックで魅力的なアジア女性というステレオタイプの一方で、アジア系男性をめぐっては、性的魅力に欠けるといったイメージが強い。こうしたステレオタイプにあらがう装置としてもカレンダーは使われている。

　アジア系米国人の若手女性編集者が2016年からクラウドファンディングサイトを利用し、各界で活躍するアジア系米国人男性の協力を得て実現したカレンダープロジェクト "Haikus with Hotties" および第二弾の "Haikus on Hotties" は好評を博し、セクシーなアジア系男性のイメージを生み出している。　［河上幸子］

アメリカ合衆国（ホピ族）

暦法とカレンダー　カナダと米国政府は約700の先住民集団を承認している。国勢調査によると出自を北米先住民とみなす人々は約640万人に及ぶ。彼らは自然環境への適応様式、言語、物質文化などの特徴から10の文化圏に分類されてきた。ここでは「南西部文化圏」のプエブロ諸民族のホピに注目し、北米の主流社会で使用されるユリウス暦起源の暦とは異なる、月（および太陽と星座）の動きによって定められる宗教儀礼暦（ムウヤウ）を紹介する。ホピは米国アリゾナ州を伝統的生活圏とする先住民で、現在の人口は約1万3000人である。年間降水量が300 mmに満たない乾燥した土地に暮らしているにもかかわらず、灌漑施設を設けずに天水のみに頼る乾地農業（ドライファーミング）で農作物を育てあげる。そのため生活の中心的関心は、畑の世話に加え、農作物の生長に欠かせない雨、雪、湿気といった水分確保のための祈りや、それを実現させる儀礼の準備と執行にあるといっても過言ではない。

　降水量が僅少な土地では農作業の適切な時期を逸すると死活問題になりかねない。植物の耐寒性や耐乾燥性に鑑み、特定の時期に特定の農作業を行うことが慣習化されている。自然は時に人間に慈悲深く、時に非常に残酷である。降雨が望めず十分な収穫が期待できない場合は、自分たちの祈り不足を反省する。そうした事態を避けるため、謙虚な心をもち、祈りを捧げ、生活を律することで、地中の水分確保に反映させようと心がける。これがホピとしての生き方の真髄である。

　人々の祈りや善行を「神」に伝えるのがカチーナである。それは生きとし生けるものの精霊、祖霊、雨、雨雲の化身であると考えられていて、村や畑に注ぐ恵みの雨を伴ってやってくる。後述するが、およそ冬至から夏至までの間にカチーナ儀礼が執行される。一方、およそ夏至から冬至までの期間には、人間が主役を演じるソーシャルダンスや男性・女性結社の儀礼が行われる。こうした儀礼のサイクルは、月（および太陽と星座）の動きに対応するため、月を意味するホピ語のムウヤウが太陰暦という意味で用いられることもある。

祝祭日と行事・儀礼　以下ではホピの暦と儀礼を解説するが、主たる参照元は、ホピのA. セキャクク（Secakuku）

の著書（参考文献 [1]）である。

●**ケルムヤ（11 月頃）**　ウウチム儀礼に参加できるのは男性結社成員に限られる。瞑想により心と思考を浄化し、謙虚で平穏な精神状態に移行させる。そしてホピが現在暮らしている 4 番目の世界（1〜3 番目の世界で怠惰な生活に陥ったため、創造主が火・水・氷で滅ぼした）の創造にいたる苦難を語る。生命に灯がともり、地下世界から人類が出現した。地上に生命が芽生え、人類の途切れない生命の路が開かれたことをこの儀礼で祝福するのである。その後、宗教暦が更新されたことを村人に宣言する。アヘラとアヘラットマナというカチーナがキヴァ（半地下の宗教施設）を出発し、家々を訪れ、女家長に穀物の種を配る。村人はそれらに対して無言で祈りを捧げる。

●**キャアムヤ（12 月頃）**　ソヤル儀礼が開催され、霊的存在に畏敬の念を捧げる月である。ウウチム儀礼によって宣言された新たな 1 年間の儀礼計画は、ここで受諾され、承認され、実行に移される。古老は人々の品行を正すために教訓的な出来事を引き合いに出しながら物語を語る。二体一対のシヴクチナヴィトゥという繁殖力を象徴するカチーナが現れ、村を闊歩し、出会った女性に性交に似た動作を見せ、新たな生命の繁殖を奨励する。また、人々の健やかな人生や世界平和といった祈りを「神」に伝える役割も担う。華美な公開用のダンスは行われず、キヴァ内部では静寂が尊ばれ、断食が行われる。

●**パアムヤ（1 月頃）**　ソーシャルダンスを行う祝祭的で喜びにあふれた季節である。夜間にキヴァや屋内で開催する場合もあれば、日中に村落の広場で行う場合もある。細心の注意を払って準備し、振り付けの演出や、前日の練習公演も行う。例えばバッファローダンスでは、伝統的な儀礼衣装に身を包み、伝統的な方法で髪を結った 2 名の未婚の女性が演者となり、バッファローの衣装を身に着け動物になりきった男性演者がその相手を務める。ダンスは雪山を歩くバッファローを表したもので、狩猟の成功を祈願する祈りでもある。

●**ポワムヤ（2 月頃）**　夜明けにアヘラが現れ、村落の家々をまわり、キヴァの扉を開ける。これによってカチーナ来訪が開始し、夜間には、ムチ打ち係を担うカチーナが村落を闊歩する。村人の品行を公開評価し、受け入れがたい場合はムチ打ちの制裁を加える。ダンス当日の日の出の頃、贈答品を手にしたコーココリがやってきて、世帯の女家長に小さなモヤシの束を、女児にはカチーナ人形やソーシャルダンス用の指揮棒、籠、革靴を、男児には稲妻の棒、ガラガラ、革靴などを授ける。ソーソヨクトゥ（鬼のカチーナ）が寒い闇夜に突然家にやってき

て、最年少の女性には聖なる食事の給仕を、最年少の男性には野生動物を狩って捧げよ、と命令する。要求した食料を用意できないと、鬼は子供をさらって食べると脅し、子供はおびえて泣き叫ぶ。家屋やキヴァの中では人々が、品行の悪い者を名指しして大声であざわらい罵る。愚弄や懲罰といった混乱は鬼の存在が引き起こしたとされ、その要因を取り除くために鬼の一家は強制的に村落から排除される。10～15歳頃の子供はこの時期にカチーナ結社に入会する。

●**イシムヤ（3月頃）**　ナイトダンス（アングァ）の目的は、人生の享楽や成長の礼賛、多産や豊穣を支える降雨への祈願である。人々はキヴァ内でダンスが始まるのをうやうやしく待つ。夜のとばりが降りた頃、突然静寂が破られカチーナが現れる。キヴァの屋根の扉を開き、キヴァのチーフに再訪を告げる。ハシゴを伝って下りてくると、カチーナは再会を喜び、トウモロコシや果物を人々に配り、ダンスを始める。カチーナの発する大きな声と律動的な体の動きに包まれ、色、動き、音からなる何ともいえぬ幸福な雰囲気に満たされる。踊りは何時間も続き、夜明けを迎える。翌日は広場でカチーナダンスが行われる。

●**クィヤムヤ（4月頃）**　果実が芽吹き、桃の花は咲き乱れ、畑には雑草が生え始める。種まきの準備をする季節である。女性は前年に収穫したスウィートコーンなどの早熟のトウモロコシの脱穀に精を出す。娘婿たちは種をまき、クィーヤ（風よけ）を設けて強風から苗を保護する。細身で引き締まった体の走者のカチーナが村の広場にやってきて、村の男たちと駆けっこの勝負をする。走者のカチーナが現れる理由は、人間に祝福を与えることと、身体鍛錬の奨励である。続く季節の儀礼完遂のためには、身体の鍛錬が欠かせなく、非常に重要となるためである。

●**ハキトンムヤ（ハティクウイス、5月頃）**　豆、カボチャ、スイカ、メロン、ヒョウタンなどつる科の植物を植える季節である。ハキはホピ語で「待て」を意味し、5月は、トウモロコシを植えるほど気温が上昇していないことを示している。

　この頃は家内労働に精を出す季節でもある。男の仕事は、畑作、家畜の世話、織物、狩猟、宗教儀礼などである。クラン単位でワシや鷹のひなの捕獲に赴く。捕獲したひなは人間の新生児と同様に儀礼的に祝福を与え、「洗髪」し、名付けをしてクラン成員として養取する。女の仕事は、調理、籠や土器制作、儀礼時の男性クラン成員の補助などである。収穫後のトウモロコシの管理も女性の担当で、脱穀後の籾殻飛ばし、洗浄、粗びき、乾燥焼きの諸段階を経て、砥石でウグンニ（コーンミール）にする。ウグンニはピーキ（薄くのばして焼きあげたパン）、ピーキャミ（プディング）、ソミヴィキ（トウモロコシの皮で巻いたプディ

ング）などの料理にも用いる。

●**ウコウイシ（6月頃）**　トウモロコシの種を植える季節である。クランの女家長はウウアヤタ（種まき祭り）を開く。彼女はモーイ（父方の甥）に父方のオバと父方の祖母を助けてほしいと依頼する。翌日、老いも若きもクランの甥全員が畑に集い、種を植える。お互いをからかい合いながら楽しい時が過ぎ、畑仕事が終わると皆でヌックイヴィ（汁）やノーヴァ（パンやペストリー）などのごちそうを食べる。カチーナ結社に入会した男たちは、豊作祈願のために儀礼用タバコを吸い瞑想にふける。ダンス当日は、日の出の刻にカチーナが姿を現し、ガラガラを打ち鳴らしリズミカルなダンスを始める。低く魅惑的な祈りの歌を口ずさみ、鈴が鳴り響き、亀の甲羅が高い音を奏で、太鼓が鼓動を刻む。ダンスは一日中行われ、その間に何度もカチーナたちは人々に作物などの食べ物を配り歩く。日が暮れると終了し、広場には静寂が訪れる。

●**タラングァ（7月頃）**　ニマン儀礼までの夏の活動すべてをさす言葉である。夏至の日に開催されるニマン儀礼は、冬至から実体を伴ってこの世に現れていたカチーナを霊界に戻す儀礼である。1年を通して村落の中で最も集中力の高まった祈りと瞑想が捧げられる。

●**タラパームヤ（8月後半～9月前半）**　ニマン儀礼の興奮冷めやらぬ頃、今度は隔年でフルートおよび蛇とカモシカの儀礼が開催される。これらは、トウモロコシなどの収穫目前の晩夏に、降雨とそれによる豊作を祈念して開催される。そして再び村の広場は人々でごった返す。華やかな衣装に身を包んだ若い未婚の女性とモーイがペアになり、ソーシャルダンスを披露する。

●**ナサンムヤ（9月頃）**　収穫の季節であり、豊作を祝う祝祭的な季節となる。三つある女性結社の一つであるマジャウ結社が主宰する儀礼が行われる。

●**トホイシムヤ（10月頃）**　女性結社のラコン結社とオワコル結社が主宰する、健康な受胎や女性性強化を祈願する儀礼がそれぞれ行われる。

　女性の宗教結社による儀礼が終了すると、1年間続いた宗教暦は幕を閉じる。そしてウウチム儀礼によって新たなサイクルの開始が宣言され、再び儀礼暦にのっとった日々が始まるのである。　　　　　　　　　　　　　　［伊藤敦規］

📖 **参考文献**

[1] Secakuku, A. *Following the Sun and Moon : Hopi Kachina Tradition*, Northland Publishing, 1995

アルゼンチン共和国

　南米の最南部に位置するアルゼンチンは、独立してからわずか200年しかたっていない。16世紀に、もともとその広大な領土に居住していた諸民族がスペイン人に征服され、植民地社会が形成された。人口もまばらであったが、ポトシー銀山の繁栄ぶりにあやかってブエノスアイレスは密輸貿易港として栄えた。19世紀初頭にスペインからの独立をはたした後、さまざまな移民が加わり、多様な出自の人々で構成された国ができた。そして19世紀の後半に、こうした複数の伝統を紡ぎながら近代国家が成立したのである。

暦法とカレンダー

　アルゼンチンのような比較的若い国においては、公式な暦が重要な役割をはたした。すなわち、暦は市民に一定の統一した生活のリズムを与えるとともに、新興国の「記憶」を規定することによって、ある国民国家の輪郭を描き出すのに貢献したといえる。祝祭日は歴史的言説を表明し、国の象徴を固定する。そしてその体験を共有することで、人々が国民としてのアイデンティティを見出していく。

　現行の公式な暦は、基本的に2010年の大統領令第1584号によって定められている。2017年の場合は16日の祝祭日と公休日が数えられる。これらは、祝賀・記念する事柄によって、「歴史的出来事を由来とする祝日」、「宗教的祭日」、そして「その他の記念日」に分類できる。また、国民に長く親しまれてきた「伝統的」とでもよべる日と、最近公式な暦に導入された日を区別することも可能である。

祝祭日と行事・儀礼

　アルゼンチンでは、2010年と2016年に建国の200周年祭が行われた。前者は1810年5月25日に最初の自治政府が設立されたこと、そして後者は1816年7月9日に独立宣言が行われたことを祝賀したものである。建国以来、この「五月革命の日」と「独立記念日」の祝祭は最も重要な国家的イベントであり、現在にいたって公式な暦の中核をなしている。

　建国の祝いは、従来、公式行事と大衆的な祭りの両方の性格をもっていたが、

1880年代頃から娯楽的な様子が取り除かれ、厳格な国家的な儀式として執り行われるようになった。その時期に先住民の征服が完了し、ヨーロッパから大量の移民が渡来するようになった。そして住民の多様化に伴って、新しい「国民」の統合が緊急の課題として浮かび上がってきた。その状況を背景に、為政者たちは国民的なアイデンティティの形成に積極的に介入するようになり、いわゆる正式な「アルゼンチンの歴史」がまとめられ、新興国家として記憶すべき過去が決められた。

その際に、J.サン＝マルティン（「祖国の父」）やM.ベルグラノ（国旗の創作者）など、独立の過程を導いた「英雄」たちの功績がたたえられるようになった。そしてサン＝マルティンとベルグラノの命日（8月17日、6月20日）が「不死への過渡（永眠）の日」として記念されるようになった。このように、国民の道しるべとして、公式な暦の基本的な形ができた。

歴史的に記念すべき事柄を国民に伝授するのに、学校が最も重要な役割をはたしてきた。現在でも、祝祭日のたびに開かれる学芸会は、学事日程上の大事な行事である。その日に、児童たちは自治政府の設立や独立戦争の過程にまつわるさまざまな場面を演じ、まさに身をもって建国のヒーローになる。また、6月20日に小学4年生の生徒が「国旗に対する忠誠の誓い」を行うことは慣習であり、感情的にも「祖国の色を愛する」ことを学ぶ。アルゼンチンでは、このように、人々が子供の頃から祝祭日を通して「祖国」の観念を受容し、「アルゼンチン人」になっていく。

一方、アルゼンチンは伝統的にカトリックの国である。近年、世の中の世俗化が進んでいるとはいえ、何らかの関係で信者と自認する人口が大多数を占めている。その関係で、カトリック関連の行事は依然として祝祭日のもう一つの軸をなしている。

聖週間は太陰暦によって定められるが（2017年の場合、4月9日から16日まで）、そのうちの「聖金曜日」は祝祭日である。復活祭はカトリック教徒にとって最も重要な儀式の一つであるが、年々、その宗教的な意味

図1　祝祭日のサン＝マルティン霊廟（ブエノスアイレス大聖堂内）

合いが薄れている。ただ、日常生活のレベルでは、肉食好きな国民が魚料理を食する機会を増やしたり、卵やウサギの形をしたチョコレートのお菓子を贈ったり、「ロスカ・デ・パスクアス」（大きなドーナツ形のケーキ）が食卓を飾ったりする習慣が残っている。聖金曜日に合わせて、「聖木曜日」も特別に休みとする職場が多く、復活祭は一般的に日本のゴールデンウィークのように余暇や観光を楽しむ期間として利用される。

　「マリア無原罪懐胎の日」（12月8日、通称「聖母の日」）に、カトリック教の信者が「初の聖体拝領」を受けるのである。10歳前後の子供たちが地元の教会でカテシズムを習い、一人前の信者として仲間入りをするための通過儀礼である。以前は、男の子はネクタイを締めて正装し、女の子は花嫁のような白いドレスをまとい、家族や近所の人々が集まって祝う風習があった。現在、そのセレモニーは簡略化しているが、信者にとっては重要な秘跡（サクラメント）である。

　聖母の日あたりからクリスマス・ツリーの飾り付けが始まり、街中に年末の雰囲気が漂うようになる。「フィエスタス」とよばれる年末年始の期間は、国民全体が祝うものである。大半の人にとって、クリスマス・イブの夕食は1年間で最も重要なときの一つである。家族や友人がプレゼントを交換し合ったり、飲食をともにしたりすることできずなを深める。1週間後の31日も、クリスマスと似たようなかたちで祝されるが、夫婦なら、クリスマスに訪れなかった実家に行ったり、個人なら、別の友達グループで募ったりして、新年を迎える。南半球の年始年末は夏なので、アルゼンチンのフィエスタスの雰囲気は、日本のお盆に似ているといえる。

　南米の夏の祭りといえば、カーニバル（謝肉祭）が有名である（2017年は2月27・28日）。正確にいうと宗教的な行事ではないが、四旬節に入る前に行われることで、本来、信者たちの祭りとして位置付けられる。アルゼンチンでは、地域によってその様子が異なるが、カーニバルが盛んな隣国のブラジルやウルグアイ、ボリビアとの類似性を確認できる。また、ブエノスアイレスにおいて、1970年代初頭までに各地区で大型ダンス・パーティーが開催され、都市的大衆文化の一大イベントに発展した。1970年代後半の軍政時代に、カーニバルの月曜日と火曜日の2日間は祝祭日からはずされたが、21世紀に入ってから再度採用されたのである。

　公式な暦は固定したものではなく、祝祭日が追加されたり、削除されたりすることがある。なお、近年定められた祝祭日の内容を検討すると、国防・軍事的な

出来事が「祖国」を規定し、そして「愛国心」の意識強化は、依然として国民統合の主要な原理として採用されていることがうかがえる。

　例えば、「マルビナス戦争の退役者および戦没者の日」（4月2日）は、1982年にアルゼンチン軍が南大西洋のマルビナス（フォークランド）諸島に上陸したことを記念する。独裁政権末期に軍政が仕掛けた愚かな戦争の始まりであり、結果的にアルゼンチンの大敗北に終わったが、一般国民の間では、その行動自体が国家主権の正当な主張としてとらえられ、多くの人々の共感をよんだ出来事である。

　国防の問題を真正面から取り上げている祝祭日は「国家主権の日」（11月20日）である。この記念日は、1845年に起こった「ブエルタ・デ・オブリガドの戦い」に由来するものである。当時、国内河川の交通の自由を求めていた英仏艦隊は、船舶の通過を防ごうとした地元の民兵とパラナ川の一角で衝突した。この紛争も、アルゼンチン側の敗北に終わったが、列強との関係の力学を変えた出来事として評価されている。長い間、歴史教科書の目立たない1項目にすぎなかったが、大国の思惑に屈しないという姿勢は、グローバル化時代の複雑な国際関係下で生きる現在の国民にとっては、心を奮い立たせるものがある。

　そして、最新の祝祭日としては、「マルティン・M・デ・グエメス将軍の不死への過渡（永眠）の日」（6月17日）がある。M. グエメスは独立戦争当時、北部のサルタ州で活躍した軍人である。彼が「ガウチョ」の部隊を指揮してスペイン軍と戦ったが、ブエノスアイレスの視点で記された国史において、一級の「英雄」的な扱いを受けていなかった。グエメスの再評価は特に地方行政の長年の願いで、この祝祭日の制定にアルゼンチンの「連邦性」を強調する目的もある。

暦と生活文化

　一方、異なった歴史的認識として、国民の多様性を積極的に可視化する傾向がみられる。今までのナショナリティの言説には、先住諸民族や移民、いわゆる少数派の系譜が国民の大事な一部であるという認識が欠けていたが、近年の公式の暦に、その見直しが表れつつある。

　この変化の象徴的な例は、C. コロンブスがアメリカ大陸に到達した日（10月12日）を記念する祝祭日の名称変更である。20世紀初頭から、ラテンアメリカ全体に、旧宗主国スペインとのつながりをたたえる機会として、コロンブスの事業を記念する習慣が広まった。従来「スペイン性（文化継承）の日」もしくは「人

種の日」として祝賀されていたが、コロンブスの初航海500周年記念頃から、その名前に内在するヨーロッパを中心とした見方がしばしば批判されるようになった。アメリカ大陸の「発見」から「到達」への認識が広まったように、多くの国でこの記念日の名称が変更され、アルゼンチンでは「文化的多様性に対する尊厳の日」というふうに変わった。

　また、国民の多様な出自に対する再認識は、宗教関連暦の変化にも表れている。すなわち、カトリック教以外の祝祭日も公式に認められるようになったのである。ユダヤ教の場合は、ペサハ（過越）、ローシュ・ハッシャーナ（新年）、ヨム・キプル（贖罪の日）がその信者にとって公休日であり、イスラーム教の場合は、ヒジュラ（逃避行・新年）、イード・アル・フォトル（ラマダーン終了の祝い）、イード・アル・アドハー（犠牲祭）もそうである。これらの宗教の信者は少数派であるが、彼らの祝祭日の公式な認可が、国民の多様性に対する国家の積極的な意思表示であるといえる。

 基本的人権保護の祝祭日　最後に、近年制定された祝祭休日のうち、ある意味で新しい種類の記念日もみられる。これは、歴史的出来事と関連するものであるが、「祝」の観念からまったくかけ離れており、しかし同時に社会として記憶すべきのみならず、その制定にこめられている大義の保護・維持・実現に向けての働きかけを趣旨とする祝祭日である。

　1976年から1983年の間、アルゼンチンは軍事独裁政権によって支配された。「真実の追求と法のもとでの正義の実現を訴える記憶の日」と命名された祝祭日は、軍部がクーデターを起こした日（3月24日）である。普通、祝祭日は「祝賀」を連想するものであるが、民主主義に悲劇的な結果をもたらした出来事は、明らかにそのケースではない。ここでは、逆説的に、制定の目的として、むしろ民主主義を守るのに、この屈辱の日を絶対に忘れてはいけない、という意味がこめられている。軍政下で起こされた国家的犯罪の裁判は、民主化が実現した後のアルゼンチンの大きな政治的課題の一つであり、いまだに議論を引き起こすものである。しかし、この祝祭日の施行自体は大半のコンセンサスを得ており、アルゼンチンにおいて基本的人権の保護は社会全体の常時の課題であることを示している。

　なお、この祝祭日は興味深い性質をもっている。一方では、国の歴史的出来事

を記すものとしてとらえられる
が、他方では、社会における基本
的人権という新しい価値観の浸透
によって裏付けられるものであ
り、さらに、独裁政権によって起
こされた、いかなる人権侵害も法
廷で裁かれるべきであるものであ
ると同時に、社会として絶えず真
実の追究を訴えていかなければな
らないことを示しているのであ
る。「記憶の日」は、国として記

図2　記憶の日。民主主義のシンボル、人権団体
「五月広場の母たち」

憶すべき歴史を示し、また、新しい価値観を反映しつつ、社会が継承すべき視点
を示す特別な「祝祭日」であるといえる。

　2017年1月に、大統領令によって「真実の追究と法のもとでの正義の実現を
訴える記憶の日」は「振替不可能祝祭日」から「振替可能祝祭日」に変わった。
その区別は、祝祭日の中でのある種の「ステータス」を表している。この、一見
単なる行政的手続きに対して、すぐさま社会のあらゆる層から強い遺憾の意が表
明された。そこまでの政治的な反響を予想していなかった保守系の大統領は、数
日たたない間に、法令を取り消さざるを得なかった。

　公式な暦は、為政者の思惑や社会の要請などによって変化することがある。ゆ
るやかな形で、時には白熱した議論を交わしながら、公式な暦が更新されるたび
に、その時代の国や社会が求める自画像をかいま見ることができる。新しい祝祭
日は、既存の枠組みや考え方の延長線上で制定されることがあれば、新たな価値
観として社会に浸透したときに導入されることもあり、そして場合によって、未
来に向けて願望されるものとして設定されることがある。　　[マルセーロ・ヒガ]

ガイアナ共和国

　ガイアナは、1966 年に英国から独立し、1970 年に共和制に移行した南米唯一の英語圏国家である。首都はジョージタウン、人口は約 76 万 4000 人、国民の大半は海外在住といわれ、特に 1962〜63 年の暴動以降、海外流出が続いている。

暦法とカレンダー　公的にはグレゴリオ暦を使用するが、「六民族の国」を代表するインド系、アフリカ系、先住民、ポルトガル系、中国系、ヨーロッパ系による多様な民族・宗教文化がある。近年最大人口比のインド系の大半のヒンドゥー教徒はヒンドゥー暦、アフリカ系などにもみられるイスラーム教徒はイスラーム暦、ごく少数の中国系の一部や中国人新移民は農暦も使用する。壁掛け用や卓上カレンダーが一般的である。

　カレンダーは主としてクリスマス前に飲食店、スーパーマーケット、商店、企業、美容院、本屋、銀行、保険会社などの顧客サービスとして、支払い時や訪問時に配られる。キリスト教会発行のカレンダーは教会員が教会で購入する。ヒンドゥー教のカレンダーはインド系店舗でも販売される。入手後さらに贈り合ったり、交換したりもする。歴史的重要人物や国家英雄、世界的に有名な自然、希少動植物、代表的建築物、飲食物などの写真や絵のものが好評を得ている。

　2016 年の独立 50 周年記念を意識し、某銀行の 2015 年分は 2 か月ごとの壁掛けと小型卓上用で植民地時代の偉人として以下の 8 人を掲げ、壁掛用には解説を付けた。取り上げられた順に、奥地の冒険家で「ポークノッカー」とよばれる金・ダイヤモンド鉱夫「O. シャーク」、マラリア撲滅や公衆衛生に貢献したイタリア生まれの G. ジグリーオリ医師、インド人年季奉公人の子孫で法曹界に貢献し、生地英領ギアナへの郷土愛を醸成した J.A. ラクフー判事、プランテーション奴隷でキリスト教チャペルの執事を務め、奴隷制に非暴力で抵抗した指導者クワミナ、オランダ領時代の 1763 年、最初の大規模な奴隷反乱の指導者で、独立後初の国家英雄とされたカフィ、植民地時代の抑圧された民衆に献身した混血の弁護士 P. ダーガン、英領になる前のオランダ領植民地の発展に寄与した L. ヴァン・グレイブサンディ総督、人道主義者の移民保護官 J. クロスビーであった。

 **祝祭日と行事・儀礼**

公休日は、元日、共和国制定記念日（2月23日）、パグワ（ホーリー、移動祝日、2月下旬～3月半ばの満月）、聖金曜日（移動祝日）、イースターマンデー（移動祝日）、労働の日（メーデー、5月1日）、到来記念日（5月5日）、独立記念日（5月26日）、カリコム・デー（7月第一月曜日）、奴隷解放記念日（8月1日）、イード・アル・アドハー（移動祝日）、ディワリ（ディーパヴァリ、移動祝日、10月下旬～11月上旬の新月）、ヨウマン・ナビ（移動祝日、11～12月）、クリスマス、ボクシング・デーの合計16日である。日曜日に重なると、翌月曜日も祝日になる。

大晦日から元日にかけて、教会での深夜ミサや礼拝に行く人は多いが、夜通しダンスに興じる、あるいは喧噪を避けて静かな場所へ移動する人もいる。ヒンドゥー教徒が「悪に対する善の勝利」を祝うパグワは、人種・民族、宗教を越えて、近隣住民や赤の他人とも多色の水アビアや粉のかけ合いを楽しむ。

共和国制定記念日は別名「マシュラマニ」、略して「マシュ」とよばれ、10万人を超す観客を動員する盛大なパレード、カーニバルの日である。名称は先住民アラワク族の言葉で「重労働後の祝い」を意味するが、大多数の奥地に居住する先住民が積極的に参加する訳ではない。1966年、鉱山町リンデンで催された独立記念カーニバルを母体とする。その後、共和国記念行事を計画中、他国との差を強調する新名称を求めた委員会の委員が某先住民に相談し、その父親の説明が「マシュラマニ」に聞こえ、先住民言語を知らない委員会はそれを採用したという。1970年、全国から大勢が参集する大成功となり、政府は首都での開催を打診し、L. バーナム大統領が国家の祝日に決定した。国のモットー「一つの国民、一つの国家、一つの宿命」を念頭に各年テーマを設定し、公式ロゴも作成する。例えば2017年は「尊厳、自由とさらなる統一による祝賀」、2016年は「多様性、統一、国家主権の祝賀」、2015年は「一つの国民、一つの文化、一つの祝賀」、2014年は「文化的民間伝承、44年の祝賀」、2013年は「創造性の反映、多様性の受容」であった。派手で露出度の高い衣装、山車、カリプソやスチールバンドに合わせたストリートダンスなど趣向が凝らされ、種々の屋内パフォーマンスも披露される。衣装のコンテストや社会時評や風刺を利かせたカリプソのコンテストで（女）王が決定される。海外からの帰郷者や観光客も数多い。

イースター休暇中、日～月曜は国民の大多数が住む海岸部で凧揚げが楽しまれるが、19世紀半ば以降、中国人年季奉公人がもたらしたといわれる。空高く上がる凧がキリスト昇天を想像させ人種・民族を越えて広まり、有名な伝統となった。

中国人への宣教は早くから始められ、中国系の大多数はキリスト教徒である。

到来記念日は、先住民を除き、よそから大移動してきたガイアナ人の祖先を記念する。当初は 1838 年 5 月 8 日に初上陸したインド人年季奉公人を記憶する日だった。1917 年までに約 24 万人が到来し、人口増で多数派になり、経済的貢献も顕著だったにもかかわらず周辺化されていたインド系が、権力や社会の中枢を支配していたアフリカ系に対し、主流での承認を求めて実現した。その後、少数の中国人、ポルトガル人も含めた年季奉公人の到来記念日となった。

独立記念日は記念儀式のため文化的パフォーマンスで盛大に祝う。カリコム・デーは、1973 年 7 月 4 日に設立され、首都に事務局がおかれたカリブ共同体（CARICOM, Caribbean Community）の意義を広めるために制定された。

奴隷解放記念日は 1834 年 8 月 1 日の大英帝国内の奴隷制廃止を記念し、アフリカ系を中心に盛大に祝われる。首都に設置されたカフィの大石像の前で式典やパフォーマンスが行われ、近くの国立文化センターでも記念演目が披露される。

イード・アル・アドハーは息子をアッラーに捧げたイシュマエルの犠牲記念日である。慈善が施されるため、モスク前には施しを求める長い行列ができる。

「光の祭典」（ディワリ［ディーパヴァリ］）は、ヒンドゥー教徒の一大祭日で、屋内外を掃除し、ロウソクやその芯を入れた大小の器デーヤを寺院や個人の家屋、窓際、庭、塀などに多数並べてともしたり、電飾で彩る。首都の大寺院では祈り、歌やダンスのほか、神々を表す全色の光をちりばめた多数の山車行列が出て、人種・民族、宗教の差を越えて多勢が見物する。信者は甘い菓子を配り、奉仕や分かち合いの精神を表し、挨拶を交わし、カードを送り合って善意や祝福を交換する。掃き清めるのは、ラクシュミ女神が迷わず家を訪問できるよう道を整えるため、新品の服を着るのは、健全な体に健全な魂が宿ることを表すためといわれる。海外から戻るインド系家族・親族が再会を楽しむときでもある。

ヨウマン・ナビ（マウリド・アンナビ）は預言者ムハンマド生誕記念祭で、各地のモスクで祝われるが、信者以外は通常の休日として過ごすことが多い。

クリスマスは大勢が心待ちにし、特に子供たちへのプレゼントやパーティーの準備や買い物でにぎわう。以前は熱帯でも冬景色のカードが使われたが、世界に誇る大自然や独自の文化をアピールする現地産も販売されている。パーティー用品などは安価な中国産のものも出まわっている。信者は教会で深夜ミサや礼拝後、遠方、海外からも参集する家族や親族がそろって祝いをし、プレゼントを開ける。信者以外もクリスマス精神を同様に味わい、カードやプレゼント交換など

をする光景がみられる。ディワリで使用した電飾をそのまま使うこともある。

 暦と生活文化　カレンダーに4種の月齢記号（満月、下弦、新月、上弦の順）を記載するものが多く、日時を付すものもある。満月のとき、赤ちゃんの髪を切るとよく伸びるとされ、また雨が降ると信じる人もいる。種まきを避ける農業従事者もいる。

　新年用のカレンダーは大晦日になってから掛けないと不運になると信じる人も多い。日めくりによく登場するのはことわざや聖書聖句である。カトリック教会の月ごとのカレンダーには日ごとの聖句、月齢のほか、その月の教会行事、聖人記念日、祭日、聖職者の祭服の色も記される。

　伝統的クリスマス料理はそれ以外の特別な祝祭日にも供されるが、筆頭は先住民文化由来のペパーポットである。同名のジャマイカ、トリニダード料理とは別物である。キャッサバ芋を擦り下ろして搾った汁からつくる長期保存可能な黒っぽいとろみソースのキャサリープにハーブや香辛料を混ぜて煮込む肉シチューで、牛肉、牛の尾やひづめ、ヤギ肉、豚肉などを使い、自家製パンと食べる。人気料理の一つ「クックアップ」は鶏肉や牛肉、豆（大角豆やヒヨコ豆）やハーブを合わせた炊き込みご飯である。輸入食材の七面鳥、ハム、リンゴやブドウなどが並ぶ家庭もある。ポルトガル系はガーリック・ポークやパンチ・ディ・クリーマ（クリーム・リキュール）もつくる。酒類以外の定番飲料は、西アフリカ原産のハイビスカス系ソリルの赤い乾燥がくを材料にするソリル、カリブ原産モービィの樹皮からつくるモービィ、生姜ビールである。デザートには多種のドライフルーツやラム酒入りの濃厚なブラックケーキとアイスクリームがあるが、ラム酒なしのフルーツケーキやスポンジケーキも出される。

　宗教カレンダーは主にキリスト教（カトリック、プロテスタント）、ヒンドゥー教、イスラーム教の3種類が使われるが、公定祝日とは別に、信者は各々の暦に従った祝祭日を過ごす。わずかしか残っていない現地中国系もその多くが他民族と通婚し、中国語ができないが、中国系の店からもらうカレンダーを飾り、春節を親族らと祝う人もいる。昨今、新移民が牛耳る中華会館と大使館が主催する春節は、政財界の要人を招いての祝宴としてメディアに取り上げられるが、現地中国系とは隔たりが広がっている。大半の国民は海外の個人や組織ともSNSなどITを通じてつながり、人的・物的・金銭的移動を含め、多種の相互影響はカレンダーや生活文化、祝祭日にも変化を与えている。　　　　　　　［柴田佳子］

カナダ（一般）

　カナダは 1867 年 7 月 1 日に四つの英領植民地が統一され、カナダ自治領（連邦国家）として誕生した。そして 1931 年に事実上、独立国家となった。その国土の総面積は約 998 万 5000 km² で日本の約 27 倍であり、ロシア連邦に次いで世界で 2 番目に大きな国である。現在、10 州・3 準州から構成されている。2016 年現在、その総人口は約 3600 万人である。

　カナダは英系および仏系のカナダ人が主流をなし、公用語は英語とフランス語である。一方、建国当初から多様な民族や地域の出身である移民によって形成されてきたため、現在でも多様な民族構成をとっている。2011 年の国勢調査では 200 以上の民族・ネーションの出自が自己申告されている。現在でも 15 歳以上の人口の約 24% はカナダ以外で生まれた移民 1 世である。自己申告では、カナダ人が最も多く、それに英系、仏系、スコットランド系、アイルランド系、ドイツ系、イタリア系、中国系、先住民系、ウクライナ系と続く。日系はバンクーバーやトロントを中心に約 10 万人いる。このような多民族性のため、カナダでは 1988 年から多文化主義を国是としている。

暦法とカレンダー

多様な文化的背景をもつ人々から構成されているカナダでは中国系の農暦やイスラーム暦など多様なカレンダーがみられるが、公式の暦法はグレゴリオ暦である。日常生活では壁掛けカレンダーや卓上カレンダーが普及しており、家庭やオフィスで使用されている。

図 1　英語とフランス語が併記されたイヌイット・カレンダー（国立民族学博物館所蔵）

祝祭日と行事・儀礼

カナダは、多様な民族から構成されていることと各州の独立性が高いことにより、国、州、民族という三つのレベルで行事・歳時記が存在するといっても過言ではない。第一

はカナダ国家としての記念日・祝祭日である。第二は各州独自の記念日・祝祭日である。第三は民族ごとの記念日などである。

●**カナダ国家の祝祭日**　カナダ全体での祝祭日は日本と比べるときわめて少ない。全国共通はニューイヤーズデー（正月）、カナダの日（建国記念日）、レイバー・デー（労働者の日）、クリスマスのみである。多くの州が参加する全国的な祝祭日には、グッド・フライデー（聖金曜日）、ヴィクトリア・デー（ヴィクトリア女王誕生日）、感謝祭、第一次世界大戦や第二次世界大戦の戦没者追悼記念日である。

　ニューイヤーズデー（正月）は国民の祭日である。12月31日夜から1月1日早朝にかけて新年を迎えることを祝って、家族や友人が自宅やパブ、レストランに集まり、パーティーを行うことが多い。1月1日が土曜日もしくは日曜日の場合、休みは月曜日に振り替えられる。この日には学校や郵便局、企業などは休みとなり、バスや地下鉄などの公共の乗り物も運休か本数を減らして運行される。

　カナダの日（建国記念日）は、7月1日にカナダ連邦の成立を祝うために制定された。1982年まではドミニオン・デーとよばれたが、1983年からは公式にカナダ・デーとよばれるようになった。市町村がパレードやコンサート、カーニバルなどさまざまな行事を実施する。多くの場所でカナダ国旗が掲揚され、多くの人が顔に赤と白（国家色）のペインティングを施して盛り上がる。

　レイバー・デー（労働者の日）は、9月最初の月曜日である。もともとは労働を祝うことや労働者が労働条件や賃金の改善を求めるデモの機会として設置されたが、現在では休日としての色彩が強い。多くの人は夏の終わりを楽しむために旅行に出かけたり、野外での活動を楽しんだりする。また、人気のカナディアン・フットボールの試合がレイバー・デー・クラシックとしてレイバー・デーの前日の日曜日に1試合、当日に2試合行われる。

　クリスマスは毎年12月25日にイエス・キリストの誕生を祝う日である。多くのカナダ人は贈り物を交換し合い、家族や友人たちと特別な食事会を楽しむ。

　以上のほかに、多くの州で次のような祝祭日を設けている。

　グッド・フライデー（聖金曜日）は、ケベック州を除くすべての州・準州の祝祭日である。キリストの受難と死を記念する日であり、復活祭（春分の日の後の最初の満月の直後の日曜日）の前の金曜日である。この日には教会で特別なお祈りを捧げる。キリスト教徒でない人にとっては、春を告げる日であり、3連休を楽しむ日でもある。

　ヴィクトリア・デー（ヴィクトリア女王誕生日）は、ヴィクトリア女王（1819年5月24日生）の生誕を祝う祝祭日（5月25日直前の月曜日）である。この祝祭日は、ニュー・ブランズウィック州、ノバ・スコシア州、ニューファンドランド・ラブラドール州を除く全州・準州の祝祭日である。この日には花火やパレードの催し物がある。ヴィクトリア市やトロント市、ハミルトン市の花火は特に有名である。冬の終わり、春や夏の始まりを告げる日でもある。

　カナダの感謝祭は10月の第二月曜日であり、豊作やその他の幸運に感謝を捧げる日として1957年に制定された。この祝祭日は、ニュー・ブランズウィック州、ノバ・スコシア州、ニューファンドランド・ラブラドール州を除く全州・準州の祝祭日である。この日には、家族や親戚が集まり、七面鳥やカボチャの料理を食べることが多い。興味深いことに同じ北米にありながらカナダと米国（11月の第四木曜日）では感謝祭の日が異なる。

　戦没者追悼記念日は、11月11日であり、第一次世界大戦や第二次世界大戦でカナダのために死んだ戦没者を悼む祭日で、マニトバ州やオンタリオ州、ケベック州、ノバ・スコシア州を除く全州・準州の記念日である。記念日が近づくと多くの国民がケシの花の造花を身に着ける。毎年、オタワでは盛大な式典が執り行われる。

●**州独自の祝祭日**　カナダでは州の政治的独立性が強く、特定の州のみの祝祭日がある。プリンス・エドワード・アイランド州の島の日（2月の第三月曜日）、マニトバ州のルイ・リエルの日（2月の第三木曜日）、ノバ・スコシア州のヘリテージ・デー（2月の第三月曜日）、ブリティッシュ・コロンビア州やアルバータ州ほかの家族の日（2月の第三月曜日、ブリティッシュコロンビア州は2月の第二月曜日）や州民の日（8月の第一月曜日）、ケベック州のイースター・マンデー（復活祭直後の月曜日）と聖人ジャン＝バプティステの日（6月24日）、オンタリオ州のボクシング・デー（12月26日）がある。また、多くの先住民が住む北西準州では先住民の日（6月21日）やヌナヴト準州の日（7月9日）がある。

　州のユニークな祝祭日としてマニトバ州のルイ・リエルの日がある。L.リエルは、カナダ平原地域のメイティ（先住民女性とヨーロッパ人男性との間に生まれ、独自の文化を継承してきた人々）のリーダーで、カナダ大平原地域のメイティの権利を守るために1885年に武力をもって立ち上がったが、カナダ政府の軍隊に制圧され、反政府者として処刑された。マニトバ州ではこのメイティを代表した政治家リエルを記念してこの祝祭日を2007年に設定した。この日は、州

民がスポーツや野外活動を楽しんだり、メイティの文化を学んだりする機会となっている。

●**民族的な祝祭日やそれ以外の祝祭日**　カナダで非公式ではあるが大々的に実施されている民族的な祝祭や記念日としては、聖パトリックスデー（3月17日に最も近い月曜日）がある。それ以外でも非公式で行われているものに、バレンタインデー（2月14日）や閏年の日（2月29日）、母の日（5月の第二日曜日）、父の日（6月の第三日曜日）、ハロウィン（10月31日）がある。

　聖パトリックスデーは、3月17日であり、アイルランドのシンボルカラーである緑色の装束を身にまとったアイルランド出身もしくは出自の人々がカナダ各地でパレードに参加し、アイリッシュパブでパーティーを繰り広げる日である。聖職者パトリックはアイルランドでキリスト教を広めた人物で、3月17日は彼の命日である。その日はカトリックの祭日であるとともに、アイルランド共和国の祝祭日である。

　カナダ人やカナダへの移民は、故郷から持ち込んださまざまな祝祭日を非公式に楽しんでいる。

暦と生活文化

カナダは多民族国家であるが、米国や西ヨーロッパとほぼ同じような時間のサイクルでビジネスや学校の日程が組まれている。一方、グローバル化の影響は大きいものの、イスラーム系など移民集団は独自の祝祭日を守っている。多文化と多民族が共生しているカナダでは、民族や出身地域によって生活サイクルに違いがみられる。このため多様な暦やカレンダーが存在している。公の場ではグレゴリオ暦に従い、私的な場では、民族暦や宗教暦に従っているといえよう。

　カナダの暦で興味深いのは、国民・州民の祝祭日には移動祝日が多く、年によって当該日が移動する方式がとられている点や、州ごとに特別な祝祭日や記念日がある点である。また、月曜日に祝祭日が設定され、国民や州民が3連休をとれるようになっている場合が多く、余暇を楽しめるように工夫されている。

[岸上伸啓]

カナダ（イヌイット）

　カナダ先住民は、ファースト・ネーションズとメイティ（メーティス）、イヌイットに大別できる。2011 年の国勢調査によれば、それぞれの人口は約 85 万人、約 45 万人、約 6 万人であり、総計約 140 万人である。それはカナダ総人口の約 4% に相当する。ファースト・ネーションズはかつてインディアンとよばれてきた民族集団の総称で、現在、約 630 の多様な民族・ネーションからなる。メイティはヨーロッパ人男性と先住民女性との間に生まれた子供の子孫で、独特の文化をもつ人々である。イヌイットはこれまで極北地域のツンドラ地帯に住み、狩猟・漁労を主生業としていた人々である。

　イヌイットは、カナダの北西準州（約 4000 人）とヌナヴト準州（約 2 万 7000 人）、ヌナヴィク（ケベック州極北地域、約 1 万人）、ラブラドール（約 2000 人）の計 53 町村および、カナダ南部など極北以外の地域（約 1 万 6000 人）に居住している。現在、かつての極北の狩人たちは賃金労働に従事し、休暇や週末、終業後の時間を利用して狩猟や漁労を行っている。

　ここではカナダ・イヌイットの暦について紹介する。

 暦法とカレンダー　　イヌイットは現在、公式にはグレゴリオ暦を利用している。事務所や家庭では、壁掛けカレンダーや卓上カレンダーが使われることが多い。

 祝祭日と行事・儀礼　　カナダ・イヌイットは、主に 2 準州と 2 州に分かれて住んでいる。このため、イヌイットの行事や祝祭日には、国家の祝祭日、各準州・州の祝祭日、その他の非公式な祝祭日がある。

●**全国的な行事・祝祭日**　イヌイットはカナダ国民であるため、カナダ国のニューイヤーズデー（正月）

図 1　イヌイットのカレンダー（国立民族学博物館所蔵）

やカナダの日（建国記念日）、レイ
バーデー（労働者の日）、クリスマス
を全国的な祝祭日として祝う。

　ニューイヤーズデーやカナダの日、
イヌイットの各町村ではゲーム大会な
どのイベントを実施し、共食会を開催
することが多い（図1）。また、クリ
スマス・イブには教会で礼拝した後、
村全体での共食会、プレゼント交換、
ダンス大会を実施している。キリスト

図1　カナダの日を祝うイヌイット（ケベッ
ク州ヌナヴィク・イヌクジュアク村、
1998 年 7 月 1 日）

教徒であるイヌイットは、クリスマスのイベントを最も重要な年中行事であると
考えている。

●**準州・州の公式の行事・祝祭日**　北西準州は、6 月 21 日を先住民の日と定め
ている。これはイヌイットを含む先住民の文化や歴史、彼らのカナダ国家への貢
献を祝う日である。北西準州の各町村ではドラム・ダンスやゲーム大会、共食会
を開催している。

　ヌナヴト準州は、7 月 9 日をヌナヴトの日と定めている。北西準州を分割し、
その東部地域に新たな準州を創設する法律が 1993 年 7 月 9 日に施行され、ヌナ
ヴト準州が 1999 年 4 月 1 日に成立した。同準州は 2001 年に準州の創設を祝うた
めに「ヌナヴトの日」を定めた。この日には同州の各町村で共食会や伝統的な
ゲーム・ダンス大会を開催する。

●**その他の非公式な行事・祝祭日**　イヌイットは、自分たちの娯楽や観光客を誘
致する目的で村ごとに非公式な行事を実施している。ここでは 14 のイヌイット
の町村からなるヌナヴィク地域の行事を紹介する。

　毎年 3 月中旬にイヌイット文化を祝って、「イヴァカク犬ぞりレース」という
大会が開催される。このレースは、クジュアラーピク村からプヴィルニツック村
までの 400 km の区間を犬ぞりで走る過酷なレースである。イヌイットはもはや
犬や犬ぞりを狩猟のために用いることはないが、イヌイット文化のシンボルの一
つとして犬を飼い、犬ぞりレースや観光用に利用している。

　2 年に一度、3 月下旬にプヴィルニツック村で雪祭りが開催される。この祭り
は 1 週間続き、伝統的な屋外ゲームや競技、雪像制作競技などを実施する。

　4 月のイースター・マンデーにはクージュアック町でゲーム大会やスノーモー

ビル競争大会が開催される。

　7月にはカンギルスク村ではホッキョクイワナ祭りと称する魚釣り大会が開催される。2年に一度、7月から8月にかけてヌナヴィクの全村からスポーツ選手を招聘し、イヌイット・ゲームやその他のスポーツの競技会を開催している。このイベントの名称は、「東部極北夏季競技会」である。開催場所は、各村の持ちまわりである。

　8月中旬にはクージュアック町で音楽の祭典「アピック・ジャム音楽祭」が開催される。カナダ南部からも歌手を招き、イヌイットの伝統的なのど歌やドラム・ダンス、カントリーミュージック、ロックなどが実演される。また、ベリー摘み大会やゲーム大会も開催される。

　8月の下旬には2年に一度、ハドソン湾東南岸のウミウヤック村では「ブルーベリー・フェスティバル」が開催される。さまざまなジャンルの音楽の演奏会やベリー摘み大会、ゲーム大会が行われる。同じく同村の南にあるクジュアラーピク村では8月末から9月初めにかけてベリー摘みの季節を祝って、ベリー摘み大会やゲーム大会を行う。

　毎年秋に、サルイット村でゴスペル大会が開催され、カナダ極北地域全域から歌手が集まり、ゴスペルソングを歌う。

　ここで紹介した行事は大規模なもののみである。これ以外に町村ごとに、クリスマスや復活祭の共食会やゲーム大会、音楽会やダンス会など多数の小規模なイベントが実施されている。これらの事例から、イヌイットの祝祭日や行事は、数百年にわたるようないわゆる「伝統的な」ものではないことがわかる。これらのイベントにはさまざまな村からイヌイットが集まる以外にカナダ南部から多数の観光客が参加し、文化交流が行われている。

暦と生活文化

　かつてイヌイットは独自の暦をもっていた。例えば、カナダ中部極北地域ペリーベイ村（現ヌナヴト準州クガールク村）のネツリク・イヌイットは、動物や自然環境の周期的な変化に着目して、それに対応する暦をもっていた。

　冬季を起点とすると、「カッピラック」（一年中で最も寒い時期）、「シッキナウト」（期間の終わりに太陽の暖かさを感じ始める時期）、「イキアックパヴィク」（太陽が上空に非常に長くとどまる時期）、「アヴニヴィク」（早生まれのアザラシが生まれるが死んでしまう時期）、「ナルティアリックヴィ」（アザラシの子供が

生まれる時期）、「カヴァイク」（アザラシが白い毛を失い、黒い毛に変わる時期）、「イタヴィク」（鳥が毛を失い、かつ卵をまだ生んでいない時期、羽が生え変わり、鳥が家族［子供］をもつ時期）、「アミライヴィク」（カリブーの枝角の皮が剥げ落ちる時期）、「アックイユヴィク」（貯蔵庫や凍土に埋めた魚やカリブー、アザラシをとりにいく時期）、「ウプルイラック」（日が非常に短い時期）の順番になる。

　私たちが現在使用しているグレゴリオ暦と比べると、太陽、身近にいる動物や鳥の状態の周期を目印にした独特な暦であるといえる。そこには1か月間や1週間という考え方は存在しない。季節ともいえる時期の長さは、年によってまちまちだが、巡る順番はほぼ一定であり、この暦はイヌイットの活動と深く関連していた。彼らがいかに自然とともに生きてきたかをこの暦からうかがい知ることができる。極北地域の厳しい自然環境の中で生きていくためには、自然の変化を指標として利用し、自分たちの行動を決定することが最も合理的であった。

　イヌイットは時間を絶対的な基準で分けるのではなく、まわりの動物や自然の変化によって相対的な時間区分を用いて、1年間の暦をつくり出したといえよう。これは自然や動物の生態の周期的変化に基づいた暦である。この暦の各時期の名称や特徴とする動物は、地域によって異なる。

　1960年前後からカナダ・イヌイットは季節移動に基づく生活から定住生活へと転換した。そして村から狩猟やキャンプに出かけ、そこに戻ってくるという生活パターンをとるようになる。村の中で生活するためには、病院や学校、商店が開いている期間や時間帯の情報の入手は不可欠である。当然、自然暦よりもグレゴリオ暦の方が重要になる。時間がたつに従い、イヌイットの自然暦は廃れ、グレゴリオ暦が利用されるようになっていった。

　21世紀に入ると、イヌイットの多くは村の中で賃金労働に従事するようになり、大半の時間を村の中で過ごし、休暇や土・日曜日、仕事の終業後にのみ狩猟や漁労を行うようになった。このため、現在、彼らは伝統的な自然暦ではなく、グレゴリオ暦に従って日常の生活を送っている。　　　　　　　　［岸上伸啓］

キューバ共和国

　キューバは西半球に残ったスペイン最後の植民地だった。最初の独立戦争は1868年に始まったが、独立を達成できないまま1878年に終結する。2回目の独立戦争は1895年に始まった。しかし途中で米国が介入したため、キューバの独立戦争は米西戦争に発展してしまう。この戦争で米国が勝利した結果、キューバはスペインの支配から脱したものの、米国に軍事統治されることとなった。最終的に独立を達成したのは1902年のことである。共和国となってからも、政治的・経済的に米国の覇権のもとにおかれたままだった。その状況を大きく変えたのがF. カストロが指導するキューバ革命だった。反乱軍は1959年に勝利し、革命政権が樹立した。人口は約1100万人、首都はハバナ市である。

 暦法とカレンダー　暦法はグレゴリオ暦を用いている。観光客向けのものをのぞき、一般に販売されるカレンダーは数も種類もあまり多くない。街頭の新聞販売キオスクでは比較的安価なカレンダーが販売される。また、キリスト教会ではチャリティのためにカレンダーを販売することがある。多くの場合、家庭や職場に飾るカレンダーは贈答品である。国営企業には宣伝用カレンダーを配布するところもある。キューバの主要紙である共産党機関紙『グランマ』は元日の紙面にその年のカレンダーを掲載するため、これを日常的に利用する家庭も多い（図1）。

図1 共産党機関紙『グランマ』（2016年1月1日付）掲載のカレンダー

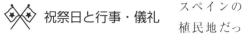 **祝祭日と行事・儀礼**　スペインの植民地だったことから、キューバではカトリックの慣習が定着しており、クリスマスなどは休日だっ

た。しかし、キューバ革命後に制定された祝日は、革命記念日（1月1日）、メーデー（5月1日）、国民反乱の日（7月26日）、独立戦争開始の日（10月10日）の4日の国民的記念日のみで、宗教的祝祭日は除外された。1990年代に入るとキューバ共産党は宗教により寛容な方針に転換し、1998年1月には当時のローマ教皇ヨハネ・パウロ2世のキューバ訪問が実現した。これを機に1997年以降クリスマス（12月25日）が祝祭日として復活している。また、2014年6月に発効した新労働法によれば、聖金曜日（3月下旬〜4月）も休日とすることが定められた。同法では革命記念日と国民反乱の日の前後にあたる1月2日、7月25日、7月27日、12月31日も休日に指定されている。

　革命記念日である1月1日は、反乱軍が2年以上のゲリラ戦の末、F. バティスタ元大統領の親米政権を倒した日にあたる。毎年、深夜0時に首都ハバナ市にあるサン・カルロス・デ・ラ・カバーニャ要塞で軍事式典が開催され、21発の礼砲が発射される。

　メーデーは革命以前から祝日となっていた。革命後は国民を動員した大規模な行進と集会が毎年開催される。

　公式には国民反乱の日と名付けられた7月26日は、1953年にカストロ率いる若者の集団が、バティスタ政権の転覆を目指してサンティアゴ・デ・クーバ市にあるモンカダ兵営を襲撃した日である。襲撃は失敗に終わったが、これに参加した若者を中心に、革命運動の中核組織となる「7月26日運動」が結成された。キューバ革命の出発点となった日のため、盛大な式典で祝う国民的記念日となっている。

　「祖国の父」とよばれるC. セスペデスは、1868年10月10日に、所有するデマハグア製糖工場で自分の奴隷を解放し、スペインからの独立を宣言した。第一次独立戦争の開始である。結局独立は達成できず、もう一つの独立戦争を待つこととなったが、10月10日は長きにわたった独立戦争の開始日として、キューバ革命以前から祝祭日となっている。デマハグア製糖工場跡地は現在国立公園となっており、毎年10月10日はここで式典が催される。

　1902年に共和国となって最初に制定された祝祭日は独立記念日（5月20日）だった。しかし、革命政権は、真の独立はキューバ革命によって初めて達成されたという立場をとるため、現在はこの日を祝日としていない。

　公式な祝祭日とはなっていないが、キューバ人にとっては重要なカトリック聖人の祝日がある。例えば9月8日はキューバの守護聖母であるコーブレの聖母の

日で、多くの信者が教会を訪れる。この聖母はアフロキューバ宗教の愛の女神オチュンと習合しており、その信者たちは自宅に祭壇を飾り、この日を祝う。また、聖ラザロはアフロキューバ宗教の神ババル・アジェと習合しており、病の神としてキューバでは広く信仰されている。その祝日である 12 月 17 日には国中の参拝者が、前夜から徒歩でハバナ市郊外にあるこの聖人を祀る教会を訪れる。

　キューバ第二の都市サンティアゴ・デ・クーバでは、17 世紀末から町の守護聖人聖ヤコブの祝日（7 月 25 日）を祝ってきた。「サンティアゴのカーニバル」として知られるこの伝統は現在も続き、国民反乱の日もあわせて祝う大規模な祭りとなっている。カストロがモンカダ兵営の襲撃を 7 月 26 日に設定したのは、「カーニバル」の喧騒に紛れて準備を進めるためだった。

　19 世紀半ば以降、多数の中国人が契約労働者としてキューバに移住した。ハバナ市には彼らがつくった中華街がある。革命後いったん寂れたが、1990 年代以降に街の再活性化が進み、現在は中国の旧暦正月にここで春節が祝われる。

 暦と生活文化　キューバ革命以前は、カトリック圏にみられる聖名祝日が記載されたカレンダーが普及しており、子供が誕生するとその日の聖人名を名付ける習慣があった。革命後この風習は下火になったが、現在でも教会が販売するカレンダーには聖名祝日が記載されている。現在一般に販売されるカレンダーは実用性重視のシンプルなものが多い。絵や写真が美しいカレンダーはたいてい海外の土産で、カレンダーとしての役目を終えても装飾として壁に飾ったままにする家庭がみられる。

キューバ革命と歴史記念日　国民的記念日とは別にキューバ政府は 15 の歴史記念日を制定している（表1）。休日ではないが、式典や集会などが開催される。そのうち半分以上はキューバ革命にかかわる出来事が起きた日である。例えば 4 月には、近い日付で記念日が 2 日あるが、いずれも 1961 年のピッグズ湾事件に関連する。この年 1 月にキューバと国交を断絶した米国は、カストロ政権の転覆を狙って 4 月 15 日にキューバ軍の飛行場を爆撃し、17 日にはピッグズ湾（プラヤ・ヒロン）で上陸作戦を試みた。爆撃翌日の 16 日にカストロは国民に臨戦態勢を呼びかけると同時に、キューバ革命が社会主義革命であると初めて宣言した（民兵の日）。ピッグズ湾事件はキューバ政府の勝利で 19 日に終結した。

3 月 13 日は「7 月 26 日運動」と連携していた学生グループがバティスタの暗殺を企図して大統領府を襲撃した日である（1957 年）。また、1946 年にグアンタナモ州の一人の農民が地主に土地を譲るのを拒み、殺害された日にちなみ、カストロが農地改革法を公布したのが 1959 年 5 月 17 日だった。さらに、「7 月 26 日運動」の一員だった学生 F. パイスらが暗殺された日（1956 年 7 月 30 日）、乗員乗客全員が死亡したキューバ航空機爆破テロ事件の日（1976 年 10 月 6 日）、キューバ革命の英雄 E. ゲバラがボリビアで暗殺された日（1967 年 10 月 8 日）、革命軍の参謀総長 C. シエンフエゴスの乗った飛行機が消息を絶った

表1　キューバ政府が制定する歴史記念日

1 月 28 日	ホセ・マルティ生誕日
2 月 24 日	バイレの叫びの日
3 月 8 日	国際女性デー
3 月 13 日	大統領府襲撃の日
4 月 16 日	民兵の日
4 月 19 日	プラヤ・ヒロン侵攻事件勝利の日
5 月 17 日	農地改革と農民の日
7 月 30 日	革命殉難者の日
8 月 12 日	マチャード政権に対する民衆勝利の日
10 月 6 日	国家テロ犠牲者の日
10 月 8 日	英雄的ゲリラ戦士の日
10 月 28 日	カミーロ・シエンフエゴス同志が消息を絶った日
11 月 27 日	学生哀悼の日
12 月 2 日	革命軍の日
12 月 7 日	独立戦争と国際主義闘争の戦死者の日

日（1959 年 10 月 28 日）、ヨットのグランマ号に乗ってメキシコを出港したカストロらがキューバに上陸し、ゲリラ戦を開始した日（1956 年 12 月 2 日）がキューバ革命に重要な歴史として記念日になっている。国際女性デー（3 月 8 日）が歴史記念日とされているのも、男女平等社会の実現というキューバ革命の方針を反映するものである。

革命以前に起きた出来事では、独立戦争の指導者で「国民的英雄」とよばれる J. マルティの生誕日（1853 年 1 月 28 日）、「バイレの叫び」として知られる第二次独立戦争開戦日（1895 年 2 月 24 日）、独裁化を強めていた G. マチャード第五代大統領が 1933 年革命で失脚した日（1933 年 8 月 12 日）、スペイン植民地時代に無実の罪で 8 人の医学生が処刑された日（1871 年 11 月 27 日）、解放軍の将軍 A. マセオが独立戦争で戦死した日（1896 年 12 月 7 日）が歴史記念日に選ばれている。　　　　　　　　　　　　　　　　　　　　　　　　　　　　　　　　　　　　　［工藤多香子］

ジャマイカ

　ジャマイカは1962年に英国から独立した英連邦構成国で、首都はキングストンである。秋田県ほどの面積に約272万6000人が住む。国民の約91%がアフリカ系、混血は6.2%、その他は1.3%のインド系、0.2%の中国系などである。

☾☀ 暦法とカレンダー

公式にはグレゴリオ暦だが、少数の他宗教（ユダヤ、イスラーム、ヒンドゥー、ラスタファーライ、バハイ、種々の混交宗教など）の信者は各々で重要な日を記念する。国民の大半は植民地時代から導入されたキリスト教諸派に属し、キリスト教的文化の影響が大きい。壁掛け、卓上マグネット付き、日めくりなどカレンダーの形態も種類も豊富にある。店舗やオフィスなどで顧客に無料で配布されるものも多い。

◇◇ 祝祭日と行事・儀礼

公定祝祭日としてカレンダーに記載されるのは元日、灰の水曜日（移動祝日）、聖金曜日（移動祝日）、イースター・マンデー（移動祝日）、労働デー（5月23日）、奴隷解放記念日（8月1日）、独立記念日（8月6日）、国家英雄の日（10月第三月曜日）、クリスマス（12月25日）、ボクシング・デー（12月26日）の計10日である。祝日が土曜日や日曜日に重なるときは翌月曜日が休日になる。なお、カリブ共同体構成国だが、カリコム・デーを公定祝日にはしていない。

　元日は大晦日からほとんどが休日になり、家族・親族や友人と特別な時を過ごす。除夜礼拝やミサに行く人もいれば、パーティーに興じる人もいる。キングストン湾での打ち上げ花火を飲食や音楽、ダンスとともに楽しむ人も多い。

　レント期間中、肉食、肉欲や贅沢を抑制する人もいる。聖金曜日、復活祭の教会行事は非常に重要である。グリーティングカード、ホットクロスバン、パンとチーズやチョコレートのイースターエッグなどが、店にも多種多数並ぶ。

　労働デーは、1930年代に他の英語圏カリブ社会でも広がった一連の労働争議や暴動の中でも大規模で重要な1938年の動乱を記念する日であり、労働者の祭典の意味もこめられている。植民地時代は5月24日のヴィクトリア女王誕生日

を帝国デーとして祝日にしていたが、1950年代にコモンウェルス（英連邦）デーと改称した。独立前年、N. マンリー首相がこれを労働デーにすると決定した。

奴隷解放記念日は1834年8月1日に大英帝国で奴隷制廃止となり、その後強いられた徒弟制度を経て4年後、完全に自由を獲得したことを記念する。自由を求めた無数の抵抗や闘いに敬意を表し、公式行事、文化行事の数々が行われる。

独立記念日は盛大な公式行事が首都の国立競技場で超満員の観衆を動員して開催される。海外でも記念行事を通し、国外生まれ世代にその意義を伝えている。

国家英雄の日は以下7人の功績をたたえる。唯一女性で逃亡奴隷マルーンの「女王」として英国軍とも果敢に戦ったナニー（世界遺産に登録された島の東部ブルーマウンテン山系のマルーン・コミュニティでは「ナニーの日」ともよぶ）、1831年末からの大規模奴隷反乱（バプテスト戦争）の主導者として処刑された、奴隷で土着バプテスト派指導者のS. シャープ、奴隷制廃止後も極貧や不正にあえぎ続けた民衆の蜂起モラントベイ戦争を率いたバプテスト教会執事で黒人のP. ボーグル、それに関与した疑いで処刑された、貧民の味方で混血のG. ゴードン議員、全世界の離散黒人に人種の誇りの回復、アフリカ回帰や帰還思想を訴え、政治経済、社会的改善へ大衆運動を率いたM. ガーヴィー、それぞれ労働組合と政治政党を結成し、首相も務めたマンリーとA. バスタマンテである。彼らが祀られている国家英雄公園、生家や記念すべき場所でも諸行事が行われる。

クリスマスはクリスマスイブを含め礼拝やミサに出席する人が多い。家族・親族で、あるいは友人と共に飲食を楽しみ、子供はプレゼントを待望する。かつては雪景色など輸入ものが目立ったクリスマスカードも、遅くとも1970年代からは熱帯風土、独自文化を強調するものが多種出まわっている。ダンスパーティーに明け暮れる人も多い。多種の鶏肉、豚肉、ヤギ肉料理、パンノキやバミー（キャッサバ・パン）、豆ご飯などの付け合わせ、飲み物は赤いハイビスカス系のソリル、牛姜ビール、ココナツ水、現地産果物のジュースやエッグノッグ、ワイン、ビール、ラム・パンチなど、デザートもブラック／クリスマス・プディングやフルーツケーキ、アイスクリームなど豊富に賞味される。

 暦と生活文化　公定祝祭日ではないが、多数の住民が重視する日はある。なかでもバレンタインデー（2月14日）、母の日（5月第二日曜日）、父の日（6月第三日曜日）は特別に位置付けられる。

月齢記号を4種記し、時間も記載しているカレンダーもある。ただし、地域の

最高学府西インド大学など公的機関が発行するものは、多様性と異宗教・文化尊重のため記さないことが多い。月にまつわる伝承や民間信仰は数多い。満月の夜は悪さをすると信じられる死霊ダピーが出現し、狂人が暴れ出すとされ、顔がゆがまないよう月明かりに顔を向けて寝るな、などといわれる。ダピーは昼間でも出るので、子供たちは通学途中も米粒をたくさんポケットに入れ、髪の毛が逆立つなどしてダピーがいる気配を感じたら、米を肩越しにばらまくようにいわれる。ダピーは3までしか数えられないので、米粒を何度も数え直す作業に忙殺されるからである。ほかにも悪霊や幽霊の類は個別名称付きで黒人系民衆文化に頻繁に登場するが、中国系の間でも死後の世界や幽霊や精霊の存在は信じられてきた。

　一般に豊かな自然や観光名所の写真は、国旗、国家紋章、地図、国名などを文字、写真、絵にした「I Love シリーズ」ものなどと時に組み合わされ、常に需要がある。レゲエなどジャマイカ発祥のポピュラー音楽の数々やダンスが世界的人気を誇り、国の代名詞ともなっているため、パフォーマンスの情景やスターたちの写真や絵柄は大好評である。スポーツ界のスーパースターたちも登場人物の常連である。昨今のダンスホール文化を象徴する露出度を強調した女性の肢体の写真を付した有名ラム酒会社などのものもあるが、眉をひそめる人は多い。多数の海外在住者にアピールするのはノスタルジアを喚起するもので、庶民の顔や生活風景などは特に好まれる。某外資系銀行の 2015 年版は、キングストンの下町の名所旧跡 12 箇所と住民を合わせた芸術的写真を解説付きで載せた。

　島西部のマルーンのコミュニティ、アコンポンでは 1 月 6 日、英国軍との第一次戦争を平和条約締結で勝利した記念、および当時の指導者クジョーの誕生日を儀礼的祝祭で祝う。国中のみならず海外からの参加者、見学者も参集する。

　カトリック圏で有名なカーニバルは伝統的なものではなかったが、クリスマスから正月明けにかけて、奴隷制時代からカーニバルを模した仮面舞踏行列ジョンカヌーは季節の風物詩でもあった。多種多様の飾りや仮面を付けた一団が楽器演奏とともに踊り、練り歩き、家の前や庭先で演じて心づけをもらう。各キャラクターには独特の名前、意味やいわれがあり、重要な歴史的文化伝統であるが、現代では時々見かける程度となった。近年、いわゆるカーニバルが首都の大通りで実施され始め、年々拡大し、3〜4 月は種々の「バッカナル」行事が開催されている。1989 年、トリニダードへのカーニバル観光の常連客たちが、前年に惨状をもたらしたハリケーン・ギルバート襲来と 89 年 2 月の総選挙のため旅行を中止した代わりに、自分たちで同様のパフォーマンスを披露したのを発端とする。

その大成功を契機に、ポピュラー音楽界の重鎮で企業家の中国系 B. リーも率先して牽引してきた。現在、他の有名観光地 3 か所でも人気を博している。

　島の中央部クラレンドン教区では 8 月にインド系がフセイン殉教を記念するホセイ（ムハッラム）を行う。かつてはインド系が比較的多くいたプランテーションごとに行われた。近辺の非インド系住民も見物だけでなく、勇壮なドラム演奏などに加わることもある。日数をかけて色彩豊かで精巧な紙細工の高塔タッジャが何台かつくられ、最終日に山車行列で、ドラムを踊りたたきながら海岸へ運び、投げ捨てる。ヒンドゥー教やキリスト教の要素も混淆して展開している。

　1930 年にジャマイカで発祥したラスタファーライは教祖や統一された信条があるわけではないが、諸組織や個々の信奉者がゆるやかにつながり、エチオピア暦も併用し、大半は以下を年中行事とするようになった。エチオピアン・クライストマス（1 月 7 日、エチオピア暦クリスマス）、神格の具現者とされる皇帝 H. セラシエ I 世のジャマイカ訪問（1966 年）を記念するグラウネーション・デー（4 月 21 日）、セラシエ帝がエチオピアに最初に憲法を導入した記念日（1931 年、7 月 16 日）、セラシエ帝誕生日（1892 年、7 月 23 日）、アフリカで救世主的王の誕生を予言したガーヴィーの誕生日（1887 年、8 月 17 日）、エチオピアの新年（9 月 11 日）、1930 年のセラシエ帝戴冠記念日（11 月 2 日）の計 7 日である。いずれも聖書朗読や 3 種類のドラムやマラカスなどの打楽器と詠唱を基本とするナイヤビンギ儀礼でそれらの重要性が強調され、ガンジャ（マリファナ）喫煙、菜食アイタル料理やリーズニング（論議）、「アフリカ的」ダンスなどを交えて祝う。

　中国系は中華会館を主軸に農暦をもとに共同で春節、ガーサン（掛山）とよばれる清明節、国際子供の日（中国の子供の日に近い日曜日）、中華人民共和国建国（10 月 1 日に近い日曜日）を記念するが、辛亥革命記念・中華民国国慶節（10 月 10 日に近い日曜日）は最近、会館主催では祝わず、重陽節と重ねて秋の行事としている。首都の下層階級居住区にある中華系墓地の大々的改修整備は海外在住者の募金も得て進行中だが、中国系の大半がカトリック信者のため復活節と重ならない日曜日にガーサンを実施する。各家族・親族は個々に参拝もするが、海外や遠方からのみならず首都圏在住の参加者の便宜も図り、線香や模擬紙幣ほか必需品のパッケージも会館が販売するようになった。草刈りや清掃、警備員の配備を十全にし、中華系カトリック司祭をよんで祖先を祈念する。　　　　［柴田佳子］

ドミニカ共和国

　ドミニカ共和国は、カリブ海の大アンティル諸島に属するイスパニョーラ島にあり、スペイン、ハイチによる支配を経て、1844 年に独立した立憲共和制の国である。首都サント・ドミンゴは、C. コロンブスによる「発見」後、アメリカ大陸で初めて植民都市が建設されたことで知られている。人口は約 1000 万人であり、うち 300 万人が首都に暮らしている。

暦法とカレンダー

　公式の暦法はグレゴリオ暦であるが、台湾からの移住者の間では農暦も使用される。カレンダーの種類は、壁掛け型とカード型がほとんどで、それ以外のタイプは普及していない。

　壁掛け型は家の居間に飾られ、12 か月に分かれているタイプと 1 枚だけのポスタータイプのものが多い。カレンダーは購入するものではなく配られるものとの認識が一般的で、大型スーパーやコルマドとよばれる雑貨屋、薬局や政治家などが宣伝用に配布する。一方、カード型は、商店やタクシーの運転手によって名刺代わりに使用しており、壁掛け型よりも普及している。

祝祭日と行事・儀礼

　カレンダーに記される主要な祝祭日は、元日、キリストの公現日（移動祝日）、聖母アルタグラシアの日（1 月 21 日）、建国の父ドゥアルテ生誕の日（移動祝日）、独立記念日（2 月 27 日）、聖金曜日（移動祝日）、メーデー（移動祝日）、キリスト聖体祭（移動祝日）、共和国再興記念日（8 月 16 日）、聖母メルセデスの日（9 月 24 日）、憲法記念日（11 月 6 日）、クリスマス（12 月 25 日）の計 12 日である。

　大晦日から元日へと日付が変わる時間を迎えると、人々は家の外へと繰り出し、互いに抱擁しながら祝福の言葉を交わす。

　1 月 6 日のキリストの公現日は、1997 年に移動祝日が導入されて以降、金曜日か月曜日を振替祝日とするようになった。この日は、子どもの日にもなっており、子供たちはおもちゃをもらえる日として心待ちにしている。

　聖母アルタグラシアを国の守護聖人と定めるドミニカでは、1971 年、J. バラ

ゲル大統領によって正式に国の祝日と定められた。北部の都市イグウェイにある大聖堂に 16 世紀に描かれたマリアの肖像があったことから、この大聖堂が聖地と定められ、当日はドミニカ全土から数千人が巡礼に訪れる。大統領がミサに出席する年もあり、ドミニカにとって重要な祝日といえる。2002 年からは夜間のライトアップも始まり、観光地としても有名である。同じアルタグラシアを聖母に冠するプンタ・カナやオコアでも、夜を徹した祭りが盛大に開かれる。

　2 月になると、日曜日ごとに各地の都市でカーニバルが開催される。特に中部の都市ラ・ベガのカーニバルは有名で、ディアブロ（悪魔）の仮装をした集団が練り歩き、多くの観光客でにぎわう。月末の独立記念日には、全国からよりすぐりの仮装集団が首都サント・ドミンゴに集結し、海岸通りをパレードする一大イベントが開催される。ディアブロたちは、手にベヒーサとよばれるボールを入れた布袋をもっており、その布袋で見物客のお尻を次々にたたいていく。体から悪霊を追い出すためとされているが、これが多くの観客を集める要因となっている。カレンダーでは祝日とされていないが、独立記念日が実質的にカーニバルの日となっている。

　聖金曜日（キリストの受難日）を含み復活祭で終わる聖週間はドミニカの人々にとって重要な宗教的祭日である。この日には、町中でキリストや聖母の像を掲げた行列を見かける。日本のゴールデンウィークのように長期休暇となるので、ビーチはにぎわいをみせる。また、200 万人以上の移民を米国に送り出すドミニカでは、移民の一時帰国ラッシュを迎える。家族や友人たちとビーチや川辺に出かけ、つかの間の休暇を楽しむ光景は、近年の風物詩となっている。

　共和国再興記念日は、1863 年にスペインからの再独立をはたしたことを記念するために設けられた。この日は、大統領が 1 年間の施政方針演説をすることが恒例になっているが、大統領選挙（4 年に一度）が実施された年には、新しい大統領が就任する日となる。

　聖母メルセデスの日は 1844 年の国家独立を機に祝日に制定された。聖母を祀る「聖なる丘」はラ・ベガの旧市街地にあり、この日は全国から巡礼者が花を供えに訪れる。パレンケやアト・マヨールなどの都市の教会でもミサが行われる。

　ドミニカの人々が最も楽しみにしているのがクリスマスである。亜熱帯に属するドミニカでも、11 月を境に朝晩は肌寒くなる。この頃から人々の挨拶に「気候が変わったね」や「もうすぐクリスマスだね」という一言が加わる。普段は節約をしない人々の財布の紐が固くなるのは、クリスマス用の服や食糧を買うため

である。25 日は、昼食に家族がそろって鶏肉とパンを食べ、赤ワインを開ける
のが習慣で、その後は近所の友人たちと飲み明かす。首都の富裕層の間では、米
国式にプレゼント交換をしたり、自宅でパーティーを催したりすることもある
が、地方では見かけない。聖週間と同様に、米国に暮らす家族や友人が一時帰国
する時期である。政府も 12 月と 1 月には関税を免除することで、移民にドルを
もって帰国するよう促している。国中が最も活気付くのはこの時期である。

　ドミニカではどの祝日にもコルマドで酒を飲み、音楽に合わせてダンスを踊っ
て過ごすため、巷では祝日のことを、フィエスタ（祭り）とよぶ。南部地方では、
カトリックと西アフリカから伝わったブードゥーとの混淆宗教が根付いており、
その儀礼であるパロを催すのがフィエスタの恒例となっている。自分が信仰する
聖人の日や誕生日に自宅やコルマドにパロの演奏団を招き、丸太鼓とギイロによ
る演奏に合わせて参加者全員で歌いながら踊る。この過程で聖人が参加者に憑依
するのが特徴で、聖人信仰の代表的な儀礼として知られている。

　祝日の多くがカトリックと国家独立の記念日で占められていることからもうか
がえるように、暦を通してドミニカの人々の国民意識や宗教意識が醸成されてき
たといえそうである。

暦と生活文化

　ドミニカでは、カレンダーは商売や選挙の宣伝用に使
われることが多いため、暦の情報が記載されているも
のは少ない。移動祝日が早い時期に導入されたこともあり、タクシー運転手やホ
テルの従業員などのサービス関連業に就く人々を除き、暦よりも平日と週末の区
分が、時間間隔の基本となっている。

　こうした傾向はカレンダーの嗜好に現れる。デザインにはスーパーの店舗や商
品の写真、コルマドのオーナーや政治家の顔写真が使われるが、それ以外ではカ
トリックの聖人画を使ったものが目立つ。視覚に訴えるポスター的な意味合いの
強いものが好まれるのである。居間の壁に掛けられたカレンダーを見れば、その
家の住人がどの店舗で生活用品を購入し、どの政党を支持しているのかがわか
り、さらには聖人画を見れば信仰の対象を知ることができる。

野球とカレンダー

　ドミニカは米国のメジャーリーグ（MLB）に多く
の大リーガーを送り出す国として知られている。
MLB のシーズンが終わる頃には、国内リーグ（ウィンターリーグ）が開幕する。

このように、ドミニカの人々は、年間を通して切れ間なく野球を観戦していることになるが、テレビ画面の向こうで地元出身の選手が活躍しているため、自然と応援にも熱が入る。

　野球の社会的な地位は、カレンダーからもうかがえる。赤ん坊がバットとボールを抱えて座っている写真を使ったポスター型のカレンダーである。これは、男の子が生まれると、枕もとにバットとボールをおき、未来の大リーガー誕生を祝うところからきている。国民の8割が貧困層とされるドミニカでは、野球選手になることが家族の暮らしを楽にすることにつながるため、少年たちの夢となっている。その少年たちのロールモデルとなるのは、地元出身の大リーガーたちである。彼らはおりをみて故郷の人々に贈り物をするのだが、それがカレンダーに記載される宗教行事に絡めて行われるのである。

　例えば、元大リーガーのM. テハダ選手は現役時代、「子どもの日」にあたる1月6日のキリストの公現日に、出身地のバリオ（共同体としての町・村）に寄贈した野球場におもちゃを満載したトラックでやってきて、子供たちにプレゼントを渡し、クリスマスには、食料品を詰め込んだ袋をバリオ中の家に配っていた（図1）。

図1　子どもの日のプレゼントに群がる人々

さらに、クリスマスイブと大晦日の夜には、豪邸に親族や出身地の人々を招待し、食事と酒をふるまうという徹底ぶりであった。

　ここからは、野球選手がカトリックの祝祭を軸に構成されるカレンダーを意識していることがわかる。興味深いのは、野球選手が宗教行事に絡めて贈り物をすることで、神の存在が可視化され、人々の信仰を強固なものにしている点である。ドミニカでは、こうした野球選手のふるまいを通して、野球が暦の体系へと組み込まれてきたといえよう。逆にいえば、外来スポーツである野球が文化としてドミニカ社会に深く根付いている実態がカレンダーからかいま見えるのである。

[窪田　暁]

ハイチ共和国

　ハイチ共和国は、南北アメリカ大陸に囲まれた西インド諸島の大アンティル諸島に属するイスパニョーラ島の西部を占める共和制国家である。1492 年の C. コロンブスによるイスパニョーラ島の「発見」以降、スペインが島の東部を中心に植民地を経営したので、1697 年以降、西側 3 分の 1 は正式にフランスの植民地とされた。アフリカの奴隷海岸から連行した多くの黒人奴隷を酷使することで、主に林業、サトウキビ、コーヒー栽培によって巨万の富を生み出したが、1804 年に独立、世界初の黒人共和国となったため、人口の 9 割以上がアフリカ系である。

 暦法とカレンダー　コロンブスがイスパニョーラ島を発見したとき、同島に住んでいたのはタイノ人であった。だが暦法についていえば、タイノ人の文化の形跡はほぼ残っておらず、フランスの植民地であったハイチは、宗主国フランスの教会の支配を受けてグレゴリオ暦であった。後にフランス革命が起きると、その時期まだフランスの植民地であったハイチはフランス本国と同様に革命暦が用いられたが（グレゴリオ暦 1792 年 9 月 22 日［＝共和暦元年元日］〜1805 年 12 月 31 日）、ハイチの独立戦争の結果、代わりに「独立、元年」という表現が採用された。ただし例外的ではあるものの、ハイチが世界最初の自らの手で奴隷制から解放された黒人共和国であることを強調する際には、今日までグレゴリオ暦との併用システムを用いている。

祝祭日と行事・儀礼　●**国家あるいは法定記念日**　国家あるいは法定記念日は以下のものである。

　1 月 1 日独立記念日、1 月 2 日英雄および先祖の日、5 月 1 日農業および労働の日、5 月 18 日国旗制定記念日、6 月 27 日ハイチ国家の守護神、聖母の祝日、8 月 15 日聖母被昇天祭、10 月 17 日ジャン＝ジャック・デサリーヌ記念日、11 月 1 日諸聖人の日、11 月 2 日死者の日、11 月 18 日ヴェルチエールの戦いの記念日、12 月 25 日クリスマス。

このうち 1987 年の憲法（275 条）で制定されている国民の祝日は①1 月 1 日独立記念日、②1 月 2 日英雄および先祖の日、③5 月 1 日農業および労働の日、④5 月 18 日国旗制定記念日、⑤11 月 18 日ヴェルチエールの戦いの記念日である。

世界各地で祝日となっている「農業および労働の日」を除けば、いずれもハイチ共和国の独立の戦いとそれに貢献した英雄的人物を称揚する記念日であるが、上記五つ以外を休日とするかどうかは大統領の権限によって決定される。

図 1　『ハイチ・ナウ』（暦本の一種である、2015 年年鑑）

暦と生活文化

生活暦（あるいは暦本、ALMANAC）は、通常は 1 年を単位とする時間的区切りの枠組みの中のある時点と民間的知識を関連付けることによって成立する。1987 年の憲法改正までローマン・カトリックが公的宗教であったハイチはグレゴリオ暦を採用している。暦と関連付けられる集団の単位は、個人、家族、あらゆる種類の下位集団の数だけある。したがって暦本の種類は同様に可能性として数限りなくあるが、ここではハイチという国を単位とした暦について考えてみることとする。

●宗教暦　キリスト教（カトリシズム、プロテスタント）およびヴォドゥ宗教と暦の関係は、その宗教的行為が特定の日付に実践されるとき暦の枠組みの中に位置付けられる。例えばローマンカトリシズムの祝日であるハイチ国家の守護神、聖母の祝日、聖母被昇天祭、諸聖人の日、死者の日、クリスマスは、法定祝祭日ではない。当該地域共同体の守護聖人を称揚する祭日も、その共同体の成員にとっての祝日でしかない。

また実質的に 50% 以上のハイチ人が信仰しているといわれるヴォドゥは、一方で宗教というよりハイチの民俗文化としての国民的な性格をもっていながら、他の宗教集団のように必ずしも全国的な統一組織をもたない、多数の指導者が主宰する小規模宗教集団の集合体であるので、教義も暦も、それぞれの集合体によって異なっている。したがってヴォドゥ信仰に由来する宗教的行為も暦日にそって実践されるが、国民的な祝日として国民の大多数に実践される行事は多くない。以下にあげる、ヴォドゥ信仰で崇拝される神々と習合されるキリスト教の聖人に対する全国的規模の巡礼はこれに相当する。復活祭のシーズン：ゴナイー

ブ近郊のスーブナンス（ヴォドゥの信者がスーブナンスの村に集まり神々［Loa］
に対する供犠の儀礼や沐浴を行う）、6月27日：ポルトー・プランス（絶えざる
お助けの聖母＝エジリ・フレダおよびエジリ・ダント）、7月14・15日：ハイチ
中部ミルバレーのソードー（モンカルメルの聖母＝エジリ・ダント）、7月26日：
ハイチ北部プレーヌ・ヂュ・ノール（聖大ヤコブ、オグー・フェライ）、8月15日：
キャペシアン、レカイエ、ポルトー・プランス（被昇天の聖母＝エジリ・カウロ）、
9月5日：リモナードのボール・ドゥ・ラ・メール（現在は典礼暦から除かれて
いる聖人であるフィロメナ＝セイレーン）。

　教会の行事ではないが、教会暦に従って実践される行事として重要なのは、
「カーニバル」と「ララ」（RARA）である。いずれも移動祝祭日である「復活祭」
の日付との関連で日程が決まる。

　復活祭は春分の日の後の最初の満月の次の日曜日であり、その40日前、すな
わち46日前を「四旬節」といい、水曜日に始まるので灰の水曜日という。四旬
節は節制が行われるので、前週の土曜日から前日の火曜日（マルディ・グラ）ま
での期間、浮かれ騒ぎや男女あるいは富者と貧者の逆転のような日常的な価値の
転換などさまざまな形の祝祭行動が行われる。ハイチでは各地で地方特有のパ
レードが催される。なかでも首都ポルトー・プランスとジャックメルのカーニバ
ルはハイチ観光の目玉となっている。「ララ」は、「復活祭」と結び付いた民俗行
事（そして音楽ジャンルをさす言葉でもある）である。灰の水曜日から始まり、
復活祭直前の1週間（聖週間）に頂点に達する。バクシン（竹でつくった縦笛）
やマラカスなどの民俗楽器のバンドの演奏する音楽に合わせてバトンを操り、ス
パンコールの衣装を着た人物が先導し、人々が通りを練り歩く行列行進である。

●農業暦　就労人口の57％が農業に従事しているハイチでは農業に関連した時
間の区切り、すなわち農業暦の重要性はまだ高い。季節は、大雑把には「雨期」
（4〜10月）と「乾期」（11〜3月）に分けられる。雨期の間の6〜7月に短い乾期
がある。乾期に栽培されるアワを除くトウモロコシ、豆類、米、野菜類、野菜な
どの食用農産物は主に雨期に、サトウキビ、サイザル麻、木綿、精油は乾期に、
コーヒー、カカオなどの嗜好農産物は乾期と雨期の二つの季節にまたがって耕作
される。それらは暦の枠組みの中に組み込まれる民間的知識である。5月1日の
「農業および労働の日」は、伝統的にはポルトー・プランスで農業の振興のため
に年に一度開かれた大規模な農業市である。農業暦と関連するヴォドゥの公的な
集団儀礼としては「マンジェ・ヤム」がある。これはその年に初収穫されたヤム

芋をヴォドゥの各集会所で神々に捧げる儀礼で、日付は決まっていないが、10月中葉の初収穫の後に2日にわたって行われる。

●**祝日と結び付いた料理、遊び、パフォーマンス**　情報が何も記されていない、あるいは使用者がみずから情報を記入する「一枚刷りのカレンダー」や「手帳」から、すでに情報が記されている「暦本」にいたるまで、そこに掲載される情報量はスポーツイベント、年中行事と結び付いた料理、娯楽、各種イベント、農産物や家畜類の定期市など無尽蔵である（上記、年鑑形式の『ハイチ・ナウ』は700ページ余りのハイチに関する情報が掲載されている）。それらはその集団の成員に共有される文化的知識である。その結果、暦本は、ある意味で文化そのものの表現となり得る。いくつかの例をあげれば、元旦の日に食される「かぼちゃのスープ」、テレビ中継もされる現代スポーツであるサッカーの試合日程、伝統的な娯楽である「ガゲール」（闘鶏）の開催日程、四旬節の凧揚げの日どりなど、いまだに「書かれていない」ハイチの文化は思った以上に奥が深い。

 暦と識字率　独自の暦法もなく、また低い識字率や正書法が普及していないために印刷文化の発展していないハイチには取り上げるべきカレンダーや暦本もない。「こよみ」は一枚刷りのカレンダーの形式にせよ、「手帳」や「冊子」の形式をとるにせよ、グレゴリオ暦が区切る同じ時間的枠組みの中に出来事や行動を関連付け、料理書のレシピや薬の処方箋、何らかの行動を指示する「発話行為」（J. R. サール）のグラフ化の一形式である。暦本に記載される「民間的知識」を伝達するメディア（媒体・人）を探求する試みとしては、「識字教育と共同体活動に関する国立事務所」（ONAAC）が1970年代に数多く制作・配布した冊子類があるが、それらはいまだにハイチ人の頭の中にはあるが、現実には、大衆化されたカレンダーや暦本の形になっていない、いわば「来るべき書物」である。　　　　　　　　　　　　　　［荒井芳廣］

📖 **参考文献**

[1]　荒井芳廣「民衆暦と日常生活の生成」宗教社会学研究会編『宗教・その日常性と非日常性』雄山閣出版, pp. 10-26, 1982.

ブラジル連邦共和国

　ブラジルは 1822 年にポルトガルから独立し、1889 年に共和制に移行した連邦共和国である。日本の約 23 倍の国土をもつ南米の大国であり、首都は 1960 年にリオデジャネイロからブラジリアに移された。人口は約 2 億人であり、1908 年以降に移住した日本人とその子孫は約 150 万人と推定される。

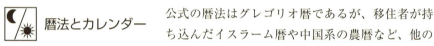 **暦法とカレンダー**　　公式の暦法はグレゴリオ暦であるが、移住者が持ち込んだイスラーム暦や中国系の農暦など、他の暦法もわずかに使用されている。壁掛けカレンダーや卓上カレンダーは家庭やオフィスに飾られるが、冷蔵庫用のマグネット付き小型カレンダーやカード型カレンダー、日めくりも普及している。

　カレンダーは基本的に年末の贈答品であり、書店や文具店で販売される商品は依然として少ない。壁掛けカレンダーの定番は風景、庭園、ペット、子供、花、車、聖句、ヌードなどである。日本とは異なり、カレンダーの上端と下端の金具がそれぞれつり下げ用と重りになっているタイプのものが目立つ。日めくりにはジョークや占い、教訓などが書き込まれている。

祝祭日と行事・儀礼　　カレンダーに記されている主要な祝祭日は元日、カーニバル（2 月頃の移動祝日）、聖金曜日（4 月頃の移動祝日）、復活祭（4 月頃の移動祝日）、チラデンテスの日（4 月 21 日）、メーデー（5 月 1 日）、キリスト聖体祭（6 月頃の移動祝日）、独立記念日（9 月 7 日）、聖母アパレシーダの日（10 月 12 日）、死者の日（11 月 2 日）、共和制宣言記念日（11 月 15 日）、クリスマス（12 月 25 日）の計 12 日である。

　元日は「普遍的友愛」の日とも称され、1935 年に G. ヴァルガス大統領によって制定された。除夜から新年にかけて花火が打ち上げられ、海岸ではアフリカ系宗教の信者が海の女神イエマンジャーに供物を捧げ、礼拝する。

　南半球のカーニバルは真夏に行われるが、特にリオのカーニバルは土曜日から「灰の水曜日」にかけて多くの観光客を集めて盛大に開催される。サンボドロー

モとよばれる会場ではサンバチームによる山車と踊りの行進が行われ、採点によって順位が決められる。他方、社交場でもさまざまな舞踏会が開かれる。カーニバルの祝日は火曜日だが、水曜日も実質的に休日となる。

　聖金曜日（キリストの受難日）を含み復活祭で終わる聖週間はブラジルでも重要な宗教的祭日となっている。色とりどりのチョコレートのイースター・エッグが店頭に並び、季節の風物詩となっているが、休暇を楽しむ人々も多い。

　復活祭と前後して、二つの祝日がある。一つはポルトガルに反抗しブラジル独立運動の先駆者として国民的英雄となったチラデンテスが 1792 年にリオで処刑された日を記念する祝日である。もう一つの祝日はメーデーで「労働の日」ないし「労働者の日」とよばれ、1925 年に制定された。インフレ時代は最低賃金の値上げ告知がこの日の恒例行事となっていた。

　キリスト聖体祭（コルプス・クリスティ）の日には聖体行列が通る路上に、生花などでつくられたカラフルで宗教的な図柄のカーペットが敷かれる。リオやサンパウロをはじめとする歴史的な都市でみられる行事である。

　1822 年の独立宣言を祝す独立記念日には軍事パレードが各地で行われる。もともとポルトガルの皇太子ペドロがサンパウロのイピランガの丘で「独立か、それとも死か」と馬上で叫んだことに由来する。

　聖母アパレシーダの日は 1980 年のヨハネ・パウロ 2 世のブラジル訪問を記念して国家の祝日に制定された。聖母を祀る大聖堂はリオとサンパウロの中間地点にあり、1717 年に 30 cm ほどの褐色の聖母像がパライーバ川から漁師によって引き上げられたとの伝承をもつ。褐色の肌が混血を象徴するところからブラジルの守護聖母に格上げされた経緯があり、別の要因としてはリオのコルコバードの丘に立つキリスト像とのジェンダー・バランスに配慮したとの説もある。聖母アパレシーダの日と同時に祝される「子どもの日」は 1924 年に国会で提案され、1960 年に玩具業界の記念日となった。

　死者の日は万霊節ともよばれ、カトリックの祭日である。家族で墓地を訪問し、花を供え、ロウソクをともし、祈りを捧げ、時に飲食をともにする。奇跡譚をもつ故人の墓も多くの訪問者でにぎわう。その中にフランス系の心霊主義者（カルデシスタ）の墓も含まれることがブラジルの特徴である。

　帝政から共和制への移行は 1889 年 11 月 15 日に軍部がクーデターを起こし、皇帝ペドロ 2 世を廃位させ、共和制を宣言することで達成された。中心的人物の中にはフランスの思想家 A. コントの流れをくむ実証主義者（ポジティヴィスタ）

が多く、その影響を受けて国旗には「秩序と進歩」の標語とともに、同日午前8時30分のリオの空を再現した南十字星を含む27個の星が描かれている。

　1年サイクルの祝日を締めくくるのはクリスマスである。真夏の時期にあたるが、北欧風ないしアメリカ風のクリスマスツリーやサンタクロースも幅を利かせている。しかし、ポルトガル風の馬小屋を飾ってキリストの誕生を祝したり、ドライフルーツやナッツ、あるいはチョコレートの入ったイタリア系のパン（パネトーネ）を食べたりするところに、ブラジルならではの特徴が認められる。

暦と生活文化

カレンダーには4種の月齢の記号（新月、上弦、満月、下弦）が記されている（図1）。月が満ちる時期は爪や髪を切ったり、貯金をしたり、商売を始めるのによいとされる。他方、月が欠けていく時期は閉店にふさわしく、アフリカ系の信仰ではエシュ（ヨルバ族起源で、この世とあの世を仲介する神格）と関係し、悪事がはびこるとされる。

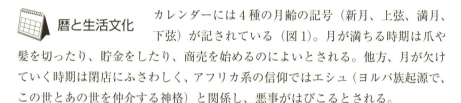

図1　月齢記号の例

カトリック圏のカレンダーにみられる聖人名の記載は修道会発行のものにはみられるが、一般的には普及していない。いわゆるネームデーの誕生祝いは慣習にはなっていないが、誕生日自体は盛大に祝われる。

　宗教カレンダーは主に2種類である。一つはカトリック、もう一つはプロテスタントのものである。前者はキリスト、聖母マリアや諸聖人の画像が中心であるのに対し、後者では聖書から選ばれる聖句が主要な位置を占める。近年の顕著な傾向は、聖句を引用したカレンダーの需要が非常に高まっていることである。その背景には福音派やペンテコステ派の台頭があり、暦文化にも影響を与えている。性道徳に厳しいプロテスタントの増加は、かつて人気を誇ったヌード・カレンダーの激減を招く一因となっており、上半身のセミヌードにとどめるといった製作者側での自粛もみられる。

日系人とカレンダー

日本人移住者の家屋ではカレンダーがほとんど唯一の壁面装飾といってよい時代が続いた。年を越すと、日付の部分を切り取り、絵や写真をそのまま飾っておくことも広くみられた。カレンダーの数が多いことは社会的ネットワークを誇示することにもつ

ながっており、そのような貧しい芸術文化を「カレンダー文化」とよぶ人も現れた。今でも日系人家庭には多くのカレンダーが存在し、日系のレストランなどにもカレンダーがところ狭しと飾られている。

　日系人の経営する印刷会社ではカレンダーの注文も受け付けていて、和服姿の女優の写真や富士山などの風景写真をあしらってその需要に応えている。ブラジルの祝日と日本の祝日の双方を掲載するカレンダーや、日本とブラジルの季節の違いを逆転させて現地適応をはかるものもある（口絵6ページ目参照）。

　日系移民史を12枚の月表でたどったカレンダーも存在する。カトリックの日伯司牧協会が2008年のブラジル移民100周年に向けて発行したものである（図2）。笠戸丸での渡航、コーヒー農園での労働、原生林の伐採、日系植民地の建設、日本語学校、結婚と続き、天皇誕生日の祝賀会、巡回映画の鑑賞、皇族の訪伯などの場面がちりばめられている。注目されるのは、移民史を聖句で再解釈している点である。例えばブラジルへの渡航には、「あなたは生まれた故郷を離れて私が示す地に行きなさい」（『創世記』12：1）の節を対応させている。

　日系宗教のカレンダーでも生長の家やPL教団が発行するものは90％以上を占める非日系ブラジル人信者を対象とし、すべてポルトガル語で教訓が表記されている。いわゆる「万年日めくり」のタイプであり、教団の教えを毎月1回反復することを目的としている。日本の暦文化は一般のブラジル人社会にも影響を及ぼしているのである。　　　　　　　　　　　　　　　　　　　　　　　　　[中牧弘允]

図2　日伯司牧協会のカレンダー

参考文献

[1]　中牧弘允「ブラジルの宗教カレンダー──日系宗教を中心に」『カレンダー文化』アジア遊学106，勉誠出版，pp. 168-177, 2008

ベネズエラ・ボリバル共和国

　ベネズエラは、1498 年の C. コロンブス第三回航海の際に「発見」、後に A. オヘダらによって征服、植民された。今日の首都カラカスが位置する盆地に定住していた先住民族はたびたび抵抗戦争を起こした。なかでも最大のものは 1568 年の首長グアイカイプロによる反乱であったが、彼を倒したスペイン人はカラカスの平定を達成する。

　1810 年から始まる独立運動の末、S. ボリバルら南米生まれのスペイン系エリートの活躍により 1819 年にスペインから独立を宣言し、現在のコロンビア、エクアドル、パナマとあわせてグランコロンビア共和国を創立した。ボリバルの死後、1830 年にベネズエラ、コロンビア（現在のパナマを含む）、エクアドルの 3 国に分裂し、独自の共和制をしいて今日にいたっている。1920 年代以降、世界有数の産油国として発展し、石油輸出国機構の設立などを主導した。

　人口は 2700 万人（2011 年センサス）。「クリオージョ」とよばれる混血意識をもつ生粋のベネズエラ人が人口の過半数を占める。クリオージョ集団は「白人」「黒人」「先住民」といった民族・人種の出自をもつ人々が混血して形成された。その結果、現在ベネズエラには「白人」「黒人」といった社会集団は存在しないといわれる。20 世紀以降流入した移民の子孫は、スペイン系、イタリア系、ポルトガル系、レバノン・シリア系、ユダヤ系、中国系、コロンビア系、ハイチ系など多様な出自がみられ、総人口の半数弱を占める。日系、チャイニーズ、コリアンなど東アジアからの移民は人口比 1% にいたらず、少数派である。独自の言語と民族意識をもつ先住民族は人口の 2% 程度を占める。

 暦法とカレンダー　　公式の暦法はグレゴリオ暦である。移民集団が独自の暦を公共空間において実践することはほとんどない。例えば米国においてユダヤ人が経営する商店（オンラインショップも含め）がユダヤ暦に基づいて毎週土曜日を休日とすることは珍しくないが、ベネズエラにおいてはユダヤ人経営者でさえ主流社会の暦に従って定休日を設定することが多い。同様に、チャイニーズの春節やムスリムのラマダーンが一般社会から

広く認知されることもない。こうした行事はそれぞれのエスニック社会が運営する
るソシアルクラブ（会館）の中で同胞同士で祝われるにすぎない。

　カレンダーはスペイン語圏の国々と同様、月曜日に始まり日曜日で終わるよう
に配列する。日曜日始まりの週間暦に慣れていると見間違えやすいので注意を要
する。

◇◇◇ 祝祭日と行事・儀礼

いわゆる国民の祝日は以下のとおりである。元
日（1月1日）、カーニバルの月・火曜日（移動
祝日、2月上旬から3月上旬までの範囲で移動、2017年は2月27・28日）、聖木
曜日、聖金曜日、復活祭日曜日（移動祝日、3月末から4月末までの範囲で移動、
2017年は4月13・14・16日）、独立宣言記念日（4月19日）、メーデー（5月1
日）、カラボボの戦い記念日（6月24日）、独立記念日（7月5日）、ボリバル生
誕記念日（7月24日）、先住民族抵抗の日（10月12日）、クリスマスイブ（12
月24日）、クリスマス（12月25日）、大晦日（12月31日）の計15日である。

　ベネズエラは熱帯の国であり、四季ははっきり分かれていない。カーニバルは
年明け最初の連休ということで、都市在住者の多くはビーチなどを目的地として
小旅行に出たりする。オリノコ川中流域に位置する金鉱の町エルカジャオでは、
19世紀後半に一攫千金を目あてに英仏語圏のカリブの島から移民してきたアフ
リカ系の人々の子孫たちが、カリプソと仮装バンドの伝統を21世紀に伝えてい
る。また北部の港町プエルトカベージョでは、カーニバルの火曜日に「ハンモッ
クの埋葬」パレードが行われる。

　カーニバルの40日後には復活祭が祝われる。学校や職場は4連休となり、年
休と合わせて1週間の休暇をとって海外旅行に出かける人も少なくない。一方
で、カトリック信者が多いベネズエラにおいてはクリスマスに次いで重要な宗教
行事のときでもある。各地でキリストの受難にちなんだキリスト像の御輿渡御な
ど伝統行事が行われる。

　4月19日はフランス革命にも参戦した啓蒙思想家F.ミランダが初の独立革命
に決起した1810年の運動を記念する日である。

　5月1日のメーデーは「労働者の日」とよばれる。チャベス派の社会主義政権
下においては政府の肝煎りで大規模な集会が催される。

　6月24日は、ミランダの遺志を継いだS.ボリバルがスペイン軍を撃破して独
立戦争の勝利を決定付けた戦勝記念日である。この日は洗礼者聖ヨハネ（サン・

図1　先住民抵抗の象徴グアイカイプロ像

フアン）の祝日にもあたる。ベネズエ
ラ中北部海岸地方の各地では、サン・
フアンの祝日がアフリカさながらの太
鼓祭りで祝われる。奴隷化されてベネ
ズエラに連行されたアフリカ人の子孫
たちが伝えた、熱狂的な太鼓歌と踊り
が守護聖者ヨハネに捧げられる。

　7月5日はベネズエラ独立記念祭で
ある。各地で行政主催の祝賀行事が行
われる。正式国号を「ベネズエラ・ボ
リバル共和国」と称するこの国である
が、特にこれといった恒例の伝統儀礼
というものはない。むしろ7月24日
のボリバル生誕記念日に、この国の
人々が独立の英雄に寄せる思いが見て
取れるかもしれない。「ボリバル広場」
とよばれる国内各都市の中央広場に
は、必ずボリバル騎馬像あるいは胸像が設置されている。この日には独立の英雄
をたたえた花冠とともに、人々が思い思いに花や葉巻などを捧げる。英雄の功
績がたたえられると同時に、その霊に祈り、わが身とわが国の庇護を乞う。建国の
英雄は信仰の対象でもあるのだ。

　10月12日はスペイン語圏各地で「民族の日」または「スペイン系文化の日」
とよばれ、C.コロンブスによるアメリカ大陸発見を記念しつつ、旧スペイン植
民地各国の共通の歴史・文化的遺産をたたえる日とされる。ベネズエラでは「民
族の日」とよばれていたこの祝日は、H.チャベス政権下の2002年に「先住民抵
抗の日」と改称された。1492年10月12日を西欧によるアメリカ大陸征服の始
まりの日と位置付け、征服者に対してあくなき抵抗を続けた先住民族の不屈の魂
をたたえる日とされた。市内の遊歩道（パセオ・コロン）の入口に屹立していた
コロンブス像はグアイカイプロ像に交代させられている。

　12月に入ると、ベネズエラでは家庭や学校で民衆文化とともにクリスマス行
事の準備が始まる。北米流の消費文化の影響で、サンタクロースやトナカイもメ
ディアに登場するものの、クリスマスの主役は幼子イエス（ニーニョ・ヘスス）

であり、飾り付けの中心は御子が生まれた厩をかたどった「降誕飾り」（ナシミエント）である。昨今は、クリスマスツリーもあわせて飾る家が多いようである。クリスマスプレゼントをくれるのはサンタクロースではなく、聖書の故事にちなんだ三博士でもない。誕生日を祝われるはずの当人＝幼子イエスこそが、クリスマスの朝にベネズエラの人々にプレゼントをくれるのだ。そのため、子供たちは幼子イエスに宛てておねだりの手紙を書き、降誕飾りのまわりに飾っておく。その手紙を読んだ幼子イエスがイブの夜からクリスマスの朝にかけて、素敵なプレゼントをおいていってくれるのだ。

　ベネズエラのクリスマスは一部のカトリック国のように家族だけが集うという訳でもなく、身近な友人同士、ホームパーティーに招待し合ったりもする。家族が勢ぞろいするのはむしろ大晦日だ。この日は年末シーズンの料理「アヤカ」（トウモロコシ生地をバナナの葉で包んだちまき）、豚モモの丸焼き、チキンポテトサラダ、ハム入りロールパン、そしてデザートのパパイヤの甘露煮に舌鼓を打ちつつ、酒を飲み、パーティーソングを歌い、踊り、新年を待つ。この時期に欠かせない伝統音楽には「アギナルド」（ベネズエラ流クリスマス頌歌）と「ガイタ」がある。いずれもにぎやかなダンス音楽だ。1月1日は、飲み疲れとパーティー疲れでのんびり過ごすのが一般的である。

 その他の記念日　5月の第二日曜日に祝われる母の日は非常に重要なプレゼントの機会である。ご多分にもれず、翌月の父の日はさほどの重要性はない。

　9月30日は「秘書の日」とされており、重要業務のゲートキーパーを務める女性従業員たちは出入り業者や得意先からのプレゼント攻めにあう。この他、さまざまな職業にその記念日（医師の日、音楽家の日、教師の日など）が設けられているが、国民生活に重要なところでは「銀行家の祝日」がある。銀行家の守護聖者といわれるサン・ホセ（聖ヨゼフ）の祝日である3月19日のほか、カトリックの聖人にちなんだ七つの祝日に隣接した月曜日が法律により金融業独自の休業日として設定されている。世の祝日とまったく連動していないため、注意が必要である。そのためベネズエラのカレンダーには必ず「銀行家の月曜日＝銀行休業日」が記されている。　　　　　　　　　　　　　　　　　　　　　　　　［石橋　純］

ペルー共和国

　ペルーの母体となったインカ帝国は 1532 年、征服者 F. ピサロの手に落ち、その後 300 年近くもの間、スペインの植民統治下におかれた。しかし 1821 年ペルーはスペインから独立、国民意識の形成に目覚め、チリとの太平洋戦争、ペルー革命などを経て今日にいたっている。国土は日本の 3.4 倍（129 万 km²）、人口は 3115 万人。民族・人種の分類は統計のとり方によっても異なるが、わが国の外務省のサイトによれば、先住民 45%、混血 37%、欧州 15%、その他 3% という数字になっている。宗教は、カトリック 81%、プロテスタント 13%、その他 3%、無宗教 3% であり、圧倒的にキリスト教徒が多い（2007 年国勢調査）。

 暦法とカレンダー　暦にはさまざまな価値観が埋め込まれている。事実、グレゴリオ暦で刻まれたペルー公式の祝祭日を一瞥すれば、民族の歴史、伝統、目指す国家像などが巧みに取り込まれていることがわかる。ペルーで国が休日と定めているのは、次のとおりである。

　　祝祭日と行事・儀礼　1 月 1 日は、国民がそろって新年の開始を祝うものである。多くの民間信仰を伴うが、1 月 1 日 0 時に鳴らされる教会の鐘に合わせてブドウを食べ、健康を祈願する。近年では、黄色や赤の下着を身に着け、金運、愛情運の上昇を期待する向きもある。また、旅行カバンを携え、あらかじめ用意されたたき火のまわりをまわると海外旅行の夢がかなうといわれる。一般的には「幸運な年でありますように」などと言い合う。休日は 1 月 1 日だけで、仕事や授業は 1 月 2 日の早朝から始まる。

　元旦の次の祝日は、カトリック典礼暦の聖木曜日と聖金曜日で、ともに移動祝日（3 月中旬から 4 月中旬の間）である。復活祭直前の 1 週間を聖週間とよぶが、この木曜日と金曜日が休日となるので、続く聖土曜日と復活祭を加え大型連休になる。祝日ではないが、四旬節直前にはカーニバルがあり、地域によっては聖週間よりも盛大に祝われる。カーニバルは、仮装行列やカーニバル人形の匿名性を利用できるので、社会風刺や個人攻撃が許され民衆の不満を一気に解消する社会

的安全弁の役割をはたすことになる。

5月1日は労働者の日。政府の音頭で労働者の勤労がねぎらわれるが、労働組合の集会などを伴うこともある。山間地域では、野外で蒸し焼き料理パチャマンカやワティアをつくるところもあり、家族団欒の1日を過ごす。

6月29日は、聖ペドロと聖パブロの日である。前者は初代のローマ教皇となり、教会の礎を築いた。後者はキリスト教徒を迫害するファリサイ派に属したが、神秘的な落馬体験を機に回心し、小アジアなどで異教徒の教化に努めた。要するにこの2聖人はキリスト教の発展に尽力し、その功績により暦の中に名を織り込まれているのである。聖ペドロはまた、ガリラヤの漁師だったので、漁民の守護聖人とされ、太平洋沿岸部の漁村ではその聖人像を舟で海上に運んでミサを遂行し、海難除災・大漁の祈願をする。

ペルーでは7月に入ると、通りに面した家の壁や塀の掃除が始まる。仕上げに、どの家も赤と白を基調とする略式の国旗を掲げる。これは、7月28・29日の独立記念日を祝う準備である。一般に国、地方自治体、学校単位でさまざまな行事が組まれる。独立記念日の出し物はパレードで、楽隊の威勢のよい音楽に合わせ、大きな国旗をもった児童が、神妙な顔付きで町を行進し、わが子を見ようと保護者が詰めかける。

8月30日はペルーの守護聖人サンタ・ロサの日である。1586年ペルーに生まれ、1671年にアメリカ大陸で初の聖人として列聖。生涯、自己犠牲を貫き、民族・人種、社会階層の分け隔てなく人と接し、祈りを捧げたといわれる。国家警察の守護聖人でもあり、その記念日には警察のパレードもみられる。この日だけは警察業務も開店休業となるという。この聖女はペルーが外交的に危機に瀕したとき、例えばチリとの間で勃発した太平洋戦争の際などでは愛国的聖人となり、その記念日は単に宗教的というにとどまらず政治的意味をもつこともある。

10月8日はアンガモス海戦記念日である。1879年の同日にアンガモス岬沖で、太平洋戦争中のペルー海軍とチリ海軍とが戦火を交えた。M. グラウ艦長に率いられたペルー海軍の装甲艦ワスカルはチリ艦隊を苦しめ、一時的であれ優勢に立った。そのグラウの英雄的行為を顕彰するのがこの祝日である。グラウの銅像はペルー各地に建てられ、その勇姿は紙幣の図柄にもなっている。しかしながら太平洋戦争はペルーの敗北により終結した。

カトリックの典礼暦では、11月1日はすべての聖人と殉教者を記念する諸聖人の日（万聖節）、翌2日は煉獄の死者と交流する日（万霊節）とされる。国が

祝日と認めるのは前者だけだが、その休日に乗じ行事を1日前倒しし、祖先や死者の眠る墓地に赴く者も少なくない。墓を清掃し花束で飾った後にロウソクがともされる。故人が生前好んだ飲食物が並べられ、時には墓地で共食が始まる。参列者は故人との思い出話に花を咲かせる。死者のためのミサや祈りは、煉獄で苦しむ死者の罪を軽くすると信じられ、教会では司祭、墓地では祈禱師の祈りが終日続く。

　12月8日は無原罪の御宿りの日で、無原罪の聖母を祝う。青いリボンをもち三日月の上に直立する聖母の独特な姿は17世紀以降、絵画や聖像の形で表現され、スペインなどで数多くの作品がつくられた。この日には信徒があちらこちらで隊列を組み、無原罪の御宿りの聖像を担いで町中を練り歩く。キリストよりも聖母への信心が篤いといわれるが、この祝日は、そうしたマリアニズムを如実に示すものである。

　12月25日はクリスマス。国民の94%がキリスト教徒なので、大きな意味をもつ。祝日は25日の1日だけだが、無原罪の御宿りの日が過ぎると学校など教育機関はクリスマス休暇に入り、クリスマス商戦とは無関係な職場でも休みをとる人が次第に増える。平常に戻るのは1月2日以降である。クリスマスの中心的行事は実質的には24日のクリスマスイブ（現地ではノチェ・ブエナとよび、「よい夜」の意味）から始まる。クリスマスは家族団欒で迎えるが、身内で訪問し合うこともある。リビングにはナシミエント（キリスト降臨の場面を再現する人形）が飾られ、皆で七面鳥、パネトーネを食べ、温かいチョコラテを飲む。大人は酒を飲みながら25日0時を待つ。そのときがくると、「幸せなクリスマスを」と言い合って抱擁する。その後、教会では深夜の礼拝ミサ・デ・ガリョ（鶏のミサ）が始まる。降誕祭は1月6日の前日まで続く。6日は公現祭で、それは東方の三賢王が幼子イエスを訪問し礼拝したとの伝承に由来する。三賢王がイエスに捧げた贈り物にちなんで、子供にはプレゼントが用意される。近年では、欧米化が進みサンタクロースがクリスマスに贈り物をもってくるので、子供たちは2週間のうちに二度プレゼントをもらうことになる。

暦と生活文化

　ペルーには、国民の祝日ではないが、世界的に知られ、多くの観光客を引き付けるいくつかの祭礼がある。テレビや新聞でその模様が報道されると、人々は季節の移り変わりを感じる。祭りは時を知らせる歳時記となっているのである。

　コルプス・クリスティ（聖体の日）は、カトリック世界で最も重要な記念日のうちの一つである。移動祝祭日で三位一体の主日の次の木曜日にあたる。なかでも、準備から終わりまでほぼ1か月をかけ町全体で挙行される祭礼がクスコのコルプスである。日頃は町の各地の教会に分かれて鎮座する聖人・聖女像だが、この祭礼では、美しく着飾られ、楽隊の音楽と色鮮やかな衣装をまとった踊り手のダンスに合わせ街路を行き交う。そして夜になると、きらびやかな聖像15体が大聖堂の中で休息をとる。この祭礼は、一見するとカトリック一色に見えるが、聖像の並べ方がインカ時代のワカ（聖なるもの）の配置と一致しているといわれ、ここでは、キリスト教と土着宗教との融合がみられる。この祭りでは郷土料理チリウチュが用意され、この祭礼を迎える楽しみの一つとなっている。

　インティ・ライミはインカ帝国の時代に帝都クスコで繰り広げられた最大の祭典で、開催時期は、南半球に位置するペルーでの冬至（6月下旬）である。この祭りが終われば、太陽の勢力は日々増していく。インティとライミは各々ケチュア語で「太陽」と「祭典」の意味であり、インカの宗教では主神は太陽、皇帝はその御子とされた。したがって、太陽に捧げるこの祭りは、主神だけでなく、皇帝にも力を与え、その聖性の更新を祈願するものであった。そのため、インカ暦の1年はこの祭りをもって始まったと考える研究者もいる。この祭典は、スペインによる征服・カトリック教化で禁止され一度は消失したが、1944年に地域の歴史家らが古文書を頼りに祭りの一部を再現し、それを野外で上演するようになった。今ではそれが世界中から客を集める観光の目玉の一つとなっている。

　10月になると、首都リマは紫色に染まる。10月18・19日と28日には、聖職者、祭りを支える信徒集団、一般信徒までもが受難を示す紫色の衣をまとい、セニョール・デ・ロス・ミラグロス（奇跡の主）の聖画像を載せた神輿を担ぎ、紫の飾り物であふれる街を厳かに巡行していくからである。17世紀中葉に黒人奴隷が壁に描いた磔刑のキリスト像が大地震にも耐えて無傷で残った。その後、それがさまざまな奇跡を起こすと評判になり、その霊験は、ついにはペルー国内だけでなく外国にも知れ渡った。信者は、自分の願いがかなうと、それを奇跡とみなし、奇跡のあかしとして聖画像を載せる神輿に金銀を寄進する。そのため、もともと約1000kgだった台座の重さは、今ではその倍近くにまで増えている。近年、日本でも日系ペルー人らが中心となり、信徒集団を組織し、日本各地でこの祭りを実践している。　　　　　　　　　　　　　　　　［加藤隆浩］

ボリビア多民族国

　ボリビア多民族国は、南米大陸の中部に位置する内陸国である。憲法上の首都はスクレだが、行政の中心は西部高地のラ・パスにある。2006年、ボリビア史上初の先住民出身大統領としてE.モラレス・アイマが就任した後、新憲法の制定、共和国から多民族国へ国名の変更など、近年大きな変化を遂げている。新憲法によれば、アイマラ、ケチュア、チキタノ、グアラニ、モヘニョなどをはじめとした36民族によって構成される多民族国家である。憲法はスペイン語で書かれているが、アイマラ語やケチュア語など先住民言語も広く使用されている。2016年現在、人口は約1082万人である。

 暦法とカレンダー　新憲法では宗教と信仰の自由が認められているが、国民の多くはカトリック教会に所属し、グレゴリオ暦に従って社会生活を営んでいる。カレンダーには、壁に掛けるものから卓上に置くもの、手帳型のものまでさまざまな種類がある。有名な教会が販売する人気のカレンダーなどは、年末以外には手に入らないこともある。カトリックの聖人を描いたカレンダーの中には、その人物の言葉やエピソード、その他人生の教訓などが記されているものもある。

　近年、先住民の権利向上を目指す気運の中、キリスト教世界よりも古い歴史と伝統を誇るといわれるアイマラ暦の価値も見直されている。アイマラ暦では、28日を13か月繰り返して364日とし、それに夏至にあたる6月21日を元日として加えて365日とする。西暦2017年は、アイマラ暦では5525年である。アイマラ暦独自のカレンダーは円形で、太陽や月の運行、気候や耕作の周期が、その中に整然と表現されている。

　祝祭日と行事・儀礼　1月1日、グレゴリオ暦の元日は、スペインや他のラテンアメリカ諸国と同様、年越しの瞬間にかけてブドウを12粒食べることから始まる。それぞれの町にある中央広場の聖堂が年越しの鐘を鳴らすと、花火や爆竹が打ち上げられ、夜を徹して町中で音

楽が演奏される。この時期にかけて夏の休暇をとり、遠方に住む家族を訪ねて旅行を楽しむ人々も多い。

　1月22日は、ボリビア多民族国の建国記念日である。2006年の同日に初の先住民大統領が就任したこと、そして2009年に新憲法の承認が行われたことを記念し、2010年に制定された。当日は、ラ・パスの大統領官邸前のムリリョ広場で、政治家の演説や民衆による記念行事が行われる。そこでは、カラフルな民族衣装に身を包んだ人々が香の煙に包まれながら音楽を奏でる。

　カーニバルは、毎年2月上旬から下旬にかけて、四旬節が始まる灰の水曜日まで行われる、移動祝日である。特にオルロのカーニバルは、C.コロンブスが南米大陸に到来する以前の現地の儀礼と、キリスト教の習慣が結び付いたものとして、ユネスコの無形文化遺産に登録されている。毎年、国内外から多くの観光客を集め、数万人に及ぶ踊り手と音楽グループが、多種多様な仮面や衣装をまとってパレードを繰り広げる。

　イエス・キリストの受難と復活を思い起こす聖週間（イースター）も、毎年3月下旬から4月上旬頃にある移動祝日で、教会暦のうち最も重要な行事の一つである。多くのカトリック教徒は、イエスがエルサレムに入城した枝の主日から受難の聖金曜日にかけて、毎日、その道行きを思い起こす聖体行列を行う。その間、各曜日の出来事を象徴するイエスや聖母マリアの像が担がれ、イエスの受難を思い、町中が悲しみに包まれる。そして復活祭が始まる深夜0時に向けて、1年のうちでも特に重要なミサが行われる。復活祭の当日は、聖週間の間に禁じられていた肉料理を囲み、酒を飲み交わすなど、祝祭的な雰囲気に一転する。

　ほかにも、3月23日には19世紀の太平洋戦争で失われた海岸沿いの領土を思い起こす海の日、5月1日には世界共通のメーデーがある。また先に述べたように、6月21日にはアイマラ暦の元日が祝われる。さらに、カトリックの聖人にちなんだ大小さまざまな祝祭日や地方行政区の設立記念日があるが、これについては次項で述べる。

　1825年8月6日、ボリビアが共和国としてスペインからの独立をはたした日を祝うのが、独立記念日である。今日、ボリビア全土の広場や街角では、学校や役所、軍隊、その他多くの民間組織が国歌を歌い、パレードを行うなど、華やかな記念行事がみられる。

　11月1日には、すべての聖人と殉教者を記念する万聖節（諸聖人の日）、11月2日には、すべての死者の魂を思い起こす万霊節（死者の日）がある。万聖節が

図1 イエス・キリストの生誕をあらわすペセブレ

重視されている西部高地などの地域では、さまざまな形のパンや果物、ロウソクやその他の嗜好品などの供物を並べる特別なテーブルがしつらえられる。こうした地域では翌日の万霊節にかけて、フリタンガとよばれる豚の煮込み料理がふるまわれる。他方、万霊節の日にミサへの参列と墓参りしか行われない地域もある。この時期、カトリック教会の聖職者が、外国の影響で流行しつつあるハロウィンの仮装を、「異教の慣習」として批判することもある。

　12月になると、家庭や教会では25日のクリスマスに向けて、イエスの母マリアや父ヨセフ、東方の三博士や動物たちのミニチュアを飾るようになる（図1）。25日までは、幼子イエスの場所は空けられている。ペセブレとよばれるこの飾りには地域ごとの工夫があり、例えば東部低地では幼子イエスが眠る場所にハンモックが吊られ、まわりにはチチャとよばれるトウモロコシの発酵飲料を保管する壺が置かれる。クリスマス当日になると、各家庭は大小さまざまな幼子イエスの像を教会に持ち寄り、ミサが行われる祭壇の前に無数に並べる。

 暦と生活文化　ボリビア国内の各行政区域の名は、独立運動に貢献した革命家のみならず、カトリックの聖人やその祝祭日と結び付いていることが多い。例えば、東部低地に位置するサンタ・クルス県チキトス地方の都市サン・イグナシオ市は、17〜18世紀にかけて、当地に「ミッション」とよばれる先住民への福音伝道区を築いたイエズス会の創始者、聖イグナチオ・デ・ロヨラを守護聖者としている。そのため、サン・イグナシオ市に住む人々は、前項で述べた全国的な祝祭日に加え、聖イグナチオ・デ・ロヨラの記念日である7月31日を守護聖者祭としている。守護聖者祭の1か月ほど前から、ミッション時代にルーツをもつ先住民典礼組織カビルドの人々が、神父とともに祭りへの招待と寄付集めを兼ねて、聖イグナチオ・デ・ロヨラの像を担いで、ブラジルとの辺境地帯まで巡礼旅行に出かける。巡礼から帰還した人々は、花火や

爆竹とともに出迎えられ、1年に一度の守護聖者祭が盛大に幕を開ける。

　このようにして各行政区域は、それぞれの守護聖者とその祭日をもっているのだが、それは例えばサン・イグナシオ市に属す100を超える小規模な村落も同様である。村落名の多くには、例えばサン・ラファエルではなくサン・ラファエリト、サンタ・ロサではなくサンタ・ロシタといったふうに、規模の小ささや親しみやすさを表す語尾が付与されている。こうした村落にも、それぞれの名にちなんだ守護聖者祭があるうえ、市や村落をさらに細分化する地区にもそれぞれの守護聖者がいる。そのためチキトス地方の人々は、聖人の日ごとに異なる目的地へと出かけていくことになる。

 ## チキトス地方における楽器の起源神話と教会暦

すでに述べたように、チキトス地方にグレゴリオ暦とキリスト教的な生活様式が導入されたのは、イエズス会士がこの地にミッションを建設していった17世紀末から18世紀後半にかけてである。キリスト教の教義や教会暦を語るのに不可欠な数字や曜日、月にあたる語彙をもたなかった当地の先住民言語チキト語は、イエズス会士の用いていたスペイン語やラテン語から、多くの借用語を受け入れていった。

　今日、チキトス地方の人々は、みずからのルーツを教会暦にそって語るようにさえなっている。例えば、前項で述べた先住民典礼組織カビルドの人々が奏でる楽器の起源について、次のように語られる。12月25日に神の子が生まれることを天体の運行から予想した東方の三博士は、それぞれ幼子イエスへの贈り物を携えて出かけていった。メルキオールは笛を、ガスパールは太鼓を、そしてバルタザールはパンパイプの一種（図2）を幼子イエスに贈った。さらに天使らも到来して、ヴァイオリンやハープ、オルガンなどの楽器を奏で始めた。こうしてチキトス地方の人々は、これらすべての楽器を学び、ミッションでの生活の中で奏でるようになり、それが今日まで伝わっているのだという。

［金子亜美］

図2　パンパイプを演奏する男性

メキシコ合衆国

　メキシコの正式名称はメキシコ合衆国である。現地ではスペイン語読みでメヒコと発音される。北米大陸の中部に位置し、面積は 196 万 km² （日本の約 5 倍）、人口は 1 億 2700 万人 （2015 年）。紀元前からオルメカ、テオティワカン、マヤなどの文明が栄え、先スペイン時代の国土の大半はメソアメリカという文化圏に属した。14 世紀頃からアステカ王国が勢力を拡大したが、1521 年にスペイン人 H. コルテスがアステカを制圧し、スペインの植民地となった。1821 年に独立。首都のメキシコ市はアステカ王国の都テノチティトランのあった場所で、もともとは流浪の民だったアステカ人たちが、「蛇をくわえたワシがサボテンの上にとまっているところに都を定めよ」という予言に従って定着した場所だといわれる。メキシコ国旗や貨幣には、この故事のモティーフがデザインされている。

暦法とカレンダー　　先スペイン時代のメソアメリカ世界には独自の暦法が存在したが、現在の公式の暦法は、スペイン人が伝えたグレゴリオ暦である。カレンダーは壁掛け型や卓上型が普及している。写真のカレンダーは典型的なもので、絵はメキシコで広く信仰されているグアダルーペの聖母像である （図 1）。植民地時代初期の 1531 年、先住民族の男フアン・ディエゴの前に聖母が出現したという奇跡譚にちなむ。カレンダーを製作したのは「アロ屋」という印刷店で、絵の下には、店名や連絡先のほか、招待状、ポスター、包装紙、ファイル、各種日めくりカレンダーなど同店の主要商品名が列挙されている。カレンダーそのものは、3 か月ごとにめくる形式で、日曜日から始まる曜日、月齢、祝祭日のほか、各日に対応したカトリックの聖人名が記されている。また M. キング牧師の誕生日なども記載され、米国の習慣も反映されている。したがってこのカレンダーは、おそらく、メキシコ人やメキシコ系米国人でカトリック教徒である顧客を意識して、宣伝用に作成されたものだろう。そしてこのカレンダー自体が、アロ屋の印刷するカレンダーの商品見本になっているようだ。

祝祭日と行事・儀礼

メキシコには２種類の祝祭日があ
る。一つは公的祝日で、法令に
よって定められたものである。も
う一つは国民の祭日で、国民の間
で慣習となっているものである。
カレンダーには前者だけでなく後
者も記されることが多い。

　公的祝日は、元日、憲法記念日
（２月５日、休日としては２月最
初の月曜日）、ベニート・フアレ
ス誕生日（３月21日、休日とし
ては３月第三月曜日）、メーデー
（５月１日）、独立記念日（９月16
日）、革命記念日（11月20日、
休日としては11月第三月曜日）、
大統領就任日（12月１日、６年に
一度）、クリスマス（12月25日）
の８日である。国民の祭日は、歴
史的な出来事を記念したものや、
宗教や信仰と関連するものが多

図1　メキシコのカレンダー（国立民族学博物館
　　　所蔵）

く、約30の祭日が存在する。前者では、プエブラの戦い記念日（５月５日）、人
種の日（10月12日）など、後者では、聖週間（移動祝日）、死者の日（11月２日）、
グアダルーペの聖母の日（12月12日）などが該当する。

　こうした祝祭日には、メキシコの近代史と文化が反映されている。人種の日は
1492年のC.コロンブスの新大陸到来を記念する日で、新旧両大陸の異なる人種
が出会った日として、メキシコだけでなくアメリカ大陸の多くの国で祝われてい
る。独立記念日は、1811年にM.イダルゴ神父がスペインからの独立戦争の口火
を切ったことを記念した日である。B.フアレスは1858年にメキシコ大統領に就
任し、自由主義的な改革を断行した功績で知られている。先住民族の出身だった
ことも、彼が国民に慕われる一因である。フアレスの大統領在任中、メキシコに

政治的干渉をするために出撃してきたフランス軍を、メキシコ軍が破ったのがプエブラの戦いである。革命記念日は、19世紀後半から約30年間続いたP.ディアス政権に反旗を翻したF.I.マデーロが、武装蜂起を計画した日である。この前後に、メキシコ各地で反乱が勃発し、メキシコ革命が始まった。革命の成果は1917年の新憲法に結実した。憲法記念日はそれが公布された日である。

　一方、宗教、特にカトリックの信仰にちなむ祭日も多い。聖週間はカトリックにおいて復活祭に先立つ1週間を意味し、教会を中心にさまざまな行事が行われる。死者の日は、日本のお盆のように、死者の霊が生前の家に戻るという信仰に基づく。家庭では祭壇がつくられ、パンや果物のほか、骸骨の形をした砂糖細工が供えられる。前日の11月1日は子供の霊、2日は大人の霊を迎える日とされる。そのため供物も1日はチョコレートの飲み物、2日はラムなどの酒類が加わる。グアダルーペの聖母は、先述のとおり、メキシコ人の信仰を集める聖母であり、その祭日には、メキシコ市のグアダルーペ寺院に大勢の巡礼者が訪れる。

暦と生活文化

メキシコ人が最もメキシコらしさを感じる月は9月である。16日の独立記念日を中心に、愛国心を鼓舞する一連の記念日が続くためだ。13日はニーニョス・エロエス（英雄少年）の日で、1847年、メキシコ市に攻め込んだアメリカ軍と戦って戦死した6人の士官候補生をたたえる。16日の独立記念日は、メキシコ市のソカロ広場でグリト（叫び）とよばれる儀式が行われる。これは、1811年のイダルゴ神父の独立戦争開始の雄叫びをまねて、メキシコ大統領が「メキシコ万歳！」（ビバ・メヒコ）と叫び、広場を埋めた国民が「ビバ！」と応える儀式である。その様子はメキシコ全土にテレビ中継され、多くのメキシコ人がテレビの前で「ビバ！」と唱える。27日は独立完了の日で、1821年の同日、10年間にわたる独立戦争が終結したことを記念する。さらに30日は、独立戦争の英雄の一人であるJ.モレロスの誕生日だ。このため9月に入ると、メキシコの街は、国旗の色である赤・白・緑の3色の飾りがあふれ、国旗やグリトの瞬間に鳴らすおもちゃのラッパなどの鳴り物を売る屋台が並ぶ。レストランやバーでは、典型的なメキシコ食であるポソーレ（トウモロコシのスープ）や酒のテキーラの消費が伸びるといわれている。

◐ メソアメリカ文明の暦

先スペイン時代のメキシコは、メソアメリカという文化圏に属し、260日と365日を単位

とする独自の暦法が存在した。260日暦は、13の数字と20の日の名前を組み合わせて260日で一巡する（13×20＝260）暦である。メキシコ南部オアハカ州のサン・ホセ・モゴテ遺跡には紀元前600年頃にさかのぼるこの暦の記録がみられる。260日暦の意味に定説はないが、有力なのは妊娠期間に対応するという説である。受精から出産まではおよそ260日であることから、人間は母体での生存期間を1単位としながら、人生を歩んでいくという人生観が260日暦のもとになっているといえる。365日暦は、毎月20日からなる月が18あり、それに5日間を付加（20×18＋5＝365）したものである。これは太陽の動きと季節の変化におおむね対応する。興味深いのは、これらの二つの暦を組み合わせ、52年（260と365の最小公倍数1万8980日）で一巡する暦も使用されていたことである。このほか、メキシコ南東部からグアテマラにかけてのマヤ地域においては、紀元前3114年の基準日からの経過日数を表す長期暦も使われていた。

　こうしたメソアメリカの暦法を集約的に表現したのがアステカ時代につくられた暦石である（図2）。直径3.6m、重さ24tの巨大な円盤状の石彫で、1790年にメキシコ市で発見された。表面には、太陽神（それゆえこの石彫は「太陽の石」ともいわれるが、地の神という説もある）、「動き」を象徴するシンボル、現世に先立つ四つの時代、260日暦を構成する20の日名などが刻まれている。この暦石は、いわばアステカ人の信じた世界観と流れた時間を記録したもので、現代のカレンダーのように日付を参照するためのものではない。現在は、メキシコ市の国立人類学博物館に展示されており、現代のメキシコの文化がアステカなどメソアメリカ世界を構成した諸文明の礎の上に築かれていることを雄弁に物語っている。　　　　［鈴木　紀］

図2　アステカの暦石

コラム　貧しいリチャードの暦

　米国の独立宣言起草委員の一人でもある B. フランクリンは 1733 年に『貧しいリチャードの暦』を発行し、約 25 年間続けた（図 1）。フィラデルフィアで印刷業を営むフランクリンがリチャード・ソーンダーズという名前で出版したもので、毎年 1 万部近く売れ、利益もあがった。彼はこの暦の余白を格言や金言で埋め、市民道徳の向上をはかった。「勤勉と節約とが富を得る手段であり、したがって徳を完全に身に付ける手段でもある」とそのねらいを『フランクリン自伝』に記している。勤勉と節約による資本の蓄積に注目したのは M. ウェーバーであり、『プロテスタンティズムの倫理と資本主義の精神』の冒頭でフランクリンの「Time is money.」（時は金なり）を引き、時間の無駄遣いを貨幣の損失と考える見方を「資本主義の精神」の好例

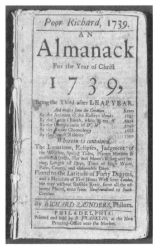

図 1　『貧しいリチャードの暦』（1739 年）

として示している。『貧しいリチャードの暦』は日にちを知るだけでなく、新時代の生活倫理を身に付ける手段でもあった。機知に富んだ格言は古今東西の文言から引き出したもので、フランクリン自身の独創によるものはそれほど多くはない。

　フランクリンが選択した 103 個の格言「富にいたる道」の一つに「Drive thy business; let not that drive thee.」（仕事を追い立てよ、仕事に追い立てられるな）という教訓がある。今日のビジネスの世界にも通用する教訓である。処世訓については、「Proclaim not all thou knowest, or all thou owest.」（知っていることのすべてをひけらかすな、同様に負債のすべても）という韻を踏んだ格言がある。負債に言及しているのは、友人関係、人間関係を壊さないための戒めとなっている。似た格言に「He is a Fool that cannot conceal his Wisdom.」（自分の知恵を隠せない者は愚か者である）、あるいは「He that would live in peace and at ease, must not speak all he knows, nor judge all he sees.」（平安に暮らす人は知っていることのすべてを話してはいけないし、見たことだけで判断してはならない）という韻文もある。日本のことわざとしては「能ある鷹は爪を隠す」に近い。

　その後、『貧しいリチャードの暦』の格言だけを集めた本がさまざまな形で出版され、挿画も数多くつくられた。モノとしての暦が精神的な文化に直結していることを如実に物語り、今でも通用する教訓が多いことはフランクリンの『貧しいリチャードの暦』の特徴である。

[中牧弘允]

コラム　マヤ暦で夜の出来事を表すと

　時は、繰り返すことなく一直線に流れるとともに、循環する二面性をもっている。マヤ暦はさまざまな周期の暦から成り立っているが、基本となる暦は、西暦と同じような絶対暦の長期暦とよばれるものである。それは、暦元の日（ユリウス暦では紀元前3114年9月6日）から、20進法に基づいた五つの単位を用いて日を数える暦であり、繰り返すことのない時のある1日を表すものであった。これで一義的に日は決められるが、しかし同時に、必ず循環する暦である260日暦（13×20日）と365日暦（20日×18＋5日）でもって、重複して表された。このため長期暦は冗長的となるので、流れゆく時の中である特定の日を定める必要がある場合以外は、260日暦と365日暦だけで日は表された。

　人間活動は普通明るいときに行われる。だから暦で言及される日の記録は、日中の出来事をさすのが普通である。ところが、マヤ暦の中に、夜間の出来事を特筆しようとした例がまれにみられる。例えば、ヤシュチラン遺跡の碑文に記された暦の例をあげてみよう。

　　（9.14.17.15.11）2チュエン　14モル（階段碑文3：西暦729年7月8日）
　　（9.14.17.15.11）3エブ　14モル（石碑18：マヤ暦ではあり得ない組合せ）

　同じ日の出来事が、1日違いの260日暦の日によって表されている。これは260暦と365日暦の日の始まりの違いを利用して、夜間の出来事を表そうとした工夫のように思われる。

　例えばグアテマラ高地のイシルやハカルテコの民族誌データからは、260日暦の日の始まりは日没から数えられた。つまり月の満ち欠けに関係する暦と考えられる。一方365日暦は、太陽の年周期にほぼ一致しており、太陽の動きをもとにした暦とみなすと、夜明けから数える暦といえそうである。これを考慮して、ヤシュチランの例を図にすると、図1のようになる。

　暦は日より小さな単位（時間）を考慮しないものである。しかし歴史記述においては、1日のある特定の部分に言及したいこともあったに違いない。260日暦と365日暦の日の組合せをずらした例は、それを表そうとしたものであったと考えられる。

　　　　　　　　　　　　　　　　　　　　　　　　　　　　　[八杉佳穂]

図1　260日暦と365日暦の数え方の違い

コラム　ホライズン・カレンダー

　ホライズン・カレンダーは地平線や水平線、あるいは山の稜線を意味するホライズンから命名され、天と地（または海）が接する境界線に昇降する太陽の移動から時節を知るカレンダーである。天文暦に属するが、景観に左右されるので普遍性をもたない。特定の地点から眺めたホライズン上の太陽の動きを追って、農耕などに適した時期を予測してきた。古代の環状列柱や環状列石はホライズン・カレンダーの観測装置である。

　米国南西部に住むホピやズニに代表されるプエブロ・インディアンは乾燥地帯に暮らしているため、降雨が死活問題であり、それを期待する儀礼が欠かせなかった。各村には太陽の観察者がいて、独自のカレンダーをもっていた。ホピの村で調査した記録（1931年）によると、野良仕事の開始は2月頃で、4月から6月にかけてトウモロコシや豆などの植え付けがあり、待ち望んだ夏至を祝い、ほどなく夏の雨の時期が到来する。その後、7月末から8月の初めにかけて早稲のトウモロコシが成熟し、8月の末頃、笛の祭りがあり、収穫の最盛期は9月の終わり頃となる（図1）。

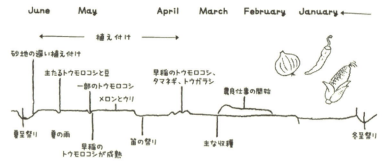

図1　ホピのホライズン・カレンダー（出典　Zeilik［1989］をもとに作成）

　このカレンダーは太陽暦の1年の振幅をはかるには適しているが、年の積み重ねを記録することはできず、目的は農耕と儀礼の時期を決めることにあった。プエブロ・インディアンの遠い先史時代の先祖と目されるアナサジの遺跡からは、窓や門から差し込む太陽の光と影に基づく原始的な暦の痕跡も突き止められている。

［中牧弘允］

〔参考文献〕
[1]　Zeilik, M., "Keeping the sacred and planting calendar: archaeoastronomy in the Pueblo southeast," Aveni, A. F. ed., *World Archaeoastronomy*, Cambridge University Press, 1989

9. オセアニア

オーストラリア連邦（ヨロンゴ）

　オーストラリアにおいて東アーネムランドはダーウィンを首都とする北部準州の北東部に位置し、面積は九州とほぼ同じである。1976 年に制定されたアボリジナル土地権利法（北部準州）によって先住民の土地所有権が公に認められている地区の一つである。アボリジナルの私有地であるため、入場については北部土地評議会が発行する許可が必要になる。そこに住むアボリジナルはヨロンゴとよばれ、人口は約 1 万人とされる。

☾☀ 暦法とカレンダー

　ヨロンゴの暦法は季節風を軸とした暦、つまり風暦であるが、グレゴリオ暦も並行して使用されている。地域差はあるものの、季節風は 4 方位（東：ボロノ、西：バーラ、南：ジャラタン、北：ルングルマ）を基本とし、数が最も多いもので 8 方位（東西南北の4 方向のほか、北東：ジョープル、北西：リランガンカ、南東：マディリ、南西：ガララババ）である。狩猟採集色が濃いヨロンゴ社会にとって風向が生活の基軸であるため、普段の生活でグレゴリオ暦カレンダーが使用されることはまれである。しかし 20 世紀初頭に始まったキリスト教の布教に伴い、復活祭（イースター）やクリスマスなどの祝祭日に関してはグレゴリオ暦に倣う。壁掛けカレンダーや卓上カレンダーの普及率はきわめて低いが、携帯電話が広く普及しているため、グレゴリオ暦の確認には携帯電話のカレンダー機能を使用することが一般的である。

◇◇ 祝祭日と行事・儀礼

　北部準州におけるカレンダー上の祝祭日は、元日、オーストラリア建国記念日（2 月 26 日）、聖金曜日（移動祝日）、聖土曜日（移動祝日）、復活祭（移動祝日）、アンザックデー（4 月 25 日）、メーデー（5 月第一月曜日）、女王誕生日（移動祝日）、ピクニックデー（8 月第一月曜日）、クリスマス（12 月 25 日）、ボクシングデー（12 月 26 日）の計 11 日である。

　乾季の始まりを告げる東風が吹き始める季節から雨季の始まりを知らせる南風

が吹く季節までの間にさまざまな儀礼
が行われる。西風が吹く季節は雷雨や
台風が多く発生し、人々の移動が制限
されるため、大がかりな儀礼が行われ
ることはまれである。地域によって行
われる儀礼に違いはあるが、例として
ダピやマラジリなどがあげられる。

　ダピは男性通過儀礼の第一段階、つ
まり割礼である。割礼を受ける少年
（ミールボーロム）に決まった年齢は
なく、親族（特に父、母方の叔父、母
方の祖母の兄弟）の協議のもと、日程
や場所が決定される。祝い事でもある
ため、遠方から大勢の親族が集う。短
い場合は数日、長い場合は2週間以上
をかけて断続的に親族が歌い、踊り、
笛を吹き、少年の胸部に氏族（「社会
構造」の項を参照）の神聖な絵を描き、
鳥毛などでつくられた装飾品を少年に
まとわせた後（図1）、最終場面を迎

図1　ミールボーロム（東アーネムランド、
　　2007年）

える。この通過儀礼を受けることで少年は青年（グルムル）になるのである。
　マラジリは氏族特有の装飾が施された儀礼用ポールを他氏族に贈呈する儀式で
ある。ポールの材質、形状、装飾は氏族それぞれに異なり、それが象徴するもの
は北風によって運ばれてきた雲、船のマスト、明けの明星などなど多岐にわたる。
マラジリの製作はすべて手作業で行われ、最終日の夜に地面に立てるまでには数
週間を要する。この儀礼には多くの意味があり、氏族間の友好関係の構築、偉大
な先人の追悼、先人より学んだ知識の具現化、そしてその知識を次世代に伝える
という役割をもつ。

暦と生活文化

　　　　　　　　　　　　　ドゥルドゥルとよばれる雨季の始まりは南風によって
もたらされる。ダランゴロクという木が真っ赤な花を
咲かせると、それはエイの旬を告げる。調理法は槍でしとめたエイの肝臓を取り

出し、その後、身を塩ゆでにする。ゆであがった身と生の肝臓を手でこね合わせ、小さな球形にして食す。また、この時期は別名「ベリーの季節」とよばれるほどに数多くの小果実が熟す。その中でもママンボとよばれる実はビタミンＣを最も多く含む植物の一つとして世界中から注目されている。

　南風がやみ、西から強い季節風が吹き始めると本格的な雨季の到来である。この時期はマヤルタとよばれ、大地に潤いを与える季節である。この西風に乗ってかつてインドネシアのスラウェシ島からマッカサンとよばれる人々がナマコ漁を目的とし、東アーネムランドの沿岸地域に船で訪れていた。それは17世紀中期に始まったといわれているが、オーストラリア政府がナマコ交易に対する関税や業務許可への税を課したことにより、1906年を最後に交易は途絶えてしまった。

　西風がやみ、東風が吹き始めると乾季の到来である。ミダワルとよばれるこの季節は雨季によって潤った大地からヨロンゴが恵みを享受する時期であり、豊潤の季節とよばれている。東風はヤムイモ、カキ、ウミガメが旬であることをヨロンゴに知らせる。東風は力強く、ミダワルが終わった後も吹き続け、ダラタラという冷たく乾いた寒季をもたらす。食べ物は豊潤であるが、熱帯雨林気候でありながらも朝方は毛布が必要なほどの冷え込みになり、バラマンディ（東アーネムランドを代表するアカメ科の魚）も水温の低下に伴い活性が下がる。

　東風がやみ、北風が吹き始めると、それは寒季の終わりを告げる。ラランダルとよばれ、「足の裏が焼ける季節」との別名をもつほどに気温が上昇する。複数種の蜂蜜がとれる季節ではあるが、蜂にとっても表を飛びまわるには暑過ぎる時期であり、巣の中にとどまっているといわれている。暑い季節の中、カンガルーやワラビー、エミュー、カササギガンが旬を迎え、狩猟が活発になる季節でもある。マラカという言葉は特定の木のこぶの中にたまった水を意味し、狩猟採集時の水分補給としてヨロンゴの貴重な水源の一つとなっている。

　足が焼ける季節の終わりを告げるのは北西の風である。ウォールマとよばれる季節であり、その意味は雷雲である。雨はまだ降らないが、遠い空で黒雲が立ち上がり、雷鳴が響き渡る。ヨロンゴは雨季が近いことを感じるとともに、この雷鳴が彼らの祖先や離れて暮らす親族を想起させる。この季節はワラガとよばれる特定のソテツ科の実（有毒）がヨロンゴの規律に従って調理され、神聖な食べ物として儀礼内で食される。この季節が終わると、南風が吹くドゥルドゥルが巡ってくるのである。

社会構造　　ヨロンゴの世界では動植物、自然現象のあらゆるものはドゥワもしくはイリチャとよばれる半族に属す。例えば東風、西風、ウミガメは前者であり、北風、南風、バラマンディは後者である。人間も動物とみなされるため、氏族を基準としてどちらかの半族に属する。氏族とは血縁関係によって結ばれている集団であり、ヨロンゴの場合は父系氏族社会である。ドゥワ氏族はドゥワに属す動植物、自然現象を儀礼内で歌い、それはイリチャ氏族も同様である。

　この半族制度は二項対立的で社会を二分するかのように見受けられるが、ヨロンゴの伝統的な婚姻制度とそれに関連するヨートインディ、マーリグタラとよばれる氏族制度がヨロンゴ社会を永劫的に持続可能なものにしている。伝統的な婚姻制度下において男女ともに結婚相手は生前に決定されており、男性の場合は母方の叔父の娘が結婚相手にあたり、女性は父方の叔母の息子がそれにあたる。つまり従姉妹、従兄弟との半族間結婚が定められている。この半族間結婚が父系氏族社会で規定されているということは必然的に子と母の氏族および半族は異なるということである。

　子と母のつながり、もしくは子が属する氏族と母が属する氏族の関係をヨートインディとよぶ。ヨートは子、インディは大きいという意味である。ヨート（子が属す氏族、以下、子方氏族）はインディ（母が属す氏族、以下、母方氏族）に対して監督者として重要な社会的責任をもつ。母方氏族が所有権をもつ儀礼を執行する際、子方氏族の許可および監督が必須になる。歌は儀礼の所有権をもつ氏族によって歌われるが、笛の伴奏や儀礼進行の監督は子方氏族の役割である。ここで特記すべき点は、子方氏族は母方氏族の監督者であると同時に、他氏族の母方氏族でもあり、監督される側でもあるということである。

　マーリグタラのマーリは母方の祖母とその兄弟、グタラは母系線をたどる孫という意味である。マーリが属す氏族（以下、祖母氏族）はグタラが属す氏族（以下、孫氏族）と同半族であり、数多くの歌や儀礼にかかわる氏族知識の所有権を共有する。祖母氏族が何らかの原因により存続が危惧される場合、孫氏族が祖母氏族の知的財産を受け継ぐことが社会的に認められている。また孫氏族は他氏族の祖母氏族でもあることから、ヨロンゴ氏族知識が半永久的に失われることがないように社会構造が成り立っている。それは東アーネムランド全土に数珠つなぎに広がっており、人口1万人とされるヨロンゴは婚姻、歌、儀礼などを通じて結ばれている大きな親族、という観念を根底にもつ社会なのである。　［林　靖典］

ニュージーランド（マオリ）

　アオテアロア（マオリ語でニュージーランドを意味する）の人口の約 15%、60 万人弱を占めるポリネシア系住民マオリは、後に移住してきた英国系白人住民（マオリ語で「パケハ」）とは区別される先住民である。マオリは、1840 年のワイタンギ条約によって英国の植民地支配下に入り、土地を奪われ、周辺化を余儀なくされてきた。同化政策によって伝統文化や言語は衰退したが、1970 年代以降、それらを取り戻すためのさまざまな取組みがなされている。例えばマオリ独自のカリキュラムをもった、マオリ語のみを教育言語とした学校の設立などである。

 暦法とカレンダー　日本などと同様、アオテアロア（ニュージーランド）ではグレゴリオ暦のカレンダーが使われているが、ここでは、先住民マオリの伝統的な暦に絞って記載する。

　アオテアロアでは、ポリネシアで広くみられる太陰暦が用いられており、マラマタカとよばれる。さまざまな活動をいつ始め、いつ終えるかなど、このマラマタカという伝統的な暦が、コミュニティにおける文化的諸活動の礎を担ってきた。マラマタカは、マオリの天文学、伝統的な宗教や教育など、包括的で洗練された知識の集大成である。

　歴史的に、熱帯ポリネシアに位置するとされる「ハワイキ」から、温帯気候に属するアオテアロアへと、マオリがカヌーで移住してきたというのはよく知られている。このことはすなわち、マオリが温帯気候への適応を余儀なくされたことを意味する。それゆえ、マラマタカ（特定の時期に何をすべきか）にも修正がなされることになった。

　マラマタカは、マオリの伝統的な時間管理と深く関係している。それは、もともとは自然の中でマオリが生存するためのものとして生み出された。

　マラマタカは、月の満ち欠けを頼りにして、作物の植え付けや収穫、漁業や狩猟などをいかに適切な時間に適切なやり方で執り行うかという観点から形づくられている。紙幅の関係で網羅的には書けないが、例えば新月フィロの日は、ウナ

ギを捕るのによいが、植え付けに
はあまり適していないとされる。
半月（上弦）タマテア＝アイオの
日は、天気が変わりやすいため、
気を付けるべきである。満月にあ
たるラカウヌイの日は、漁業にも
農業にもよいとされる。また、重
要なイベントを行うのにもよいと
され、例えばマオリ王の即位式は
満月の日に行われる。図1は、複
数の学校でマラマタカを教えるた

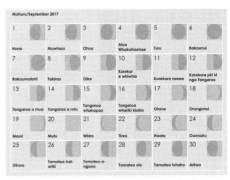

図1　マラマタカを教えるために教員が作ったカレンダー

めに作られたものであり、マオリの太陰暦マラマタカをグレゴリオ暦と組み合わ
せた手作り教材である。これを使って子ども達は月の満ち欠けとその時々に何が
行われるのかを学ぶ。必ずしも一般書店で手に入るわけではないが、これと同様
の、月の満ち欠けのカレンダー（さらにこれに潮の満ち引き、漁や作物の植え付
けに適するとき・適さないときなどが併記されたもの）も発行されており、購入
することもできる。

祝祭日と行事・儀礼

マオリは、プレアデス星団（和名スバル）をマ
タリキと呼ぶ。プレアデス星団の出現はマオリ
の新年を告げるものであり、冬にあたる6月頃である。マタリキの輝きの度合い
によって来るべき年に何が起こるかが決まるとされる。ただし、地域ごと・部族
ごとの違いもある。例えばニュージーランド北島の東海岸のマオリにとっては、
東の水平線から昇るプレアデス星団が見えた後の初めての月が、新年の到来を告
げるものであるが、北島の北部や南のチャタム島では、オリオン座のリゲル（マ
オリ語でプアンガ）が見えると新年の始まりである。

　今日、新年マタリキはマオリに限らず、アオテアロア全国で広く祝われている。
その日は祝典やお祭りなどが行われる。2017年だけで100ものマタリキに関す
るイベントが全国各地で催されている。

暦と生活文化

熱帯では雨季や乾季で気候が分かれるが、温帯気候の
アオテアロアでは日本と同様、四季がある。ホトケな

いしタクルア（冬：6〜8月）、コアンガ（春：9〜10月）、ラウマティ（夏：11〜3月）、トケラウ（秋：4〜5月）である。以下、1年を通じて、何月に何をすべきかというマオリの伝統的な生活文化について記載する。

- ピリピ（6月）：冬が始まる月。部族の皆が集まり、学びの場がもたれる月である。
- ホンゴヌイ（7月）：冬が深まり、すべてが閉ざされる月。
- ヘレ=トゥリ=コカ（8月）：冬の寒さは続いており、人々は火のまわりに集まり、身を寄せ合う。
- マフル（9月）：少しずつ暖かくなる月であり、花々や木々は芽吹き始める。
- フィリンガ=ヌク（10月）：かなり暖かくなる月。
- フィリンガ=ランギ（11月）：夏が到来。気候も暑くなる。
- ハキヒア（12月）：最も夏の暑さを感じる月。
- コヒ=タテア（1月）：果実が豊富に実り、収穫の準備ができる月。冬のための蓄えをすべき月。
- フイ=タングル（2月）：食物が最も豊富で、冬のための食物の保存準備をすべき月。
- ポウトゥ=テ=ランギ（3月）：クマラ（サツマイモ）を含む農作物は収穫の準備ができている。
- パエンガ=ファファ（4月）：収穫を祝うことができる月であり、冬に備える月。
- ハラトゥア（5月）：すべての作物は保存され、冬の準備がなされる。貯蔵庫はクマラで満たされるべき月。

南半球では、昼夜がほぼ同時間となる春分と秋分は、それぞれ9月と3月にある。これを境とする二つの時期は、マオリの神話において、ヒネ=タクルアとヒネ=ラウマティという二人の女性の名前で表される。太陽タマ=ヌイ=テ=ラは二人の妻をもち、冬の時期は妻ヒネ=タクルアと過ごし、夏になるとヒネ=ラウマティと過ごすといわれる。

 今日のマラマタカ　　マオリの伝統的な暦であるマラマタカは、今日、細々とは使われているものの、マオリの間ですら広く使われているとはいえない。時間をかけてわざわざ学ぶべき大事なものとは思われていないともいえる。しかしながら、マオリの伝統的な知識として後世に

伝える価値あるものと筆者らは考えている。

　図2は、平たい石の両面に絵を描いた手作り教材を使って、学校でマラマタカを子どもたちに教えているようすである。表面には月の満ち欠けの形が描かれており、裏面にはその満ち欠けの名称と何をすべきかが描かれている。例えばマファルは伊勢エビを捕るのと植え付けに最も適した日であるため、伊勢エビと植物の絵が描かれている。日常で使われることはまれではあるが、このように、マオリの教育者たちは、伝統的な知識において欠かせないものとしてマラマタカという暦を学校で教えようとしている。

［リリアナ・クラーク、伊藤泰信］

📖 **参考文献**

[1] 伊藤泰信『先住民の知識人類学—ニュージーランド=マオリの知と社会に関するエスノグラフィ』世界思想社，2007
[2] 伊藤泰信「ニュージーランド先住民におけるマオリ的なるもの/宗教的なるものの学習をめぐって」『宗教研究』85（2），pp. 83-110, 2011

図2　月の満ち欠けとその時々に適した活動を学ぶ子どもたち（ルアトキ中学校）

バヌアツ共和国

　バヌアツは、約80の島々（有人島は約60）から構成される南太平洋の島嶼国家である。1906年から1980年まで英仏共同統治領ニューヘブリデスとして植民地化されていた。独立後は英連邦に加盟する共和国である。現在の人口は25万人で、そのほとんどがメラネシア系である。宗教はキリスト教が大多数を占めるが、長老派、カトリック、アングリカン、SDA（Seventh Day Adventist）など多様な宗派が混在している。

　他のメラネシア地域同様、言語が多様であり、100を超える現地語が存在している。その言語的多様性を包括するかたちでビスラマ語とよばれるピジン語が国語として制定されており、他島民との会話（主に都市部）だけでなく、ラジオや新聞などのメディアでも用いられている。一方、小学校以上の学校教育の場で用いられているのが英語とフランス語であり、日々の生活の中ではそれほど用いられないが、これらも公用語として制定されている。

　首都のポートヴィラとエスピリトゥサント島のルガンヴィルが「都市部」とされ、この地域には電気などのインフラもある程度整備されている。また賃金労働に従事する者も多い。その他の地域はいわゆる「村落部」で、人々はイモ類を栽培する自給自足的農業で暮らしている。

　官公庁、銀行、オフィスなどは土曜日と日曜日が休日となる。またレストランなどを除く小売店では、土曜日の午後と日曜日は酒類の販売が禁じられている。

図1　卓上カレンダー。曜日が英語とフランス語で表記されている

暦法とカレンダー　　公式の暦法はグレゴリオ暦である。都市部などではどの家やオフィスにもカレンダーが掲げられている。またバヌアツ各地の風光明媚な風景や伝統芸能などの写真が映し出されたカレンダーは、観光客に人気の土産物となっている。

　教会が作成したカレンダーには、宗教画が描かれていることが多い。そのためカレンダーの年度が過ぎても、絵画の観賞用として、そのまま飾られていることもある。

祝祭日と行事・儀礼　　現在、制定されている国民の祝祭日は以下のとおりである。新年（1月1日）、独立の父ウォルター・リニの日（2月21日、W.リニは初代首相）、チーフの日（3月5日）、聖金曜日（移動祝日）、復活祭（移動祝日）、メーデー（5月1日）、昇天祭（移動祝日）、こどもの日（7月24日）、独立記念日（7月30日）、聖母被昇天祭（8月15日）、憲法記念日（10月5日）、祖国統一の日（11月29日）、クリスマス（12月25日）、家族の日（12月26日）。上記のとおり、キリスト教に基づいた祝日が多いが、実際に大がかりな祝祭が行われることはあまりない。

　他方、国民をあげてのお祭りムードに包まれるのが、独立記念日とクリスマスである。独立記念日には首都ポートヴィラをはじめ、各地でパレードや催し物が開かれる。またクリスマスは一年で最大のイベントである。学校もその前後には長期の休暇となり、都市部の学校の寮に寄宿している生徒たちも、実家のある島に里帰りする。クリスマス当日は教会で礼拝をし、家族と過ごす。老若男女が何より楽しみにしているのが、豪華な食事である。村落部では普段、肉食をする機会があまりないのだが、クリスマスのときには牛や豚、鶏などを屠り、また沿岸部に暮らす人々は魚やウミガメをとって食す。

　ほかにこのような盛大な祝宴を催すのは、伝統的な儀礼のとき、結婚式、個人の誕生日など年に数度である。

図2　クリスマスの時期にウミガメを捕獲する

暦と生活文化

上述のとおり、バヌアツには 100 を超える言語集団があり、その各々が独自の文化・風習をもつと考えられている。暦に関しても同様で、各言語集団が独自の暦をもっている。現在では、学校や教会をはじめ、生活の大部分においてはグレゴリオ暦が用いられているが、農業のサイクルは伝統的な暦にそって行われることが多い。以下に示すのは、バヌアツ北部ペンテコスト島の北部ラガ地方に暮らす人々の暦である（表1）。

バヌアツの他の島の人々と同じように、北部ラガの人々もタロイモ、ヤムイモ、マニオク、サツマイモなどのイモ類を耕作している。その多くは焼畑耕作であり、栽培種や地味によっては年ごとに転作する必要がある。そこで重要なのが作付けや収穫時期をはかる伝統的カレンダーである。

表1中の①②の時期、つまりデイコの葉が落ち始め、花が赤くなった頃を目安として、人々はヤムイモ畑を開墾、作付けが行われる。作付けが終わり、④〜⑥の時期になると、赤や緑のパロロ虫（ウドゥ）が海岸に押し寄せる時期になる。この時期にはイモ類が不足し、代わりにバナナなどの食料が食卓を埋めることが多い。⑦⑧の時期、南半球は夏に入り、温度湿度の上昇とともにカやハエが多くなる。⑨の時期、日照時間が長くなり、ヤムイモの生育時期でもある。⑩の「頭を出す」というのは、ヤムイモが成長し、頭が土から出てくることを意味する。⑪の「黄色」というのはヤムイモの葉が黄色く色付くことを示し、⑫の時期に茎が少し枯れ、ヤムイモの収穫が可能となる。そして⑬の時期、茎が完全に枯れる

表1　北部ラガ（ペンテコスト島）の伝統的カレンダー

	季節の名前	意味	備考
①	ララハルイ（raraharui）	デイコの葉が落ちる	6 月頃
②	ララメメア（raramemea）	赤くなったデイコ	7 月頃
③	ウルガイタヴ（ulugaitavu）	木々の葉が再び生える	
④	ウドゥララ（udurara）	赤いパロロ虫	
⑤	ウドゥマラゲハ（udumalageha）	緑のパロロ虫	
⑥	ウドゥマターラ（udumatala）	手にとるとすぐに壊れてしまうパロロ虫	
⑦	ボーラティリギ（boratirigi）	わずかなものが生まれる	夏の初め
⑧	ボーララヴォア（boralavoa）	多くのものが生まれる	
⑨	フーラバライ（vulabarai）	準備する月	
⑩	ランギシ（laĝisi）	頭を出す	
⑪	マリリ（mariri）	黄色	
⑫	タウランティリギ（taurantirigi）	少し枯れた茎	
⑬	タウランラヴォア（tauranlavoa）	完全に枯れた茎	
⑭	ブェフハランゴンゴ（bwevharaĝoĝo）	集めたブェフ（根菜類の一種）	5 月頃

頃に、ヤムイモの収穫は完了する。この後の⑭はヤムイモと一緒に植えたブェフとよばれる根菜類が生育する時期で、これらを収穫することになる。

このように彼らの伝統的なカレンダーは、自然の変化と主食であるヤムイモの耕作過程にそってできあがっている。

 観光とカレンダー　滞在時間の限られている観光客にとって、カレンダーと時間の厳密さはとても重要である。通常、イベントの多くは日時が正確に決められており、観光客はそれをもとにスケジュールを組むことになる。ただし、イベントによっては直前まで日程が決まらないものもある。

ペンテコスト島南部で行われている「ナゴル儀礼」とよばれるものもその一つだ。高さ30mにもなる櫓（やぐら）が組まれる。その最上部から、足首にツル性植物で編んだ「ロープ」をくくり付けた男性が勇敢に弧を描くように飛び降りる。地面に激突する直前にロープは伸びきり、身体が跳ね上がる。地面は柔らかい土に仕立ててはあるが、時おり体を打ち付けることもある。バンジージャンプの原型になったともいわれるこの儀礼は、しばしばバヌアツを代表する儀礼として紹介される。観光パンフレットやカレンダーに、そしてテレビ番組などにもよく登場するが、バヌアツ全土で行われている訳ではなく、ペンテコスト島南部の人々のみが許された儀礼である。

観光客は直接足を運んで見物したいのだが、なかなか容易ではない。本来、この儀礼はヤムイモの豊饒を祈願したものであり、4月下旬から5月上旬の間で行われる。ペンテコスト島南部でも、観光客向けのアトラクション色が強いものは、あらかじめ日程が定められ（主に土・日曜日）、観光客はそれに合わせ飛行機を予約することになる。他方で、彼らが「本物」だと認めるブンラップ村のそれは、観光客の意向を考慮しない。あくまでも伝統的なチーフが祖先の霊に伺いを立ててから日程を決めるので、直前まで開催日が確定しないのである。

観光客には多少迷惑な話なのかもしれないが、こうしたカレンダーによる日付の固定をしない儀礼もバヌアツには存在している。　　　　　　　　　［福井栄二郎］

📖 **参考文献**

[1] 吉岡政徳『メラネシアの位階階梯制社会—北部ラガにおける親族・交換・リーダーシップ』風響社，1998
[2] 白川千尋『南太平洋における土地・観光・文化—伝統文化は誰のものか』明石書店，2005

パプアニューギニア独立国

　パプアニューギニア独立国（通称パプアニューギニア）は、オーストラリアによる 1946 年からの国際連合の信託統治の時代を経て、1975 年に独立した。立憲君主制をとり、英連邦の加盟国であり英連邦王国の一国である。オーストラリアの北にあるニューギニア島の東半分と周辺の島よりなる国土は 46.3 万 km² で、日本の約 1.2 倍、首都はポートモレスビー、人口は約 760 万人である。パプア人とメラネシア人を主流とする 800 以上の民族からなる。公用語はトク・ピシン（英語が土台のクレオール言語）、英語、ヒリ・モツ、2015 年に公用語となった手話の 4 種類で、トク・ピシンが最大の共通語である。宗教は主にキリスト教だが、精霊信仰や祖先崇拝など伝統的信仰も根強い。

　暦法とカレンダー　公式の暦法はグレゴリオ暦である。カレンダーは壁掛けの月めくりのものが多いが、ポスター形式もある。表示は月単位で 1 週間の曜日を縦に表形式にし、日付を曜日にあたる個所に合わせて横に順にふる。週は日曜日始まりが多い。横の行は一般に 5 行で、たりない場合は 6 行にすることもある。普通、日曜日や祝祭日は赤字である。図柄は都市や地方などの風景が多いが、国旗も目につく。ファーマシー（ドラッグストア）で販売していて、旅行者向けの土産物といった印象が強い。企業や官公庁などの宣伝や広報を兼ねた贈答品も多いようだ。

　祝祭日と行事・儀礼　国中で祝う、最近の主な祝祭日は元日（1 月 1 日）、聖金曜日（移動祭日）、聖土曜日（移動祭日）、復活祭（移動祭日）、イースターマンデー（移動祭日）、女王誕生日（移動祝日で、通常 6 月第二月曜日）、戦没者追悼記念日（7 月 23 日）、懺悔の日（2011 年より 8 月 26 日）、独立記念日（9 月 16 日）、クリスマス（12 月 25 日）、ボクシングデー（12 月 26 日）の 11 日で、時にはいわゆる振替休日と政令による休日がこれに加わる。

　国の祝祭日は国民の祝祭日に関する法律（1953 年、法律第 321 章）で定めら

れていて、官公庁や銀行の休日は祝祭日と土・日曜日であり、商店の土曜日午後の半休を除いて多くがこれにならっている。祝祭日は事前の適当な期間をおいた日に官報で公表されるが、直前に発表されることもある。例えば、2017年の祝祭日は3か月前の2016年9月に官報で公表され、2017年は元日が日曜日となるので2日の月曜日が振替休日に、聖金曜日は4月14日、女王誕生日は6月12日、戦没者追悼記念日は日曜日にあたるので翌24日の月曜日が振替休日などとなっている。

　また、パプアニューギニアでは国民の96%がキリスト教徒との統計もあり、生活面もキリスト教と深くかかわっていて国教的な立場にあるので、暦の上でもキリスト教の教会暦が国の祝祭日に色濃く反映されている。

　元日は新年を祝う祝日で、クリスマスから続く10日間ほどのクリスマス休暇の後半部分となっている。

　イエス・キリストの受難と死を悼む聖金曜日から、聖土曜日、よみがえりを祝う復活祭の日曜日までの受難週の期間と、その後に続く月曜日であるイースターマンデーの4日間はイースター休暇で、クリスマス休暇と並ぶ大型連休となる。教会に出かけたり、家でくつろいでお祝いのごちそうを食べたり、あるいは旅に出たりして過ごす。英国のようにイースターエッグやウサギをかたどったチョコレート菓子などはあまりみられない。

　女王誕生日は、英連邦王国の一国として元首であるエリザベス2世女王の誕生を祝う日である。しかし、女王の実際の誕生日である4月21日ではなく、オーストラリアの大部分の州と同じ6月の第二月曜日となっていて、国民は3連休が楽しめることとなる。

　戦没者追悼記念日は両世界大戦中などに戦死したパプアニューギニア軍人に敬意を表す日で、7月23日は、多大な死傷者を出しながらも日本軍による首都ポートモレスビーへの侵攻を食い止め、反撃した、第二次世界大戦中の「ココダ道の戦い」（1942年）を記念している。戦没者追悼記念公園では式典が催され、オーストラリア軍の傷病者を介護する「縮れ毛の天使」とよばれたパプアニューギニア人の一人で、負傷兵に付き添うR. オイムバリの像に花輪が手向けられる。

　懺悔の日は、2011年8月2日に就任した現職の首相P. オニールがキリスト教会の要請により定めた。最初の懺悔の日はその年の直前の8月15日に決定され、26日に実施された。ともに集い祈り、人々の誤りに許しを請う日とされる。以後、毎年、同月同日が休日となっている。

　9月16日の独立記念日はドイツ、英国、そしてオーストラリアによる統治時代から自治政府の時代を経て、1975年に正式に独立をはたした日である。国旗が掲揚され、商店には国旗の小旗が飾られ、町では国旗がデザインされたシャツを着る人が目立つ。民族衣装姿の人々によるパレードや歌や踊りのカルチュラルショーも各所で催される。

　クリスマスと翌日のボクシング・デーは12月25・26日と固定祝祭日が2日間続く。そして2016年のように、25日が日曜日となる年は27日火曜日が振替休日となる。人々は午前中、教会に出かけ、午後は家族と過ごし、ごちそうを食べる。教会が貧しい人のために募金箱を開ける日にちなむ26日のボクシング・デーから商店ではバーゲンセールが始まり、クリスマスから元日までの長期休暇となる。12月中旬から1月中旬頃までの間、多くの人が帰省し、学校は1月いっぱいまで夏休みとなる。

　世界で最も多様な文化に富むこの国は伝統を重視しているので、国定の祝祭日のほかにもカレンダーには載らない地域や個別文化のお祝いも数多く開催されている。祝祭にはシンシン（トク・ピシンで「祭り」の意味）とよばれる伝統的な民族衣装で着飾った人々による歌と踊りが披露される。文化振興と観光のためのカルチュラルショーも全国各地で催される。高地のゴロカで開催される最大のゴロカ・ショーのほか、マウントハーゲン・ショー、ヒリモアレ・フェスティバル、ナショナル・マスク・フェスティバルなどが有名で、外国人観光客も多く集まる。

 暦と生活文化　ところで、パプアニューギニアの気候は大部分が熱帯雨林気候で高温多湿であり、多くの地域では5月から10月は南東貿易風が吹く乾季、11月から4月が北西偏西風の吹く雨季となる。また、開発途上国であるパプアニューギニア国民の大部分は昔から変わらず農村に住み、人口の70%ほどが農業や漁業に従事している。そして実のところ、カレンダーは町でも銀行やホテルで目にするくらいで、村や家庭ではほとんど見かけることはない。日常の暮らしは、カレンダーと時計が手放せない近代的で都会的な暮らしとは異なる、気候や天気といった自然が相手の別の時間感覚の中で営まれ、行事をめぐる情報は狭く人間関係が濃密な村社会の中で口コミで伝わっている。とはいえ、こうした自然環境での、いわば伝統的な暮らしは、いわゆる近代化の過程として暦の面でも折り合いのつけ方が問題となってくる。

　例えば、モロベ州シアシ諸島にある小島マンドッグの場合、もともと1年を風

によってラッグ（南東貿易風、6〜8
月）、スブール（風が吹かないよい日、
9〜11月）、ヤヴァール（北西偏西風、
12〜2月）、タムボガール（海が澄む、
3〜5月）と四季に分け、ダマン（和
名すばる）が昇る頃（7月）を年の初
めとしていた。そして、ラッグが強ま
る前の6月から7月に伝統的な数多く
の儀礼や祭りを行っていた。この時期
は天気もよく、重要な主食のヤムイモ

図1　島の教会でのクリスマス・ミサの様子
（シアシ諸島マンドッグ島、1988年）

の収穫期にもあたり、行事に適した季節である。逆に、ヤヴァールの季節は降雨
も多く、漁獲が少なく、イモ類の植え付けなど畑仕事が忙しい。しかも9月から
の3〜4か月間は食料が不足しがちとなる。

　ところが、1960年にキリスト教の布教がこの島で始まり、教会が建ち、600人
余りの島民全員はカトリック教徒となった。そして伝統的な創世神話はキリスト
教のそれと習合され、教会暦は暮らしを支える節目となっていった。また、1975
年に独立をはたすと、クリスマスや元日が休日となった。税金も授業料も必要と
なり、否応なく貨幣経済に組み込まれていく。就職や進学のために島を離れる人
が続出し、町で暮らす家族も多くなってくる。こうした外部世界からの影響を受
けて、島の人々は伝統的な年中行事の実施日をクリスマスの時期に移すことにし
たのである（図1）。

　マンドッグ島社会には祝い事が13種類ほどあるが、なかでも男児の割礼、男
女ともの初航海を祝う水かけと踊り初め、男性の男子集会所組織への入社式は大
規模となる。12月に入ると祭りの準備が本格化する。イモ類やバナナ、豚といっ
た食べ物を準備し、店で米やビスケット、肉の缶詰、ビール、タバコ、コーヒー
や砂糖を大量に購入する。伝統的な儀礼用具や衣装、教会の祭具などの製作、伝
統歌謡や舞踊、賛美歌や宗教劇の練習も欠かせない。ごちそうを調理し関係者に
配る大仕事もある。そして、多くの帰省客と大量の食料品などを運ぶ定期船の寄
港やクリスマス、新年の日曜日のミサなどに合わせて、島の伝統的儀礼が合同で
連続的に繰り広げられ、島民全員がごちそうを食べ、歌い踊り明かし、忙しくも
充実したクリスマス休暇を過ごすようになっている。　　　　　［小林繁樹］

フィジー共和国

　フィジーは 1874 年に英国の植民地となり、1970 年に大英帝国より独立した。独立以降は政治的に安定することなく、1987 年のクーデターに伴い共和制となっている。その後、2000 年、2006 年のクーデターや 2009 年の憲法危機などを通じて、政治体制の変更が繰り返しなされており、国際的な位置付けもたびたび変わっているが、2016 年の時点では共和制である。先住民は、総人口の 57% を占めるメラネシア系のフィジー人である。次いで、19 世紀の植民地時代に大英帝国の政策で移住してきた移民の末裔であるインド系が総人口の 38% を占めている。残りは、ポリネシア系のロトゥマ人、ソロモン諸島民、バナバ人、中国人などの少数民族から構成されている。

 暦法とカレンダー　　公式に使われる暦は、グレゴリオ暦である。インド系、中国系など移民およびその末裔は、他の暦も使用していると思われる。

　キリスト教関係の書店では、先住系フィジー人の言語でつくられたカレンダーが販売されている。そこにはキリスト教関係の年間の行事のみならず、フィジーの先住民に関する文化的な情報も記載されていることもある。

　いずれにせよ、フィジーにおいて暦が普及しているのは、役所、学校、教会といった公的な場であり、日常的にどこまで使用されているのか、ことに先住民の農村部の生活においては限られていると思われる。もっとも近年タブレットが急速に普及してきているため、それらの電子機器を通じた暦との接触の機会はほぼ確実に増大しているであろう。

◇◇ **祝祭日と行事・儀礼**　　2016 年の時点において国民の祝祭日とされている日は、元日（1 月 1 日）、聖金曜日（3 月 25 日）、聖土曜日（3 月 26 日）、復活の木曜日（3 月 28 日）、国民のスポーツの日（6 月 24 日）、憲法記念日（9 月 7 日）、フィジー・デー（10 月 10 日）、ディワリ（10 月 31 日）、預言者ムハンマド生誕日（12 月 12 日）、クリスマス（12 月 26 日）、

ボクシングデー（12月27日）の11日である。

　多民族国家としての特徴を反映して、公的祝祭日にはさまざまな宗教の行事と関連したものが見受けられる。先住民の多くが信徒であるキリスト教関係では、一般にイースターとよばれる、聖金曜日、聖土曜日、復活の木曜日の3日のほか、キリストの生誕日としてクリスマスが祝日である。また、英連邦ではしばしばみられるボクシングデーも公的祝祭日とされている。クリスマスは、家族が一堂に会する日として、先住民の多くが楽しみにしている日である。

　第二の民族集団であるインド系についてみてみると、その7割がヒンドゥー教徒、3割がイスラーム教徒で占められている。こうした民族的特徴は、暦にも反映されている。実際、ヒンドゥー教において新年の祝日に相当し、「光の祝日」と称されることのあるディワリの日は、公的祝祭日とされている。ヒンドゥー教を信仰するインド人の多くは、知り合いに菓子をふるまうなどしている。イスラーム教についていえば、イスラーム教徒の預言者であるムハンマドの生誕日が、公的祝祭日とされている。フィジーにはそれ以外の少数民族や少数の宗教集団もいるが、彼らにかかわる記念日で祝日に指定されているものはない。

　宗教と関係のない国政にかかわる祝日として、フィジー・デーと憲法記念日がある。前者は、フィジーの独立記念日にあたる。フィジー国内はもとより、世界各地のフィジー人コミュニティで祝われる日となっている。憲法記念日は、フィジーにおける4番目の憲法にあたる2013年憲法を祝うための日である。憲法記念日については、2013年に関連する法令が整備され、2016年に最初に実施されている。「刻み込まれる現代史」の項で触れる政治的問題とも関係しているため、必要性を含めて国民の間に賛美両論を巻き起こしている。また、国民のスポーツ熱を反映してか、国民のスポーツの日という祝日もある。

暦と生活文化

　先住系フィジー人の暦の1月から12月の一般的呼称は、英語がフィジー語に転嫁されたものであるが、フィジー語の暦も一部で使用されている。ここでは生活文化にかかわる暦として紹介したい。フィジー語では、1月は、ヴライヌンガレヴとよばれる。ヴライは「〜の月」を、ヌンガレヴが「大きなヌンガ」（魚の種類）を意味する。つまり1月は、大きなヌンガが釣れる月という意味になる。

　以下、2月以降も同じ形式で呼び習わされている。2月（ヴライセヴ）は、その年の最初のヤムイモが収穫され、村の首長や教会に奉納される儀礼であるセヴ

が行われる月である。3月（ヴライケリケリ）は、ヤムイモが最も収穫される月とよばれる。4月（ヴライガサウ）は、アシのよく生える月、5月（ヴラインドイ）は、ンドイの実がなる月となる。

　6月からは、またヤムイモと関係した呼称となる。6月（ヴライウェレウェレ）がヤムイモを植えるために草刈りをする月で、7月（ヴライズキズキ）は、穴を掘りヤムイモを植える月とされる。8月には、2通りの呼称がある。ヴライセナンララとヴライカワカワである。前者はンララの花が咲く月で、後者はカワカワという魚が産卵する月という意味である。9月（ヴライヴァヴァカンダ）は、ヤムイモの芽が出て育ってきたつるを棒にはわせる月とされる。

　10月、11月は、オセアニア地域に海に広く生息しているンバロロとよばれるゴカイと関係している。フィジーではこの時期にンバロロが産卵のため海上に浮上してくる頃にあたり、採取できる地域の人々にとっては珍味となっている。そのため10月（ヴラインバロロライライ）は、小さいンバロロがとれる月、11月（ヴラインバロロレヴ）は、大きなンバロロがとれる月となっている。最後の、12月（ヴライヌンガライライ）は、小さなヌンガが釣れる月という意味である。

　上記からもわかるとおり、フィジー語での暦は、基本的にヤムイモの農耕サイクルとヌンガとンバロロという海産物のとれる時期の情報から構成されている。ただしこの月の表現方法は、フィジー人の日常に定着しているとはいいがたく、半ば教科書的な表現であるといえる。

　生態学的なリズムとしての生業暦はおおまかに意識されていたとして、このように農耕、漁業の知識を組み合わせた体系的な暦が、先住系フィジー人一般にどれほど共有されてきたのかについては、暦の起源の検証を含めて、さらなる検討が必要だろう。

 刻み込まれる現代史　　公的祝祭日で目を引くのは、新しく制定されたものが数多くあることである。例えば、憲法記念日、国民のスポーツの日は、2016年から公的祝祭日として実施されたにすぎない。今後追加される可能性が示唆されている記念日としては、8月22日がある。2016年のリオオリンピックにおいて、七人制ラグビーチームが、フィジーに史上初の金メダルをもたらしたことを記念して提案されている。

　逆に祝日のリストからはずされた日もあまたある。2013年からはエリザベス女王の誕生日が、祝日からはずされている。これはフィジーとかつての植民地宗

主国との密接な関係が、時がたつにつれて希薄化していることと関係していよう。少しさかのぼると、2002 年にはチャールズ皇太子の誕生日もはずされている。英連邦の一員であり、いまだに英国王室の動静への関心が、ことに植民地時代の経験がある人々の間でみられることは事実であるが、祝日の変遷からは、そうした心情的つながりは過去のものとなりつつあることが見て取れる。

　それ以外では、2010 年からは、近代フィジーを代表するステイトマンを記念していた「ラトゥ・ラーラー・スクナ卿の記念日」と「国民の若者の日」が、国民と無関係という理由から除外されている。前者は、フィジー民族の守護者として先住系フィジー人のカリスマ的な支持を誇った人物でもあり、国民の祝日からはずされたことは、今にいたるも激しい議論の的となっている。この変更を決めたのは、先住系フィジー人のナショナリズムを批判して 2006 年にクーデターを起こし、2014 年の選挙を通じて政権の座についた人々である。変更の理由は、国民に無関係であるためと説明されていることは先に述べたが、その背後にある、先住系フィジー人のナショナリズムを牽制する意図を憶測したくなるのも事実である。

　いずれにせよ、公的祝祭日が頻繁に変更されていることは、1987 年以降クーデターが連続する中で、政体の基本的方針までがめぐるましく変転していることと無関係ではなかろう。1987 年から 2000 年までのクーデターは先住系フィジー人の先住民としての権利を過度に重視する立場の人によって起こされたクーデターであった。それに対して 2006 年のクーデターは、そうしたフィジーの政治状況に反発した層によって起こされており、これらの人々は先住民のナショナリズムに批判的で、多民族の平等を重視することを唱えている。

　このように少なくとも表面的、イデオロギー的には、国家の方針が 180 度転換されており、その前後には政治的方向性の断裂がみられる訳である。近年公的祝祭日にさまざまな変更が加えられ、それが大きな議論を巻き起こしているのにも理由がない訳ではないのだ。今のフィジーにおいては、何の日を公的祝祭日とするか一般的なコンセンサスが醸成されるにはいたっておらず、むしろ公的祝祭日として選択する行為の政治性が前景化して、問われているといえよう。　　［丹羽典生］

📖 参考文献

[1] Telawa, S., *A I Vola ni Vula Vakaviti*, Tabana ni Vosa Vakaviti, Tabacakacaka i Taukei, 2003

暦　索　引

民族索引

人名索引

事項索引

【編　者】

中牧　弘允（なかまき・ひろちか）
1947年、長野県生まれ。国立民族学博物館名誉教授、日本カレンダー
暦文化振興協会理事長、吹田市立博物館館長。東京大学大学院人文
科学研究科博士課程修了。文学博士。専門は、宗教人類学、経営人
類学、ブラジル研究。みずから「考暦学」を提唱する。著書に『ひ
ろちか先生に学ぶ　こよみの学校』（つくばね舎）、『カレンダーから
世界を見る』（白水社）、『会社のカミ・ホトケ』（講談社）、『世界民
族百科事典』（編集委員、丸善出版）など。

世界の暦文化事典

平成29年11月25日　　発　　　行
平成30年 3 月20日　　第2刷発行

編　者　　中　牧　弘　允

発行者　　池　田　和　博

発行所　　丸善出版株式会社

〒101-0051　東京都千代田区神田神保町二丁目17番
編集：電話 (03)3512-3264／FAX (03)3512-3272
営業：電話 (03)3512-3256／FAX (03)3512-3270
https://www.maruzen-publishing.co.jp

組版印刷・三美印刷株式会社／製本・株式会社松岳社

ISBN 978-4-621-30192-0 C 3539　　　　　　Printed in Japan